纪念西迁教授、留美归国博士

苗永淼(1924—2010)诞辰一百周年

西安交通大学
XI'AN JIAOTONG UNIVERSITY

研究生"十四五"规划精品系列教材

# 张量分析及其工程应用

张楚华 刘海湖 琚亚平 编著

西安交通大学出版社
XI'AN JIAOTONG UNIVERSITY PRESS

# 内容简介

本书全面、系统地介绍了张量的基本概念、基本运算及基本应用，主要包括9章内容：张量预备知识，笛卡儿张量分析，任意曲线坐标系下的张量分析，曲面上的张量分析，张量分析在流体力学、叶轮机械气体动力学、固体力学、电动力学及相对论中的应用。通过学习全书，读者将会深入领会张量基础理论和运算方法，同时还能利用张量方法解决诸多科学技术领域，特别是“机、电、动”工科专业中的理论建模和实际应用问题。

本书是动力工程及工程热物理、机械工程、力学、航空宇航科学与技术、材料科学与工程、电气工程、电子科学与技术等学科的研究生和高年级本科生教材，也可供相关专业领域的科技人员参考。

**图书在版编目(CIP)数据**

张量分析及其工程应用/张楚华，刘海湖，琚亚平编著. --西安：西安交通大学出版社，2024.9.
ISBN 978-7-5605-5303-0
Ⅰ. O183.2
中国国家版本馆CIP数据核字第2024BM6623号

**书　　名**　张量分析及其工程应用
ZHANGLIANG FENXI JIQI GONGCHENG YINGYONG
**编　　著**　张楚华　刘海湖　琚亚平
**策划编辑**　田　华
**责任编辑**　王　娜
**责任校对**　李　佳
**装帧设计**　伍　胜

**出版发行**　西安交通大学出版社
（西安市兴庆南路1号　邮政编码710048）
**网　　址**　http://www.xjtupress.com
**电　　话**　(029)82668357　82667874(市场营销中心)
(029)82668315(总编办)
**传　　真**　(029)82668280
**印　　刷**　西安五星印刷有限公司

**开　　本**　787 mm×1092 mm　1/16　**印张**　17　**字数**　373千字
**版次印次**　2024年9月第1版　2024年9月第1次印刷
**书　　号**　ISBN 978-7-5605-5303-0
**定　　价**　55.00元

如发现印装质量问题，请与本社市场营销中心联系。
订购热线：(029)82665248　(029)82667874
投稿热线：(029)82668818
读者信箱：465094271@qq.com

# 前　言

本书是西安交通大学研究生“十四五”规划精品系列教材“张量分析及其工程应用”项目的研究成果，是作者在20余年来同名课程教学成果的基础上编著而成的。

张量方法已广泛应用于诸多自然科学和工程技术领域，是沟通物理模型和数学模型的桥梁和重要工具，具有物理概念清晰、数学推导严密、形式表达简洁的优点。可以讲，当代工科大学生如果不掌握张量分析及其应用的基础知识，就难以顺利地学习后续的理论和专业课程，以及阅读和理解与理论模型有关的科技文献。

顾名思义，本书内容包括两大部分：理论部分和应用部分。前者分为第1～4章，依据由简入繁、由易到难的教学原则，依次介绍张量预备知识、笛卡儿张量分析、任意曲线坐标系下的张量分析、曲面上的张量分析等理论知识，内容具有理论性强、公式多的特点；后者分为第5～9章，介绍上述理论在“机、电、动”等工科专业领域中的典型应用，包括张量分析在流体力学、叶轮机械气体动力学、固体力学、电动力学及相对论中的应用，后者对于工科学生能否比较直观、快速、深刻地理解并应用张量分析这门理论工具至关重要。当然，要做到理论性和应用性的有机结合，势必会给本书编写提出不小的挑战，本书在章节编排、内容取舍、行笔构思时注重形成如下的教材特色：严密性和认知性的统一、系统性和先进性的统一、教学和自学的统一，力求成为一部满足当代工科院校张量分析课程教学和自学需求的特色教材。

(1)严密性和认知性的统一。张量分析源于微分几何，后用于理论物理学、固体力学、流体力学等自然科学，并已渗透到包括叶轮机械在内的诸多技术科学中。此外，张量的概念建立、代数和微分运算、工程应用还会用到线性代数、高等数学、数学物理方程等数学知识。根据作者多年的教学经验，如果教材内容过分强调理论推导的严密性、完美性，而忽略必要的应用背景和物理意义的直观清晰介绍，可能使学生特别是工科学生产生“望而生畏”的心理，甚至严重挫伤学生的学习热情和应用兴趣；反之，如果对理论知识的深度和广度介绍不够，同样会影响学生的学习、理解、掌握和应用的效果。作者在章节编排方面，力求理论部分循序渐进、应用部分深入浅出，同时针对重点和难点还增加了一些插图、点评、例题和习题，力求理论严密性与认知规律性的统一。

(2)系统性与先进性的统一。张量分析自诞生至今已逾百年，其应用又遍及诸多学科领域。本书作为一部工科教材，既不可能、也无必要囊括所有关于此方向的研究成果。作者在教材内容取舍方面，坚持以“三基”为主线，将主要篇幅用以介绍张量的基本概念、基本运算和基本应用，同时，作为抛砖引玉，对张量分析在“机、电、动”专业领域中的重要应用作直观清晰的阐述，为读者进一步学习相关领域前沿知识奠定基础。

(3)教学与自学的统一。本书写作首先满足工科课程教学需求，同时考虑自学特点，作者在行笔构思方面，力争做到循循善诱，尽量对书中的重点、难点及应用背景作适当的强调和评述，引导读者顺利阅读全书内容。

本书具体写作分工如下：西安交通大学琚亚平教授编著绪论、第 1～2 章和附录 1，刘海湖教授编著第 3～4 章和附录 4，张楚华教授编著其余内容及统稿，上海理工大学戴韧教授担任主审专家。全书主要内容取材于作者自 1999 年以来为研究生及优本生开设的同名课程的讲义，参加过该课程学习的历届研究生对原讲义提出了数百条直率可爱的意见与良好的祝愿，此外，不少学有余力但没有条件听课的本科生期待本教材能够早日出版，在此一并致谢。值此书付梓之际，位于秦岭北麓、渭河南岸之间的中国西部科技创新港已全面投入运行，每当作者在夜深人静之际途经宽阔的西迁大道，看到两旁的科研巨构依然灯火通明、年轻学子依然热火朝天，感叹秦岭之幽幽、渭河之漫漫，衷心祝愿我国西部早日再创辉煌！

限于作者水平和学识，书中难免存在疏漏和不足之处，恳请专家和广大读者不吝批评指正。

张楚华(chzhang@mail. xjtu. edu. cn)
于中国西部科技创新港
2023 年 11 月

# 目　录

# 常用符号表

## 一、拉丁文字母符号

| 符号 | 名称 | 单位 |
|---|---|---|
| $\boldsymbol{B}$ | 磁感应强度 | T |
| $\boldsymbol{C}$ | 格林变形张量 | |
| $\boldsymbol{c}$ | 柯西变形张量 | |
| $c$ | 光速 | m/s |
| $C_p$ | 定压比热 | J/(kg·K) |
| $C_V$ | 定容比热 | J/(kg·K) |
| $\boldsymbol{D}$ | 位移张量 | 1/s |
| $\mathrm{d}\tau$ | 固有时间间隔 | s |
| $\boldsymbol{E}$ | 拉格朗日应变张量 | |
| $\boldsymbol{e}$ | 欧拉应变张量 | |
| $e$ | 比内能 | J/kg |
| $\boldsymbol{e}_1$，$\boldsymbol{e}_2$，$\boldsymbol{e}_3$ | 协变基矢量 | |
| $\boldsymbol{e}^1$，$\boldsymbol{e}^2$，$\boldsymbol{e}^3$ | 逆变基矢量 | |
| $\boldsymbol{F}$ | 力 | N |
| $\boldsymbol{f}$ | 力密度 | N/kg |
| $G$ | 引力常数 | |
| $g$ | 协变度量张量的行列式 | |
| $g_{ij}$ | 协变度量张量 | |
| $g^{ij}$ | 逆变度量张量 | |
| $\boldsymbol{H}$ | 磁场强度 | A/m |
| $h$ | 比焓 | J/kg |
| $h_1$，$h_2$，$h_3$ | 拉梅系数 | |
| $\boldsymbol{I}$ | 二阶单位张量 | |
| $I$ | 电流 | A |
| $I_1$，$I_2$，$I_3$ | 二阶对称张量的第一、第二、第三不变量 | |
| $i$ | 比相对转子焓 | J/kg |
| $J$ | 雅可比行列式 | |

| 符号 | 名称 | 单位 |
|---|---|---|
| $\boldsymbol{j}$ | 电流密度矢量 | $A/m^2$ |
| $k$ | 导热系数 | W/(m·K) |
| $\boldsymbol{L}$ | 洛伦茨变换 | |
| $\boldsymbol{l}_1$，$\boldsymbol{l}_2$，$\boldsymbol{l}_3$ | 单位协变基矢量 | |
| $\boldsymbol{l}^1$，$\boldsymbol{l}^2$，$\boldsymbol{l}^3$ | 单位逆变基矢量 | |
| $m$ | 质量 | kg |
| $\boldsymbol{n}$ | 外法向 | |
| $\boldsymbol{P}$ | 应力张量 | Pa |
| $p$ | 压力 | Pa |
| $\boldsymbol{p}^n$ | 应力矢量 | Pa |
| $Q$ | 体积流量 | $m^3/s$ |
| $q$ | 电荷 | C |
| $\dot{q}$ | 内热源生成率 | W/kg |
| $R$ | 气体常数 | J/(kg·K) |
| $R_{\alpha\beta}$ | 里奇张量 | |
| $r$，$\theta$，$z$ | 静止圆柱坐标 | m，rad，m |
| $r$，$\varphi$，$z$ | 旋转圆柱坐标 | m，rad，m |
| $R$，$\theta$，$\varphi$ | 球坐标 | m，rad，rad |
| $\boldsymbol{r}_P$ | 位置矢量 | m |
| $\boldsymbol{S}$ | 变形率张量 | 1/s |
| $s$ | 比熵 | J/(kg·K) |
| $T$ | 温度 | K |
| $T^{\alpha\beta}$ | 能动张量 | |
| $t$ | 时间 | s |
| $\boldsymbol{u}$ | 位移矢量 | m |
| $\boldsymbol{u}_1$，$\boldsymbol{u}_2$，$\boldsymbol{u}_3$ | 笛卡儿坐标系的单位正交基矢量 | |
| $\boldsymbol{v}$ | 绝对流动速度 | m/s |
| $v_r$，$v_\theta$，$v_z$ | $r$，$\theta$，$z$ 方向上的绝对流动速度协变分量 | m/s |
| $v^r$，$v^\theta$，$v^z$ | $r$，$\theta$，$z$ 方向上的绝对流动速度逆变分量 | m/s |
| $\boldsymbol{w}$ | 相对流动速度 | m/s |
| $w_r$，$w_\varphi$，$w_z$ | $r$，$\varphi$，$z$ 方向上的相对流动速度协变分量 | m/s |
| $w^r$，$w^\varphi$，$w^z$ | $r$，$\varphi$，$z$ 方向上的相对流动速度逆变分量 | m/s |
| $x$，$y$，$z$ | 笛卡儿坐标 | m |
| $x^1$，$x^2$，$x^3$ | 任意曲线坐标 | |
| $y_1$，$y_2$，$y_3$ | 笛卡儿坐标 | m |

## 二、希腊文字母符号

| 符号 | 名称 | 单位 |
|---|---|---|
| $\alpha_{ij}$ | 正交变换系数 | |
| $\gamma$ | 比热比 | |
| $\delta_{ij}$ | 克罗内克符号 | |
| $\varepsilon_{ijk}$ | 置换符号 | |
| $\varepsilon$ | 介电常数 | $C^2/(N\cdot m^2)$ |
| $\kappa$ | 曲率 | 1/m |
| $\lambda_1, \lambda_2, \lambda_3$ | 特征值 | |
| $\lambda$，$\mu$ | 弹性张量拉梅系数，动力黏性系数(动力黏度) | |
| $\mu$ | 磁导率 | V・s/(A・m) |
| $\boldsymbol{\pi}$ | 高阶张量 | |
| $\rho$ | 密度 | $kg/m^3$ |
| $\sigma$ | 泊松比 | |
| $\boldsymbol{\tau}$ | 黏性应力张量 | Pa |
| $\phi$ | 势函数 | |
| $\chi_e$ | 电极化率 | |
| $\chi_m$ | 磁化率 | |
| $\psi$ | 流函数 | |
| $\boldsymbol{\omega}$ | 旋转角速度矢量 | rad/s |
| $\Gamma$ | 克里斯多菲符号 | |
| $\nabla$ | 梯度算子 | |
| $\Delta$ | 拉普拉斯算子 | |
| $\boldsymbol{\psi}$ | 流函数矢量 | |
| $\boldsymbol{\Phi}$ | 二阶电磁应力张量 | Pa |
| $\Phi$ | 耗散函数 | |
| $\boldsymbol{\Omega}$ | 旋转率张量 | 1/s |

## 三、角标符号

| 上角标 | 含义 |
|---|---|
| a | 绝对坐标系 |
| T | 转置 |
| * | 新坐标系 |
| $i$，$j$，$k$ | 逆变分量，取值范围 1～3 |
| $\alpha$，$\beta$ | 逆变分量，取值范围 0～3(时空)或 1～2(曲面) |

| 下角标 | 含义 |
|---|---|
| a | 绝对坐标系 |
| $i$，$j$，$k$ | 协变分量，取值范围 1～3 |
| $\alpha$，$\beta$ | 协变分量，取值范围 0～3(时空)或 1～2(曲面) |
| 0 | 滞止参数 |
| 1 | 进口参数 |
| 2 | 出口参数 |

# 绪　论

## 0.1　张量的定义

张量是各种物理量在空间上的数学表示，是沟通物理模型和数学模型的桥梁。这里，物理量是指对自然界和工程中广泛存在的物理现象如流、固、热、声、电、磁、光等的度量；空间既可以是欧几里得空间(欧氏空间)，也可以是更广泛的黎曼空间。要将物理量在特定空间上转换成能够进行数学运算的数字，就离不开坐标系的选取。

张量作为物理量的数学表示，是矢量概念的拓展。我们知道，矢量可用来描述物理量的大小和方向，例如力 $\boldsymbol{F}$、速度 $\boldsymbol{v}$ 等。然而，当一个物理量不但有大小和方向，还包含其他某些性质时，用矢量对其进行表示俨然力不从心。例如，要对空间某点的连续介质受力状态进行数学表示，需要首先确定作用面的方向，再确定作用力的大小和方向，此时，便可以采用二阶张量进行表示，应力张量 $\boldsymbol{P}$ 由此而来。张量的阶次取决于所描述物理量的性质，随着物理量性质的增多，还可以定义三阶张量、四阶张量等更高阶的张量。事实上，标量和矢量亦包含于张量中，分别为零阶张量和一阶张量。

我们所处的现实空间，包括叶轮机械内流的几何区域，均属于三维欧氏空间，即三维线性内积空间，故本书主要介绍三维欧氏空间上的张量分析，部分章节还会出现二维空间如曲面，以及四维空间如一维时间和三维欧氏空间组合的四维闵可夫斯基空间(闵氏空间)。在三维欧氏空间上，定义了两类基本的代数运算：线性运算和内积运算。利用前者，在三维空间上可以找出三个线性无关的基矢量；进一步利用后者，可以求出三个线性无关且单位正交的基矢量，使得该空间上的所有张量都可以用这三个单位正交基矢量或其并矢量的线性加权组合来唯一表示。在实际数学运算中，经常利用坐标系，如笛卡儿坐标系、圆柱坐标系、正交曲线坐标系及更宽泛的任意曲线坐标系来定义这三个单位正交基矢量，即坐标基矢量。

以笛卡儿坐标系($y_1$，$y_2$，$y_3$)为例，三维空间上任意位置处都存在三个单位正交的坐标基矢量 $\boldsymbol{u}_1$，$\boldsymbol{u}_2$，$\boldsymbol{u}_3$，该位置处的任意一阶张量(即矢量)$\boldsymbol{a}$ 均可以利用这三个基矢量的线性加权组合来表示，即 $\boldsymbol{a}=a_1\boldsymbol{u}_1+a_2\boldsymbol{u}_2+a_3\boldsymbol{u}_3$，线性加权系数 $a_1$，$a_2$，$a_3$ 称为矢量 $\boldsymbol{a}$ 在笛卡儿坐标系下的 3 个分量，均为实数。对于任意二阶张量，如上面提到的应力张量 $\boldsymbol{P}$，不仅有大小和方向，还和作用面的方向有关，此时仅利用这三个坐标基矢量 $\boldsymbol{u}_1$，$\boldsymbol{u}_2$，$\boldsymbol{u}_3$，则难以描述这两类方向了，为此需要引入并矢量 $\boldsymbol{u}_i\boldsymbol{u}_j$($i$，$j=1$，2，3)作为二阶张量的 9 个线性无关的基元素，后面章节会学到，实际上 $\boldsymbol{u}_i\boldsymbol{u}_j$ 是二阶单位张量，其分量均为 1，这样，任意二阶张量就可以利用这 9 个基元素的线性加权组合来唯一表示了，如 $\boldsymbol{P}=\sum_{i=1}^{3}\sum_{j=1}^{3}P_{ij}\boldsymbol{u}_i\boldsymbol{u}_j$，线性加权系数 $P_{ij}$ 称为二阶张量 $\boldsymbol{P}$ 在笛卡儿坐标系下的分量，同样，这 9 个分量均为实数。依此类推，三维空间任意位置处的任意三阶张量都可以利用 27 个线性无关的基元素 $\boldsymbol{u}_i\boldsymbol{u}_j\boldsymbol{u}_k(i, j, k=1, 2, 3)$的线性加权组合来表示，有 27 个分量；任意四阶张量都可以利用 81 个线性无关的基元素 $\boldsymbol{u}_i\boldsymbol{u}_j\boldsymbol{u}_k\boldsymbol{u}_l(i, j, k, l=1, 2, 3)$的线性加权组合来表示，有 81 个分量；等等。显然，对于同一个高阶张量 $\boldsymbol{\pi}$，其分量的大小必然与基矢量或者基元素的选择方式，即坐标系的选取有关；当坐标系确定以后，$\boldsymbol{\pi}$ 的分量也就能唯一确定了。三维空间上，若张量的阶次为 $m$，则张量分量的个数为 $3^m$。

张量的数学表示符号作为沟通物理模型和数学模型的桥梁，具有物理概念清晰、数学推导严密、形式表达简洁的优点。

## 0.2　张量分析的发展历史

张量概念的雏形，是早在 19 世纪，由高斯、黎曼、克里斯多菲等数学家在发展微分几何的过程中产生的，其中在描述微分不变量即绝对微分学时出现了绝对张量的思想。在此基础上，里奇于 19 世纪末、20 世纪初正式提出张量(tensor)术语，并和他的学生齐维塔创立张量分析的基本框架。故有人认为，里奇是张量分析的鼻祖。同时又有记载表明，福格特最早将张量分析用于晶体物理的研究中。尽管这些大师们都陆续介绍过张量的概念或应用，但在当时却很少引起人们的注意。直到 1915 年，爱因斯坦利用黎曼几何和张量分析来表述他提出的广义相对论，张量分析才被重视起来，并逐渐发展成为现代数学、物理学的基础工具。

目前，张量分析已广泛应用于理论物理学、力学尤其是连续介质力学当中。在叶轮机械领域，吴仲华运用张量数学符号，表达他所提出的两类相对流面理论；在固体力学领域，黄克智等人利用张量函数表示理论开展材料本构方程不变性的研究，提出有限变形塑性本构关系、相变本构关系。可以说，如果不懂张量分析，就很难深入掌握连续介质力学，也正是张量分析的出现，才使得连续介质力学的发展如鱼得水。

## 0.3　本书内容介绍

本书围绕张量基本概念、基本运算及基本应用展开介绍，理论与应用并重，尤其适合于工科院校研究生及高年级本科生学习。考虑到理解张量知识对于工科背景的学生和科研人员具有一定的难度，本书在内容设置上由易入难，首先介绍张量的基本概念及其在最简单的笛卡儿坐标系下的基本运算，然后将这些概念和方法推广至任意曲线及曲面坐标系，最后着重介绍张量分析在“机、电、动”领域中的应用。下面简要说明本书各章的主要内容及学习重点。

第 1 章是张量预备知识，要求重点掌握笛卡儿坐标系的基本性质和正交变换，特别熟练地掌握张量分析中的四种常见记号，这些记号将贯穿于全书。

第 2 章是笛卡儿张量分析，要求熟练掌握笛卡儿坐标系下矢量和二阶张量的代数及微分运算、绝对张量的解析定义式及各向同性张量的性质。

第3章是任意曲线坐标系下的张量分析，要求重点掌握坐标系的六个基本要素，即坐标系、坐标面、坐标线、坐标基矢量、度量张量和克里斯多菲符号的定义、性质与运算，以及掌握矢量和高阶张量的代数及微分运算。

第4章是曲面上的张量分析，要求重点掌握高斯坐标、曲面第一与第二基本张量的定义及性质，曲面上的张量微分运算。

第5～9章分别介绍任意曲线坐标系下的张量分析在流体力学、叶轮机械气体动力学、固体力学、电动力学及相对论中的应用。各章在介绍相关学科基本知识、物理量的张量表示的基础上，推导相应的控制方程，并给出典型计算实例，力求做到深入浅出。

为了帮助读者顺利学习本书内容，每章均设置了一些例题和习题，全书最后还补充了几个附录供读者参考。（书中国外作者姓名是按照目前术语在线网站翻译的。）

# 第 1 章　张量预备知识

本章将对张量分析中涉及的坐标系、坐标变换和常见记号等基本知识进行介绍。首先，对流体力学中常用物理量按照张量阶次进行分类，引出张量的三种表示形式即字母、分量、实体形式；其次，由于在用张量分量或实体表示形式对物理量进行数学表示时，需要依赖于坐标系的选取，故对坐标系的基本知识进行介绍，着重介绍笛卡儿坐标系的坐标基矢量的基本性质及不同笛卡儿坐标系的变换即正交变换；最后，介绍张量分析中四种常见记号的定义及性质，包括求和指标、自由指标、克罗内克符号和置换符号。本章内容为后续各章的张量运算提供了必要的预备知识。

## 1.1　流体力学中常见的张量

在三维空间上，任意 $m$ 阶张量的分量个数为 $3^m$，可根据描述张量的分量个数或阶次，对张量进行分类。下面对流体力学中常见的几类张量进行举例说明。

**1. 0 阶张量(即标量)**

0 阶张量如流体密度 $\rho$、温度 $T$、压力 $p$、比熵 $s$、比焓 $h$、定压比热 $C_p$、定容比热 $C_V$，以及流动速度的散度$\nabla \cdot \boldsymbol{V}$ 等。标量只有大小、没有方向，仅需 $3^0=1$ 个分量就可以描述，一般用白斜体字母(如 $\varphi$)来表示。

**2. 一阶张量(即矢量)**

一阶张量如流体质点的位置矢量 $\boldsymbol{r}_P$、流动速度 $\boldsymbol{V}$、流动加速度 $\boldsymbol{a}$、体积力 $\boldsymbol{f}$，以及标量的梯度$\nabla\varphi$、流动速度的旋度$\nabla\times\boldsymbol{V}$、应力张量的散度$\nabla \cdot \boldsymbol{P}$、变形率张量的散度$\nabla \cdot \boldsymbol{S}$等。矢量既有大小，又有方向，三维空间上的矢量需要 $3^1=3$ 个分量来描述，一般用黑斜体字母(如 $\boldsymbol{a}$)来表示。

**3. 二阶张量**

二阶张量如应力张量 $\boldsymbol{P}$、位移张量 $\boldsymbol{D}$、变形率张量 $\boldsymbol{S}$、速度的梯度$\nabla\boldsymbol{V}$ 等，三维空间上的二阶张量需要 $3^2=9$ 个分量来描述。

**4. 三阶张量**

三阶张量如 1.3 节将要学到的置换符号 $\varepsilon_{ijk}$ 组成的三阶张量，三维空间上的三阶张量需要$3^3=27$个分量来描述。

**5. 四阶张量**

四阶张量如流体黏性系数 $\mu_{ijkl}$ 组成的四阶张量，描述三维空间上的四阶张量需要 $3^4=81$个分量。本书后面章节会讲到为何黏性系数是一个四阶张量并如何对其进行简化。

在张量分析中，一阶及以上高阶张量通常用黑斜体字母来表示，亦可用分量或坐标基元素进行表示。以流动速度矢量和应力张量为例，可表示成如下三种简洁形式：

(1)字母表示形式：$\boldsymbol{V}$、$\boldsymbol{P}$；

(2)分量表示形式：$v_i$、$P_{ij}$；

(3)实体表示形式：$v_i\boldsymbol{u}_i$、$\boldsymbol{u}_iP_{ij}\boldsymbol{u}_j$。

这三种表示形式其实是一致的。利用线性代数中的行向量和矩阵，还可对矢量和二阶张量表示如下：

$$\boldsymbol{V}=v_i\boldsymbol{u}_i=(v_1,\ v_2,\ v_3)\begin{pmatrix}\boldsymbol{u}_1\\ \boldsymbol{u}_2\\ \boldsymbol{u}_3\end{pmatrix}$$

$$\boldsymbol{P}=\boldsymbol{u}_iP_{ij}\boldsymbol{u}_j=(\boldsymbol{u}_1\quad \boldsymbol{u}_2\quad \boldsymbol{u}_3)\begin{pmatrix}P_{11} & P_{12} & P_{13}\\ P_{21} & P_{22} & P_{23}\\ P_{31} & P_{32} & P_{33}\end{pmatrix}\begin{pmatrix}\boldsymbol{u}_1\\ \boldsymbol{u}_2\\ \boldsymbol{u}_3\end{pmatrix}$$

显然，张量的三种表示形式均比行向量和矩阵形式简洁得多。

## 1.2　坐标系与坐标变换

按照坐标线是直线还是曲线，可将坐标系分为仿射坐标系和任意曲线坐标系。仿射坐标系的坐标线均为直线，但不一定两两正交；而在任意曲线坐标系下，至少有一条坐标线为曲线。事实上，我们常见的笛卡儿坐标系就是仿射坐标系的一个特例，而圆柱坐标系和球坐标系则是任意曲线坐标系的特例。

### 1.2.1　笛卡儿坐标系

在三维空间的任意一点处，其空间位置可用三个笛卡儿坐标$(x,\ y,\ z)$或者$(y_1,\ y_2,\ y_3)$来表示。过该点的三个坐标面(每个坐标面上只有一个坐标值固定而另外两个坐标值自由变化)均为平面，三条坐标线(坐标面两两相交形成的线，沿着每条坐标线上只有一个坐标值改变，而其他两个坐标值不变化)均为直线，在与三条坐标线相切且坐标值增加的方向上，可定义出三个单位正交的坐标基矢量，记作$\boldsymbol{u}_i(i=1,\ 2,\ 3)$。该点处的任意张量都可以用这三个坐标基矢量或者其并矢量的线性加权组合来表示，如矢量$\boldsymbol{a}$表示为$\boldsymbol{a}=\sum\limits_{i=1}^{3}a_i\boldsymbol{u}_i$，系数$a_i$为矢量$\boldsymbol{a}$在笛卡儿坐标系下的分量；二阶张量$\boldsymbol{P}$表示为$\boldsymbol{P}=\sum\limits_{i=1}^{3}\sum\limits_{j=1}^{3}P_{ij}\boldsymbol{u}_i\boldsymbol{u}_j$，系数$P_{ij}$为二阶张量$\boldsymbol{P}$在笛卡儿坐标系下的分量。注意这里的$\boldsymbol{u}_i\boldsymbol{u}_j$是笛卡儿坐标基矢量的并矢量，也有 9 个，且彼此线性无关，如$\boldsymbol{u}_1\boldsymbol{u}_2$与$\boldsymbol{u}_2\boldsymbol{u}_1$并不相等。以此类推，可以用并矢量$\boldsymbol{u}_i\boldsymbol{u}_j\boldsymbol{u}_k$的线性加权组合表示三阶张量等。

笛卡儿坐标系的三个坐标基矢量满足如下性质。

**1. 单位正交性**

笛卡儿坐标基矢量满足如下代数性质：

$$\boldsymbol{u}_i \cdot \boldsymbol{u}_j = \begin{cases} 0, & i \neq j \\ 1, & i = j \end{cases} \tag{1-1}$$

**2. 空间无关性**

在任意空间点$(x, y, z)$及其邻域位置$(x+\mathrm{d}x, y+\mathrm{d}y, z+\mathrm{d}z)$上，笛卡儿坐标基矢量 $\boldsymbol{u}_i$ 虽起点不同，但大小、方向均相同(见图 1-1)，故有

$$\frac{\partial \boldsymbol{u}_i}{\partial y_j} = \boldsymbol{0} \tag{1-2}$$

该式是笛卡儿坐标基矢量的微分性质，在三维空间上所有点处均成立，故认为笛卡儿坐标系下的坐标基矢量具有全局空间无关性。在对笛卡儿张量做微分运算时，利用该性质，可将坐标基矢量移出至求导符号外面，仅对张量分量求导。注意，该性质只有在笛卡儿坐标系等平面直角坐标系(平直坐标系)下才成立，而在一般的曲线坐标系如圆柱坐标系下不再成立。

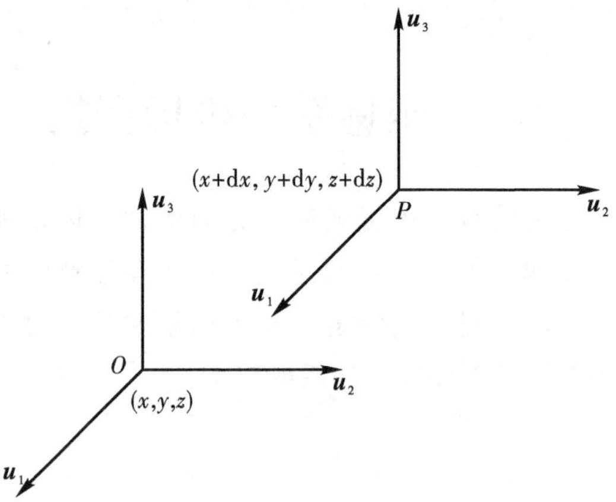


**图 1-1　笛卡儿坐标基矢量的空间无关性示意图**

### 1.2.2　正交变换

描述同一空间的物理问题，可根据实际问题选取不同的坐标系。通常，同一物理量在不同坐标系下的分量是不相同的，但不同坐标系的分量间存在一定的变换关系。本节着重讨论不同笛卡儿坐标系间的变换。

假设空间任意点 $O$ 点处有新旧两套笛卡儿坐标系 $Oy_1^* y_2^* y_3^*$ 和 $Oy_1 y_2 y_3$，对应坐标基矢量分别为 $\boldsymbol{u}_i^*$ $(i=1, 2, 3)$和 $\boldsymbol{u}_i$$(i=1, 2, 3)$，从旧坐标系来看，新坐标系的三个坐标基矢量 $\boldsymbol{u}_i^*$ $(i=1, 2, 3)$可表示为

$$\begin{cases} \boldsymbol{u}_1^* = \alpha_{11}\boldsymbol{u}_1 + \alpha_{12}\boldsymbol{u}_2 + \alpha_{13}\boldsymbol{u}_3 \\ \boldsymbol{u}_2^* = \alpha_{21}\boldsymbol{u}_1 + \alpha_{22}\boldsymbol{u}_2 + \alpha_{23}\boldsymbol{u}_3 \\ \boldsymbol{u}_3^* = \alpha_{31}\boldsymbol{u}_1 + \alpha_{32}\boldsymbol{u}_2 + \alpha_{33}\boldsymbol{u}_3 \end{cases} \tag{1-3}$$

或

$$\boldsymbol{u}_i^* = \sum_{j=1}^{3} \alpha_{ij} \boldsymbol{u}_j \tag{1-4}$$

式中，$\alpha_{ij} = \boldsymbol{u}_i^* \cdot \boldsymbol{u}_j$ 称为 $\boldsymbol{u}_i^*$ 在 $\boldsymbol{u}_j$ 上的分量，是新坐标系坐标基矢量 $\boldsymbol{u}_i^*$ 和旧坐标系坐标基矢量 $\boldsymbol{u}_j$ 夹角的方向余弦。如此，就得到了新旧坐标系间的变换关系。也可将上式写成矩阵的形式，即

$$\begin{pmatrix} \boldsymbol{u}_1^* \\ \boldsymbol{u}_2^* \\ \boldsymbol{u}_3^* \end{pmatrix} = \begin{pmatrix} \alpha_{11} & \alpha_{12} & \alpha_{13} \\ \alpha_{21} & \alpha_{22} & \alpha_{23} \\ \alpha_{31} & \alpha_{32} & \alpha_{33} \end{pmatrix} \begin{pmatrix} \boldsymbol{u}_1 \\ \boldsymbol{u}_2 \\ \boldsymbol{u}_3 \end{pmatrix} \tag{1-5}$$

等号两端求转置，得

$$(\boldsymbol{u}_1^* \quad \boldsymbol{u}_2^* \quad \boldsymbol{u}_3^*) = (\boldsymbol{u}_1 \quad \boldsymbol{u}_2 \quad \boldsymbol{u}_3) \begin{pmatrix} \alpha_{11} & \alpha_{21} & \alpha_{31} \\ \alpha_{12} & \alpha_{22} & \alpha_{32} \\ \alpha_{13} & \alpha_{23} & \alpha_{33} \end{pmatrix} \tag{1-6}$$

记

$$\boldsymbol{A} = \begin{pmatrix} \alpha_{11} & \alpha_{12} & \alpha_{13} \\ \alpha_{21} & \alpha_{22} & \alpha_{23} \\ \alpha_{31} & \alpha_{32} & \alpha_{33} \end{pmatrix}$$

将式(1－5)、(1－6)做矩阵相乘，并利用 $\boldsymbol{u}_i^*$ 和 $\boldsymbol{u}_i$ 均为单位正交的性质，得

$$\begin{pmatrix} 1 & 0 & 0 \\ 0 & 1 & 0 \\ 0 & 0 & 1 \end{pmatrix} = \boldsymbol{I} = \boldsymbol{A}\boldsymbol{A}^{\mathrm{T}} \tag{1-7}$$

因此，矩阵 $\boldsymbol{A}$ 为正交矩阵，满足 $\boldsymbol{A}^{\mathrm{T}} = \boldsymbol{A}^{-1}$。

上述由旧坐标系向新坐标系的变换称为正变换，反之，在式(1－5)两端同时左乘 $\boldsymbol{A}^{\mathrm{T}}$，得

$$\begin{pmatrix} \boldsymbol{u}_1 \\ \boldsymbol{u}_2 \\ \boldsymbol{u}_3 \end{pmatrix} = \boldsymbol{A}^{\mathrm{T}} \begin{pmatrix} \boldsymbol{u}_1^* \\ \boldsymbol{u}_2^* \\ \boldsymbol{u}_3^* \end{pmatrix} = \begin{pmatrix} \alpha_{11} & \alpha_{21} & \alpha_{31} \\ \alpha_{12} & \alpha_{22} & \alpha_{32} \\ \alpha_{13} & \alpha_{23} & \alpha_{33} \end{pmatrix} \begin{pmatrix} \boldsymbol{u}_1^* \\ \boldsymbol{u}_2^* \\ \boldsymbol{u}_3^* \end{pmatrix} \tag{1-8}$$

由此实现了新坐标系向旧坐标系的变换，相对于正变换，这种变换称为反变换。事实上，将正交矩阵左乘坐标系坐标基矢量，等价于对该坐标系进行了正交变换。因此，不同笛卡儿坐标系间的变换是通过正交变换得来的。

具体到变换形式，正交变换可进一步分为旋转变换和反射变换两种。旋转变换时，新坐标系可由旧坐标系围绕经过坐标原点的有向方向，按右手螺旋法则旋转一定角度而得到。反射变换时，有两条坐标线不动，第三条坐标线沿两条坐标线构成的坐标面进行反射，新旧坐标系形成镜面反射；反射变换不可能通过旋转变换得到。

**例 1－1**　已知 $y_i$ 和 $y_i^*$ 分别代表旧、新笛卡儿坐标系下的坐标分量，证明：$\dfrac{\partial y_i^*}{\partial y_j} = \dfrac{\partial y_j}{\partial y_i^*} = \alpha_{ij}$。

证明：根据新旧笛卡儿坐标系间的正变换式(1-3)，可得

$$\begin{cases} y_1^* = \alpha_{11} y_1 + \alpha_{12} y_2 + \alpha_{13} y_3 \\ y_2^* = \alpha_{21} y_1 + \alpha_{22} y_2 + \alpha_{23} y_3 \\ y_3^* = \alpha_{31} y_1 + \alpha_{32} y_2 + \alpha_{33} y_3 \end{cases}$$

故

$$\frac{\partial y_i^*}{\partial y_j} = \alpha_{ij}$$

根据新旧笛卡儿坐标系间的反变换式(1-8)，可得

$$\begin{cases} y_1 = \alpha_{11} y_1^* + \alpha_{21} y_2^* + \alpha_{31} y_3^* \\ y_2 = \alpha_{12} y_1^* + \alpha_{22} y_2^* + \alpha_{32} y_3^* \\ y_3 = \alpha_{13} y_1^* + \alpha_{23} y_2^* + \alpha_{33} y_3^* \end{cases}$$

故

$$\frac{\partial y_j}{\partial y_i^*} = \alpha_{ij}$$

因此

$$\frac{\partial y_i^*}{\partial y_j} = \frac{\partial y_j}{\partial y_i^*} = \alpha_{ij}$$

证毕。

需要强调的是，在上述正反变换式中，$\alpha_{ij}$ 的第一个和第二个下标始终分别代表新、旧坐标系的坐标线方向，即坐标基矢量的方向；$\alpha_{ij}$ 不能随意交换下标顺序，即变换矩阵不是对称矩阵。

**例 1-2** 将旧笛卡儿坐标系 $Oy_1y_2y_3$ 绕 $y_3$ 线旋转 90°得到新坐标系 $Oy_1^*y_2^*y_3^*$，如图 1-2 所示，写出相应的正交矩阵。

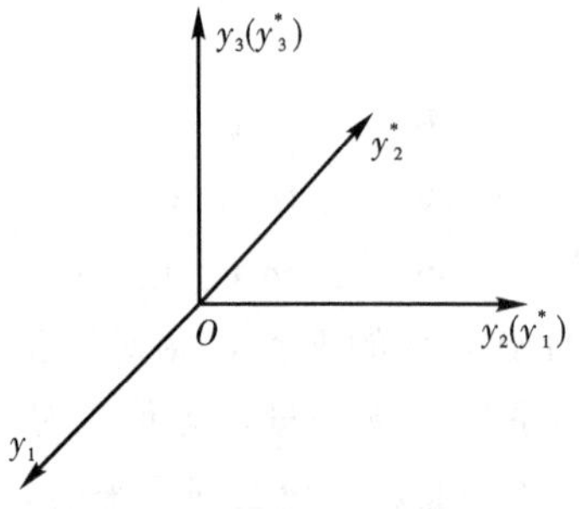


**图 1-2　旋转变换(绕 $y_3$ 线旋转 90°)示意图**

解：根据 $\alpha_{ij} = \boldsymbol{u}_i^* \cdot \boldsymbol{u}_j$，参考图 1-2，可得由 $\alpha_{ij}$ 构成的正交矩阵为

$$\begin{pmatrix} 0 & 1 & 0 \\ -1 & 0 & 0 \\ 0 & 0 & 1 \end{pmatrix}$$

故将该正交矩阵左乘旧坐标系坐标基矢量

$$\begin{pmatrix} \boldsymbol{u}_1 \\ \boldsymbol{u}_2 \\ \boldsymbol{u}_3 \end{pmatrix}$$

即可获得新坐标系坐标基矢量

$$\begin{pmatrix} \boldsymbol{u}_1^* \\ \boldsymbol{u}_2^* \\ \boldsymbol{u}_3^* \end{pmatrix}$$

解毕。

**例 1-3**　将旧笛卡儿坐标系 $Oy_1y_2y_3$ 绕 $y_3$ 线旋转 180°得到新坐标系 $Oy_1^*y_2^*y_3^*$，如图 1-3 所示，写出相应的正交矩阵。

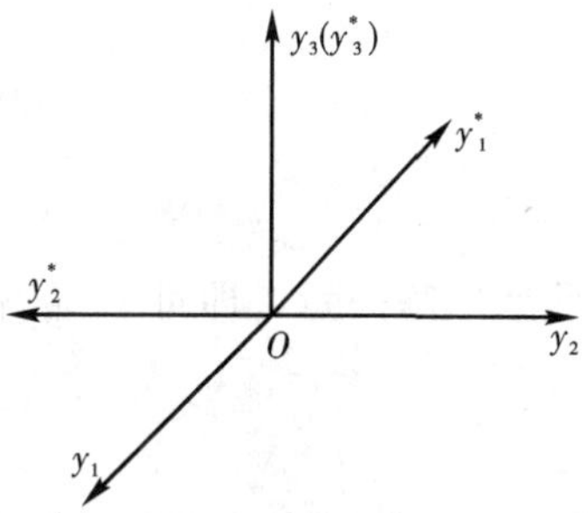


**图 1-3　旋转变换(绕 $y_3$ 线旋转 180°)示意图**

解：根据 $\alpha_{ij}=\boldsymbol{u}_i^*\cdot\boldsymbol{u}_j$，参考图 1-3，可得由 $\alpha_{ij}$ 构成的正交矩阵为

$$\begin{pmatrix} -1 & 0 & 0 \\ 0 & -1 & 0 \\ 0 & 0 & 1 \end{pmatrix}$$

故将该正交矩阵左乘旧坐标系坐标基矢量，即可获得新坐标系坐标基矢量。

解毕。

**例 1-4**　将旧笛卡儿坐标系 $Oy_1y_2y_3$ 绕等分线 $OM$ 线旋转 120°得到新坐标系 $Oy_1^*y_2^*y_3^*$，如图 1-4 所示，写出相应的正交矩阵。

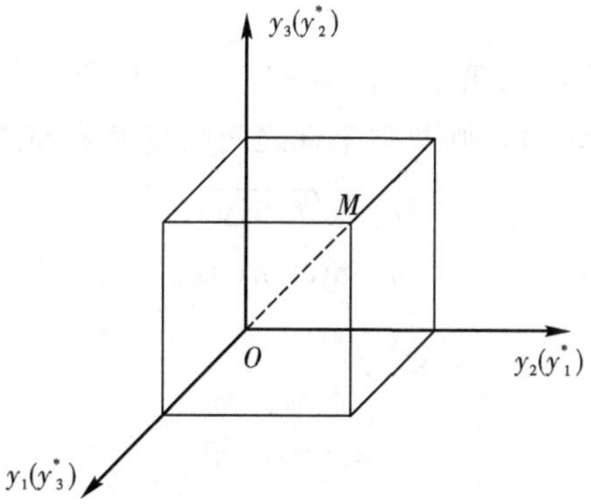


**图 1-4　旋转变换(绕 $OM$ 线旋转 120°)示意图**

解：根据 $\alpha_{ij}=\boldsymbol{u}_i^*\cdot\boldsymbol{u}_j$，参考图 1-4，可得由 $\alpha_{ij}$ 构成的正交矩阵为

$$\begin{pmatrix}0 & 1 & 0\\0 & 0 & 1\\1 & 0 & 0\end{pmatrix}$$

故将该正交矩阵左乘旧坐标系坐标基矢量，即可获得新坐标系坐标基矢量。

解毕。

**例 1-5**　将旧笛卡儿坐标系 $Oy_1y_2y_3$ 的 $y_3$ 线沿 $Oy_1y_2$ 面进行反射得到新坐标系 $Oy_1^*y_2^*y_3^*$，如图 1-5 所示，写出相应的正交矩阵。

解：根据 $\alpha_{ij}=\boldsymbol{u}_i^*\cdot\boldsymbol{u}_j$，参考图 1-5，可得由 $\alpha_{ij}$ 构成的正交矩阵为

$$\begin{pmatrix}1 & 0 & 0\\0 & 1 & 0\\0 & 0 & -1\end{pmatrix}$$

故将该正交矩阵左乘旧坐标系坐标基矢量，即可获得新坐标系坐标基矢量。

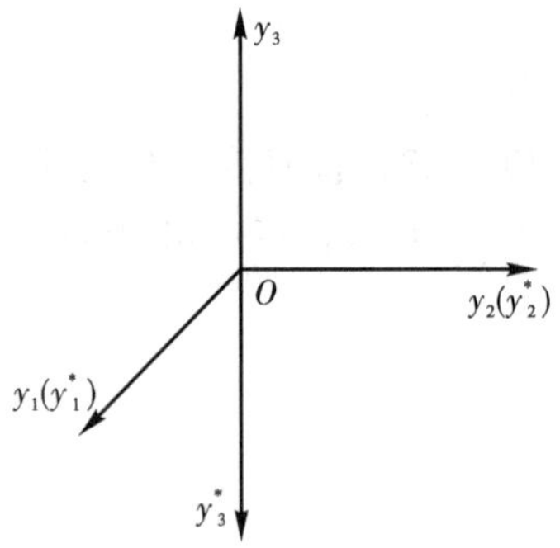

**图 1-5　反射变换($y_3$ 线沿 $Oy_1y_2$ 面反射)示意图**

解毕。

上述四类特殊的正交变换在后面章节推导各向同性张量形式中还将用到。不难看出，其中前三类为旋转变换，将右手坐标系旋转变换为右手坐标系；第四类为反射变换，将右手坐标系变换为左手坐标系。读者不妨想象，当你对着镜面举起右手时，镜中的你举起了哪只手?

### 1.2.3　圆柱坐标系

任意曲线坐标系均可看成笛卡儿坐标系的任意变换，变换式为任意坐标系的定义式。对于圆柱坐标系，空间任意点 $P$ 处的圆柱坐标记为$(r_P,\ \theta_P,\ z_P)$，则过该点的三个坐标面 $r=r_P$、$\theta=\theta_P$、$z=z_P$，分别为圆柱面、半平面、平面；三条坐标线 $r$ 线、$\theta$ 线、$z$ 线，分别为射线、圆周线、直线；将与坐标线相切且沿坐标值增加方向上的三个单位坐标基矢量记为 $\boldsymbol{l}_r$，$\boldsymbol{l}_\theta$，$\boldsymbol{l}_z$。

图 1-6 给出了圆柱坐标及笛卡儿坐标的关系，记空间任意点的笛卡儿坐标为$(x,\ y,\ z)$，圆柱坐标为$(r,\ \theta,\ z)$，则两类坐标之间的变换式即圆柱坐标系的定义为

$$\begin{cases}r=\sqrt{x^2+y^2}\\ \theta=\arctan(y/x)\\ z=z\end{cases}\tag{1-9}$$

其逆变换为

$$\begin{cases}x=r\cos\theta\\ y=r\sin\theta\\ z=z\end{cases}\tag{1-10}$$

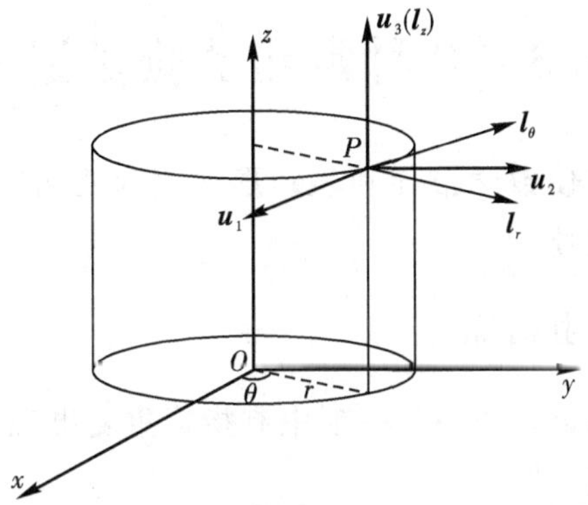


图 1-6　圆柱坐标与笛卡儿坐标的关系示意图

### 1.2.4　球坐标系

在球坐标系下，空间任意点 $P$ 处的球坐标为$(R_P，\theta_P，\varphi_P)$，则过该点的三个坐标面 $R=R_P$、$\theta=\theta_P$、$\varphi=\varphi_P$，分别为球面、圆锥面、半平面；三条坐标线 $R$ 线、$\theta$ 线、$\varphi$ 线，分别为射线、大圆周线、小圆周线；将与坐标线相切且沿坐标值增加方向上的三个单位坐标基矢量记为 $\boldsymbol{l}_R$、$\boldsymbol{l}_\theta$、$\boldsymbol{l}_\varphi$。

图 1-7 给出了球坐标与笛卡儿坐标的关系，记空间任意点的笛卡儿坐标为$(x，y，z)$，球坐标为$(R，\theta，\varphi)$，则两类坐标之间的变换关系为

$$\begin{cases} R=\sqrt{x^2+y^2+z^2} \\ \theta=\arctan(\sqrt{x^2+y^2}/z) \\ \varphi=\arctan(y/x) \end{cases} \tag{1-11}$$

其逆变换为

$$\begin{cases} x=R\sin\theta\cos\varphi \\ y=R\sin\theta\sin\varphi \\ z=R\cos\theta \end{cases} \tag{1-12}$$

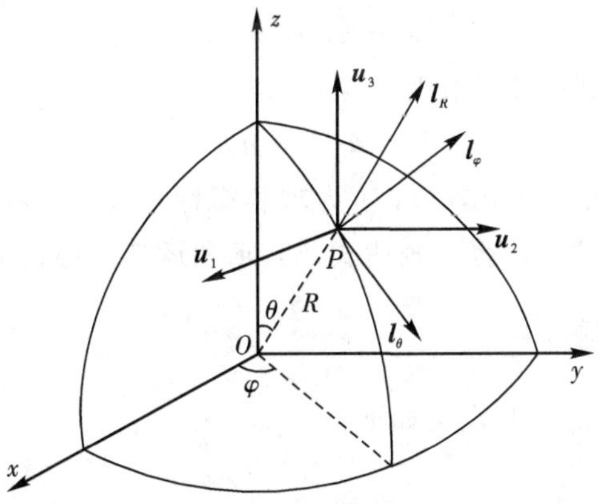


图 1-7　球坐标与笛卡儿坐标的关系示意图

# 1.3 几种常用的张量记号

在张量分析中，为了使数学推导和表示形式更为简洁明了，引入一些俗称约定。本节重点介绍四种常用记号。

## 1.3.1 求和指标与自由指标

根据爱因斯坦求和约定，如果某一项中有指标重复出现两次，则表示该项对该指标在取值范围内遍历求和，如

$$a_i b_i = \sum_{i=1}^{3} a_i b_i = a_1 b_1 + a_2 b_2 + a_3 b_3 \tag{1-13}$$

式中，$i$ 为求和指标或者哑指标，对于 $n$ 维问题，其取值为 1，2，…，$n$，本书中，若不加特殊说明，$n=3$。以上表述亦可推广至二次、三次甚至更高次求和，如

$$a_{ij} x_i y_j = \sum_{i=1}^{3} \sum_{j=1}^{3} a_{ij} x_i y_j \tag{1-14}$$

$$c_{ijk} x_i y_j z_k = \sum_{i=1}^{3} \sum_{j=1}^{3} \sum_{k=1}^{3} c_{ijk} x_i y_j z_k \tag{1-15}$$

式中，左端项中的 $i$，$j$，$k$ 均重复出现两次，为求和指标。

相反，如果某一项中有指标仅出现一次，则该指标称为自由指标，表示该项在该指标的取值范围内遍历成立。例如，$a_i$ 中的 $i$ 为自由指标，表示 3 个分量 $a_1$，$a_2$ 和 $a_3$；$P_{ij}$ 中的 $i$ 和 $j$ 为自由指标，表示 9 个分量 $P_{11}$，$P_{12}$，…，$P_{32}$，$P_{33}$；再比如

$$a_{ij} x_j = b_i \tag{1-16}$$

式中，$j$ 在等号左端项中出现两次，故为求和指标或哑指标；$i$ 在等号两端项中各出现一次，故为自由指标，表示该等式对指标 $i$ 遍历成立。显然，式(1-16)代表 3 个线性代数方程，即

$$\begin{cases} a_{11} x_1 + a_{12} x_2 + a_{13} x_3 = b_1 \\ a_{21} x_1 + a_{22} x_2 + a_{23} x_3 = b_2 \\ a_{31} x_1 + a_{32} x_2 + a_{33} x_3 = b_3 \end{cases}$$

同理，式(1-4)可进一步简化为

$$\boldsymbol{u}_i^* = \alpha_{ij} \boldsymbol{u}_j$$

式中，$i$ 为自由指标，表示三个方程；$j$ 为求和指标，表示三项相加。可见，在引入求和指标和自由指标的概念后，张量表达式及其求和运算式得到了极大的简化。

## 1.3.2 克罗内克符号

克罗内克符号记作 $\delta_{ij}$，其定义如下：

$$\delta_{ij} = \begin{cases} 0, & i \neq j \\ 1, & i = j \end{cases} \tag{1-17}$$

可见，$\delta_{ij}$ 是一个二阶张量，有 9 个分量，写成矩阵的形式，为

$$(\delta_{ij})_{3\times 3}=\begin{pmatrix}1&0&0\\0&1&0\\0&0&1\end{pmatrix}$$

写成实体形式，为

$$\boldsymbol{I}=\delta_{ij}\boldsymbol{u}_i\boldsymbol{u}_j$$

可见，克罗内克符号为二阶单位张量。根据上述定义，$\delta_{ij}$ 等价于笛卡儿坐标系下，任意两个坐标基矢量的内积，即

$$\delta_{ij}=\boldsymbol{u}_i\cdot\boldsymbol{u}_j \tag{1-18}$$

由此建立起了 $\delta_{ij}$ 与笛卡儿坐标基矢量的关系，从该关系式可看出 $\delta_{ij}=\delta_{ji}$。此外，从定义出发，还可推出下列关系式：

$$\delta_{ii}=\delta_{11}+\delta_{22}+\delta_{33}=3 \tag{1-19}$$

$$\delta_{ij}a_j=\delta_{i1}a_1+\delta_{i2}a_2+\delta_{i3}a_3=a_i \tag{1-20}$$

$$\delta_{ij}b_{jk}=\delta_{i1}b_{1k}+\delta_{i2}b_{2k}+\delta_{i3}b_{3k}=b_{ik} \tag{1-21}$$

式(1-20)～(1-21)中，$\delta_{ij}$ 起到了指标缩减的作用，使得表达式更为简洁。上述关系式作为 $\delta_{ij}$ 的重要性质，广泛应用于今后张量的基本运算中，如基于式(1-20)，可推导任意两个矢量的内积计算式，有

$$\boldsymbol{a}\cdot\boldsymbol{b}=a_i\boldsymbol{u}_i\cdot b_j\boldsymbol{u}_j=a_ib_j\delta_{ij}=a_ib_i \tag{1-22}$$

### 1.3.3　置换符号

置换符号记作 $\varepsilon_{ijk}$，其定义如下：

$$\varepsilon_{ijk}=\begin{cases}1, & i,\ j,\ k\ \text{为偶排列}\\-1, & i,\ j,\ k\ \text{为奇排列}\\0, & i,\ j,\ k\ \text{不成排列}\end{cases} \tag{1-23}$$

可见，$\varepsilon_{ijk}$ 是一个三阶张量，有 27 个分量，各分量的取值取决于下标 $i$，$j$，$k$ 的排列顺序。对于 1，2，3 这样的顺序排列，任意调换两个序号，顺序会被打乱。若调换次数是偶数，对应排列为偶排列；若调换次数是奇数，则为奇排列；剩余为不成排列的情况。因此，有

$$\varepsilon_{123}=\varepsilon_{312}=\varepsilon_{231}=1$$

$$\varepsilon_{213}=\varepsilon_{132}=\varepsilon_{321}=-1$$

$$\varepsilon_{111}=\varepsilon_{222}=\varepsilon_{333}=\varepsilon_{112}=\varepsilon_{113}=\varepsilon_{221}=\cdots=0$$

根据上述定义，$\varepsilon_{ijk}$ 等价于笛卡儿坐标系下，三个坐标基矢量的线性二重积，即

$$\varepsilon_{ijk}=\boldsymbol{u}_i\cdot(\boldsymbol{u}_j\times\boldsymbol{u}_k) \tag{1-24}$$

亦可用 $\varepsilon_{ijk}$ 表示任意两个笛卡儿坐标基矢量的外积，即

$$\boldsymbol{u}_i\times\boldsymbol{u}_j=\varepsilon_{ijk}\boldsymbol{u}_k \tag{1-25}$$

由此建立起了 $\varepsilon_{ijk}$ 与笛卡儿坐标基矢量的关系。利用上述关系，就可以很容易地写出任意三个矢量的线性二重积的计算式，即

$$\boldsymbol{a}\cdot(\boldsymbol{b}\times\boldsymbol{c})=a_i\boldsymbol{u}_i\cdot(b_j\boldsymbol{u}_j\times c_k\boldsymbol{u}_k)=\varepsilon_{ijk}a_ib_jc_k=\begin{vmatrix}a_1&b_1&c_1\\a_2&b_2&c_2\\a_3&b_3&c_3\end{vmatrix}\tag{1-26}$$

且

$$\boldsymbol{a}\cdot(\boldsymbol{b}\times\boldsymbol{c})=\boldsymbol{b}\cdot(\boldsymbol{c}\times\boldsymbol{a})=\boldsymbol{c}\cdot(\boldsymbol{a}\times\boldsymbol{b})\tag{1-27a}$$

$$\boldsymbol{a}\cdot(\boldsymbol{b}\times\boldsymbol{c})=-\boldsymbol{b}\cdot(\boldsymbol{a}\times\boldsymbol{c})=-\boldsymbol{a}\cdot(\boldsymbol{c}\times\boldsymbol{b})=-\boldsymbol{c}\cdot(\boldsymbol{b}\times\boldsymbol{a})\tag{1-27b}$$

以及任意两个矢量的外积，即

$$\boldsymbol{a}\times\boldsymbol{b}=a_i\boldsymbol{u}_i\times b_j\boldsymbol{u}_j=\varepsilon_{ijk}a_ib_j\boldsymbol{u}_k=\begin{pmatrix}\boldsymbol{u}_1&\boldsymbol{u}_2&\boldsymbol{u}_3\\a_1&a_2&a_3\\b_1&b_2&b_3\end{pmatrix}\tag{1-28}$$

同时，基于三个矢量线性二重积的行列式表达式，可建立起 $\varepsilon_{ijk}$ 与 $\delta_{ij}$ 的关系，即

$$\varepsilon_{ijk}=\boldsymbol{u}_i\cdot(\boldsymbol{u}_j\times\boldsymbol{u}_k)=\begin{vmatrix}\boldsymbol{u}_i\cdot\boldsymbol{u}_1&\boldsymbol{u}_i\cdot\boldsymbol{u}_2&\boldsymbol{u}_i\cdot\boldsymbol{u}_3\\\boldsymbol{u}_j\cdot\boldsymbol{u}_1&\boldsymbol{u}_j\cdot\boldsymbol{u}_2&\boldsymbol{u}_j\cdot\boldsymbol{u}_3\\\boldsymbol{u}_k\cdot\boldsymbol{u}_1&\boldsymbol{u}_k\cdot\boldsymbol{u}_2&\boldsymbol{u}_k\cdot\boldsymbol{u}_3\end{vmatrix}=\begin{vmatrix}\delta_{i1}&\delta_{i2}&\delta_{i3}\\\delta_{j1}&\delta_{j2}&\delta_{j3}\\\delta_{k1}&\delta_{k2}&\delta_{k3}\end{vmatrix}\tag{1-29}$$

**例 1-6**　证明如下恒等式成立：

$$\varepsilon_{ijk}\varepsilon_{pqr}=\begin{vmatrix}\delta_{ip}&\delta_{iq}&\delta_{ir}\\\delta_{jp}&\delta_{jq}&\delta_{jr}\\\delta_{kp}&\delta_{kq}&\delta_{kr}\end{vmatrix},\quad\varepsilon_{ijk}\varepsilon_{pqk}=\begin{vmatrix}\delta_{ip}&\delta_{iq}\\\delta_{jp}&\delta_{jq}\end{vmatrix}$$

证明：由式(1-29)，可知

$$\varepsilon_{ijk}=\begin{vmatrix}\delta_{i1}&\delta_{i2}&\delta_{i3}\\\delta_{j1}&\delta_{j2}&\delta_{j3}\\\delta_{k1}&\delta_{k2}&\delta_{k3}\end{vmatrix},\quad\varepsilon_{pqr}=\begin{vmatrix}\delta_{p1}&\delta_{p2}&\delta_{p3}\\\delta_{q1}&\delta_{q2}&\delta_{q3}\\\delta_{r1}&\delta_{r2}&\delta_{r3}\end{vmatrix}$$

令

$$\boldsymbol{A}=\begin{pmatrix}\delta_{i1}&\delta_{i2}&\delta_{i3}\\\delta_{j1}&\delta_{j2}&\delta_{j3}\\\delta_{k1}&\delta_{k2}&\delta_{k3}\end{pmatrix},\quad\boldsymbol{B}=\begin{pmatrix}\delta_{p1}&\delta_{p2}&\delta_{p3}\\\delta_{q1}&\delta_{q2}&\delta_{q3}\\\delta_{r1}&\delta_{r2}&\delta_{r3}\end{pmatrix}$$

则

$$\begin{aligned}\varepsilon_{ijk}\varepsilon_{pqr}&=|\boldsymbol{A}|\,|\boldsymbol{B}|=|\boldsymbol{A}\boldsymbol{B}^{\mathrm{T}}|\\&=\left|\begin{pmatrix}\delta_{i1}&\delta_{i2}&\delta_{i3}\\\delta_{j1}&\delta_{j2}&\delta_{j3}\\\delta_{k1}&\delta_{k2}&\delta_{k3}\end{pmatrix}\begin{pmatrix}\delta_{p1}&\delta_{q1}&\delta_{r1}\\\delta_{p2}&\delta_{q2}&\delta_{r2}\\\delta_{p3}&\delta_{q3}&\delta_{r3}\end{pmatrix}\right|\\&=\begin{vmatrix}\delta_{im}\delta_{pm}&\delta_{im}\delta_{qm}&\delta_{im}\delta_{rm}\\\delta_{jm}\delta_{pm}&\delta_{jm}\delta_{qm}&\delta_{jm}\delta_{rm}\\\delta_{km}\delta_{pm}&\delta_{km}\delta_{qm}&\delta_{km}\delta_{rm}\end{vmatrix}=\begin{vmatrix}\delta_{ip}&\delta_{iq}&\delta_{ir}\\\delta_{jp}&\delta_{jq}&\delta_{jr}\\\delta_{kp}&\delta_{kq}&\delta_{kr}\end{vmatrix}\end{aligned}$$

$$\varepsilon_{ijk}\varepsilon_{pqk}=\begin{vmatrix}\delta_{ip} & \delta_{iq} & \delta_{ik}\\ \delta_{jp} & \delta_{jq} & \delta_{jk}\\ \delta_{kp} & \delta_{kq} & \delta_{kk}\end{vmatrix}=\begin{vmatrix}\delta_{ip} & \delta_{iq} & \delta_{ik}\\ \delta_{jp} & \delta_{jq} & \delta_{jk}\\ \delta_{kp} & \delta_{kq} & 3\end{vmatrix}$$

$$=3(\delta_{ip}\delta_{jq}-\delta_{iq}\delta_{jp})-\delta_{kq}(\delta_{ip}\delta_{jk}-\delta_{ik}\delta_{jp})+\delta_{kp}(\delta_{iq}\delta_{jk}-\delta_{ik}\delta_{jq})$$

$$=3(\delta_{ip}\delta_{jq}-\delta_{iq}\delta_{jp})-(\delta_{ip}\delta_{jq}-\delta_{iq}\delta_{jp})+(\delta_{iq}\delta_{jp}-\delta_{ip}\delta_{jq})$$

$$=\delta_{ip}\delta_{jq}-\delta_{iq}\delta_{jp}$$

$$=\begin{vmatrix}\delta_{ip} & \delta_{iq}\\ \delta_{jp} & \delta_{jq}\end{vmatrix}$$

证毕。

# 习　题

1-1　试利用求和指标写出下列各式的展开式：

(1) $\dfrac{\partial\varphi}{\partial t}+\boldsymbol{v}\cdot\nabla\varphi$；

(2) $\boldsymbol{x}^{\mathrm{T}}\boldsymbol{A}\boldsymbol{x}$；

(3) $\boldsymbol{a}\cdot\boldsymbol{b}+\boldsymbol{c}\cdot\boldsymbol{d}$；

(4) $(\boldsymbol{a}\cdot\boldsymbol{b})(\boldsymbol{c}\cdot\boldsymbol{d})$。

1-2　试将下列各式中的求和指标和自由指标展开：

(1) $\boldsymbol{a}\cdot(\boldsymbol{c}\times\boldsymbol{b})=\varepsilon_{ijk}a_ic_jb_k$；

(2) $\dfrac{\mathrm{D}\boldsymbol{v}}{\mathrm{D}t}=\left(\dfrac{\partial v_i}{\partial t}+v_j\dfrac{\partial v_i}{\partial y_j}\right)\boldsymbol{u}_i$；

(3) $\boldsymbol{P}=\boldsymbol{u}_iP_{ij}\boldsymbol{u}_j$；

(4) $\boldsymbol{p}_i=P_{ij}\boldsymbol{u}_j$；

(5) $\nabla\cdot\boldsymbol{P}=\dfrac{\partial P_{ij}}{\partial y_i}\boldsymbol{u}_j$。

1-3　证明：已知 $\Omega_{ij}=-\Omega_{ji}$，则 $n_i\Omega_{ij}n_j=0$。

1-4　证明：对于正交矩阵$(\alpha_{ij})$，有 $\alpha_{ij}\alpha_{ik}=\delta_{jk}$或$\alpha_{ji}\alpha_{ki}=\delta_{jk}$。

1-5　证明：如果 $\varepsilon_{ijk}T_{jk}=0$，则 $T_{jh}=T_{kj}$。

1-6　证明如下恒等式成立。

(1) $\varepsilon_{ijk}\varepsilon_{pjk}=2\delta_{ip}$；

(2) $\varepsilon_{ijk}\varepsilon_{ijk}=6$；

(3) $\varepsilon_{ijk}\varepsilon_{jik}=-6$。

# 第2章 笛卡儿张量分析

本章将介绍笛卡儿坐标系下张量分析的基本知识，内容主要包括矢量的代数及微分运算，二阶张量如应力张量、位移张量、变形率张量、旋转率张量的数学推导及物理意义，二阶张量的代数及微分运算，绝对矢量、二阶绝对张量的定义及充要条件，各向同性张量的形式，并以流体力学为例，利用张量运算推导流动基本方程。关于张量分析在其他学科如流体力学、气体动力学、固体力学、电动力学、相对论等中的应用，将在学完曲线及曲面坐标系下的张量分析后再作全面系统的介绍。

## 2.1 矢量运算

### 2.1.1 矢量的代数运算

矢量是一阶张量，是欧氏空间的元素，其基本代数运算就是欧氏空间上元素的代数运算，包含线性运算(加法运算与数乘运算)和内积运算两类，利用这两类基本代数运算关系式可以进一步写出其他代数运算式。关于三维欧氏空间的基本知识及运算式，见附录1。

(1)矢量分解。利用坐标基矢量的线性无关性及平行四边形分解法则，任意矢量 $\boldsymbol{a}$ 的唯一分解式可表示成

$$\boldsymbol{a} = \sum_{i=1}^{3} a_i \boldsymbol{u}_i = a_i \boldsymbol{u}_i \tag{2-1}$$

(2)矢量相等：

$$\boldsymbol{a}=\boldsymbol{b} \quad \Leftrightarrow \quad a_i = b_i \tag{2-2}$$

(3)矢量加法：

$$\boldsymbol{a}+\boldsymbol{b}=(a_i+b_i)\boldsymbol{u}_i \tag{2-3}$$

(4)矢量数乘：

$$\alpha\boldsymbol{a}=(\alpha a_i)\boldsymbol{u}_i \tag{2-4}$$

(5)矢量内积或点乘：

$$\boldsymbol{a}\cdot\boldsymbol{b}=a_i\boldsymbol{u}_i\cdot b_j\boldsymbol{u}_j=a_ib_j\delta_{ij}=a_ib_i \tag{2-5}$$

其为标量。

(6)矢量外积或叉乘：

$$\boldsymbol{a}\times\boldsymbol{b}=a_i\boldsymbol{u}_i\times b_j\boldsymbol{u}_j=\varepsilon_{ijk}a_ib_j\boldsymbol{u}_k=\begin{vmatrix}\boldsymbol{u}_1 & \boldsymbol{u}_2 & \boldsymbol{u}_3\\ a_1 & a_2 & a_3\\ b_1 & b_2 & b_3\end{vmatrix} \tag{2-6}$$

其为矢量，大小表示由两个矢量为邻边组成的平行四边形的面积，方向与该四边形所在的平面垂直。上式推导中利用了置换符号与笛卡儿坐标基矢量之间的关系式：

$$\boldsymbol{u}_i\times\boldsymbol{u}_j=\varepsilon_{ijk}\boldsymbol{u}_k$$

(7)线性二重积：

$$\boldsymbol{a}\cdot(\boldsymbol{b}\times\boldsymbol{c})=a_i\boldsymbol{u}_i\cdot(b_j\boldsymbol{u}_j\times c_k\boldsymbol{u}_k)=a_ib_jc_k\varepsilon_{ijk}=\begin{vmatrix}a_1 & b_1 & c_1\\ a_2 & b_2 & c_2\\ a_3 & b_3 & c_3\end{vmatrix}\tag{2-7}$$

其为标量，大小表示由三个矢量为棱边组成的平行六面体的体积。

(8)矢性二重积：

$$\begin{aligned}\boldsymbol{a}\times(\boldsymbol{b}\times\boldsymbol{c})&=a_q\boldsymbol{u}_q\times(b_i\boldsymbol{u}_i\times c_j\boldsymbol{u}_j)=a_q\boldsymbol{u}_q\times\varepsilon_{ijk}b_ic_j\boldsymbol{u}_k\\&=\varepsilon_{ijk}\varepsilon_{pqk}a_qb_ic_j\boldsymbol{u}_p=(\delta_{ip}\delta_{jq}-\delta_{iq}\delta_{jp})a_qb_ic_j\boldsymbol{u}_p\\&=a_jb_ic_j\boldsymbol{u}_i-a_ib_ic_j\boldsymbol{u}_j\\&=(\boldsymbol{a}\cdot\boldsymbol{c})\boldsymbol{b}-(\boldsymbol{a}\cdot\boldsymbol{b})\boldsymbol{c}\end{aligned}\tag{2-8}$$

其为矢量，方向在 $\boldsymbol{b}$ 和 $\boldsymbol{c}$ 所在的平面上。该式推导中用到了置换符号和克罗内克符号的恒等关系式(详见例题 1-6)：

$$\varepsilon_{ijk}\varepsilon_{pqk}=\begin{vmatrix}\delta_{ip} & \delta_{iq}\\ \delta_{jp} & \delta_{jq}\end{vmatrix}$$

(9)并矢：

$$\boldsymbol{ab}=a_ib_j\boldsymbol{u}_i\boldsymbol{u}_j\tag{2-9}$$

其为二阶张量，可理解为任意两个矢量的合并，基元素为 $\boldsymbol{u}_i\boldsymbol{u}_j$，分量为 $a_ib_j$，均有 9 个。

### 2.1.2　矢量的微分运算

描述物质运动的控制方程大多数为偏微分方程，其中的微分运算式主要包括梯度、散度和旋度，所涉及的一个重要算子为梯度算子，有时也叫作哈密顿算子，其在笛卡儿坐标系下的定义为

$$\nabla=\boldsymbol{u}_1\frac{\partial}{\partial y_1}+\boldsymbol{u}_2\frac{\partial}{\partial y_2}+\boldsymbol{u}_3\frac{\partial}{\partial y_3}=\boldsymbol{u}_i\frac{\partial}{\partial y_i}\tag{2-10}$$

显然，该算子具有矢量和微分的双重性质。有了梯度算子，就可以很容易地写出任意张量的各种微分运算式。

**1. 梯度运算**

对于任意标量函数 $\varphi(y_1, y_2, y_3)$，其梯度运算式为

$$\nabla\varphi=\boldsymbol{u}_i\frac{\partial\varphi}{\partial y_i}\tag{2-11}$$

显然，标量函数的梯度是一个矢量函数，大小表示标量函数在空间分布的不均匀程度，方向为 $\varphi$ 在空间上变化最快的方向。特别地，对于空间均匀分布的 $\varphi$ 函数，其值为常数，梯度为 $\boldsymbol{0}$ 矢量。

对于任意矢量函数 $\mathbf{A}(y_1, y_2, y_3)$，其梯度运算式为

$$\nabla\mathbf{A}=\boldsymbol{u}_i\frac{\partial A_j\boldsymbol{u}_j}{\partial y_i}=\boldsymbol{u}_i\frac{\partial A_j}{\partial y_i}\boldsymbol{u}_j \tag{2-12}$$

显然，矢量函数的梯度是一个二阶张量函数，表示矢量函数在空间分布的不均匀程度。上式推导中，利用到了笛卡儿坐标基矢量 $\boldsymbol{u}_j$ 不随空间位置改变而变化的性质。

**2. 散度运算**

对于任意矢量函数 $\mathbf{A}(y_1, y_2, y_3)$，其散度运算式为

$$\begin{aligned}\nabla\cdot\mathbf{A}&=\boldsymbol{u}_i\frac{\partial}{\partial y_i}\cdot A_j\boldsymbol{u}_j=\boldsymbol{u}_i\cdot\boldsymbol{u}_j\frac{\partial A_j}{\partial y_i}=\delta_{ij}\frac{\partial A_j}{\partial y_i}=\frac{\partial A_i}{\partial y_i}\\&=\frac{\partial A_1}{\partial y_1}+\frac{\partial A_2}{\partial y_2}+\frac{\partial A_3}{\partial y_3}\end{aligned} \tag{2-13}$$

显然，矢量函数的散度是一个标量函数。在流体力学中，流动速度 $\mathbf{V}$ 的散度 $\nabla\cdot\mathbf{V}$ 表示单位体积流体系统的膨胀率，关于这一点说明如下：

设 $\delta\nu$ 为流体微元系统的体积，则利用体积分平均公式，有

$$\nabla\cdot\mathbf{V}=\frac{1}{\delta\nu}\int_{\delta\nu}\nabla\cdot\mathbf{V}\mathrm{d}\nu=\frac{1}{\delta\nu}\oint_{\delta S}\boldsymbol{n}\cdot\mathbf{V}\mathrm{d}S=\frac{1}{\delta\nu}\oint_{\delta S}v_{\mathrm{n}}\mathrm{d}S \tag{2-14}$$

式中，$\boldsymbol{n}$ 为流体微元系统表面积 $\delta S$ 的单位外法向；$v_{\mathrm{n}}$ 为表面上的法向速度；$\delta\nu$ 为流体体积微元。故上式最右端项表示单位体积流体系统的膨胀率，即

$$\nabla\cdot\mathbf{V}=\frac{\mathrm{D}\delta\nu}{\delta\nu\mathrm{D}t} \tag{2-15}$$

式中，$\frac{\mathrm{D}}{\mathrm{D}t}$为随体导数。显然，对于不可压缩流动，速度的散度为 0，即流场中任意流体系统的体积不会发生膨胀或压缩。

**3. 旋度运算**

对于任意矢量函数 $\mathbf{A}(y_1, y_2, y_3)$，其旋度运算式为

$$\nabla\times\mathbf{A}=\boldsymbol{u}_i\frac{\partial}{\partial y_i}\times A_j\boldsymbol{u}_j=\varepsilon_{ijk}\frac{\partial A_j}{\partial y_i}\boldsymbol{u}_k=\begin{vmatrix}\boldsymbol{u}_1&\boldsymbol{u}_2&\boldsymbol{u}_3\\\frac{\partial}{\partial y_1}&\frac{\partial}{\partial y_2}&\frac{\partial}{\partial y_3}\\A_1&A_2&A_3\end{vmatrix} \tag{2-16}$$

显然，矢量函数的旋度仍是一个矢量函数。在流体力学中，流动速度 $\mathbf{V}$ 的旋度 $\nabla\times\mathbf{V}$ 表示单位面积流体的旋转强度。对于无旋流动，速度的旋度为 **0**。

**例 2-1**　已知 $\boldsymbol{X}$ 和 $\boldsymbol{Y}$ 为任意矢量，试利用矢量的代数及微分运算，证明如下恒等式成立：

$$\nabla\cdot(\boldsymbol{X}\boldsymbol{Y})=(\nabla\cdot\boldsymbol{X})\boldsymbol{Y}+(\boldsymbol{X}\cdot\nabla)\boldsymbol{Y}$$

证明：

$$\nabla\cdot(\boldsymbol{X}\boldsymbol{Y})=\boldsymbol{u}_i\frac{\partial}{\partial y_i}\cdot\boldsymbol{u}_jX_jY_k\boldsymbol{u}_k=\delta_{ij}\frac{\partial X_jY_k}{\partial y_i}\boldsymbol{u}_k=\frac{\partial X_i}{\partial y_i}Y_k\boldsymbol{u}_k+\frac{\partial Y_k}{\partial y_i}X_i\boldsymbol{u}_k$$

$$(\nabla\cdot\boldsymbol{X})\boldsymbol{Y}=\left(\boldsymbol{u}_i\frac{\partial}{\partial y_i}\cdot X_j\boldsymbol{u}_j\right)Y_k\boldsymbol{u}_k=\left(\delta_{ij}\frac{\partial X_j}{\partial y_i}\right)Y_k\boldsymbol{u}_k=\frac{\partial X_i}{\partial y_i}Y_k\boldsymbol{u}_k$$

$$(\boldsymbol{X}\cdot\nabla)\boldsymbol{Y}=\left(X_i\boldsymbol{u}_i\cdot\boldsymbol{u}_j\,\frac{\partial}{\partial y_j}\right)Y_k\boldsymbol{u}_k=\delta_{ij}X_i\,\frac{\partial Y_k}{\partial y_j}\boldsymbol{u}_k=\frac{\partial Y_k}{\partial y_i}X_i\boldsymbol{u}_k$$

证毕。

### 2.1.3　几种特殊的矢量场

利用上述梯度、散度和旋度运算，可定义如下几种特殊的矢量场。

**1. 无源场**

若矢量场 $\boldsymbol{A}$ 的散度为零，即

$$\nabla\cdot\boldsymbol{A}=0 \tag{2-17}$$

则称 $\boldsymbol{A}$ 为无源场，又叫作螺管场。由式(2－14)可知，$\boldsymbol{A}$ 通过任意封闭曲面的通量为零。事实上，对于无源场 $\boldsymbol{A}$，一定存在矢量场 $\boldsymbol{\psi}$，使得

$$\boldsymbol{A}=\nabla\times\boldsymbol{\psi}=\begin{vmatrix}\boldsymbol{u}_1 & \boldsymbol{u}_2 & \boldsymbol{u}_3\\ \dfrac{\partial}{\partial y_1} & \dfrac{\partial}{\partial y_2} & \dfrac{\partial}{\partial y_3}\\ \psi_1 & \psi_2 & \psi_3\end{vmatrix} \tag{2-18}$$

不难证明，任意矢量的旋度场的散度恒为零。对于平面不可压缩流动，速度场 $\boldsymbol{V}$ 可表示为

$$\boldsymbol{V}=\nabla\times\boldsymbol{\psi}=\begin{vmatrix}\boldsymbol{u}_1 & \boldsymbol{u}_2 & \boldsymbol{u}_3\\ \dfrac{\partial}{\partial y_1} & \dfrac{\partial}{\partial y_2} & 0\\ 0 & 0 & \psi_3\end{vmatrix}=\frac{\partial\psi_3}{\partial y_2}\boldsymbol{u}_1-\frac{\partial\psi_3}{\partial y_1}\boldsymbol{u}_2 \tag{2-19}$$

式中，$\psi_3$ 为标量流函数，表示平面流动中通过单位厚度的体积流量。

**2. 无旋场**

若矢量场 $\boldsymbol{A}$ 的旋度为零，即

$$\nabla\times\boldsymbol{A}=\boldsymbol{0} \tag{2-20}$$

则称 $\boldsymbol{A}$ 为无旋场。事实上，对于无旋场 $\boldsymbol{A}$，一定存在标量 $\varphi$，使得

$$\boldsymbol{A}=\nabla\varphi \tag{2-21}$$

式中，$\varphi$ 称为势函数。不难证明，任意标量的梯度场的旋度恒为零。

**3. 拉普拉斯场**

若矢量场 $\boldsymbol{A}$ 同时满足无源和无旋的条件，即

$$\nabla\cdot\boldsymbol{A}=0,\ \nabla\times\boldsymbol{A}=\boldsymbol{0} \tag{2-22}$$

则称 $\boldsymbol{A}$ 为拉普拉斯场，又叫作调和场。对于拉普拉斯场，存在势函数 $\varphi$，满足

$$\nabla\cdot\nabla\varphi=0\ \text{或}\ \Delta\varphi=0 \tag{2-23}$$

其为拉普拉斯方程，是一个二阶偏微分方程，$\Delta=\nabla\cdot\nabla$为拉普拉斯算子。

对于一般矢量场 $\boldsymbol{A}$，虽没有上述良好的数学性质，但总可以写出如下分解式：

$$\boldsymbol{A}=\nabla\varphi+\nabla\times\boldsymbol{B}$$

式中，右端第一项为无旋部分，$\varphi$ 为赝势函数；第二项为无源部分，$\boldsymbol{B}$ 为赝流函数。式

(2-24)将在化简电动力学方程中有着重要应用。

## 2.2 物理恒量与绝对矢量

### 2.2.1 物理恒量

我们知道，用张量对物理量进行数学表示时，张量分量的具体形式依赖于坐标系的选取，而坐标系的选取又可看作是坐标变换。所有与坐标变换无关的物理量为物理恒量，对应的标量、矢量和张量，分别称为绝对标量、绝对矢量和绝对张量。反之，与坐标变换有关的物理量为伪物理量，对应的标量、矢量和张量，分别称为伪标量、伪矢量和伪张量。

### 2.2.2 绝对矢量

根据物理恒量的定义，已知矢量 $\boldsymbol{A}$，对于任意的坐标变换，如果满足 $\boldsymbol{A}^*=\boldsymbol{A}$（$\boldsymbol{A}^*$ 表示新坐标系下的张量实体形式，$\boldsymbol{A}$ 表示旧坐标下的张量实体形式），则称 $\boldsymbol{A}$ 为绝对矢量，反之，$\boldsymbol{A}$ 为伪矢量。

已知 $\boldsymbol{A}=A_i\boldsymbol{u}_i$，$\boldsymbol{A}^*=A_i^*\boldsymbol{u}_i^*$，若 $\boldsymbol{A}$ 为绝对矢量，则 $\boldsymbol{A}^*=\boldsymbol{A}$，这是否意味着分量 $A_i$ 和 $A_i^*$ 也相等呢？答案显然为否，下面引入一条定理说明绝对矢量在坐标变换前后分量间的关系。

**定理 2-1** $\boldsymbol{A}$ 为绝对矢量的充要条件是 $A_i^*=\alpha_{ij}A_j$。

证明：先证明必要性。已知 $\boldsymbol{A}^*=\boldsymbol{A}$，则

$$A_i^*=\boldsymbol{A}^*\cdot\boldsymbol{u}_i^*=\boldsymbol{A}\cdot\boldsymbol{u}_i^*=A_j\boldsymbol{u}_j\cdot\boldsymbol{u}_i^*=\alpha_{ij}A_j$$

即下式成立：

$$A_i^*=\alpha_{ij}A_j$$

再证明充分性。已知 $A_i^*=\alpha_{ij}A_j$，则

$$\boldsymbol{A}^*=A_i^*\boldsymbol{u}_i^*=\alpha_{ij}A_j\boldsymbol{u}_i^*=\alpha_{ij}A_j\alpha_{ik}\boldsymbol{u}_k=A_j\delta_{jk}\boldsymbol{u}_k=A_j\boldsymbol{u}_j=\boldsymbol{A}$$

即下式成立：

$$\boldsymbol{A}^*=\boldsymbol{A}$$

证毕。

需要注意的是，在上述充分性证明中，用到了 $\alpha_{ij}\alpha_{ik}=\delta_{jk}$ 关系式，该式可根据正交矩阵$(\alpha_{ij})$的性质直接写出，同理可得 $\alpha_{ji}\alpha_{ki}=\delta_{jk}$。

**例 2-2** 证明力 $\boldsymbol{F}$ 为绝对矢量。

证明：设力的分解式为

$$\boldsymbol{F}=F_1\boldsymbol{u}_1+F_2\boldsymbol{u}_2+F_3\boldsymbol{u}_3$$

根据力平衡定律，力在任意方向上的投影等于各分量在该方向上的投影之和，不妨取该方向为 $\boldsymbol{u}_i^*$，有

$$F_i^*=F_1\boldsymbol{u}_1\cdot\boldsymbol{u}_i^*+F_2\boldsymbol{u}_2\cdot\boldsymbol{u}_i^*+F_3\boldsymbol{u}_3\cdot\boldsymbol{u}_i^*=F_j\boldsymbol{u}_j\cdot\boldsymbol{u}_i^*=\alpha_{ij}F_j$$

表明力满足绝对矢量的充要条件，故为绝对矢量。

证毕。

**例 2-3**　证明质点的位置矢量 $\boldsymbol{r}_P$、速度 $\boldsymbol{V}=\frac{\mathrm{D}\boldsymbol{r}_P}{\mathrm{D}t}$ 和加速度 $\boldsymbol{a}=\frac{\mathrm{D}\boldsymbol{V}}{\mathrm{D}t}$ 均为绝对矢量。

证明：已知 $\boldsymbol{r}_P=y_i\boldsymbol{u}_i$，$\boldsymbol{r}_P^*=y_i^*\boldsymbol{u}_i^*$，根据坐标变换关系（见例 1-1），位置矢量在新旧坐标系下的分量满足 $y_i^*=\alpha_{ij}y_j$，故质点的位置矢量 $\boldsymbol{r}_P$ 为绝对矢量。

进一步，对于质点速度 $\boldsymbol{V}$，有

$$v_i^*=\boldsymbol{V}^*\cdot\boldsymbol{u}_i^*=\frac{\mathrm{D}\boldsymbol{r}_P^*}{\mathrm{D}t}\cdot\boldsymbol{u}_i^*=\frac{\mathrm{D}\boldsymbol{r}_P}{\mathrm{D}t}\cdot\boldsymbol{u}_i^*=\frac{\mathrm{D}y_j\boldsymbol{u}_j}{\mathrm{D}t}\cdot\boldsymbol{u}_i^*$$
$$=\frac{\mathrm{D}y_j}{\mathrm{D}t}\boldsymbol{u}_j\cdot\boldsymbol{u}_i^*=\frac{\mathrm{D}y_j}{\mathrm{D}t}\alpha_{ij}=\alpha_{ij}v_j$$

故质点速度 $\boldsymbol{V}$ 为绝对矢量。

同理，对于质点加速度 $\boldsymbol{a}$，有

$$a_i^*=\boldsymbol{a}^*\cdot\boldsymbol{u}_i^*=\frac{\mathrm{D}\boldsymbol{V}^*}{\mathrm{D}t}\cdot\boldsymbol{u}_i^*=\frac{\mathrm{D}\boldsymbol{V}}{\mathrm{D}t}\cdot\boldsymbol{u}_i^*=\frac{\mathrm{D}v_j\boldsymbol{u}_j}{\mathrm{D}t}\cdot\boldsymbol{u}_i^*$$
$$=\frac{\mathrm{D}v_j}{\mathrm{D}t}\boldsymbol{u}_j\cdot\boldsymbol{u}_i^*=\frac{\mathrm{D}v_j}{\mathrm{D}t}\alpha_{ij}=\alpha_{ij}a_j$$

故质点加速度 $\boldsymbol{a}$ 为绝对矢量。

证毕。

**例 2-4**　已知 $\boldsymbol{A}$、$\boldsymbol{B}$ 为绝对矢量，证明 $\boldsymbol{A}\times\boldsymbol{B}$ 为伪矢量。

证明：设 $\boldsymbol{C}=\boldsymbol{A}\times\boldsymbol{B}$，则按照外积定义式，有

$$\boldsymbol{C}=\boldsymbol{A}\times\boldsymbol{B}=\begin{vmatrix}\boldsymbol{u}_1 & \boldsymbol{u}_2 & \boldsymbol{u}_3\\ A_1 & A_2 & A_3\\ B_1 & B_2 & B_3\end{vmatrix}$$

$$\boldsymbol{C}^*=\boldsymbol{A}^*\times\boldsymbol{B}^*=\begin{vmatrix}\boldsymbol{u}_1^* & \boldsymbol{u}_2^* & \boldsymbol{u}_3^*\\ A_1^* & A_2^* & A_3^*\\ B_1^* & B_2^* & B_3^*\end{vmatrix}$$

根据伪矢量的定义，若能找到一种坐标变换，使得 $\boldsymbol{C}^*\neq\boldsymbol{C}$，则可证明 $\boldsymbol{C}$ 为伪矢量。为此，取新坐标系为旧坐标系 $y_3$ 线沿 $Oy_1y_2$ 面的反射变换，变换矩阵为

$$(\alpha_{ij})_{3\times3}=\begin{pmatrix}1 & & \\ & 1 & \\ & & -1\end{pmatrix}$$

坐标基矢量 $\boldsymbol{u}_i$、绝对矢量 $\boldsymbol{A}$ 和 $\boldsymbol{B}$ 的分量满足如下变换：

$$\boldsymbol{u}_1^*=\boldsymbol{u}_1,\ \boldsymbol{u}_2^*=\boldsymbol{u}_2,\ \boldsymbol{u}_3^*=-\boldsymbol{u}_3$$
$$A_1^*=A_1,\ A_2^*=A_2,\ A_3^*=-A_3$$
$$B_1^*=B_1,\ B_2^*=B_2,\ B_3^*=-B_3$$

这样，外积运算的变换式为

$$\boldsymbol{C}^*=\boldsymbol{A}^*\times\boldsymbol{B}^*=\begin{vmatrix}\boldsymbol{u}_1^* & \boldsymbol{u}_2^* & \boldsymbol{u}_3^* \\ A_1^* & A_2^* & A_3^* \\ B_1^* & B_2^* & B_3^*\end{vmatrix}=\begin{vmatrix}\boldsymbol{u}_1 & \boldsymbol{u}_2 & -\boldsymbol{u}_3 \\ A_1 & A_2 & -A_3 \\ B_1 & B_2 & -B_3\end{vmatrix}=-\boldsymbol{A}\times\boldsymbol{B}\neq\boldsymbol{A}\times\boldsymbol{B}$$

故 $\boldsymbol{A}\times\boldsymbol{B}$ 为伪矢量。

证毕。

从该例题看出，$\boldsymbol{A}\times\boldsymbol{B}$ 为伪矢量，根源在于外积的定义式上，无论是在右手坐标系，还是在左手坐标系，外积的定义式均为式(2-6)。

**例 2-5** 已知 $\boldsymbol{A}$、$\boldsymbol{B}$、$\boldsymbol{C}$ 为绝对矢量，证明 $\boldsymbol{A}\times(\boldsymbol{B}\times\boldsymbol{C})$ 为绝对矢量。

证明：由式(2-8)可知，$\boldsymbol{A}\times(\boldsymbol{B}\times\boldsymbol{C})=(\boldsymbol{A}\cdot\boldsymbol{C})\boldsymbol{B}-(\boldsymbol{A}\cdot\boldsymbol{B})\boldsymbol{C}$，又

$$\boldsymbol{A}^*\cdot\boldsymbol{C}^*=A_i^*C_i^*=\alpha_{ij}A_j\alpha_{ik}C_k=\delta_{jk}A_jC_k=A_kC_k=\boldsymbol{A}\cdot\boldsymbol{C}$$

同理可证

$$\boldsymbol{A}^*\cdot\boldsymbol{B}^*=\boldsymbol{A}\cdot\boldsymbol{B}$$

故

$$\boldsymbol{A}^*\times(\boldsymbol{B}^*\times\boldsymbol{C}^*)=\boldsymbol{A}\times(\boldsymbol{B}\times\boldsymbol{C})$$

即 $\boldsymbol{A}\times(\boldsymbol{B}\times\boldsymbol{C})$ 为绝对矢量。

证毕。

**例 2-6** 已知 $\boldsymbol{A}$ 为绝对矢量，证明 $\nabla\cdot\boldsymbol{A}$ 为绝对标量。

证明：

$$\nabla^*\cdot\boldsymbol{A}^*=\frac{\partial A_i^*}{\partial y_i^*}=\frac{\partial\alpha_{ij}A_j}{\partial y_i^*}=\alpha_{ij}\frac{\partial A_j}{\partial y_i^*}=\alpha_{ij}\frac{\partial A_j}{\partial y_k}\cdot\frac{\partial y_k}{\partial y_i^*}=\alpha_{ij}\alpha_{ik}\frac{\partial A_j}{\partial y_k}$$

$$=\delta_{jk}\frac{\partial A_j}{\partial y_k}=\frac{\partial A_j}{\partial y_j}=\nabla\cdot\boldsymbol{A}$$

故 $\nabla\cdot\boldsymbol{A}$ 为绝对标量。

证毕。

需要注意的是，在上述证明中，用到了 $y_k=\alpha_{ik}y_i^*$ 这一关系式(见例题 1-1)。

## 2.3 二阶张量举例

考虑到二阶张量可能是读者遇到的第一类高阶张量，本节将从流体力学的基本知识出发，通过对流体微元系统进行受力分析及运动分析，介绍流体静力学和流体运动学中出现的四个二阶张量，即应力张量、位移张量、变形率张量和旋转率张量，以及这些二阶张量的具体表达式及物理意义。

### 2.3.1 应力张量

在流体(或弹性体)中，任取空间一点 $O$ 建立笛卡儿坐标系，沿三条坐标线分别取三个点无限靠近点 $O$，记为 $A$、$B$ 和 $C$，由此形成微元四面体 $OABC$，这样，该微元四面体由三个微元坐标面 $OBC$、$OCA$、$OAB$ 和一个微元斜面 $ABC$ 构成，其单位外法向分别为 $-\boldsymbol{u}_1$，$-\boldsymbol{u}_2$，$-\boldsymbol{u}_3$ 和 $\boldsymbol{n}$，如图 2-1 所示。通过任意调整三个点 $A$、$B$ 和 $C$ 的位

置，即可获得任意方向 $\boldsymbol{n}$。现在对该微元四面体包围的流体微元系统进行受力分析。

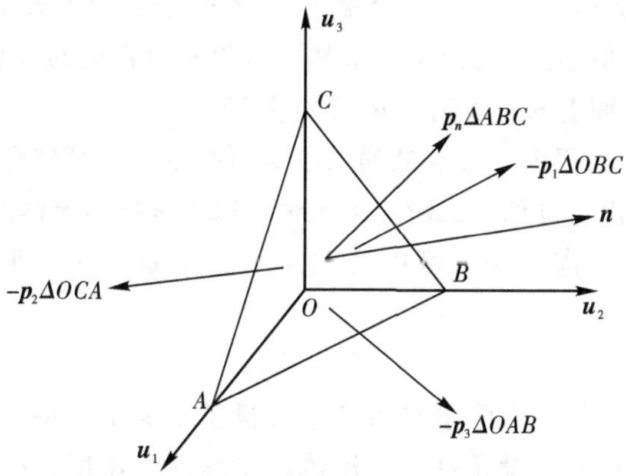


**图 2-1　微元四面体受力分析**

对于微元四面体 $OABC$ 围成的流体微元系统，其受到的作用力包括体积力和表面力两部分，根据力的平衡条件，有

$$\sum \text{体积力} + \sum \text{表面力} = \mathbf{0}$$

利用微元系统的小量性质，体积力为三阶小量，表面力为二阶小量，相比较而言，体积力可以忽略不计，则力的平衡条件可简化为

$$\sum \text{表面力} = \mathbf{0}$$

作用在四个微元面上的表面力，不仅有大小和方向，而且还和微元面的朝向即单位外法向有关。图 2-1 中，假设 $\boldsymbol{p}_i$ 为 $\boldsymbol{u}_i$ 指向的流体作用在坐标面单位面积上的表面力，$\boldsymbol{p}_n$ 为 $\boldsymbol{n}$ 指向的流体作用在斜面单位面积上的表面力(注：表面力不一定与作用面正交，如存在切应力时)，用 $\Delta$ 表示微元面积，则四个微元面受到的表面力满足如下力平衡条件：

$$\boldsymbol{p}_n\Delta ABC - \boldsymbol{p}_1\Delta OBC - \boldsymbol{p}_2\Delta OCA - \boldsymbol{p}_3\Delta OAB = \mathbf{0} \tag{2-24a}$$

或者

$$\boldsymbol{p}_n = \boldsymbol{p}_1\frac{\Delta OBC}{\Delta ABC} + \boldsymbol{p}_2\frac{\Delta OCA}{\Delta ABC} + \boldsymbol{p}_3\frac{\Delta OAB}{\Delta ABC} \tag{2-24b}$$

式中，等号右端项的三个微元坐标面与微元斜面的面积比又分别等价于单位外法向 $\boldsymbol{n}$ 的三个分量 $n_1$，$n_2$，$n_3$，故

$$\boldsymbol{p}_n = n_1\boldsymbol{p}_1 + n_2\boldsymbol{p}_2 + n_3\boldsymbol{p}_3 = n_i\boldsymbol{p}_i \tag{2-25}$$

又已知矢量 $\boldsymbol{p}_i$ 的分量形式为

$$\boldsymbol{p}_i = P_{ij}\boldsymbol{u}_j$$

这样，式(2-25)就可写为

$$\boldsymbol{p}_n = n_i\boldsymbol{p}_i = n_iP_{ij}\boldsymbol{u}_j = \boldsymbol{n}\cdot\boldsymbol{u}_iP_{ij}\boldsymbol{u}_j$$

记

$$\mathbf{P} = \boldsymbol{u}_iP_{ij}\boldsymbol{u}_j \tag{2-26}$$

则

$$\boldsymbol{p}_n = \boldsymbol{n} \cdot \boldsymbol{P} \tag{2-27}$$

式中，$\boldsymbol{P}$ 即为二阶应力张量，有 9 个分量 $P_{ij}$，第一个下标 $i$ 表示作用面的方向为 $\boldsymbol{u}_i$，第二个下标 $j$ 表示力的投影方向为 $\boldsymbol{u}_j$，显然，二阶应力张量的分量 $P_{ij}$ 的物理意义是外法向为 $\boldsymbol{u}_i$ 的单位坐标面上的表面力在 $\boldsymbol{u}_j$ 上的分量。

式(2-27)表明，如果已知某点处的二阶应力张量，则过该点任意作用面上的表面力就可由该式计算得出。可见，二阶应力张量可以完全描述流体的表面力情况。

进一步通过力矩平衡分析，可以证明应力张量是一个二阶对称张量(详见第 7 章)，即

$$P_{ij} = P_{ji} \tag{2-28}$$

因此，描述一点处的二阶应力张量只需 6 个分量就足够了。特别地，当流体处于静止状态，或者在无黏流动的假设条件下，流体不受黏性力作用，在各个方向上受到的表面力只有压力，没有剪切力，此时，二阶应力张量只需要一个量即压力 $p$，就可以完全描述，即

$$P_{ij} = -p\delta_{ij} \tag{2-29}$$

此时，在任意方向 $\boldsymbol{n}$ 上受到的表面力大小相同、方向与 $\boldsymbol{n}$ 一致，即

$$\boldsymbol{p}_n = \boldsymbol{n} \cdot \boldsymbol{u}_i P_{ij} \boldsymbol{u}_j = -n_i p \delta_{ij} \boldsymbol{u}_j = -p\boldsymbol{n} \tag{2-30}$$

式中，负号表示流体只能承受压力作用，而不能承受拉力作用。

综上可知，应力张量能够完全描述流体或弹性体的表面力情况；应力张量为二阶对称张量，描述一点处的应力状态需 6 个分量；对于静止流体或无黏流动，只需要压力就可以描述该点处的应力状态了，此时应力张量简化为二阶各向同性张量，即在任意方向上的表面力大小相等，且只有法向分量而剪切分量为 0。

### 2.3.2 位移张量

在运动流体(或弹性体)中，各流体质点的运动速度一般不相等，在这种情况下，流体微元系统(微元线段、微元体积)将发生平移、旋转、变形运动。

如图 2-2 所示，任取两个无限靠近的流体质点，分别记为 $P$，$Q$，其连接成的微元有向线段记为$\overrightarrow{PQ} = \delta\boldsymbol{r}_P = \delta y_i \boldsymbol{u}_i$，其中 $\delta y_i$ 为 $\delta\boldsymbol{r}_P$ 的分量，速度场为矢量函数 $\boldsymbol{V} = v_i \boldsymbol{u}_i$，现分析经过 $\mathrm{D}t$ 时间后微元线段 $\delta\boldsymbol{r}_P$ 的变化情况。这里大写字母 D 表示随体微分，即同一个流体质点或流体微元线段随时间变化的微分量，$\delta$ 表示空间微分。

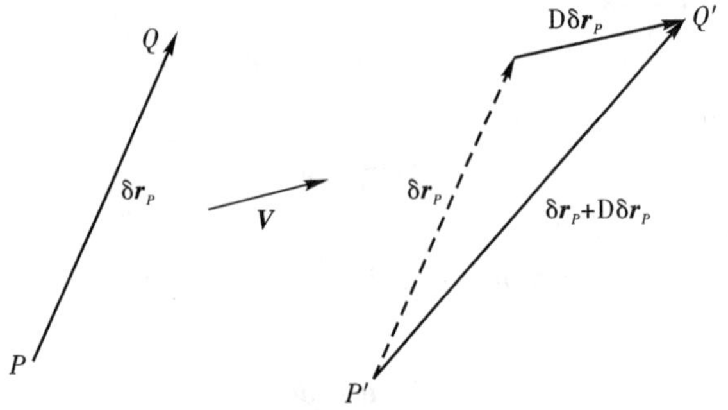


**图 2-2　流体微元线段运动分析**

设经过 D$t$ 时间后，流体质点 $P$ 和 $Q$ 分别运动到 $P'$ 和 $Q'$，即流体微元有向线段 $\overrightarrow{PQ}$ 运动到 $\overrightarrow{P'Q'}$，根据几何关系，有

$$\overrightarrow{OP'}=\overrightarrow{OP}+\overrightarrow{PP'}=\overrightarrow{OP}+\boldsymbol{V}_P\mathrm{D}t \tag{2-31}$$

$$\overrightarrow{OQ'}=\overrightarrow{OQ}+\overrightarrow{QQ'}=\overrightarrow{OQ}+(\boldsymbol{V}_P+\delta\boldsymbol{V}_P)\mathrm{D}t \tag{2-32}$$

式中，$O$ 点为任取的参考点；$\delta\boldsymbol{V}_P$ 为由于空间位置改变引起的速度改变量。上述两式相减，得

$$\overrightarrow{P'Q'}=\overrightarrow{OQ'}-\overrightarrow{OP'}=\overrightarrow{PQ}+\delta\boldsymbol{V}_P\mathrm{D}t$$

式中，$\delta\boldsymbol{V}_P\mathrm{D}t$ 为经过 D$t$ 时间后，流体微元有向线段的改变量，该改变量亦可表示成 $\mathrm{D}\delta\boldsymbol{r}_P=\mathrm{D}\delta y_i\boldsymbol{u}_i$，则

$$\mathrm{D}\delta\boldsymbol{r}_P=\mathrm{D}\delta y_i\boldsymbol{u}_i=\delta\boldsymbol{V}_P\mathrm{D}t=\delta v_i\mathrm{D}t\boldsymbol{u}_i=\frac{\partial v_i}{\partial y_j}\delta y_j\mathrm{D}t\boldsymbol{u}_i \tag{2-33}$$

这样就可以得到二阶位移张量 $\boldsymbol{D}$ 的分量，即

$$D_{ij}=\frac{\partial v_i}{\partial y_j}=\frac{\mathrm{D}\delta y_i}{\delta y_j\mathrm{D}t} \tag{2-34}$$

其分量组成的矩阵形式为

$$(D_{ij})=\left(\frac{\partial v_i}{\partial y_j}\right)=\begin{pmatrix}\dfrac{\partial v_1}{\partial y_1} & \dfrac{\partial v_1}{\partial y_2} & \dfrac{\partial v_1}{\partial y_3}\\ \dfrac{\partial v_2}{\partial y_1} & \dfrac{\partial v_2}{\partial y_2} & \dfrac{\partial v_2}{\partial y_3}\\ \dfrac{\partial v_3}{\partial y_1} & \dfrac{\partial v_3}{\partial y_2} & \dfrac{\partial v_3}{\partial y_3}\end{pmatrix} \tag{2-35}$$

写成张量实体形式为

$$\boldsymbol{D}=\boldsymbol{u}_iD_{ij}\boldsymbol{u}_j=\boldsymbol{u}_i\frac{\partial v_i}{\partial y_j}\boldsymbol{u}_j \tag{2-36}$$

下面分析位移张量各分量的物理意义。对于对角元素，例如

$$D_{11}=\frac{\partial v_1}{\partial y_1}=\frac{\mathrm{D}\delta y_1}{\delta y_1\mathrm{D}t}$$

式中，最右端项的分子表示伸长量[见图 2-3(a)]，故 $D_{11}$ 的物理意义是沿着 $\boldsymbol{u}_1$ 方向的单位长度流体线段在该方向上的伸长率。同理，可以看出其他两个对角元素也表示相应方向上的单位长度流体线段的伸长率。对于非对角元素，例如

$$D_{12}=\frac{\partial v_1}{\partial y_2}=\frac{\mathrm{D}\delta y_1}{\delta y_2\mathrm{D}t}$$

$$D_{21}=\frac{\partial v_2}{\partial y_1}=\frac{\mathrm{D}\delta y_2}{\delta y_1\mathrm{D}t}$$

式中，$D_{12}$ 表示微元线段 $\delta y_2\boldsymbol{u}_2$ 绕 $\boldsymbol{u}_3$ 轴的旋转角速度[见图 2-3(b)]；$D_{21}$ 表示微元线段 $\delta y_1\boldsymbol{u}_1$ 绕 $\boldsymbol{u}_3$ 轴的旋转角速度[见图 2-3(c)]，但二者的旋转方向相反。可见，位移张量 $\boldsymbol{D}$ 反映了流体的拉伸和旋转情况，下面将通过引入变形率张量和旋转率张量，对此进一步说明。

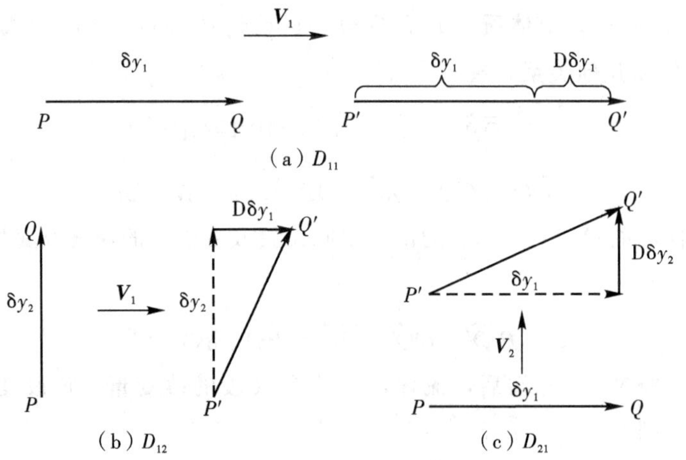


图 2-3　位移张量的物理意义示意图

### 2.3.3　变形率与旋转率张量

如图 2-4 所示，设流体微元线段 $\delta \boldsymbol{r}_P$ 的长度为 $\delta s$，单位方向为 $\boldsymbol{n}$，则 $\delta s^2=\delta \boldsymbol{r}_P\cdot\delta \boldsymbol{r}_P$，$\delta \boldsymbol{r}_P=\delta y_i \boldsymbol{u}_i=\delta s\boldsymbol{n}$，现分析$\dfrac{\mathrm{D}\delta s}{\delta s\mathrm{D}t}$，即单位长度流体线段的伸长率，其反映了流体线段的拉伸或压缩变形。

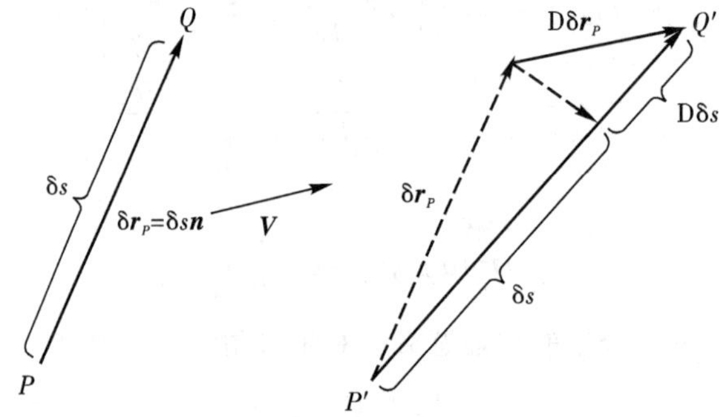


图 2-4　流体微元线段变形分析

利用内积计算公式，有

$$\delta s^2=\delta y_i\delta y_i$$

对上式两端求随体导数(也叫做物质导数，表示同一流体质点的物理量随时间的变化率)，得到

$$\delta s\,\frac{\mathrm{D}\delta s}{\mathrm{D}t}=\delta y_i\,\frac{\mathrm{D}\delta y_i}{\mathrm{D}t}$$

利用位移张量，上式可改写为

$$\delta s\,\frac{\mathrm{D}\delta s}{\mathrm{D}t}=\delta y_i\,\frac{\partial v_i}{\partial y_j}\delta y_j$$

两端同时除以 $\delta s^2$，得到

$$\frac{\mathrm{D}\delta s}{\delta s\mathrm{D}t}=\frac{\delta y_i}{\delta s}\frac{\partial v_i}{\partial y_j}\frac{\delta y_j}{\delta s}=n_i\ \frac{\partial v_i}{\partial y_j}n_j \tag{2-37}$$

式中，$n_i$ 表示 $\delta \boldsymbol{r}_P$ 的单位方向 $\boldsymbol{n}$ 的分量；$\frac{\partial v_i}{\partial y_j}$ 为位移张量的分量 $D_{ij}$。进一步，将上式中位移张量的分量分解成对称部分和反对称部分，有

$$\frac{\mathrm{D}\delta s}{\delta s\mathrm{D}t}=n_i S_{ij} n_j+n_i\Omega_{ij}n_j \tag{2-38}$$

式中，分量 $S_{ij}$、$\Omega_{ij}$ 组成的矩阵形式分别为

$$(S_{ij})=\frac{1}{2}\left(\frac{\partial v_i}{\partial y_j}+\frac{\partial v_j}{\partial y_i}\right)=\begin{bmatrix}\frac{\partial v_1}{\partial y_1} & \frac{1}{2}\left(\frac{\partial v_1}{\partial y_2}+\frac{\partial v_2}{\partial y_1}\right) & \frac{1}{2}\left(\frac{\partial v_1}{\partial y_3}+\frac{\partial v_3}{\partial y_1}\right)\\ \frac{1}{2}\left(\frac{\partial v_2}{\partial y_1}+\frac{\partial v_1}{\partial y_2}\right) & \frac{\partial v_2}{\partial y_2} & \frac{1}{2}\left(\frac{\partial v_2}{\partial y_3}+\frac{\partial v_3}{\partial y_2}\right)\\ \frac{1}{2}\left(\frac{\partial v_3}{\partial y_1}+\frac{\partial v_1}{\partial y_3}\right) & \frac{1}{2}\left(\frac{\partial v_3}{\partial y_2}+\frac{\partial v_2}{\partial y_3}\right) & \frac{\partial v_3}{\partial y_3}\end{bmatrix} \tag{2-39}$$

$$(\Omega_{ij})=\frac{1}{2}\left(\frac{\partial v_i}{\partial y_j}-\frac{\partial v_j}{\partial y_i}\right)=\begin{bmatrix}0 & \frac{1}{2}\left(\frac{\partial v_1}{\partial y_2}-\frac{\partial v_2}{\partial y_1}\right) & \frac{1}{2}\left(\frac{\partial v_1}{\partial y_3}-\frac{\partial v_3}{\partial y_1}\right)\\ \frac{1}{2}\left(\frac{\partial v_2}{\partial y_1}-\frac{\partial v_1}{\partial y_2}\right) & 0 & \frac{1}{2}\left(\frac{\partial v_2}{\partial y_3}-\frac{\partial v_3}{\partial y_2}\right)\\ \frac{1}{2}\left(\frac{\partial v_3}{\partial y_1}-\frac{\partial v_1}{\partial y_3}\right) & \frac{1}{2}\left(\frac{\partial v_3}{\partial y_2}-\frac{\partial v_2}{\partial y_3}\right) & 0\end{bmatrix} \tag{2-40}$$

称$(S_{ij})$为变形率张量(即 $\boldsymbol{S}$)，是一个二阶对称张量，只需 6 个分量就可以描述，其对角元和非对角元分别表示单位流体线段的线变形率和角变形率。特殊情况下，当 $S_{ij}$ 每点处均为 0 时，任意流体微元线段的伸长率均为 0，流体微元线段只做平移与旋转运动，而不发生变形运动；反之，只要 $\boldsymbol{S}$ 有一个分量不等于 0，流体必然会发生线变形或角变形。总之，变形率张量 $\boldsymbol{S}$ 反映的是流动变形率的大小，即变形的快慢。

称$(\Omega_{ij})$为旋转率张量(即 $\boldsymbol{\Omega}$)，是一个二阶反对称张量，对角元分量为 0，非对角元分量符号相反，故只需 3 个分量就可以描述，其大小为速度旋度的一半，反映的是流体的刚性旋转强度。利用线性代数中的矩阵二次型知识，反对称矩阵的二次型为 0，即

$$n_i\Omega_{ij}n_j=0 \tag{2-41}$$

故(2-38)可进一步简化为

$$\frac{\mathrm{D}\delta s}{\delta s\mathrm{D}t}=n_i S_{ij} n_j \tag{2-42}$$

由此可见，仅有变形率张量对流体变形有贡献，而旋转率张量只对流体刚性旋转运动有贡献，对流体变形没有贡献。

综上可知，位移张量 $\boldsymbol{D}$ 可分解为变形率张量 $\boldsymbol{S}$ 和旋转率张量 $\boldsymbol{\Omega}$ 两部分，即

$$D_{ij}=S_{ij}+\Omega_{ij} \tag{2-43}$$

$$S_{ij}=\frac{1}{2}(D_{ij}+D_{ji}) \tag{2-44}$$

$$\Omega_{ij}=\frac{1}{2}(D_{ij}-D_{ji}) \tag{2-45}$$

在下节中将讲到，位移张量 $\boldsymbol{D}$ 等于速度梯度的转置 $\nabla\mathbf{V}^{\mathrm{T}}$，由此可认为，引起流体拉伸和旋转的根本原因在于流体速度在空间的不均匀分布。此外，亦可推导出流体微元线段 $\delta\boldsymbol{r}_P$ 的变化率，即

$$\frac{\mathrm{D}\delta\boldsymbol{r}_P}{\mathrm{D}t}=\delta\boldsymbol{r}_P\cdot\boldsymbol{D}=\delta\boldsymbol{r}_P\cdot\boldsymbol{S}+\delta\boldsymbol{r}_P\cdot\boldsymbol{\Omega}=\delta\boldsymbol{r}_P\cdot\boldsymbol{S}+\frac{1}{2}(\nabla\times\mathbf{V})\times\delta\boldsymbol{r}_P \tag{2-46}$$

上式最右端等式的证明过程如下：

$$\begin{aligned}\frac{1}{2}(\nabla\times\mathbf{V})\times\delta\boldsymbol{r}_P&=\frac{1}{2}\left(\boldsymbol{u}_i\frac{\partial}{\partial y_i}\times v_j\boldsymbol{u}_j\right)\times\delta y_q\boldsymbol{u}_q=\frac{1}{2}\varepsilon_{ijk}\frac{\partial v_j}{\partial y_i}\boldsymbol{u}_k\times\delta y_q\boldsymbol{u}_q\\&=-\frac{1}{2}\varepsilon_{ijk}\varepsilon_{pqk}\frac{\partial v_j}{\partial y_i}\delta y_q\boldsymbol{u}_p=-\frac{1}{2}(\delta_{ip}\delta_{jq}-\delta_{iq}\delta_{jp})\frac{\partial v_j}{\partial y_i}\delta y_q\boldsymbol{u}_p\\&=\frac{1}{2}\left(\frac{\partial v_q}{\partial y_p}-\frac{\partial v_p}{\partial y_q}\right)\delta y_q\boldsymbol{u}_p\\&=\frac{1}{2}\left(\frac{\partial v_i}{\partial y_j}-\frac{\partial v_j}{\partial y_i}\right)\delta y_i\boldsymbol{u}_j\end{aligned}$$

又

$$\begin{aligned}\delta\boldsymbol{r}_P\cdot\boldsymbol{\Omega}&=\delta y_i\boldsymbol{u}_i\cdot\frac{1}{2}\boldsymbol{u}_j\left(\frac{\partial v_j}{\partial y_k}-\frac{\partial v_k}{\partial y_j}\right)\boldsymbol{u}_k=\frac{1}{2}\delta y_i\delta_{ij}\left(\frac{\partial v_j}{\partial y_k}-\frac{\partial v_k}{\partial y_j}\right)\boldsymbol{u}_k\\&=\frac{1}{2}\delta y_i\left(\frac{\partial v_i}{\partial y_k}-\frac{\partial v_k}{\partial y_i}\right)\boldsymbol{u}_k=\frac{1}{2}\left(\frac{\partial v_i}{\partial y_j}-\frac{\partial v_j}{\partial y_i}\right)\delta y_i\boldsymbol{u}_j\end{aligned}$$

即下式成立：

$$\delta\boldsymbol{r}_P\cdot\boldsymbol{\Omega}=\frac{1}{2}(\nabla\times\mathbf{V})\times\delta\boldsymbol{r}_P$$

## 2.4 二阶张量运算

### 2.4.1 二阶张量的代数运算

在三维空间上，所有的一阶张量(即矢量)可用三个单位正交的坐标基矢量 $\boldsymbol{u}_i$ 的线性组合进行唯一表示，进一步利用坐标基矢量的性质，可得到矢量的各种代数及微分运算。对于二阶张量，同样存在 9 个线性无关的基元素 $\boldsymbol{u}_i\boldsymbol{u}_j$，所有的二阶张量都可基于这组基元素进行唯一表示。在笛卡儿坐标系下，常见的二阶张量代数运算式如下：

(1)分解：

$$\mathbf{A}=\boldsymbol{u}_iA_{ij}\boldsymbol{u}_j \tag{2-47a}$$

(2)相等：

$$\mathbf{A}=\boldsymbol{B}，\text{当且仅当 } A_{ij}=B_{ij}(\text{其中 }\mathbf{A}=\boldsymbol{u}_iA_{ij}\boldsymbol{u}_j,\ \mathbf{B}=\boldsymbol{u}_iB_{ij}\boldsymbol{u}_j) \tag{2-47b}$$

(3)加减：

$$\boldsymbol{A}+\boldsymbol{B}=\boldsymbol{u}_i(A_{ij}\pm B_{ij})\boldsymbol{u}_j \tag{2-47c}$$

(4)数乘：

$$\alpha\boldsymbol{A}=\boldsymbol{u}_i(\alpha A_{ij})\boldsymbol{u}_j \tag{2-47d}$$

(5)转置：

$$(A_{ij})^{\mathrm{T}}=(A_{ji})\text{或}\ \boldsymbol{A}^{\mathrm{T}}=\boldsymbol{u}_i A_{ji}\boldsymbol{u}_j \tag{2-47e}$$

(6)缩并：

$$\pi_{ii}=\pi_{11}+\pi_{22}+\pi_{33} \tag{2-47f}$$

其为标量。

(7)内积：

$$\boldsymbol{\tau}\cdot\boldsymbol{S}=\boldsymbol{u}_i\tau_{ik}\boldsymbol{u}_k\cdot\boldsymbol{u}_l S_{lj}\boldsymbol{u}_j=\boldsymbol{u}_i\tau_{ik}S_{kj}\boldsymbol{u}_j \tag{2-47g}$$

其为二阶张量。笛卡儿坐标基矢量的内积采用“就近”原则，即 $\boldsymbol{u}_k$ 和 $\boldsymbol{u}_l$ 内积，而 $\boldsymbol{u}_i$ 和 $\boldsymbol{u}_j$ 保持不变。

(8)二次并联内积：

$$\boldsymbol{\tau}:\boldsymbol{S}=\boldsymbol{u}_i\tau_{ij}\boldsymbol{u}_j:\boldsymbol{u}_k S_{kl}\boldsymbol{u}_l=\tau_{ij}S_{ij} \tag{2-47h}$$

其为标量。笛卡儿坐标基矢量的内积采用“并联”原则，即同时 $\boldsymbol{u}_i$ 和 $\boldsymbol{u}_k$ 内积、$\boldsymbol{u}_j$ 和 $\boldsymbol{u}_l$ 内积。

(9)二次串联内积：

$$\boldsymbol{\tau}\cdot\cdot\boldsymbol{S}=\boldsymbol{u}_i\tau_{ij}\boldsymbol{u}_j\cdot\cdot\boldsymbol{u}_k S_{kl}\boldsymbol{u}_l=\tau_{ij}S_{ji} \tag{2-47i}$$

其为标量。笛卡儿坐标基矢量的内积采用“串联”原则，即先 $\boldsymbol{u}_j$ 和 $\boldsymbol{u}_k$ 内积、后 $\boldsymbol{u}_i$ 和 $\boldsymbol{u}_l$ 内积。

上述 g、h、i 三式的推导均用到了克罗内克符号的性质，见式(1-18)和式(1-21)。值得注意的是，式(2-47h)和式(2-47i)中，只要 $\boldsymbol{\tau}$ 和 $\boldsymbol{S}$ 有一个是对称张量，就有 $\boldsymbol{\tau}:\boldsymbol{S}=\boldsymbol{\tau}\cdot\cdot\boldsymbol{S}$，此时二次内积无需区分串、并联，否则，串、并联内积并不相等。

### 2.4.2　二阶张量的微分运算

以流体力学为例，与二阶张量有关的微分运算主要有如下两种常见形式。

(1)速度的梯度：

$$\nabla\boldsymbol{v}=\boldsymbol{u}_i\frac{\partial v_j}{\partial y_i}\boldsymbol{u}_j \tag{2-48}$$

其为二阶张量。对比式(2-36)，可知位移张量与速度梯度互为转置，即

$$\boldsymbol{D}=\nabla\boldsymbol{v}^{\mathrm{T}}$$

同时，变形率张量亦可表示成

$$\boldsymbol{S}=\frac{1}{2}(\nabla\boldsymbol{v}+\nabla\boldsymbol{v}^{\mathrm{T}})$$

(2)应力张量的散度：

$$\nabla\cdot\boldsymbol{P}=\boldsymbol{u}_i\cdot\frac{\partial}{\partial y_i}\boldsymbol{u}_k P_{kj}\boldsymbol{u}_j=\frac{\partial P_{ij}}{\partial y_i}\boldsymbol{u}_j \tag{2-49}$$

其为矢量。特别地，对于理想流动，二阶应力张量的分量为 $P_{ij}=-p\delta_{ij}$，其散度可简化为压力梯度的负数，即

$$\nabla\cdot\boldsymbol{P}=-\frac{\partial p\delta_{ij}}{\partial y_i}\boldsymbol{u}_j=-\frac{\partial p}{\partial y_i}\boldsymbol{u}_i=-\nabla p \tag{2-50}$$

上式在理想流动方程中会经常被用到。

## 2.5 绝对张量与各向同性张量

### 2.5.1 绝对张量

类似于绝对矢量，对于张量 $\boldsymbol{\pi}$，如果满足 $\boldsymbol{\pi}^*=\boldsymbol{\pi}$($\boldsymbol{\pi}^*$ 表示新坐标系下的张量实体形式，$\boldsymbol{\pi}$ 表示旧坐标下的张量实体形式)，则 $\boldsymbol{\pi}$ 为绝对张量，反之为伪张量。这里 $\boldsymbol{\pi}$ 的阶次可以为任意阶。

**定理 2-2** 二阶张量 $\boldsymbol{\pi}$ 为绝对张量的充要条件为 $\pi^*_{mn}=\alpha_{mi}\alpha_{nj}\pi_{ij}$。

证明：先证明必要性，已知 $\boldsymbol{\pi}^*=\boldsymbol{\pi}$，则

$$\pi^*_{mn}=\boldsymbol{u}^*_m\cdot\boldsymbol{\pi}^*\cdot\boldsymbol{u}^*_n=\boldsymbol{u}^*_m\cdot\boldsymbol{\pi}\cdot\boldsymbol{u}^*_n=\boldsymbol{u}^*_m\cdot\boldsymbol{u}_i\pi_{ij}\boldsymbol{u}_j\cdot\boldsymbol{u}^*_n=\alpha_{mi}\alpha_{nj}\pi_{ij}$$

即下式成立：

$$\pi^*_{mn}=\alpha_{mi}\alpha_{nj}\pi_{ij}$$

再证明充分性，已知 $\pi^*_{mn}=\alpha_{mi}\alpha_{nj}\pi_{ij}$，则

$$\boldsymbol{\pi}^*=\boldsymbol{u}^*_m\pi^*_{mn}\boldsymbol{u}^*_n=\alpha_{mi}\alpha_{nj}\pi_{ij}\boldsymbol{u}^*_m\boldsymbol{u}^*_n=\alpha_{mi}\alpha_{nj}\alpha_{mp}\alpha_{nq}\pi_{ij}\boldsymbol{u}_p\boldsymbol{u}_q=\boldsymbol{u}_p\pi_{pq}\boldsymbol{u}_q=\boldsymbol{\pi}$$

即下式成立：

$$\boldsymbol{\pi}^*=\boldsymbol{\pi}$$

证毕。

利用类似方式，可证明三阶张量、四阶张量等为绝对张量的充要条件如下：

$$\pi^*_{lmn}=\alpha_{li}\alpha_{mj}\alpha_{nk}\pi_{ijk}$$

$$\pi^*_{pqrs}=\alpha_{pi}\alpha_{qj}\alpha_{rk}\alpha_{sl}\pi_{ijkl}$$

### 2.5.2 各向同性张量

一般情况下，绝对张量的分量会随坐标系改变而不同。若张量及其分量均不随坐标系改变而改变，则称该张量为各向同性张量。显然，各向同性张量必然是绝对张量。

以二阶各向同性张量 $\boldsymbol{\pi}$ 为例，根据上述定义，有 $\boldsymbol{\pi}^*=\boldsymbol{\pi}$ 且 $\pi^*_{ij}=\pi_{ij}$，或 $\pi^*_{mn}=\alpha_{mi}\alpha_{nj}\pi_{ij}=\pi_{mn}$。

下面分别针对 0 到四阶各向同性张量的性质，推导证明其表示形式。

**1. 0 阶各向同性张量**

标量只有一个分量，根据各向同性张量的定义，任意绝对标量(即 $\varphi^*=\varphi$)等价于各向同性标量。

**2. 一阶各向同性张量**

$\boldsymbol{A}$ 为一阶各向同性张量(即矢量)的充要条件为 $\boldsymbol{A}=0$。

证明：若矢量 $\boldsymbol{A}$ 为一阶各向同性张量，根据定义，对于任意的坐标变换，$A_i^*=\alpha_{ij}A_j=A_i$，令旧坐标系 $y_3$ 线沿 $Oy_1y_2$ 面进行反射得到新坐标系(见例 1-5)，有

$$A_3^*=-A_3$$

又由各向同性张量的定义可知

$$A_3^*=A_3$$

则

$$A_3^*=A_3=0$$

同理可证

$$A_1^*=A_1=0,\ A_2^*=A_2=0$$

即下式成立：

$$\boldsymbol{A}=\boldsymbol{0}$$

容易验证，零矢量确实满足各向同性矢量的定义。

证毕。

**3. 二阶各向同性张量**

$\boldsymbol{\pi}$ 为二阶各向同性张量的充要条件为

$$\pi_{ij}=\lambda\delta_{ij} \tag{2-51}$$

式中，$\lambda$ 为标量。

证明：若 $\boldsymbol{\pi}$ 为二阶各向同性张量，根据定义，对于任意的坐标变换，有 $\pi_{mn}^*=\alpha_{mi}\alpha_{nj}\pi_{ij}=\pi_{mn}$，下面分情况进行讨论。

(1)当 $m=n$ 或 $i=j$，令旧坐标系绕 $y_3$ 线旋转 90°得到新坐标系(见例 1-2)，有

$$\pi_{11}^*=\alpha_{1i}\alpha_{1j}\pi_{ij}=\alpha_{12}\alpha_{12}\pi_{22}=\pi_{22}$$

又由各向同性张量的定义可知

$$\pi_{11}^*=\pi_{11}$$

则

$$\pi_{11}=\pi_{22}$$

同理可证

$$\pi_{22}=\pi_{33},\ \pi_{33}=\pi_{11}$$

即下式成立：

$$\pi_{11}=\pi_{22}=\pi_{33}=\lambda(\lambda\ 为标量)$$

(2)当 $m\neq n$ 或 $i\neq j$，令旧坐标系 $y_3$ 线沿 $Oy_1y_2$ 面进行反射得到新坐标系，有

$$\pi_{13}^*=\alpha_{1i}\alpha_{1j}\pi_{ij}=\alpha_{11}\alpha_{33}\pi_{13}=-\pi_{13}$$

又由各向同性张量的定义可知

$$\pi_{13}^*=\pi_{13}$$

则

$$\pi_{13}=0$$

同理可证

$$\pi_{13}=\pi_{31}=\pi_{23}=\pi_{32}=\pi_{12}=\pi_{21}=0$$

综合上述两种情况，如果是二阶各向同性张量，则

$$\pi_{ij}=\lambda\delta_{ij}\,(\lambda\text{ 为标量})$$

事实上，上式确实满足二阶各向同性张量的要求，即

$$\pi_{mn}^{*}=\alpha_{mi}\alpha_{nj}\pi_{ij}=\alpha_{mi}\alpha_{nj}\lambda\delta_{ij}=\alpha_{mi}\alpha_{ni}\lambda=\lambda\delta_{mn}=\pi_{mn}$$

证毕。

**4. 三阶各向同性张量**

$\boldsymbol{\pi}$ 为三阶各向同性张量的充要条件为 $\boldsymbol{\pi}=\mathbf{0}$。

证明：若 $\boldsymbol{\pi}$ 为三阶各向同性张量，根据定义，对于任意的坐标变换，有 $\pi_{lmn}^{*}=\alpha_{li}\alpha_{mj}\alpha_{nk}\pi_{ijk}=\pi_{lmn}$，下面分情况进行讨论。

(1)当 $l$，$m$，$n$ 或 $i$，$j$，$k$ 是基于 1，2，3 的偶排列时，令旧坐标系绕 $OM$ 线旋转 120°得到新坐标系(见例 1-4)，有

$$\pi_{123}^{*}=\alpha_{1i}\alpha_{2j}\alpha_{3k}\pi_{ijk}=\alpha_{12}\alpha_{23}\alpha_{31}\pi_{231}=\pi_{231}$$

又由各向同性张量的定义可知

$$\pi_{123}^{*}=\pi_{123}$$

则

$$\pi_{123}=\pi_{231}$$

同理可证

$$\pi_{231}=\pi_{312}$$

即

$$\pi_{123}=\pi_{231}=\pi_{312}$$

进一步，令旧坐标系 $y_3$ 线沿 $Oy_1y_2$ 面进行反射得到新坐标系，有

$$\pi_{123}^{*}=\alpha_{1i}\alpha_{2j}\alpha_{3k}\pi_{ijk}=\alpha_{11}\alpha_{22}\alpha_{33}\pi_{123}=-\pi_{123}$$

则

$$\pi_{123}=-\pi_{123}=0$$

即下式成立：

$$\pi_{123}=\pi_{231}=\pi_{312}=0$$

(2)当 $l$，$m$，$n$ 或 $i$，$j$，$k$ 是基于 1，2，3 的奇排列时，令旧坐标系同样绕 $OM$ 线旋转 120°得到新坐标系，有

$$\pi_{213}^{*}=\alpha_{2i}\alpha_{1j}\alpha_{3k}\pi_{ijk}=\alpha_{23}\alpha_{12}\alpha_{31}\pi_{321}=\pi_{321}$$

又由各向同性张量的定义可知

$$\pi_{213}^{*}=\pi_{213}$$

则

$$\pi_{213}=\pi_{321}$$

同理可证

$$\pi_{321}=\pi_{132}$$

即

$$\pi_{213}=\pi_{321}=\pi_{132}$$

进一步，令旧坐标系绕 $y_3$ 线旋转 90°得到新坐标系，有

$$\pi_{213}^{*}=\alpha_{2i}\alpha_{1j}\alpha_{3k}\pi_{ijk}=\alpha_{21}\alpha_{12}\alpha_{33}\pi_{123}=-\pi_{123}$$

则

$$\pi_{213}=-\pi_{123}=0$$

即下式成立：

$$\pi_{213}=\pi_{321}=\pi_{132}=0$$

(3)当 $l$，$m$，$n$ 或 $i$，$j$，$k$ 不成排列即至少有两个相等时，令旧坐标系 $y_3$ 线沿 $Oy_1y_2$ 面进行反射得到新坐标系，有

$$\pi_{113}^{*}=\alpha_{1i}\alpha_{1j}\alpha_{3k}\pi_{ijk}=\alpha_{11}\alpha_{11}\alpha_{33}\pi_{113}=-\pi_{113}$$

$$\pi_{333}^{*}=\alpha_{3i}\alpha_{3j}\alpha_{3k}\pi_{ijk}=\alpha_{33}\alpha_{33}\alpha_{33}\pi_{333}=-\pi_{333}$$

又由各向同性张量的定义可知

$$\pi_{113}^{*}=\pi_{113}，\quad \pi_{333}^{*}=\pi_{333}$$

故

$$\pi_{113}=0，\quad \pi_{333}=0$$

同理可证，其他两个下标及三个下标相等的分量均为 0。

综合上述三种情况，可知三阶各向同性张量满足 $\boldsymbol{\pi}=\mathbf{0}$。

事实上，容易验证 $\boldsymbol{\pi}=\mathbf{0}$ 确实满足各向同性张量的定义。

证毕。

**5. 四阶各向同性张量**

$\boldsymbol{\pi}$ 为四阶各向同性张量的充要条件为

$$\pi_{ijkl}=\lambda\delta_{ij}\delta_{kl}+\mu'\delta_{ik}\delta_{jl}+\gamma'\delta_{il}\delta_{jk} \tag{2-52}$$

式中，$\lambda$、$\mu'$和 $\gamma'$ 均为标量。

证明：若 $\boldsymbol{\pi}$ 为四阶各向同性张量，根据定义，对于任意的坐标变换，有 $\pi_{pqrs}^{*}=\alpha_{pi}\alpha_{qj}\alpha_{rk}\alpha_{sl}\pi_{ijkl}=\pi_{pqrs}$。又下标均在 1，2，3 中取值，则至少有两个下标相等，故分为如下 4 种情况进行讨论。

(1)当四个指标均相等，即 $p=q=r=s$ 或 $i=j=k=l$ 时，令旧坐标系绕 $OM$ 线旋转 120°得到新坐标系，有

$$\pi_{1111}^{*}=\alpha_{12}\alpha_{12}\alpha_{12}\alpha_{12}\pi_{2222}=\pi_{2222}$$

又由各向同性张量的定义可知

$$\pi_{1111}^{*}=\pi_{1111}$$

则

$$\pi_{1111}=\pi_{2222}$$

同理可证

$$\pi_{2222}=\pi_{3333}，\quad \pi_{3333}=\pi_{1111}$$

即下式成立：

$$\pi_{1111}=\pi_{2222}=\pi_{3333}$$

(2)当两对指标各自相等，例如 $p=q\neq r=s$ 或 $i=j\neq k=l$，令旧坐标系绕 $OM$ 线旋转 120°得到新坐标系，有

$$\pi_{1122}^{*}=\alpha_{12}\alpha_{12}\alpha_{23}\alpha_{23}\pi_{2233}=\pi_{2233}$$

又由各向同性张量的定义可知

$$\pi_{1122}^{*}=\pi_{1122}$$

则

$$\pi_{1122}=\pi_{2233}$$

同理可证

$$\pi_{2233}=\pi_{3311}，\quad \pi_{3311}=\pi_{1122}$$

即下式成立：

$$\pi_{1122}=\pi_{2233}=\pi_{3311}$$

进一步，令旧坐标系绕 $y_3$ 线旋转 90°得到新坐标系，有

$$\pi_{1122}^{*}=\alpha_{12}\alpha_{12}\alpha_{21}\alpha_{21}\pi_{2211}=\pi_{2211}$$

又由各向同性张量的定义可知

$$\pi_{1122}^{*}=\pi_{1122}$$

则

$$\pi_{1122}=\pi_{2211}$$

同理可证

$$\pi_{2233}=\pi_{3322}，\quad \pi_{3311}=\pi_{1133}$$

即下式成立：

$$\pi_{1122}=\pi_{2211}=\pi_{2233}=\pi_{3322}=\pi_{3311}=\pi_{1133}=\lambda(\lambda\text{ 为标量})$$

同理可证

$i=k\neq j=l$ 或 $p=r\neq q=s$ 时，$\pi_{1212}=\pi_{2323}=\pi_{1313}=\pi_{2121}=\pi_{3232}=\pi_{3131}=\mu'$（$\mu'$为标量），

$i=l\neq j=k$ 或 $p=s\neq q=r$ 时，$\pi_{1221}=\pi_{2332}=\pi_{1331}=\pi_{2112}=\pi_{3223}=\pi_{3113}=\gamma'$（$\gamma'$为标量）。

(3)当仅有两个指标相等，例如 $p=q\neq r\neq s$ 或 $i=j\neq k\neq l$ 时，令旧坐标系 $y_3$ 线沿 $Oy_1y_2$ 面进行反射得到新坐标系，有

$$\pi_{1123}^{*}=\alpha_{11}\alpha_{11}\alpha_{22}\alpha_{33}\pi_{1123}=-\pi_{1123}$$

又由各向同性张量的定义可知

$$\pi_{1123}^{*}=\pi_{1123}$$

则

$$\pi_{1123}=0$$

同理可证，其他仅有两个指标相等的分量均为 0。

(4)当仅有三个指标相等，例如 $p=q=r\neq s$ 或 $i=j=k\neq l$ 时，令旧坐标系 $y_3$ 线沿 $Oy_1y_2$ 面进行反射得到新坐标系，有

$$\pi_{1113}^{*}=\alpha_{11}\alpha_{11}\alpha_{11}\alpha_{33}\pi_{1113}=-\pi_{1113}$$

又由各向同性张量的定义可知

$$\pi_{1113}^{*}=\pi_{1113}$$

则

$$\pi_{1113}=0$$

同理可证，其他仅有三个指标相等的分量也均为 0。

综合上述四种情况，可知四阶各向同性张量满足

$$\pi_{ijkl}=\lambda\delta_{ij}\delta_{kl}+\mu'\delta_{ik}\delta_{jl}+\gamma'\delta_{il}\delta_{jk}$$

事实上，也可证明，上式确实满足四阶各向同性张量的定义，即

$$\begin{aligned}\pi_{pqrs}^{*}&=\alpha_{pi}\alpha_{qj}\alpha_{rk}\alpha_{sl}\pi_{ijkl}=\alpha_{pi}\alpha_{qj}\alpha_{rk}\alpha_{sl}(\lambda\delta_{ij}\delta_{kl}+\mu'\delta_{ik}\delta_{jl}+\gamma'\delta_{il}\delta_{jk})\\&=\lambda\delta_{pq}\delta_{rs}+\mu'\delta_{pr}\delta_{qs}+\gamma'\delta_{ps}\delta_{qr}\\&=\pi_{pqrs}\end{aligned}$$

证毕。

从式(2-52)可知，四阶各项同性张量由三个独立的参数决定。

**例 2-7**　对于四阶各向同性对称张量(关于前两个或后两个指标对称)，如 $\pi_{ijkl}=\pi_{jikl}$，证明下式成立：

$$\pi_{ijkl}=\lambda\delta_{ij}\delta_{kl}+\mu(\delta_{ik}\delta_{jl}+\delta_{il}\delta_{jk})\tag{2-53}$$

证明：令 $\mu'=\mu+\gamma$，$\gamma'=\mu-\gamma$，则四阶各项同性张量满足

$$\pi_{ijkl}=\lambda\delta_{ij}\delta_{kl}+\mu(\delta_{ik}\delta_{jl}+\delta_{il}\delta_{jk})+\gamma(\delta_{ik}\delta_{jl}-\delta_{il}\delta_{jk})$$
$$\pi_{jikl}=\lambda\delta_{ji}\delta_{kl}+\mu(\delta_{jk}\delta_{il}+\delta_{jl}\delta_{ik})+\gamma(\delta_{jk}\delta_{il}-\delta_{jl}\delta_{ik})$$

再利用对称性，且对任意指标均有下式成立：

$$\pi_{ijkl}=\pi_{jikl}$$

则有

$$\gamma=0$$

即下式成立：

$$\pi_{ijkl}=\lambda\delta_{ij}\delta_{kl}+\mu(\delta_{ik}\delta_{jl}+\delta_{il}\delta_{jk})$$

证毕。

从式(2-53)可知，四阶各项同性对称张量由两个独立的参数决定。

**例 2-8**　推导笛卡儿坐标系下牛顿-斯托克斯流体的本构方程。

**解**：对于牛顿流体，黏性应力张量的分量与变形率张量的分量呈线性关系，且 81 个线性系数组成的黏性张量是四阶各向同性张量，再根据应力张量和变形率张量的对称性，可知黏性张量是四阶各向同性对称张量，由两个独立参数来表示，则应力-变形率关系写为

$$\begin{aligned}P_{ij}&=-p\delta_{ij}+\lambda\delta_{ij}\delta_{kl}S_{kl}+\mu(\delta_{ik}\delta_{jl}+\delta_{il}\delta_{jk})S_{kl}\\&=-p\delta_{ij}+\lambda\delta_{ij}S_{kk}+\mu S_{ij}+\mu S_{ji}\\&=-p\delta_{ij}+\lambda\delta_{ij}S_{kk}+2\mu S_{ij}\end{aligned}$$

对上式取缩并运算，得

$$P_{ii}=-3p+3\lambda S_{kk}+2\mu S_{kk}$$

对于斯托克斯流体，平均法应力等于压力，即

$$P_{ii} = -p\delta_{ii} = -3p \tag{2-54}$$

故有

$$\lambda = -\frac{2}{3}\mu$$

综上，笛卡儿坐标系下的牛顿-斯托克斯流体的本构方程为

$$P_{ij} = -p\delta_{ij} - \frac{2}{3}\mu\delta_{ij}S_{kk} + 2\mu S_{ij}$$

其实体形式为

$$\boldsymbol{P} = -p\boldsymbol{I} - \frac{2}{3}\mu(\nabla\cdot\boldsymbol{V})\boldsymbol{I} + \mu(\nabla\boldsymbol{V} + \nabla\boldsymbol{V}^{\mathrm{T}}) \tag{2-55}$$

在上述推导中，$\mu$ 为流体的第一动力黏性系数，$\lambda$ 为流体的第二动力黏性系数，对斯托克斯流体，$\lambda = -\frac{2}{3}\mu$；$-p\delta_{ij}$ 为各向同性压力，与黏性无关；$\lambda\delta_{ij}S_{kk}$ 为由于体积压缩或膨胀引起的各向同性黏性应力，对于不可压缩流体，该项为 0；$2\mu S_{ij}$ 为由于流体三维变形引起的黏性应力。

## 2.6 以张量表示的流动方程

本节利用前面介绍的张量分析方法，从拉格朗日角度出发推导流动基本方程的张量形式。利用张量表示方程式的好处在于所推导出的方程在任意曲线坐标系下都成立，针对特定的坐标系，如笛卡儿坐标系及圆柱坐标系，只需要利用张量在相应坐标系下的代数及微分运算关系式，就可以很容易地写出方程的分量形式。

### 2.6.1 连续方程

取任意流体微元系统，根据质量守恒定律，有

$$\frac{\mathrm{D}}{\mathrm{D}t}\int\rho\delta\nu = 0 \tag{2-56}$$

式中，$\delta\nu$ 为流体微元系统体积。进一步，利用可变区域积分的求导公式，上式左端可写成

$$\frac{\mathrm{D}}{\mathrm{D}t}\int\rho\delta\nu = \int\frac{\mathrm{D}\rho}{\mathrm{D}t}\delta\nu + \int\rho\frac{\mathrm{D}\delta\nu}{\mathrm{D}t} = \int\left(\frac{\mathrm{D}\rho}{\mathrm{D}t} + \rho\frac{\mathrm{D}\delta\nu}{\delta\nu\mathrm{D}t}\right)\delta\nu = \int\left(\frac{\mathrm{D}\rho}{\mathrm{D}t} + \rho\nabla\cdot\boldsymbol{V}\right)\delta\nu$$

上式推导中利用了式(2-15)，即“单位体积流体系统的膨胀率等于流动速度的散度”这一性质，第 5 章将证明该性质对于任意坐标系都成立。这样就得到了如下连续方程：

$$\frac{\mathrm{D}\rho}{\mathrm{D}t} + \rho\nabla\cdot\boldsymbol{V} = 0 \tag{2-57}$$

按照流体力学中的随体导数 $\frac{\mathrm{D}}{\mathrm{D}t}$ 与当地偏导数 $\frac{\partial}{\partial t}$ 的关系：

$$\frac{\mathrm{D}}{\mathrm{D}t} = \frac{\partial}{\partial t} + \boldsymbol{V}\cdot\nabla$$

连续方程又可写为

$$\frac{\partial \rho}{\partial t}+\nabla \cdot (\rho \boldsymbol{V})=0 \tag{2-58}$$

特别地，对于不可压缩流动，$\frac{\mathrm{D}\rho}{\mathrm{D}t}=0$，连续方程可简化为

$$\nabla \cdot \boldsymbol{V}=0 \tag{2-59}$$

对于定常流动，$\frac{\partial \rho}{\partial t}=0$，连续方程可简化为

$$\nabla \cdot \rho \boldsymbol{V}=0 \tag{2-60}$$

### 2.6.2　动量方程

根据牛顿第二定律，微元系统的动量变化率等于作用在该微元系统上的体积力与作用在微元系统表面上的表面力之和，写成数学形式为

$$\frac{\mathrm{D}}{\mathrm{D}t}\int \rho \boldsymbol{V}\delta\nu = \int \rho \boldsymbol{f}\,\delta\nu + \oint \boldsymbol{p}_n \delta S \tag{2-61}$$

式中，$\delta S$ 为微元系统 $\delta\nu$ 的表面积；$\boldsymbol{f}$ 为作用在单位质量流体上的体积力；$\boldsymbol{p}_n$ 为作用在外法向为 $\boldsymbol{n}$ 的单位面积上的表面力。利用微元系统质量不变的性质，方程式(2-61)左端写成

$$\int \frac{\mathrm{D}}{\mathrm{D}t}\rho \boldsymbol{V}\delta\nu = \int \rho \frac{\mathrm{D}\boldsymbol{V}}{\mathrm{D}t}\delta\nu + \int \boldsymbol{V}\frac{\mathrm{D}\rho\delta\nu}{\mathrm{D}t} = \int \rho \frac{\mathrm{D}\boldsymbol{V}}{\mathrm{D}t}\delta\nu$$

利用表面力计算公式 $\boldsymbol{p}_n=\boldsymbol{n}\cdot\boldsymbol{P}$，以及面积分与体积分之间的关系式，方程式(2-61)右端写成

$$\int \rho \boldsymbol{f}\,\delta\nu + \oint \boldsymbol{n}\cdot\boldsymbol{P}\delta S = \int (\rho \boldsymbol{f} + \nabla\cdot \boldsymbol{P})\delta\nu$$

这样可得到如下形式的动量方程：

$$\rho\frac{\mathrm{D}\boldsymbol{V}}{\mathrm{D}t}=\rho \boldsymbol{f}+\nabla\cdot\boldsymbol{P} \tag{2-62}$$

式中，二阶应力张量的散度$\nabla\cdot\boldsymbol{P}$表示单位体积流体受到的表面力。

### 2.6.3　能量方程

根据热力学第一定律，微元系统总能量的变化率等于作用在微元系统上体积力的做功率、表面力的做功率、通过微元系统表面的导热率及微元系统内其他内热源生成率之和，其数学表达式为

$$\frac{\mathrm{D}}{\mathrm{D}t}\int \rho\left(e+\frac{1}{2}\boldsymbol{V}^2\right)\delta\nu = \int \rho \boldsymbol{f}\cdot\boldsymbol{V}\delta\nu + \oint \boldsymbol{p}_n\cdot\boldsymbol{V}\delta s - \oint q_n\delta s + \int \rho\dot{q}\delta\nu \tag{2-63}$$

式中，$e$ 为比内能，$\frac{\boldsymbol{V}^2}{2}$为动能，二者之和为比总能，即单位质量流体的总能量；$q_n$ 为沿着单位外法向 $\boldsymbol{n}$ 上的导热率；$\dot{q}$ 为单位质量流体其他内热源生成率。方程式(2-63)左端可写成

$$\frac{\mathrm{D}}{\mathrm{D}t}\int\rho\left(e+\frac{1}{2}\boldsymbol{V}^2\right)\delta\nu=\int\rho\frac{\mathrm{D}}{\mathrm{D}t}\left(e+\frac{1}{2}\boldsymbol{V}^2\right)\delta\nu$$

利用面积分与体积分之间的关系式，及傅里叶导热定律

$$q_n=-\boldsymbol{n}\cdot k\,\nabla T$$

式中，$k$ 为导热系数，方程式(2-63)右端可写成

$$\int\rho\boldsymbol{f}\cdot\boldsymbol{V}\delta\nu+\int\nabla\cdot(\boldsymbol{P}\cdot\boldsymbol{V})\delta\nu+\int\nabla\cdot(k\,\nabla T)\delta\nu+\int\rho\dot{q}\delta\nu$$

于是，得到关于总能量的能量方程：

$$\rho\frac{\mathrm{D}}{\mathrm{D}t}\left(e+\frac{1}{2}\boldsymbol{V}^2\right)=\rho\boldsymbol{f}\cdot\boldsymbol{V}+\nabla\cdot(\boldsymbol{P}\cdot\boldsymbol{V})+\nabla\cdot(k\,\nabla T)+\rho\dot{q}\tag{2-64}$$

将动量方程式(2-62)点乘 $\boldsymbol{V}$，再减方程式(2-64)，得到如下关于比内能的能量方程：

$$\rho\frac{\mathrm{D}e}{\mathrm{D}t}=\boldsymbol{P}:\boldsymbol{S}+\nabla\cdot(k\,\nabla T)+\rho\dot{q}\tag{2-65}$$

式中，$\boldsymbol{P}:\boldsymbol{S}$ 为单位体积流体所受到的应力对流体变形运动的做功率。上式推导用到了如下张量恒等式：

$$\nabla\cdot(\boldsymbol{P}\cdot\boldsymbol{V})=\boldsymbol{P}:\boldsymbol{S}+(\nabla\cdot\boldsymbol{P})\cdot\boldsymbol{V}\tag{2-66}$$

再利用比内能 $e$ 与温度 $T$ 的关系，可得到关于温度的能量方程式：

$$\rho C_V\frac{\mathrm{D}T}{\mathrm{D}t}=\boldsymbol{P}:\boldsymbol{S}+\nabla\cdot(k\,\nabla T)+\rho\dot{q}\tag{2-67}$$

式中，$C_V$ 为流体定容比热。

利用热力学关系式 $T\Delta s=\Delta e+p\Delta\dfrac{1}{\rho}$，还可以得出如下关于比熵 $s$ 的能量方程式：

$$\begin{aligned}\rho T\frac{\mathrm{D}s}{\mathrm{D}t}&=\boldsymbol{P}:\boldsymbol{S}+\nabla\cdot(k\,\nabla T)+\rho\dot{q}-\frac{p}{\rho}\frac{\mathrm{D}\rho}{\mathrm{D}t}\\&=(-p\boldsymbol{I}+\boldsymbol{\tau}):\boldsymbol{S}+\nabla\cdot(k\,\nabla T)+\rho\dot{q}-\frac{p}{\rho}\frac{\mathrm{D}\rho}{\mathrm{D}t}\\&=-p\,\nabla\cdot\boldsymbol{V}+\boldsymbol{\tau}:\boldsymbol{S}+\nabla\cdot(k\,\nabla T)+\rho\dot{q}-\frac{p}{\rho}\frac{\mathrm{D}\rho}{\mathrm{D}t}\\&=\boldsymbol{\tau}:\boldsymbol{S}+\nabla\cdot(k\,\nabla T)+\rho\dot{q}-\frac{p}{\rho}\left(\frac{\mathrm{D}\rho}{\mathrm{D}t}+\rho\,\nabla\cdot\boldsymbol{V}\right)\\&=\boldsymbol{\tau}:\boldsymbol{S}+\nabla\cdot(k\,\nabla T)+\rho\dot{q}\end{aligned}\tag{2-68}$$

式中，方程右端的第一项为耗散函数，其物理意义为单位体积流体所受的黏性应力 $\boldsymbol{\tau}$ 对流体变形运动的做功率，是由黏性力将机械能转换为热能的部分。从该式可以看出无黏绝热流动即为等熵流动。

### 2.6.4 其他方程

除上述连续方程、动量方程和能量方程以外，还需补充如下本构方程、几何方程和状态方程，即可使得方程组封闭，再结合定解条件，原则上就可以对三维非定常黏性流动问题求解。

本构方程：

$$\boldsymbol{P}=-p\boldsymbol{I}+\boldsymbol{\tau}=-p\boldsymbol{I}-\frac{2}{3}\mu(\nabla\cdot\boldsymbol{V})\cdot\boldsymbol{I}+2\mu\boldsymbol{S} \tag{2-69}$$

几何方程：

$$\boldsymbol{S}=\frac{1}{2}(\nabla\boldsymbol{V}+\nabla\boldsymbol{V}^{\mathrm{T}}) \tag{2-70}$$

状态方程：

$$p=f(\rho,\ R,\ T) \tag{2-71}$$

对于完全气体而言，状态方程式(2-71)为

$$p=\rho RT$$

# 习　题

2-1　已知 $\boldsymbol{a}$，$\boldsymbol{b}$，$\boldsymbol{c}$，$\boldsymbol{d}$，$\boldsymbol{X}$，$\boldsymbol{Y}$ 为任意矢量函数，$f$，$g$，$\varphi$ 为任意标量函数，$\boldsymbol{r}_P$ 为位置矢量，$\boldsymbol{V}$ 为速度，$\boldsymbol{P}$ 和 $\boldsymbol{S}$ 分别为应力张量和变形率张量，证明下列张量恒等式成立。

(1)$(\boldsymbol{a}\times\boldsymbol{b})\cdot(\boldsymbol{c}\times\boldsymbol{d})=(\boldsymbol{a}\cdot\boldsymbol{c})(\boldsymbol{d}\cdot\boldsymbol{b})-(\boldsymbol{a}\cdot\boldsymbol{d})(\boldsymbol{b}\cdot\boldsymbol{c})$；

(2)$(\boldsymbol{b}\times\boldsymbol{a})\times(\boldsymbol{a}\times\boldsymbol{c})=[\boldsymbol{a}\cdot(\boldsymbol{c}\times\boldsymbol{b})]\boldsymbol{a}$；

(3)$\nabla(fg)=f\,\nabla g+g\,\nabla f$；

(4)$\nabla(\boldsymbol{X}\cdot\boldsymbol{Y})=\boldsymbol{X}\times(\nabla\times\boldsymbol{Y})+\boldsymbol{Y}\times(\nabla\times\boldsymbol{X})+(\boldsymbol{X}\cdot\nabla)\boldsymbol{Y}+(\boldsymbol{Y}\cdot\nabla)\boldsymbol{X}$；

(5)$\nabla\cdot(\boldsymbol{X}\boldsymbol{Y})=(\nabla\cdot\boldsymbol{X})\boldsymbol{Y}+(\boldsymbol{X}\cdot\nabla)\boldsymbol{Y}$；

(6)$\nabla\times(\boldsymbol{X}\times\boldsymbol{Y})=(\boldsymbol{Y}\cdot\nabla)\boldsymbol{X}-(\boldsymbol{X}\cdot\nabla)\boldsymbol{Y}+(\nabla\cdot\boldsymbol{Y})\boldsymbol{X}-(\nabla\cdot\boldsymbol{X})\boldsymbol{Y}$；

(7)$\nabla\cdot(f\boldsymbol{X})=\nabla f\cdot\boldsymbol{X}+f\,\nabla\cdot\boldsymbol{X}$；

(8)$\nabla\times(f\boldsymbol{X})=\nabla f\times\boldsymbol{X}+f\,\nabla\times\boldsymbol{X}$；

(9)$\boldsymbol{V}\cdot\nabla\boldsymbol{V}=\nabla\frac{1}{2}\boldsymbol{V}^2+(\nabla\times\boldsymbol{V})\times\boldsymbol{V}$；

(10)$\nabla\times\nabla\varphi=\boldsymbol{0}$；

(11)$\nabla\cdot\nabla\times\boldsymbol{V}=0$；

(12)$\nabla\cdot(\boldsymbol{P}\cdot\boldsymbol{V})=\boldsymbol{P}:\boldsymbol{S}+(\nabla\cdot\boldsymbol{P})\cdot\boldsymbol{V}$；

(13)$\nabla\cdot\boldsymbol{r}_P=3$，$\nabla\times\boldsymbol{r}_P=\boldsymbol{0}$，$\boldsymbol{a}\cdot\nabla\boldsymbol{r}_P=\boldsymbol{a}$。

2-2　已知 $\boldsymbol{A}$，$\boldsymbol{B}$，$\boldsymbol{C}$ 为绝对矢量，$\varphi$ 为绝对标量，证明：

(1)$\boldsymbol{A}\cdot\boldsymbol{B}$，$\nabla\cdot\boldsymbol{A}$，$\nabla\cdot\nabla\varphi$ 为绝对标量；

(2)$\boldsymbol{A}\pm\boldsymbol{B}$，$\alpha\boldsymbol{A}$，$\nabla\varphi$ 为绝对矢量；

(3)$\boldsymbol{A}\cdot(\boldsymbol{B}\times\boldsymbol{C})$为伪标量；

(4)$\nabla\times\boldsymbol{A}$ 为伪矢量。

2-3　写出理想流动条件下的应力张量，并求其散度。

2-4　利用笛卡儿速度分量写出流动方程(连续方程、动量方程、总能量方程、熵方程、本构方程、几何方程和状态方程)的张量分量形式。

# 第3章　任意曲线坐标系下的张量分析

第2章主要介绍了笛卡儿坐标系下的张量基本概念、运算和应用。笛卡儿坐标系是单位正交直线坐标系，也是最简单的坐标系。但在求解实际问题时，由于一般物体的边界大多是弯曲的，因此更为常见和实用的是曲线坐标系。比如在求解绕飞机、汽车的流动时，为提高数值方法(如有限差分法)处理不规则空间域的准确性，常常采用的策略是建立贴体曲线坐标系，然后在曲线坐标系下加以数值求解。再比如在设计航空叶轮机械(涡轮和压气机)、水力机械(水轮机和泵)、风力机械并研究它们内部的三维流动时，为了适应各种复杂形状的叶轮机械，采用任意曲线坐标系可建立统一的叶轮机械三维流动理论和计算软件，提升叶轮机械三维流动设计和分析水平。为此，本章将介绍任意曲线坐标系下的张量分析，主要包括任意曲线坐标系的几何要素(定义、坐标线、坐标面、坐标基矢量、度量张量和克里斯多菲符号)，以及矢量、高阶张量的代数和微分运算。

## 3.1　曲线坐标系

在三维空间上，任意点 $P$ 的位置可由参考点 $O$ 至该点的矢径 $\boldsymbol{r}_P$ 表示，矢径 $\boldsymbol{r}_P$ 是3个独立变量 $x^i(i=1, 2, 3)$的函数：

$$\boldsymbol{r}_P=\boldsymbol{r}_P(x^1, x^2, x^3)$$

在$(x^1, x^2, x^3)$的定义域内，$x^i$ 与空间上的所有点能够一一对应，$x^i$ 就称为曲线坐标，其所构成的坐标系即为曲线坐标系。

选择的曲线坐标可以是没有长度的量纲，且矢径与坐标之间可以不满足线性关系。当3个坐标 $x^i$ 中任意两个坐标的值保持不变，只有一个坐标变化时，点的轨迹称为该坐标系的坐标线。通过空间任意一点必有3条坐标线，不同点处坐标线的方向一般是变化的。当3个坐标 $x^i$ 中的一个保持不变，其余两个坐标变化时，所形成的空间点的集合就构成坐标面。通过空间任意点必有3个坐标面，一般情况下，3个坐标面都是曲面。

曲线坐标系在具体表达时，往往借助于一参考的笛卡儿坐标系$(y^1, y^2, y^3)$及其相应的笛卡儿坐标基矢量 $\boldsymbol{u}_1$，$\boldsymbol{u}_2$，$\boldsymbol{u}_3$，并设其坐标原点取在 $O$ 点，如图3-1所示。此时，式(3-1)可写为

$$\boldsymbol{r}_P=y^1(x^1, x^2, x^3)\boldsymbol{u}_1+y^2(x^1, x^2, x^3)\boldsymbol{u}_2+y^3(x^1, x^2, x^3)\boldsymbol{u}_3 \tag{3-1}$$

曲线坐标 $x^i$ 与空间点一一对应的条件，即要求函数 $y^j(x^i)$在 $x^i$ 的定义域内单值、连续、可微。于是方程组

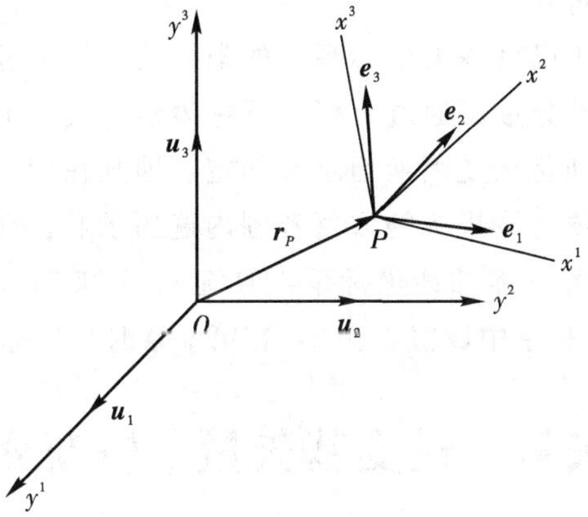


**图 3-1　曲线坐标系**

$$\begin{cases} dy^1 = \dfrac{\partial y^1}{\partial x^1}dx^1 + \dfrac{\partial y^1}{\partial x^2}dx^2 + \dfrac{\partial y^1}{\partial x^3}dx^3 \\ dy^2 = \dfrac{\partial y^2}{\partial x^1}dx^1 + \dfrac{\partial y^2}{\partial x^2}dx^2 + \dfrac{\partial y^2}{\partial x^3}dx^3 \\ dy^3 = \dfrac{\partial y^3}{\partial x^1}dx^1 + \dfrac{\partial y^3}{\partial x^2}dx^2 + \dfrac{\partial y^3}{\partial x^3}dx^3 \end{cases} \tag{3-2}$$

要求存在唯一解，即系数矩阵的行列式

$$J = \frac{\partial(y^1,\ y^2,\ y^3)}{\partial(x^1,\ x^2,\ x^3)} = \begin{vmatrix} \dfrac{\partial y^1}{\partial x^1} & \dfrac{\partial y^1}{\partial x^2} & \dfrac{\partial y^1}{\partial x^3} \\ \dfrac{\partial y^2}{\partial x^1} & \dfrac{\partial y^2}{\partial x^2} & \dfrac{\partial y^2}{\partial x^3} \\ \dfrac{\partial y^3}{\partial x^1} & \dfrac{\partial y^3}{\partial x^2} & \dfrac{\partial y^3}{\partial x^3} \end{vmatrix} \neq 0 \tag{3-3}$$

类似地，一一对应条件也意味着函数 $x^j(y^i)$ 在 $y^i$ 的定义域内单值、连续、可微。于是方程组

$$\begin{cases} dx^1 = \dfrac{\partial x^1}{\partial y^1}dy^1 + \dfrac{\partial x^1}{\partial y^2}dy^2 + \dfrac{\partial x^1}{\partial y^3}dy^3 \\ dx^2 = \dfrac{\partial x^2}{\partial y^1}dy^1 + \dfrac{\partial x^2}{\partial y^2}dy^2 + \dfrac{\partial x^2}{\partial y^3}dy^3 \\ dx^3 = \dfrac{\partial x^3}{\partial y^1}dy^1 + \dfrac{\partial x^3}{\partial y^2}dy^2 + \dfrac{\partial x^3}{\partial y^3}dy^3 \end{cases} \tag{3-4}$$

要求存在唯一解，即系数矩阵的行列式

$$J' = \frac{\partial(x^1,\ x^2,\ x^3)}{\partial(y^1,\ y^2,\ y^3)} = \begin{vmatrix} \dfrac{\partial x^1}{\partial y^1} & \dfrac{\partial x^1}{\partial y^2} & \dfrac{\partial x^1}{\partial y^3} \\ \dfrac{\partial x^2}{\partial y^1} & \dfrac{\partial x^2}{\partial y^2} & \dfrac{\partial x^2}{\partial y^3} \\ \dfrac{\partial x^3}{\partial y^1} & \dfrac{\partial x^3}{\partial y^2} & \dfrac{\partial x^3}{\partial y^3} \end{vmatrix} \neq 0$$

上述 $J$ 和 $J'$ 是坐标转换的雅可比行列式。雅可比行列式不为 0 保证了曲线坐标 $x^i$

之间相互独立，变换非奇异。

值得说明的是，对于以后各类坐标系下的坐标均采用上标标记法。对后面即将介绍的矢量和各阶张量，其分量可通过上标或下标表示。其中上标表示“逆变”指标，下标表示“协变”指标。求和遵从爱因斯坦求和约定，即凡在同一项中，上标和下标两个指标相同，则表示把该项在该指标的取值范围内遍历求和。在本书中，规定拉丁字母(如 $i$，$j$ 和 $k$ 等)用于本章三维曲线坐标系，取值 1，2 和 3；而希腊字母(如 $\alpha$，$\beta$ 和 $\gamma$ 等)在第 4 章二维曲面坐标系中取值 1 和 2，在第 9 章时空坐标系中取值 1，2，3 和 4。

## 3.2 协变基矢量、逆变基矢量、协变分量与逆变分量

### 3.2.1 定义

在曲线坐标系下，过空间任意一点 $P(x^1, x^2, x^3)$处有 3 条不共面的坐标线，当 $P$ 点坐标有微小增量时，$P$ 点移至其邻近的 $Q$ 点，即矢径 $\boldsymbol{r}_P$ 的增量 $\mathrm{d}\boldsymbol{r}_P$ 是一个矢量：

$$\mathrm{d}\boldsymbol{r}_P=\frac{\partial \boldsymbol{r}_P}{\partial x^i}\mathrm{d}x^i \tag{3-5}$$

通常，总是这样选取任意点 $P(x^1, x^2, x^3)$处的协变基矢量 $\boldsymbol{e}_i(i=1, 2, 3)$，使得在该点的局部邻域内，矢径的微分 $\mathrm{d}\boldsymbol{r}_P$ 与坐标的微分 $\mathrm{d}x^i(i=1, 2, 3)$满足类似于直角坐标系下的关系式，即

$$\mathrm{d}\boldsymbol{r}_P=\boldsymbol{e}_i\mathrm{d}x^i \tag{3-6}$$

由式(3-5)和式(3-6)则定义出任意点 $P(x^1, x^2, x^3)$处的协变基矢量 $\boldsymbol{e}_i$：

$$\boldsymbol{e}_i=\frac{\partial \boldsymbol{r}_P}{\partial x^i}=\frac{\partial y^k}{\partial x^i}\boldsymbol{u}_k(i=1, 2, 3) \tag{3-7}$$

显然，$\boldsymbol{e}_i(i=1, 2, 3)$沿着 $P$ 点处 3 条坐标线的切线方向并指向 $x^i$ 增加的方向，即协变基矢量 $\boldsymbol{e}_i$ 为 $P$ 点相应坐标曲线的切向矢量。可以看出，当选取的 $P$ 点位置不同时，$\boldsymbol{e}_i$ 的指向一般也不同，因此协变基矢量 $\boldsymbol{e}_i$ 是空间位置或空间坐标的函数。结合式(3-3)可知，$\boldsymbol{e}_i$ 彼此独立(或非共面)，但不一定相互正交，且一般不是单位矢量。

基于以上所述，曲线坐标系下的任意矢量 $\boldsymbol{A}$ 可以用 3 个协变基矢量 $\boldsymbol{e}_i(i=1, 2, 3)$表示为

$$\boldsymbol{A}=\alpha\boldsymbol{e}_1+\beta\boldsymbol{e}_2+\gamma\boldsymbol{e}_3 \tag{3-8}$$

根据 3 个基矢量非共面的性质，用任意两个基矢量的叉乘对上式作点乘运算，可以得出

$$\alpha=\boldsymbol{A}\cdot\frac{\boldsymbol{e}_2\times\boldsymbol{e}_3}{\boldsymbol{e}_1\cdot(\boldsymbol{e}_2\times\boldsymbol{e}_3)}$$

$$\beta=\boldsymbol{A}\cdot\frac{\boldsymbol{e}_3\times\boldsymbol{e}_1}{\boldsymbol{e}_1\cdot(\boldsymbol{e}_2\times\boldsymbol{e}_3)}$$

$$\gamma=\boldsymbol{A}\cdot\frac{\boldsymbol{e}_1\times\boldsymbol{e}_2}{\boldsymbol{e}_1\cdot(\boldsymbol{e}_2\times\boldsymbol{e}_3)}$$

记

$$\boldsymbol{e}^1=\frac{\boldsymbol{e}_2\times\boldsymbol{e}_3}{\boldsymbol{e}_1\cdot(\boldsymbol{e}_2\times\boldsymbol{e}_3)} \tag{3-9}$$

$$\boldsymbol{e}^2=\frac{\boldsymbol{e}_3\times\boldsymbol{e}_1}{\boldsymbol{e}_1\cdot(\boldsymbol{e}_2\times\boldsymbol{e}_3)} \tag{3-10}$$

$$\boldsymbol{e}^3=\frac{\boldsymbol{e}_1\times\boldsymbol{e}_2}{\boldsymbol{e}_1\cdot(\boldsymbol{e}_2\times\boldsymbol{e}_3)} \tag{3-11}$$

由此定义的 $\boldsymbol{e}^i(i=1,2,3)$为 $\boldsymbol{e}_i$ 的逆变基矢量，它们称为曲线坐标系的逆变基矢量。可以看出，逆变基矢量 $\boldsymbol{e}^i$ 为坐标曲面的法向矢量，它们同样是空间位置或空间坐标的函数，且彼此之间相互独立。

由协变基矢量 $\boldsymbol{e}_i$ 和逆变基矢量 $\boldsymbol{e}^i$，曲线坐标系下的任意矢量 $\boldsymbol{A}$ 可以表示为

$$\boldsymbol{A}=(\boldsymbol{A}\cdot\boldsymbol{e}^1)\boldsymbol{e}_1+(\boldsymbol{A}\cdot\boldsymbol{e}^2)\boldsymbol{e}_2+(\boldsymbol{A}\cdot\boldsymbol{e}^3)\boldsymbol{e}_3 \tag{3-12}$$

令

$$A^i=\boldsymbol{A}\cdot\boldsymbol{e}^i$$

则式(3-12)可写为

$$\boldsymbol{A}=A^1\boldsymbol{e}_1+A^2\boldsymbol{e}_2+A^3\boldsymbol{e}_3=A^i\boldsymbol{e}_i$$

在曲线坐标系下，$A^i$ 称为 $\boldsymbol{A}$ 的逆变分量。由上式可以看出，逆变分量 $A^i$ 是将矢量 $\boldsymbol{A}$ 在协变基矢量 $\boldsymbol{e}_i$ 方向上分解而成的分量。类似地，我们也可以把矢量 $\boldsymbol{A}$ 表示为

$$\boldsymbol{A}=A_1\boldsymbol{e}^1+A_2\boldsymbol{e}^2+A_3\boldsymbol{e}^3=A_i\boldsymbol{e}^i \tag{3-13}$$

式中，$A_i$ 称为 $\boldsymbol{A}$ 的协变分量。对上式两边点乘 $\boldsymbol{e}_j$，可以得到

$$\boldsymbol{A}\cdot\boldsymbol{e}_j=A_i\boldsymbol{e}^i\cdot\boldsymbol{e}_j=A_i\delta^i_j=A_j$$

即

$$A_i=\boldsymbol{A}\cdot\boldsymbol{e}_i$$

协变分量 $A_i$ 是将矢量 $\boldsymbol{A}$ 在逆变基矢量 $\boldsymbol{e}^i$ 方向上分解而成的分量。

### 3.2.2 性质

现在讨论协变基矢量 $\boldsymbol{e}_i$ 和逆变基矢量 $\boldsymbol{e}^i$ 的性质。

**1. 对偶性**

逆变基矢量和协变基矢量之间存在如下关系：

$$\boldsymbol{e}^i\cdot\boldsymbol{e}_j=\delta^i_j=\begin{cases}1, & i=j\\0, & i\neq j\end{cases} \tag{3-14}$$

式(3-14)称为曲线坐标系的对偶条件，式中 $\delta^i_j$ 称为克罗内克符号。上式可以结合前面逆变基矢量的定义，通过简单的矢量运算证明，例如

$$\boldsymbol{e}^1\cdot\boldsymbol{e}_1=\frac{\boldsymbol{e}_2\times\boldsymbol{e}_3}{\boldsymbol{e}_1\cdot(\boldsymbol{e}_2\times\boldsymbol{e}_3)}\cdot\boldsymbol{e}_1=1$$

$$\boldsymbol{e}^1\cdot\boldsymbol{e}_2=\frac{\boldsymbol{e}_2\times\boldsymbol{e}_3}{\boldsymbol{e}_1\cdot(\boldsymbol{e}_2\times\boldsymbol{e}_3)}\cdot\boldsymbol{e}_2=0$$

等等。

**2. 设 $V=\boldsymbol{e}_1\cdot(\boldsymbol{e}_2\times\boldsymbol{e}_3)$，$V'=\boldsymbol{e}^1\cdot(\boldsymbol{e}^2\times\boldsymbol{e}^3)$，则有 $VV'=1$**

在笛卡儿坐标系下，标量 $\Omega=\boldsymbol{u}_1\cdot(\boldsymbol{u}_2\times\boldsymbol{u}_3)$具有明确的几何意义，它表示由 3 个笛卡儿坐标基矢量 $\boldsymbol{u}_i(i=1, 2, 3)$所围成的单位立方体的体积。同样地，在曲线坐标系下，记协变基矢量所围成平行六面体的体积为 $V$，即 $V=\boldsymbol{e}_1\cdot(\boldsymbol{e}_2\times\boldsymbol{e}_3)$；逆变基矢量所围成的平行六面体的体积为 $V'$，即 $V'=\boldsymbol{e}^1\cdot(\boldsymbol{e}^2\times\boldsymbol{e}^3)$，则有 $VV'=1$。

该性质可以通过简单的矢量运算进行证明，具体如下。

已知

$$V=\boldsymbol{e}_1\cdot(\boldsymbol{e}_2\times\boldsymbol{e}_3)$$
$$V'=\boldsymbol{e}^1\cdot(\boldsymbol{e}^2\times\boldsymbol{e}^3)$$

结合前面逆变基矢量 $\boldsymbol{e}^i$ 的定义，$V'$表达式可写为

$$V'=\frac{\boldsymbol{e}_2\times\boldsymbol{e}_3}{\boldsymbol{e}_1\cdot(\boldsymbol{e}_2\times\boldsymbol{e}_3)}\cdot\left[\frac{\boldsymbol{e}_3\times\boldsymbol{e}_1}{\boldsymbol{e}_1\cdot(\boldsymbol{e}_2\times\boldsymbol{e}_3)}\times\frac{\boldsymbol{e}_1\times\boldsymbol{e}_2}{\boldsymbol{e}_1\cdot(\boldsymbol{e}_2\times\boldsymbol{e}_3)}\right]$$

提取相同项 $\boldsymbol{e}_1\cdot(\boldsymbol{e}_2\times\boldsymbol{e}_3)$，并对后两项分子部分按矢性二重积公式(3-78)计算，得

$$V'=\frac{\boldsymbol{e}_2\times\boldsymbol{e}_3}{V^3}\cdot\{[(\boldsymbol{e}_3\times\boldsymbol{e}_1)\cdot\boldsymbol{e}_2]\boldsymbol{e}_1-[(\boldsymbol{e}_3\times\boldsymbol{e}_1)\cdot\boldsymbol{e}_1]\boldsymbol{e}_2\}$$

由于矢量$(\boldsymbol{e}_3\times\boldsymbol{e}_1)$与矢量 $\boldsymbol{e}_1$ 正交，因此它们的点乘为 0，即上式最后一个方括号项为 0。上式可继续写为

$$V'=\frac{1}{V^3}[(\boldsymbol{e}_3\times\boldsymbol{e}_1)\cdot\boldsymbol{e}_2][(\boldsymbol{e}_2\times\boldsymbol{e}_3)\cdot\boldsymbol{e}_1]$$

根据已知条件(协变基矢量所围成的平行六面体体积为 $V$)，上式简化为

$$V'=\frac{1}{V}$$

因此证得 $VV'=1$。

**3. $\boldsymbol{e}_1$，$\boldsymbol{e}_2$，$\boldsymbol{e}_3$ 与 $\boldsymbol{e}^1$，$\boldsymbol{e}^2$，$\boldsymbol{e}^3$ 互为倒易矢量**

该性质可由前面倒易矢量的定义及性质 2 证得。下面以 $\boldsymbol{e}_1$ 和 $\boldsymbol{e}^1$ 互为倒易矢量为例进行说明。

仿照前面定义 $\boldsymbol{e}_1$ 的倒易矢量为 $\boldsymbol{e}^1$ 的公式，$\boldsymbol{e}^1$ 的倒易矢量可写为

$$\frac{\boldsymbol{e}^2\times\boldsymbol{e}^3}{\boldsymbol{e}^1\cdot(\boldsymbol{e}^2\times\boldsymbol{e}^3)}$$

利用逆变基矢量 $\boldsymbol{e}^2$ 和 $\boldsymbol{e}^3$ 的定义公式，上式可进一步写为

$$\frac{1}{V'}\left[\frac{\boldsymbol{e}_3\times\boldsymbol{e}_1}{\boldsymbol{e}_1\cdot(\boldsymbol{e}_2\times\boldsymbol{e}_3)}\times\frac{\boldsymbol{e}_1\times\boldsymbol{e}_2}{\boldsymbol{e}_1\cdot(\boldsymbol{e}_2\times\boldsymbol{e}_3)}\right]$$

根据性质 2，$VV'=1$，并对分子部分采用矢性二重积公式计算，则上式变为

$$\frac{1}{V}\{[(\boldsymbol{e}_3\times\boldsymbol{e}_1)\cdot\boldsymbol{e}_2]\boldsymbol{e}_1-[(\boldsymbol{e}_3\times\boldsymbol{e}_1)\cdot\boldsymbol{e}_1]\boldsymbol{e}_2\}$$

由于矢量$(\boldsymbol{e}_3\times\boldsymbol{e}_1)$与矢量 $\boldsymbol{e}_1$ 正交，因此它们的点乘为 0，即上式最后一个方括号项为 0。上式可继续写为

$$\frac{1}{V}[(\boldsymbol{e}_3\times\boldsymbol{e}_1)\cdot\boldsymbol{e}_2]\boldsymbol{e}_1$$

代入 $V=(\boldsymbol{e}_3\times\boldsymbol{e}_1)\cdot\boldsymbol{e}_2$，上式的最终简化结果为 $\boldsymbol{e}_1$。因此可以得到，$\boldsymbol{e}^1$ 的倒易矢量为 $\boldsymbol{e}_1$。再结合前面已介绍的内容($\boldsymbol{e}_1$ 的倒易矢量为 $\boldsymbol{e}^1$)，便可以获得结论：$\boldsymbol{e}_1$ 和 $\boldsymbol{e}^1$ 互为倒易矢量。

同理可以得到：$\boldsymbol{e}_2$ 和 $\boldsymbol{e}^2$ 互为倒易矢量，$\boldsymbol{e}_3$ 和 $\boldsymbol{e}^3$ 互为倒易矢量。

**4. 笛卡儿坐标基矢量 $\boldsymbol{u}_1$，$\boldsymbol{u}_2$，$\boldsymbol{u}_3$ 的逆变基矢量为其本身**

下面仅以 $\boldsymbol{u}_1$ 为例进行说明。

根据逆变基矢量的定义公式，逆变基矢量 $\boldsymbol{u}^1$ 可表示为

$$\boldsymbol{u}^1=\frac{\boldsymbol{u}_2\times\boldsymbol{u}_3}{\boldsymbol{u}_1\cdot(\boldsymbol{u}_2\times\boldsymbol{u}_3)} \tag{3-15}$$

由第 2 章内容可知，在笛卡儿坐标系下：

$$\boldsymbol{u}_1\cdot(\boldsymbol{u}_2\times\boldsymbol{u}_3)=1$$
$$\boldsymbol{u}_2\times\boldsymbol{u}_3=\boldsymbol{u}_1$$

则式(3-15)可化简为

$$\boldsymbol{u}^1=\boldsymbol{u}_1 \tag{3-16}$$

可见，$\boldsymbol{u}_1$ 的逆变基矢量为其本身。同理可以证明 $\boldsymbol{u}_2$ 和 $\boldsymbol{u}_3$ 的逆变基矢量也为其本身。由于协变基矢量和逆变基矢量相同，所以笛卡儿坐标系下我们没有必要区分它们，统一称之为基矢量。

**5. 逆变基矢量 $\boldsymbol{e}^i$ 为坐标面的梯度**

前面的逆变基矢量 $\boldsymbol{e}^i$ 是通过协变基矢量的矢积定义的，其几何意义是定义的逆变基矢量与相应的坐标面垂直。另一方面，$x^i$ 的梯度 $\nabla x^i$ 也与坐标面垂直，也就是说 $\boldsymbol{e}^i$ 应与 $\nabla x^i$ 平行。其实可以证明二者恰好相等，即

$$\boldsymbol{e}^i=\nabla x^i=\frac{\partial x^i}{\partial y^1}\boldsymbol{u}_1+\frac{\partial x^i}{\partial y^2}\boldsymbol{u}_2+\frac{\partial x^i}{\partial y^3}\boldsymbol{u}_3 \quad (i=1,\ 2,\ 3) \tag{3-17}$$

下面以 $\boldsymbol{e}^1=\nabla x^1$ 为例给出证明。根据笛卡儿坐标与曲线坐标之间的一一对应关系，方程组(3-2)成立。采用克拉默法则可以计算出方程组的解 $\mathrm{d}x^1$，$\mathrm{d}x^2$ 和 $\mathrm{d}x^3$，其中

$$\mathrm{d}x^1=\frac{\begin{vmatrix}\mathrm{d}y^1 & \dfrac{\partial y^1}{\partial x^2} & \dfrac{\partial y^1}{\partial x^3}\\ \mathrm{d}y^2 & \dfrac{\partial y^2}{\partial x^2} & \dfrac{\partial y^2}{\partial x^3}\\ \mathrm{d}y^3 & \dfrac{\partial y^3}{\partial x^2} & \dfrac{\partial y^3}{\partial x^3}\end{vmatrix}}{\begin{vmatrix}\dfrac{\partial y^1}{\partial x^1} & \dfrac{\partial y^1}{\partial x^2} & \dfrac{\partial y^1}{\partial x^3}\\ \dfrac{\partial y^2}{\partial x^1} & \dfrac{\partial y^2}{\partial x^2} & \dfrac{\partial y^2}{\partial x^3}\\ \dfrac{\partial y^3}{\partial x^1} & \dfrac{\partial y^3}{\partial x^2} & \dfrac{\partial y^3}{\partial x^3}\end{vmatrix}}=\frac{\dfrac{\partial y^2}{\partial x^2}\dfrac{\partial y^3}{\partial x^3}-\dfrac{\partial y^3}{\partial x^2}\dfrac{\partial y^2}{\partial x^3}}{\boldsymbol{e}_1\cdot(\boldsymbol{e}_2\times\boldsymbol{e}_3)}\mathrm{d}y^1-$$

$$\frac{\dfrac{\partial y^1}{\partial x^2}\dfrac{\partial y^3}{\partial x^3}-\dfrac{\partial y^3}{\partial x^2}\dfrac{\partial y^1}{\partial x^3}}{\boldsymbol{e}_1\cdot(\boldsymbol{e}_2\times\boldsymbol{e}_3)}\mathrm{d}y^2+\frac{\dfrac{\partial y^1}{\partial x^2}\dfrac{\partial y^2}{\partial x^3}-\dfrac{\partial y^2}{\partial x^2}\dfrac{\partial y^1}{\partial x^3}}{\boldsymbol{e}_1\cdot(\boldsymbol{e}_2\times\boldsymbol{e}_3)}\mathrm{d}y^3 \tag{3-18}$$

另一方面，式(3-4)给出下面的关系：

$$\mathrm{d}x^1=\frac{\partial x^1}{\partial y^1}\mathrm{d}y^1+\frac{\partial x^1}{\partial y^2}\mathrm{d}y^2+\frac{\partial x^1}{\partial y^3}\mathrm{d}y^3 \tag{3-19}$$

对比式(3-18)和(3-19)，有

$$\frac{\partial x^1}{\partial y^1}=\frac{\dfrac{\partial y^2}{\partial x^2}\dfrac{\partial y^3}{\partial x^3}-\dfrac{\partial y^3}{\partial x^2}\dfrac{\partial y^2}{\partial x^3}}{\boldsymbol{e}_1\cdot(\boldsymbol{e}_2\times\boldsymbol{e}_3)} \tag{3-20}$$

$$\frac{\partial x^1}{\partial y^2}=\frac{-\left(\dfrac{\partial y^1}{\partial x^2}\dfrac{\partial y^3}{\partial x^3}-\dfrac{\partial y^3}{\partial x^2}\dfrac{\partial y^1}{\partial x^3}\right)}{\boldsymbol{e}_1\cdot(\boldsymbol{e}_2\times\boldsymbol{e}_3)} \tag{3-21}$$

$$\frac{\partial x^1}{\partial y^3}=\frac{\dfrac{\partial y^1}{\partial x^2}\dfrac{\partial y^2}{\partial x^3}-\dfrac{\partial y^2}{\partial x^2}\dfrac{\partial y^1}{\partial x^3}}{\boldsymbol{e}_1\cdot(\boldsymbol{e}_2\times\boldsymbol{e}_3)} \tag{3-22}$$

又根据式(3-7)，有

$$\boldsymbol{e}_2\times\boldsymbol{e}_3=\begin{vmatrix}\boldsymbol{u}_1 & \boldsymbol{u}_2 & \boldsymbol{u}_3\\ \dfrac{\partial y^1}{\partial x^2} & \dfrac{\partial y^2}{\partial x^2} & \dfrac{\partial y^3}{\partial x^2}\\ \dfrac{\partial y^1}{\partial x^3} & \dfrac{\partial y^2}{\partial x^3} & \dfrac{\partial y^3}{\partial x^3}\end{vmatrix}$$

$$=\left(\frac{\partial y^2}{\partial x^2}\frac{\partial y^3}{\partial x^3}-\frac{\partial y^3}{\partial x^2}\frac{\partial y^2}{\partial x^3}\right)\boldsymbol{u}_1-\left(\frac{\partial y^1}{\partial x^2}\frac{\partial y^3}{\partial x^3}-\frac{\partial y^3}{\partial x^2}\frac{\partial y^1}{\partial x^3}\right)\boldsymbol{u}_2+\left(\frac{\partial y^1}{\partial x^2}\frac{\partial y^2}{\partial x^3}-\frac{\partial y^2}{\partial x^2}\frac{\partial y^1}{\partial x^3}\right)\boldsymbol{u}_3$$

把式(3-20)～(3-22)代入上式，得

$$\frac{\boldsymbol{e}_2\times\boldsymbol{e}_3}{\boldsymbol{e}_1\cdot(\boldsymbol{e}_2\times\boldsymbol{e}_3)}=\frac{\partial x^1}{\partial y^1}\boldsymbol{u}_1+\frac{\partial x^1}{\partial y^2}\boldsymbol{u}_2+\frac{\partial x^1}{\partial y^3}\boldsymbol{u}_3=\frac{\partial x^1}{\partial y^k}\boldsymbol{u}_k=\nabla x^1$$

利用

$$\boldsymbol{e}^1=\frac{\boldsymbol{e}_2\times\boldsymbol{e}_3}{\boldsymbol{e}_1\cdot(\boldsymbol{e}_2\times\boldsymbol{e}_3)}$$

从而得证

$$\boldsymbol{e}^1=\nabla x^1$$

这就说明，逆变基矢量 $\boldsymbol{e}^i$ 能够表示为坐标面的梯度，即 $\boldsymbol{e}^i$ 可以用式(3-17)定义。后面再提到逆变基矢量的定义式时，通常指的就是式(3-17)。

### 6. 逆变物理分量、协变物理分量

由前面定义的逆变分量可知，曲线坐标系下的任意矢量 $\boldsymbol{A}$ 可用 3 个协变基矢量 $\boldsymbol{e}_i(i=1,2,3)$为基底表示，即 $\boldsymbol{A}=A^i\boldsymbol{e}_i$。但在曲线坐标系下 $\boldsymbol{e}_i$ 一般不为单位矢量。为了使基底为单位矢量，定义单位协变基矢量 $\boldsymbol{l}_i$：

$$\boldsymbol{l}_i=\frac{\boldsymbol{e}_i}{|\boldsymbol{e}_i|} \tag{3-23}$$

则表达式 $\boldsymbol{A}=A^i\boldsymbol{e}_i$ 就可以改写为

$$\boldsymbol{A}=A^i|\boldsymbol{e}_i|\boldsymbol{l}_i$$

记

$$a^i = A^i |\boldsymbol{e}_i| \text{（}i\text{ 为非求和指标）}$$

则

$$\boldsymbol{A} = a^i \boldsymbol{l}_i$$

由此定义的 $a^i$ 就称为逆变物理分量。

同样地，若矢量 $\boldsymbol{A}$ 以 3 个逆变基矢量 $\boldsymbol{e}^i$（$i=1$，2，3）为基底表示，则有 $\boldsymbol{A}=A_i\boldsymbol{e}^i$。其中 $\boldsymbol{e}^i$ 一般也不是单位矢量。与上面类似，可以定义单位逆变基矢量 $\boldsymbol{l}^i$

$$\boldsymbol{l}^i = \frac{\boldsymbol{e}^i}{|\boldsymbol{e}^i|} \tag{3-24}$$

则表达式 $\boldsymbol{A}=A_i\boldsymbol{e}^i$ 就可改写为

$$\boldsymbol{A} = A_i |\boldsymbol{e}^i| \boldsymbol{l}^i$$

记

$$a_i = A_i |\boldsymbol{e}^i| \text{（}i\text{ 为非求和指标）}$$

则

$$\boldsymbol{A} = a_i \boldsymbol{l}^i$$

由此定义的 $a_i$ 就称为协变物理分量。协变和逆变分量的单位不一定与矢量的单位相同，但协变和逆变物理分量的单位与矢量的单位相同。

## 3.3　常见的曲线坐标系

在曲线坐标系下最常见的是正交曲线坐标系。所谓正交曲线坐标系是指 3 条坐标线相互正交的坐标系，例如，笛卡儿坐标系、圆柱坐标系和球坐标系。其中，笛卡儿坐标系可以看作是正交曲线坐标系的一个特例。构成坐标系的基本元素主要包括坐标定义、坐标线、坐标面和基矢量。本节将针对这三种常见的正交坐标系及其基本元素展开讨论。

### 3.3.1　笛卡儿坐标系

如图 3－1 所示，三维空间上任意点 $P$ 的空间位置可用坐标（$x^1$，$x^2$，$x^3$）=（$y^1$，$y^2$，$y^3$）表示。过该点的 3 个坐标面均是平面，3 条坐标线均是直线且相互正交。

在笛卡儿坐标系下，任意点 $P$ 的位置用坐标原点至该点的矢径表示：

$$\boldsymbol{r}_P = y^1\boldsymbol{u}_1 + y^2\boldsymbol{u}_2 + y^3\boldsymbol{u}_3 \tag{3-25}$$

基于矢径表达式，由式(3－7)可得该坐标系下的协变基矢量 $\boldsymbol{e}_i$：

$$\boldsymbol{e}_1 = \frac{\partial \boldsymbol{r}_P}{\partial x^1} = \frac{\partial \boldsymbol{r}_P}{\partial y^1} = \frac{\partial(y^1\boldsymbol{u}_1 + y^2\boldsymbol{u}_2 + y^3\boldsymbol{u}_3)}{\partial y^1} = \boldsymbol{u}_1 \tag{3-26}$$

$$\boldsymbol{e}_2 = \frac{\partial \boldsymbol{r}_P}{\partial x^2} = \frac{\partial \boldsymbol{r}_P}{\partial y^2} = \frac{\partial(y^1\boldsymbol{u}_1 + y^2\boldsymbol{u}_2 + y^3\boldsymbol{u}_3)}{\partial y^2} = \boldsymbol{u}_2 \tag{3-27}$$

$$\boldsymbol{e}_3 = \frac{\partial \boldsymbol{r}_P}{\partial x^3} = \frac{\partial \boldsymbol{r}_P}{\partial y^3} = \frac{\partial(y^1\boldsymbol{u}_1 + y^2\boldsymbol{u}_2 + y^3\boldsymbol{u}_3)}{\partial y^3} = \boldsymbol{u}_3 \tag{3-28}$$

由式(3－17)可得该坐标系下的逆变基矢量 $\boldsymbol{e}^i$：

$$e^1 = \nabla x^1 = \frac{\partial y^1}{\partial y^1}\boldsymbol{u}_1 + \frac{\partial y^1}{\partial y^2}\boldsymbol{u}_2 + \frac{\partial y^1}{\partial y^3}\boldsymbol{u}_3 = \boldsymbol{u}_1 \tag{3-29}$$

$$e^2 = \nabla x^2 = \frac{\partial y^2}{\partial y^1}\boldsymbol{u}_1 + \frac{\partial y^2}{\partial y^2}\boldsymbol{u}_2 + \frac{\partial y^2}{\partial y^3}\boldsymbol{u}_3 = \boldsymbol{u}_2 \tag{3-30}$$

$$e^3 = \nabla x^3 = \frac{\partial y^3}{\partial y^1}\boldsymbol{u}_1 + \frac{\partial y^3}{\partial y^2}\boldsymbol{u}_2 + \frac{\partial y^3}{\partial y^3}\boldsymbol{u}_3 = \boldsymbol{u}_3 \tag{3-31}$$

显然，在笛卡儿坐标系下，协变基矢量和逆变基矢量对应相等，且均等于相应的笛卡儿坐标基矢量，即

$$\boldsymbol{e}_i = \boldsymbol{e}^i = \boldsymbol{u}_i (i=1,\ 2,\ 3)$$

### 3.3.2 圆柱坐标系

在图 3-2 所示的圆柱坐标系下，三维空间上任意点 $P$ 的空间位置可用坐标 $(x^1,\ x^2,\ x^3)=(r,\ \theta,\ z)$表示。3 条坐标线 $r$ 线、$\theta$ 线和 $z$ 线分别为射线、圆周线及直线。3 个坐标面 $r=c^1$、$\theta=c^2$ 和 $z=c^3$ 分别为圆柱面、半平面及平面。

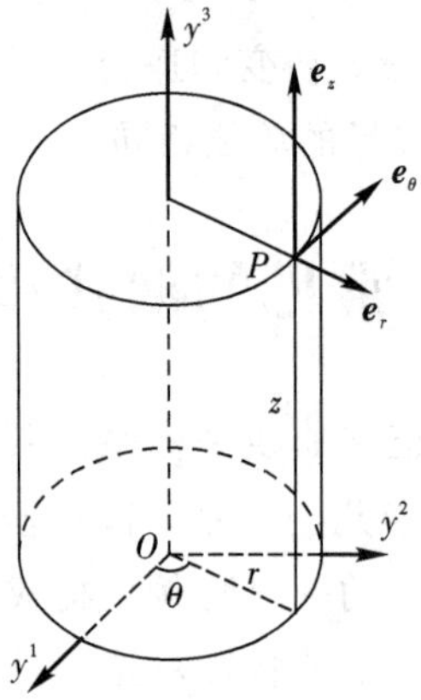


**图 3-2 圆柱坐标系**

根据圆柱坐标和笛卡儿坐标的关系，记任意点 $P$ 的笛卡儿坐标为$(y^1,\ y^2,\ y^3)$，圆柱坐标为$(r,\ \theta,\ z)$，两类坐标之间的变换关系为

$$\begin{cases} r = \sqrt{(y^1)^2 + (y^2)^2} \\ \theta = \arctan\dfrac{y^2}{y^1} \\ z = y^3 \end{cases} \tag{3-32}$$

其逆变换为

$$\begin{cases} y^1 = r\cos\theta \\ y^2 = r\sin\theta \\ y^3 = z \end{cases} \tag{3-33}$$

则在圆柱坐标系下，任意点 $P$ 的位置用坐标原点至该点的矢径表示：

$$\boldsymbol{r}_P = r\cos\theta\boldsymbol{u}_1 + r\sin\theta\boldsymbol{u}_2 + z\boldsymbol{u}_3 \tag{3-34}$$

基于矢径表达式，由式(3-7)可得该坐标系下的协变基矢量 $\boldsymbol{e}_i$：

$$\begin{aligned}\boldsymbol{e}_1=\boldsymbol{e}_r=\frac{\partial\boldsymbol{r}_P}{\partial r}&=\frac{\partial(r\cos\theta\boldsymbol{u}_1+r\sin\theta\boldsymbol{u}_2+z\boldsymbol{u}_3)}{\partial r}\\&=\cos\theta\boldsymbol{u}_1+\sin\theta\boldsymbol{u}_2\end{aligned}\tag{3-35}$$

$$\begin{aligned}\boldsymbol{e}_2=\boldsymbol{e}_\theta=\frac{\partial\boldsymbol{r}_P}{\partial\theta}&=\frac{\partial(r\cos\theta\boldsymbol{u}_1+r\sin\theta\boldsymbol{u}_2+z\boldsymbol{u}_3)}{\partial\theta}\\&=-r\sin\theta\boldsymbol{u}_1+r\cos\theta\boldsymbol{u}_2\end{aligned}\tag{3-36}$$

$$\boldsymbol{e}_3=\boldsymbol{e}_z=\frac{\partial\boldsymbol{r}_P}{\partial z}=\frac{\partial(r\cos\theta\boldsymbol{u}_1+r\sin\theta\boldsymbol{u}_2+z\boldsymbol{u}_3)}{\partial z}=\boldsymbol{u}_3\tag{3-37}$$

由式(3-17)可得该坐标系下的逆变基矢量 $\boldsymbol{e}^i$：

$$\begin{aligned}\boldsymbol{e}^1=\boldsymbol{e}^r=\nabla r&=\frac{\partial r}{\partial y^1}\boldsymbol{u}_1+\frac{\partial r}{\partial y^2}\boldsymbol{u}_2+\frac{\partial r}{\partial y^3}\boldsymbol{u}_3\\&=\frac{y^1}{\sqrt{(y^1)^2+(y^2)^2}}\boldsymbol{u}_1+\frac{y^2}{\sqrt{(y^1)^2+(y^2)^2}}\boldsymbol{u}_2\\&=\cos\theta\boldsymbol{u}_1+\sin\theta\boldsymbol{u}_2\end{aligned}\tag{3-38}$$

$$\begin{aligned}\boldsymbol{e}^2=\boldsymbol{e}^\theta=\nabla\theta&=\frac{\partial\theta}{\partial y^1}\boldsymbol{u}_1+\frac{\partial\theta}{\partial y^2}\boldsymbol{u}_2+\frac{\partial\theta}{\partial y^3}\boldsymbol{u}_3\\&=\frac{-\dfrac{y^2}{(y^1)^2}}{1+\left(\dfrac{y^2}{y^1}\right)^2}\boldsymbol{u}_1+\frac{\dfrac{1}{y^1}}{1+\left(\dfrac{y^2}{y^1}\right)^2}\boldsymbol{u}_2\\&=-\frac{1}{r}\sin\theta\boldsymbol{u}_1+\frac{1}{r}\cos\theta\boldsymbol{u}_2\end{aligned}\tag{3-39}$$

$$\boldsymbol{e}^3=\boldsymbol{e}^z=\nabla z=\frac{\partial z}{\partial y^1}\boldsymbol{u}_1+\frac{\partial z}{\partial y^2}\boldsymbol{u}_2+\frac{\partial z}{\partial y^3}\boldsymbol{u}_3=\boldsymbol{u}_3\tag{3-40}$$

可以看到，在圆柱坐标系下，曲线坐标 $x^2=\theta$ 的单位是弧度，它不是长度的量纲，矢径 $\boldsymbol{r}_P$ 与曲线坐标之间也不满足线性关系。此外，3 个协变基矢量中仅有 $\boldsymbol{e}_3$ 是单位常矢量，$\boldsymbol{e}_1$ 是单位矢量但其方向随点变化，$\boldsymbol{e}_2$ 的大小为 $r$ 且其方向随点变化。3 个逆变基矢量也有相似的特点。

根据推导结果，在圆柱坐标系下，对应的协变基矢量与逆变基矢量之间有如下关系

$$\boldsymbol{e}_1=\boldsymbol{e}^1,\quad \boldsymbol{e}_2=r^2\boldsymbol{e}^2,\quad \boldsymbol{e}_3=\boldsymbol{e}^3$$

### 3.3.3 球坐标系

在图 3-3 所示的球坐标系下，三维空间上任意点 $P$ 的空间位置可用坐标 $(x^1,\ x^2,\ x^3)=(R,\ \theta,\ \varphi)$ 表示。3 条坐标线 $R$ 线、$\theta$ 线和 $\varphi$ 线分别为射线、半圆线和圆周线。3 个坐标面 $R=c^1$、$\theta=c^2$ 和 $\varphi=c^3$ 分别为球面、圆锥面和半平面。

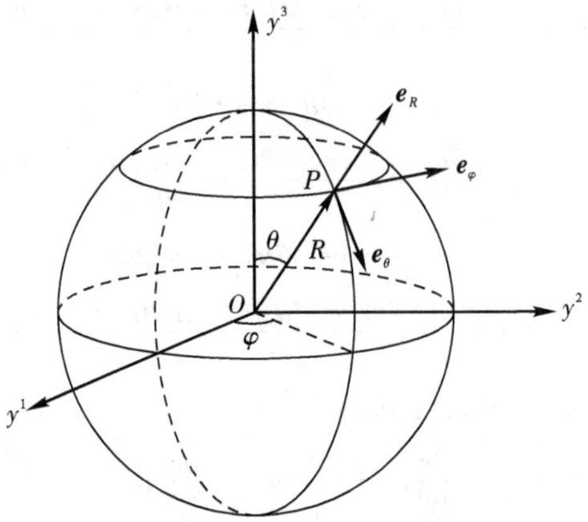


图 3-3　球坐标系

根据球坐标和笛卡儿坐标的关系，记任意点 $P$ 的笛卡儿坐标为$(y^1, y^2, y^3)$，球坐标为$(R, \theta, \varphi)$，两类坐标之间的变换关系为

$$\begin{cases} R=\sqrt{(y^1)^2+(y^2)^2+(y^3)^2} \\ \theta=\arctan \dfrac{\sqrt{(y^1)^2+(y^2)^2}}{y^3} \\ \varphi=\arctan \dfrac{y^2}{y^1} \end{cases} \tag{3-41}$$

其逆变换为

$$\begin{cases} y^1=R\sin\theta\cos\varphi \\ y^2=R\sin\theta\sin\varphi \\ y^3=R\cos\theta \end{cases} \tag{3-42}$$

则在球坐标系下，任意点 $P$ 的位置用坐标原点至该点的矢径表示：

$$\boldsymbol{r}_P=R\sin\theta\cos\varphi\boldsymbol{u}_1+R\sin\theta\sin\varphi\boldsymbol{u}_2+R\cos\theta\boldsymbol{u}_3 \tag{3-43}$$

基于矢径表达式，由式(3-7)可得该坐标系下的协变基矢量 $\boldsymbol{e}_i$：

$$\begin{aligned} \boldsymbol{e}_1=\boldsymbol{e}_R=\frac{\partial \boldsymbol{r}_P}{\partial R}&=\frac{\partial(R\sin\theta\cos\varphi\boldsymbol{u}_1+R\sin\theta\sin\varphi\boldsymbol{u}_2+R\cos\theta\boldsymbol{u}_3)}{\partial R} \\ &=\sin\theta\cos\varphi\boldsymbol{u}_1+\sin\theta\sin\varphi\boldsymbol{u}_2+\cos\theta\boldsymbol{u}_3 \end{aligned} \tag{3-44}$$

$$\begin{aligned} \boldsymbol{e}_2=\boldsymbol{e}_\theta=\frac{\partial \boldsymbol{r}_P}{\partial \theta}&=\frac{\partial(R\sin\theta\cos\varphi\boldsymbol{u}_1+R\sin\theta\sin\varphi\boldsymbol{u}_2+R\cos\theta\boldsymbol{u}_3)}{\partial \theta} \\ &=R\cos\theta\cos\varphi\boldsymbol{u}_1+R\cos\theta\sin\varphi\boldsymbol{u}_2-R\sin\theta\boldsymbol{u}_3 \end{aligned} \tag{3-45}$$

$$\begin{aligned} \boldsymbol{e}_3=\boldsymbol{e}_\varphi=\frac{\partial \boldsymbol{r}_P}{\partial \varphi}&=\frac{\partial(R\sin\theta\cos\varphi\boldsymbol{u}_1+R\sin\theta\sin\varphi\boldsymbol{u}_2+R\cos\theta\boldsymbol{u}_3)}{\partial \varphi} \\ &=-R\sin\theta\sin\varphi\boldsymbol{u}_1+R\sin\theta\cos\varphi\boldsymbol{u}_2 \end{aligned} \tag{3-46}$$

由式(3-17)可得该坐标系下的逆变基矢量 $\boldsymbol{e}^i$：

$$\begin{aligned} \boldsymbol{e}^1=\boldsymbol{e}^R=\nabla R&=\frac{\partial R}{\partial y^1}\boldsymbol{u}_1+\frac{\partial R}{\partial y^2}\boldsymbol{u}_2+\frac{\partial R}{\partial y^3}\boldsymbol{u}_3 \\ &=\sin\theta\cos\varphi\boldsymbol{u}_1+\sin\theta\sin\varphi\boldsymbol{u}_2+\cos\theta\boldsymbol{u}_3 \end{aligned} \tag{3-47}$$

$$e^2 = e^\theta = \nabla\theta = \frac{\partial\theta}{\partial y^1}\boldsymbol{u}_1 + \frac{\partial\theta}{\partial y^2}\boldsymbol{u}_2 + \frac{\partial\theta}{\partial y^3}\boldsymbol{u}_3 \tag{3-48}$$

$$= (\cos\theta\cos\varphi\boldsymbol{u}_1 + \cos\theta\sin\varphi\boldsymbol{u}_2 - \sin\theta\boldsymbol{u}_3)/R$$

$$e^3 = e^\varphi = \nabla\varphi = \frac{\partial\varphi}{\partial y^1}\boldsymbol{u}_1 + \frac{\partial\varphi}{\partial y^2}\boldsymbol{u}_2 + \frac{\partial\varphi}{\partial y^3}\boldsymbol{u}_3 \tag{3-49}$$

$$= (-\sin\varphi\boldsymbol{u}_1 + \cos\varphi\boldsymbol{u}_2)/(R\sin\theta)$$

可以看到，在球坐标系下，曲线坐标 $x^2=\theta$，$x^3=\varphi$ 都不是长度的量纲，矢径 $\boldsymbol{r}_P$ 与曲线坐标之间也不满足线性关系。此外，3 个协变基矢量中仅有 $\boldsymbol{e}_1$ 是单位矢量但其方向随点变化，$\boldsymbol{e}_2$ 的大小为 $R$ 且其方向随点变化，$\boldsymbol{e}_3$ 的大小和方向均随点变化。3 个逆变基矢量也有类似的特点。

根据推导结果，在球坐标系下，对应的协变基矢量与逆变基矢量之间有如下关系：

$$\boldsymbol{e}_1 = \boldsymbol{e}^1,\ \boldsymbol{e}_2 = R^2\boldsymbol{e}^2,\ \boldsymbol{e}_3 = R^2\sin^2\theta\boldsymbol{e}^3$$

最后指出，在以上三种常见坐标系的协变基矢量、逆变基矢量的推导过程中，利用了笛卡儿坐标基矢量 $\boldsymbol{u}_i$ 不随空间位置改变而变化的性质。

## 3.4 度量张量

本节将介绍曲线坐标系下的一个非常重要的张量，即度量张量。在黎曼几何中，度量张量又叫作黎曼度量，物理学中又叫作度规张量。度量张量用来度量曲线坐标系下长度、面积、体积和角度等的二阶张量。

### 3.4.1 定义

每当取定曲线坐标系 $x^i$，就可以确定一组协变基矢量 $\boldsymbol{e}_i$ 和一组逆变基矢量 $\boldsymbol{e}^i$，即空间上每一点处都可以定义上述两组基矢量。当把协变基矢量 $\boldsymbol{e}_i$ 按逆变基矢量 $\boldsymbol{e}^i$ 分解时，有

$$\boldsymbol{e}_i = g_{ij}\boldsymbol{e}^j \tag{3-50}$$

从中可以得到 9 个分量 $g_{ij}(i,\ j=1,\ 2,\ 3)$。同样地，当把逆变基矢量 $\boldsymbol{e}^i$ 按协变基矢量 $\boldsymbol{e}_i$ 分解，有

$$\boldsymbol{e}^i = g^{ij}\boldsymbol{e}_j \tag{3-51}$$

从中也可以得到 9 个分量 $g^{ij}(i,\ j=1,\ 2,\ 3)$。

对式(3-50)两边同时点乘 $\boldsymbol{e}_j$，可得

$$\boldsymbol{e}_i \cdot \boldsymbol{e}_j = g_{ik}\boldsymbol{e}^k \cdot \boldsymbol{e}_j = g_{ik}\delta_j^k$$

即

$$g_{ij} = \boldsymbol{e}_i \cdot \boldsymbol{e}_j \tag{3-52}$$

由此定义的 $g_{ij}$ 称为度量张量的协变分量。

同理，对式(3-51)两边同时点乘 $\boldsymbol{e}^j$，可得

$$g^{ij} = \boldsymbol{e}^i \cdot \boldsymbol{e}^j \tag{3-53}$$

由上式定义的 $g^{ij}$ 称为度量张量的逆变分量。根据协变分量 $g_{ij}$ 和逆变分量 $g^{ij}$，度量张

量 $\boldsymbol{g}$ 可以表示为

$$\boldsymbol{g}=g_{ij}\boldsymbol{e}^i\boldsymbol{e}^j=g^{ij}\boldsymbol{e}_i\boldsymbol{e}_j \tag{3-54}$$

利用 3.4.2 节度量张量的对称性及度量张量协变、逆变分量的互逆关系式(3-69)，容易证明上式成立，即

$$g_{ij}\boldsymbol{e}^i\boldsymbol{e}^j=g_{ij}g^{ik}\boldsymbol{e}_k g^{jl}\boldsymbol{e}_l=g_{ij}g^{jl}g^{ik}\boldsymbol{e}_k\boldsymbol{e}_l=\delta_i^l g^{ik}\boldsymbol{e}_k\boldsymbol{e}_l=g^{lk}\boldsymbol{e}_k\boldsymbol{e}_l=g^{kl}\boldsymbol{e}_k\boldsymbol{e}_l$$

在三维空间上，始于 $P$ 点($x^1$，$x^2$，$x^3$)的任一微元线段 $PQ$ 的长度 $|\mathrm{d}\boldsymbol{r}_P|$ 可以表示为

$$|\mathrm{d}\boldsymbol{r}_P|^2=\mathrm{d}\boldsymbol{r}_P\cdot\mathrm{d}\boldsymbol{r}_P \tag{3-55}$$

式中，$\boldsymbol{r}_P$ 为 $P$ 点的矢径。在曲线坐标系下，矢径的全微分可以表示为

$$\mathrm{d}\boldsymbol{r}_P=\frac{\partial\boldsymbol{r}_P}{\partial x^i}\mathrm{d}x^i=\boldsymbol{e}_i\mathrm{d}x^i$$

令 $|\mathrm{d}\boldsymbol{r}_P|=\mathrm{d}s$，则式(3-55)可写为

$$\mathrm{d}s^2=\mathrm{d}x^i\boldsymbol{e}_i\cdot\mathrm{d}x^j\boldsymbol{e}_j$$

根据式(3-52)可进一步写为

$$\mathrm{d}s^2=g_{ij}\mathrm{d}x^i\mathrm{d}x^j$$

将上式写成矩阵形式：

$$\mathrm{d}s^2=(\mathrm{d}x^1,\ \mathrm{d}x^2,\ \mathrm{d}x^3)\begin{pmatrix}g_{11} & g_{12} & g_{13}\\ g_{21} & g_{22} & g_{23}\\ g_{31} & g_{32} & g_{33}\end{pmatrix}\begin{pmatrix}\mathrm{d}x^1\\ \mathrm{d}x^2\\ \mathrm{d}x^3\end{pmatrix}$$

可以发现，通过上式把微元线段的长度同坐标的增量 $\mathrm{d}x^i$ 联系起来了，从而建立了在该坐标系 $x^i$ 下空间每一点处的长度度量。因此可以得出度量张量是曲线坐标系下度量微元线段长度、微元面积和微元体积的张量。此外，曲线坐标系下两矢量 $\boldsymbol{u}$ 和 $\boldsymbol{v}$ 的夹角 $\theta$ 可以表示为

$$\cos\theta=\frac{\boldsymbol{u}\cdot\boldsymbol{v}}{|\boldsymbol{u}||\boldsymbol{v}|}=\frac{u^i\boldsymbol{e}_i\cdot v^j\boldsymbol{e}_j}{\sqrt{\boldsymbol{u}\cdot\boldsymbol{u}}\sqrt{\boldsymbol{v}\cdot\boldsymbol{v}}}=\frac{u^iv^jg_{ij}}{\sqrt{u^ku^lg_{kl}}\sqrt{v^mv^ng_{mn}}} \tag{3-56}$$

表明度量张量也可度量空间上两矢量的夹角。

### 3.4.2　性质

现讨论 $g_{ij}$ 和 $g^{ij}$ 的性质。

(1)$g_{ij}$ 和 $g^{ij}$ 的表达式。由式(3-52)的定义可以得出

$$g_{ij}=\boldsymbol{e}_i\cdot\boldsymbol{e}_j=\frac{\partial y^m}{\partial x^i}\boldsymbol{u}_m\cdot\frac{\partial y^n}{\partial x^j}\boldsymbol{u}_n \tag{3-57}$$

已知 $\boldsymbol{u}_m\cdot\boldsymbol{u}_n=\delta_{mn}$，因此上式可写为

$$g_{ij}=\frac{\partial y^m}{\partial x^i}\frac{\partial y^n}{\partial x^j}\delta_{mn}=\frac{\partial y^m}{\partial x^i}\frac{\partial y^m}{\partial x^j}(m\ 为求和指标) \tag{3-58}$$

由式(3-53)的定义可以得出

$$g^{ij}=\boldsymbol{e}^i\cdot\boldsymbol{e}^j=\frac{\partial x^i}{\partial y^m}\boldsymbol{u}_m\cdot\frac{\partial x^j}{\partial y^n}\boldsymbol{u}_n=\frac{\partial x^i}{\partial y^m}\frac{\partial x^j}{\partial y^n}\delta_{mn}=\frac{\partial x^i}{\partial y^m}\frac{\partial x^j}{\partial y^m}(m\text{ 为求和指标})\quad(3-59)$$

(2)对称性。由式(3-52)可知

$$g_{ij}=\boldsymbol{e}_i\cdot\boldsymbol{e}_j$$

$$g_{ji}=\boldsymbol{e}_j\cdot\boldsymbol{e}_i$$

由点乘运算的交换性，可以得到

$$g_{ij}=g_{ji}$$

类似地，也可以得到

$$g^{ij}=g^{ji}$$

该性质称为度量张量的对称性，即 $g_{ij}$ 或 $g^{ij}$ 的两个指标 $i$ 和 $j$ 可以交换。根据此性质可以得知，由度量张量协变分量 $g_{ij}$ 或逆变分量 $g^{ij}$ 所构成的矩阵为对称矩阵。

(3)如果是正交曲线坐标系，则通过空间任意一点的 3 条坐标线 $x^1$，$x^2$，$x^3$ 相互正交，与坐标线相切的 3 个协变基矢量 $\boldsymbol{e}_1$，$\boldsymbol{e}_2$，$\boldsymbol{e}_3$ 也相互正交，即

$$\boldsymbol{e}_i\cdot\boldsymbol{e}_j=\begin{cases}g_{ii}, & i=j\\0, & i\neq j\end{cases}\quad(3-60)$$

因此，对于正交曲线坐标系而言，有

$$g_{ij}=\begin{cases}g_{ii}, & i=j\\0, & i\neq j\end{cases}\quad(3-61)$$

注意：此处 $g_{ii}$ 的下标 $i$ 为非求和指标，$g_{ii}$ 只是 3×3 矩阵的对角元。由此可知，在正交曲线坐标系下，度量张量协变分量 $g_{ij}$ 所构成的矩阵为对角阵。

为了方便表达，定义

$$h_i^2=g_{ii}=\frac{\partial y^m}{\partial x^i}\frac{\partial y^m}{\partial x^i}(m\text{ 为求和指标，}i\text{ 为非求和指标})$$

$h_i$ 称为正交曲线坐标系的拉梅系数，例如

$$h_1^2=\left(\frac{\partial y^1}{\partial x^1}\right)^2+\left(\frac{\partial y^2}{\partial x^1}\right)^2+\left(\frac{\partial y^3}{\partial x^1}\right)^2$$

下面列出几种常见正交曲线坐标系度量张量协变分量的矩阵形式。

①笛卡儿坐标系：

$$(g_{ij})=\begin{pmatrix}1&0&0\\0&1&0\\0&0&1\end{pmatrix}$$

②圆柱坐标系：

$$(g_{ij})=\begin{pmatrix}1&0&0\\0&r^2&0\\0&0&1\end{pmatrix}$$

③球坐标系：

$$(g_{ij})=\begin{pmatrix}1&0&0\\0&R^2&0\\0&0&R^2\sin^2\theta\end{pmatrix}$$

④一般正交坐标系：

$$(g_{ij})=\begin{pmatrix} h_1^2 & 0 & 0 \\ 0 & h_2^2 & 0 \\ 0 & 0 & h_3^2 \end{pmatrix}$$

(4)定义度量张量的协变分量 $g_{ij}$ 所构成矩阵的行列式的值为 $g$：

$$g=|g_{ij}| \tag{3-62}$$

由式(3-52)可得

$$g=\begin{vmatrix} \boldsymbol{e}_1\cdot\boldsymbol{e}_1 & \boldsymbol{e}_1\cdot\boldsymbol{e}_2 & \boldsymbol{e}_1\cdot\boldsymbol{e}_3 \\ \boldsymbol{e}_2\cdot\boldsymbol{e}_1 & \boldsymbol{e}_2\cdot\boldsymbol{e}_2 & \boldsymbol{e}_2\cdot\boldsymbol{e}_3 \\ \boldsymbol{e}_3\cdot\boldsymbol{e}_1 & \boldsymbol{e}_3\cdot\boldsymbol{e}_2 & \boldsymbol{e}_3\cdot\boldsymbol{e}_3 \end{vmatrix} \tag{3-63}$$

将协变基矢量 $\boldsymbol{e}_i(i=1,2,3)$用笛卡儿坐标基矢量 $\boldsymbol{u}_j(j=1,2,3)$为基底表示：

$$\boldsymbol{e}_i=e_{ij}\boldsymbol{u}_j=e_{i1}\boldsymbol{u}_1+e_{i2}\boldsymbol{u}_2+e_{i3}\boldsymbol{u}_3\,(i=1,2,3)$$

则式(3-63)可化为

$$g=\left|\begin{pmatrix} e_{11} & e_{12} & e_{13} \\ e_{21} & e_{22} & e_{23} \\ e_{31} & e_{32} & e_{33} \end{pmatrix}\begin{pmatrix} e_{11} & e_{21} & e_{31} \\ e_{12} & e_{22} & e_{32} \\ e_{13} & e_{23} & e_{33} \end{pmatrix}\right|=\begin{vmatrix} e_{11} & e_{12} & e_{13} \\ e_{21} & e_{22} & e_{23} \\ e_{31} & e_{32} & e_{33} \end{vmatrix}^2=[\boldsymbol{e}_1\cdot(\boldsymbol{e}_2\times\boldsymbol{e}_3)]^2$$

式中，$\boldsymbol{e}_1\cdot(\boldsymbol{e}_2\times\boldsymbol{e}_3)$表示 3 个协变基矢量所围成的平行六面体体积 $V$，由此可以得出

$$g=V^2，即 V=\sqrt{g}$$

根据逆变基矢量的定义式并应用

$$\boldsymbol{e}_1\cdot(\boldsymbol{e}_2\times\boldsymbol{e}_3)=\sqrt{g}$$

有

$$\boldsymbol{e}_2\times\boldsymbol{e}_3=\sqrt{g}\boldsymbol{e}^1,\ \boldsymbol{e}_3\times\boldsymbol{e}_1=\sqrt{g}\boldsymbol{e}^2,\ \boldsymbol{e}_1\times\boldsymbol{e}_2=\sqrt{g}\boldsymbol{e}^3$$

通过上式，可以总结任意两个协变基矢量叉乘的表达式为

$$\boldsymbol{e}_i\times\boldsymbol{e}_j=\sqrt{g}\,\varepsilon_{ijk}\boldsymbol{e}^k \tag{3-64}$$

由 3.2.2 节内容可知

$$\boldsymbol{e}^1\cdot(\boldsymbol{e}^2\times\boldsymbol{e}^3)=\frac{1}{V}=\frac{1}{\sqrt{g}} \tag{3-65}$$

根据上式，并结合 3.2.2 节逆变基矢量性质 3，任意两个逆变基矢量叉乘的表达式为

$$\boldsymbol{e}^i\times\boldsymbol{e}^j=\frac{1}{\sqrt{g}}\varepsilon^{ijk}\boldsymbol{e}_k \tag{3-66}$$

式中，$\varepsilon^{ijk}$ 和 $\varepsilon_{ijk}$ 是完全一样的置换符号，式(3-64)和式(3-66)中写成不一样的形式是为了保持等式左右两边的上下标一致。

下面以 $\boldsymbol{e}^2\times\boldsymbol{e}^3$ 为例说明上述公式的合理性。不妨设矢量 $\boldsymbol{A}=\boldsymbol{e}^2\times\boldsymbol{e}^3$，将其代入到式(3-65)中得到 $\boldsymbol{e}^1\cdot\boldsymbol{A}=\frac{1}{\sqrt{g}}$，于是有 $A^1=\frac{1}{\sqrt{g}}$。又因为 $\boldsymbol{e}^2\cdot\boldsymbol{A}=\boldsymbol{e}^3\cdot\boldsymbol{A}=0$，故 $A^2=A^3=0$。最后得到 $\boldsymbol{A}=A^i\boldsymbol{e}_i=\frac{1}{\sqrt{g}}\boldsymbol{e}_1$，符合式(3-66)。

(5)指标的升降。对于三维空间上任一矢量 $\boldsymbol{A}$，其协变分量可表示为

$$A_i=\boldsymbol{A}\cdot\boldsymbol{e}_i$$

将矢量 $\boldsymbol{A}$ 以协变基矢量 $\boldsymbol{e}_j(j=1,2,3)$为基底可表示为

$$\boldsymbol{A}=A^j\boldsymbol{e}_j$$

把上式代入矢量 $\boldsymbol{A}$ 的协变分量表达式中可得

$$A_i=A^j\boldsymbol{e}_j\cdot\boldsymbol{e}_i$$

由度量张量的协变分量定义式最终可得

$$A_i=g_{ij}A^j$$

同样地，矢量 $\boldsymbol{A}$ 的逆变分量可表示为

$$A^i=\boldsymbol{A}\cdot\boldsymbol{e}^i$$

将矢量 $\boldsymbol{A}$ 以逆变基矢量 $\boldsymbol{e}^j(j=1,2,3)$为基底可表示为

$$\boldsymbol{A}=A_j\boldsymbol{e}^j$$

把上式代入矢量 $\boldsymbol{A}$ 的逆变分量表达式中可得

$$A^i=A_j\boldsymbol{e}^j\cdot\boldsymbol{e}^i$$

由度量张量的逆变分量定义式最终可得

$$A^i=g^{ij}A_j$$

由式(3-50)和式(3-51)可知协变基矢量和逆变基矢量满足如下关系：

$$\boldsymbol{e}_i=g_{ij}\boldsymbol{e}^j,\quad \boldsymbol{e}^i=g^{ij}\boldsymbol{e}_j$$

从上述公式中可以发现，通过 $g_{ij}$ 与 $g^{ij}$ 可以建立协变分量和逆变分量之间、协变基矢量和逆变基矢量之间的联系。从指标的角度看，本来用下标表示的量，通过度量张量的逆变分量 $g^{ij}$ 可以转化为用上标表示的量，这一运算过程称为升标；同样，本来用上标表示的量，通过度量张量的协变分量 $g_{ij}$ 可以转化为用下标表示的量，这一运算过程称为降标。

(6)$g_{ij}$ 与 $g^{ij}$ 的关系。由曲线坐标系的对偶条件可知

$$\delta_i^j=\boldsymbol{e}_i\cdot\boldsymbol{e}^j \tag{3-67}$$

接着将协变基矢量 $\boldsymbol{e}_i$ 作升标运算，即

$$\boldsymbol{e}_i=g_{ik}\boldsymbol{e}^k$$

把上式代入式(3-67)可得

$$\delta_i^j=g_{ik}\boldsymbol{e}^k\cdot\boldsymbol{e}^j$$

根据度量张量逆变分量的定义式进一步可写为

$$\delta_i^j=g_{ik}g^{kj} \tag{3-68}$$

将上式用矩阵形式表示如下

$$\begin{pmatrix}1&0&0\\0&1&0\\0&0&1\end{pmatrix}=\begin{pmatrix}g_{11}&g_{12}&g_{13}\\g_{21}&g_{22}&g_{23}\\g_{31}&g_{32}&g_{33}\end{pmatrix}\begin{pmatrix}g^{11}&g^{12}&g^{13}\\g^{21}&g^{22}&g^{23}\\g^{31}&g^{32}&g^{33}\end{pmatrix} \tag{3-69}$$

上式表明，由度量张量的协变分量构成的矩阵与由度量张量的逆变分量构成的矩阵互逆。

(7)微元面积与微元体积的表示。微元面积和微元体积是描述空间度量性质和几何结构的基本要素，它们的表达式涉及坐标微分和度量张量，下面一一导出。

式(3-6)给出了矢径增量 $\mathrm{d}\boldsymbol{r}_P$(矢径微分)的表达式，即

$$\mathrm{d}\boldsymbol{r}_P=\mathrm{d}x^i\boldsymbol{e}_i$$

则沿坐标线方向的3个矢径增量分别为

$$\mathrm{d}x^1\boldsymbol{e}_1,\ \mathrm{d}x^2\boldsymbol{e}_2,\ \mathrm{d}x^3\boldsymbol{e}_3$$

微元面积的表达式就可由矢径增量按如下方式导出：

$$\begin{cases}\mathrm{d}\boldsymbol{S}_{12}=\mathrm{d}x^1\boldsymbol{e}_1\times\mathrm{d}x^2\boldsymbol{e}_2=\sqrt{g}\,\mathrm{d}x^1\mathrm{d}x^2\boldsymbol{e}^3\\ \mathrm{d}\boldsymbol{S}_{23}=\mathrm{d}x^2\boldsymbol{e}_2\times\mathrm{d}x^3\boldsymbol{e}_3=\sqrt{g}\,\mathrm{d}x^2\mathrm{d}x^3\boldsymbol{e}^1\\ \mathrm{d}\boldsymbol{S}_{31}=\mathrm{d}x^3\boldsymbol{e}_3\times\mathrm{d}x^1\boldsymbol{e}_1=\sqrt{g}\,\mathrm{d}x^3\mathrm{d}x^1\boldsymbol{e}^2\end{cases}\tag{3-70}$$

微元体积的表达式也可由矢径增量导出：

$$\mathrm{d}V=\mathrm{d}x^1\boldsymbol{e}_1\cdot(\mathrm{d}x^2\boldsymbol{e}_2\times\mathrm{d}x^3\boldsymbol{e}_3)=\sqrt{g}\,\mathrm{d}x^1\mathrm{d}x^2\mathrm{d}x^3\tag{3-71}$$

在微元面积和微元体积表达式的推导过程中，用到了前面性质(4)的内容。

**例 3-1**　曲线坐标系下协变基矢量用笛卡儿坐标基矢量 $\boldsymbol{u}_1$，$\boldsymbol{u}_2$ 和 $\boldsymbol{u}_3$ 表示为

$$\boldsymbol{e}_1=\boldsymbol{u}_2+\boldsymbol{u}_3,\ \boldsymbol{e}_2=\boldsymbol{u}_1+\boldsymbol{u}_3,\ \boldsymbol{e}_3=\boldsymbol{u}_1+\boldsymbol{u}_2$$

(1)求 $\boldsymbol{e}^1$，$\boldsymbol{e}^2$，$\boldsymbol{e}^3$，并计算 $g_{ij}$；

(2)矢量 $\boldsymbol{A}=2\boldsymbol{e}_1+3\boldsymbol{e}_2-\boldsymbol{e}_3$，$\boldsymbol{B}=\boldsymbol{e}_1-\boldsymbol{e}_2+\boldsymbol{e}_3$，计算 $\boldsymbol{A}\cdot\boldsymbol{B}$ 及 $\boldsymbol{A}$ 和 $\boldsymbol{B}$ 的协变分量。

**解：** (1) $\sqrt{g}=\boldsymbol{e}_1\cdot(\boldsymbol{e}_2\times\boldsymbol{e}_3)=\begin{vmatrix}e_{11}&e_{12}&e_{13}\\e_{21}&e_{22}&e_{23}\\e_{31}&e_{32}&e_{33}\end{vmatrix}=\begin{vmatrix}0&1&1\\1&0&1\\1&1&0\end{vmatrix}=2$

$$\boldsymbol{e}^1=\frac{\boldsymbol{e}_2\times\boldsymbol{e}_3}{\sqrt{g}}=\frac{1}{2}\begin{vmatrix}\boldsymbol{u}_1&\boldsymbol{u}_2&\boldsymbol{u}_3\\1&0&1\\1&1&0\end{vmatrix}=\frac{1}{2}(-\boldsymbol{u}_1+\boldsymbol{u}_2+\boldsymbol{u}_3)$$

$$\boldsymbol{e}^2=\frac{\boldsymbol{e}_3\times\boldsymbol{e}_1}{\sqrt{g}}=\frac{1}{2}\begin{vmatrix}\boldsymbol{u}_1&\boldsymbol{u}_2&\boldsymbol{u}_3\\1&1&0\\0&1&1\end{vmatrix}=\frac{1}{2}(\boldsymbol{u}_1-\boldsymbol{u}_2+\boldsymbol{u}_3)$$

$$\boldsymbol{e}^3=\frac{\boldsymbol{e}_1\times\boldsymbol{e}_2}{\sqrt{g}}=\frac{1}{2}\begin{vmatrix}\boldsymbol{u}_1&\boldsymbol{u}_2&\boldsymbol{u}_3\\0&1&1\\1&0&1\end{vmatrix}=\frac{1}{2}(\boldsymbol{u}_1+\boldsymbol{u}_2-\boldsymbol{u}_3)$$

$$(g_{ij})=\begin{pmatrix}\boldsymbol{e}_1\cdot\boldsymbol{e}_1&\boldsymbol{e}_1\cdot\boldsymbol{e}_2&\boldsymbol{e}_1\cdot\boldsymbol{e}_3\\\boldsymbol{e}_2\cdot\boldsymbol{e}_1&\boldsymbol{e}_2\cdot\boldsymbol{e}_2&\boldsymbol{e}_2\cdot\boldsymbol{e}_3\\\boldsymbol{e}_3\cdot\boldsymbol{e}_1&\boldsymbol{e}_3\cdot\boldsymbol{e}_2&\boldsymbol{e}_3\cdot\boldsymbol{e}_3\end{pmatrix}=\begin{pmatrix}2&1&1\\1&2&1\\1&1&2\end{pmatrix}$$

(2) $\boldsymbol{A}=2\boldsymbol{e}_1+3\boldsymbol{e}_2-\boldsymbol{e}_3=A^i\boldsymbol{e}_i=A^1\boldsymbol{e}_1+A^2\boldsymbol{e}_2+A^3\boldsymbol{e}_3$，故有 $A^1=2$，$A^2=3$，$A^3=-1$；同理可得 $B^1=1$，$B^2=-1$，$B^3=1$。

$$\boldsymbol{A}\cdot\boldsymbol{B}=A^i\boldsymbol{e}_i\cdot B^j\boldsymbol{e}_j=(A^i)(g_{ij})(B^j)=(A^1,\ A^2,\ A^3)\begin{pmatrix}g_{11}&g_{12}&g_{13}\\g_{21}&g_{22}&g_{23}\\g_{31}&g_{32}&g_{33}\end{pmatrix}\begin{pmatrix}B^1\\B^2\\B^3\end{pmatrix}$$

$$=(2,\ 3,\ -1)\begin{pmatrix}2&1&1\\1&2&1\\1&1&2\end{pmatrix}\begin{pmatrix}1\\-1\\1\end{pmatrix}=2$$

由 $A_i=g_{ij}A^j$ 可知

$$\begin{pmatrix}A_1\\A_2\\A_3\end{pmatrix}=\begin{pmatrix}g_{11}&g_{12}&g_{13}\\g_{21}&g_{22}&g_{23}\\g_{31}&g_{32}&g_{33}\end{pmatrix}\begin{pmatrix}A^1\\A^2\\A^3\end{pmatrix}=\begin{pmatrix}2&1&1\\1&2&1\\1&1&2\end{pmatrix}\begin{pmatrix}2\\3\\-1\end{pmatrix}=\begin{pmatrix}6\\7\\3\end{pmatrix}$$

类似可得

$$\begin{pmatrix}B_1\\B_2\\B_3\end{pmatrix}=\begin{pmatrix}g_{11}&g_{12}&g_{13}\\g_{21}&g_{22}&g_{23}\\g_{31}&g_{32}&g_{33}\end{pmatrix}\begin{pmatrix}B^1\\B^2\\B^3\end{pmatrix}=\begin{pmatrix}2&1&1\\1&2&1\\1&1&2\end{pmatrix}\begin{pmatrix}1\\-1\\1\end{pmatrix}=\begin{pmatrix}2\\0\\2\end{pmatrix}$$

解毕。

## 3.5　任意曲线坐标系下的矢量分析

根据上述基矢量与度量张量的概念与性质，现在介绍在任意曲线坐标系下矢量的代数运算和微分运算。

### 3.5.1　代数运算

(1)相等。如果两个矢量相等，则它们的协变分量与逆变分量都对应相等：

$$\boldsymbol{A}=\boldsymbol{B}\Leftrightarrow A_i=B_i(\text{或者 } A^i=B^i) \tag{3-72}$$

(2)加减。将两矢量的对应分量相加减：

$$\boldsymbol{A}\pm\boldsymbol{B}=(A_i\pm B_i)\boldsymbol{e}^i=(A^i\pm B^i)\boldsymbol{e}_i \tag{3-73}$$

(3)数乘：

$$\alpha\boldsymbol{A}=(\alpha A_i)\boldsymbol{e}^i=(\alpha A^i)\boldsymbol{e}_i \tag{3-74}$$

(4)内积(点乘)：

$$\boldsymbol{A}\cdot\boldsymbol{B}=(A^i\boldsymbol{e}_i)\cdot(B_j\boldsymbol{e}^j)=\delta_i^jA^iB_j=A^iB_i$$

或

$$\boldsymbol{A}\cdot\boldsymbol{B}=(A_i\boldsymbol{e}^i)\cdot(B_j\boldsymbol{e}^j)=g^{ij}A_iB_j=A_iB^i \tag{3-75}$$

其为标量。在曲线坐标系下，矢量的内积也是可以交换次序的；但是对于两个张量作内积，当其中一个是高于一阶的张量，就不可以交换次序，这一点和矩阵相乘时次序不可交换是一样的。

(5)叉乘：

$$\boldsymbol{A}\times\boldsymbol{B}=(A^i\boldsymbol{e}_i)\times(B^j\boldsymbol{e}_j)=\sqrt{g}\,\varepsilon_{ijk}A^iB^j\boldsymbol{e}^k=\sqrt{g}\begin{vmatrix}A^1 & A^2 & A^3\\ B^1 & B^2 & B^3\\ \boldsymbol{e}^1 & \boldsymbol{e}^2 & \boldsymbol{e}^3\end{vmatrix}$$

或

$$\boldsymbol{A}\times\boldsymbol{B}=(A_i\boldsymbol{e}^i)\times(B_j\boldsymbol{e}^j)=\frac{1}{\sqrt{g}}\varepsilon^{ijk}A_iB_j\boldsymbol{e}_k=\frac{1}{\sqrt{g}}\begin{vmatrix}A_1 & A_2 & A_3\\ B_1 & B_2 & B_3\\ \boldsymbol{e}_1 & \boldsymbol{e}_2 & \boldsymbol{e}_3\end{vmatrix} \tag{3-76}$$

其为矢量，大小表示由两个矢量为邻边组成的平行四边形的面积，方向与该四边形所在的平面垂直。

(6)线性二重积：

$$\boldsymbol{A}\cdot(\boldsymbol{B}\times\boldsymbol{C})=(A^i\boldsymbol{e}_i)\cdot(B^j\boldsymbol{e}_j\times C^k\boldsymbol{e}_k)=\sqrt{g}\begin{vmatrix}A^1 & A^2 & A^3\\ B^1 & B^2 & B^3\\ C^1 & C^2 & C^3\end{vmatrix}$$

或

$$\boldsymbol{A}\cdot(\boldsymbol{B}\times\boldsymbol{C})=(A_i\boldsymbol{e}^i)\cdot(B_j\boldsymbol{e}^j\times C_k\boldsymbol{e}^k)=\frac{1}{\sqrt{g}}\begin{vmatrix}A_1 & A_2 & A_3\\ B_1 & B_2 & B_3\\ C_1 & C_2 & C_3\end{vmatrix} \tag{3-77}$$

其为标量，大小表示由 3 个矢量为棱边组成的平行六面体的体积。

(7)矢性二重积：

$$\begin{aligned}\boldsymbol{A}\times(\boldsymbol{B}\times\boldsymbol{C})&=\boldsymbol{A}\times(B_i\boldsymbol{e}^i\times C_j\boldsymbol{e}^j)=\boldsymbol{A}\times\left(\frac{1}{\sqrt{g}}\varepsilon^{ijk}B_iC_j\boldsymbol{e}_k\right)\\&=A^l\boldsymbol{e}_l\times\left(\frac{1}{\sqrt{g}}\varepsilon^{ijk}B_iC_j\boldsymbol{e}_k\right)=\varepsilon^{ijk}\varepsilon_{mlk}A^lB_iC_j\boldsymbol{e}^m\\&=A^lB_iC_j\boldsymbol{e}^m(\delta^i_m\delta^j_l-\delta^i_l\delta^j_m)=A^jB_iC_j\boldsymbol{e}^i-A^iB_iC_j\boldsymbol{e}^j\\&=(\boldsymbol{A}\cdot\boldsymbol{C})\boldsymbol{B}-(\boldsymbol{A}\cdot\boldsymbol{B})\boldsymbol{C}\end{aligned} \tag{3-78}$$

(8)并矢：

$$\boldsymbol{AB}=A^iB^j\boldsymbol{e}_i\boldsymbol{e}_j=A_iB_j\boldsymbol{e}^i\boldsymbol{e}^j=A^iB_j\boldsymbol{e}_i\boldsymbol{e}^j=A_iB^j\boldsymbol{e}^i\boldsymbol{e}_j \tag{3-79}$$

其为二阶张量，分量和基元素均有 9 个。应当注意并矢中各矢量的顺序不得随意变换。

**例 3-2** $\boldsymbol{A}$，$\boldsymbol{B}$，$\boldsymbol{C}$，$\boldsymbol{D}$ 为矢量，在任意曲线坐标系下求证：

$$(\boldsymbol{A}\times\boldsymbol{B})\cdot(\boldsymbol{C}\times\boldsymbol{D})=(\boldsymbol{A}\cdot\boldsymbol{C})(\boldsymbol{B}\cdot\boldsymbol{D})-(\boldsymbol{A}\cdot\boldsymbol{D})(\boldsymbol{B}\cdot\boldsymbol{C})$$

证明：

$$\begin{aligned}(\boldsymbol{A}\times\boldsymbol{B})\cdot(\boldsymbol{C}\times\boldsymbol{D})&=(A^i\boldsymbol{e}_i\times B^j\boldsymbol{e}_j)\cdot(C_m\boldsymbol{e}^m\times D_n\boldsymbol{e}^n)\\&=(A^iB^j\sqrt{g}\,\varepsilon_{ijk}\boldsymbol{e}^k)\cdot\left(C_mD_n\frac{1}{\sqrt{g}}\varepsilon^{mnl}\boldsymbol{e}_l\right)\\&=A^iB^jC_mD_n\varepsilon_{ijk}\varepsilon^{mnl}\delta^k_l=A^iB^jC_mD_n\varepsilon_{ijk}\varepsilon^{mnk}\\&=A^iB^jC_mD_n(\delta^m_i\delta^n_j-\delta^n_i\delta^m_j)=A^iB^jC_iD_j-A^iB^jC_jD_i\\&=(\boldsymbol{A}\cdot\boldsymbol{C})(\boldsymbol{B}\cdot\boldsymbol{D})-(\boldsymbol{A}\cdot\boldsymbol{D})(\boldsymbol{B}\cdot\boldsymbol{C})\end{aligned}$$

证毕。

### 3.5.2　绝对矢量

**1. 定义**

将笛卡儿坐标系下绝对矢量的概念拓展到任意曲线坐标系下，其定义为：对于任意的坐标变换，如果满足 $\boldsymbol{A}^* = \boldsymbol{A}$（“ * ”代表新坐标系），则 $\boldsymbol{A}$ 为绝对矢量，反之为伪矢量。

**2. 坐标变换**

用 $y^i$，$x^i$，$x^{*i}$分别代表笛卡儿坐标系、老曲线坐标系和新曲线坐标系的坐标。从笛卡儿坐标系到曲线坐标系的坐标变换如下：

$$x^i = x^i(y^1, y^2, y^3),\quad x^{*i} = x^{*i}(y^1, y^2, y^3) \tag{3-80}$$

新、老曲线坐标系之间的坐标变换如下：

$$x^i = x^i(x^{*1}, x^{*2}, x^{*3}),\quad x^{*i} = x^{*i}(x^1, x^2, x^3) \tag{3-81}$$

可以看出曲线坐标系之间的坐标变换互为逆变换。需要强调的是，为保证变换的唯一性，要求新、老曲线坐标系之间坐标变换的雅可比行列式不为 0。

不同的曲线坐标系的协变基矢量与逆变基矢量也不一样，由基矢量的表达式出发，便可以得到不同曲线坐标系间基矢量的变换。

首先矢径 $\boldsymbol{r}_P$ 为绝对矢量，故

$$\boldsymbol{r}_P = \boldsymbol{r}_P^* \tag{3-82}$$

$\boldsymbol{e}_i^*$ 是 $x^{*i}$下的协变基矢量，由协变基矢量的定义，应有

$$\boldsymbol{e}_i^* = \frac{\partial \boldsymbol{r}_P^*}{\partial x^{*i}} = \frac{\partial \boldsymbol{r}_P}{\partial x^{*i}}$$

上式由链式求导法则可改写为

$$\boldsymbol{e}_i^* = \frac{\partial \boldsymbol{r}_P}{\partial x^j}\frac{\partial x^j}{\partial x^{*i}}$$

根据协变基矢量的定义可知，$\dfrac{\partial \boldsymbol{r}_P}{\partial x^j}$为老坐标系下的协变基矢量 $\boldsymbol{e}_j$，故上式可化为

$$\boldsymbol{e}_i^* = \frac{\partial x^j}{\partial x^{*i}}\boldsymbol{e}_j \tag{3-83}$$

以上变换称为协变变换，式中$\dfrac{\partial x^j}{\partial x^{*i}}$称为协变转换系数。

相应地，对于 $\boldsymbol{e}^{*i}$，也可以采用类似的方法求取。由于

$$\boldsymbol{e}^{*i} = \nabla x^{*i} = \frac{\partial x^{*i}}{\partial y^k}\boldsymbol{u}_k = \frac{\partial x^{*i}}{\partial x^j}\frac{\partial x^j}{\partial y^k}\boldsymbol{u}_k \tag{3-84}$$

由逆变基矢量的定义式可知

$$\boldsymbol{e}^j = \frac{\partial x^j}{\partial y^k}\boldsymbol{u}_k$$

于是得到

$$\boldsymbol{e}^{*i} = \frac{\partial x^{*i}}{\partial x^j}\boldsymbol{e}^j \tag{3-85}$$

以上变换称为逆变变换，式中$\frac{\partial x^{*i}}{\partial x^j}$称为逆变转换系数。

### 3. 绝对矢量的充要条件

一个矢量为绝对矢量的充要条件是该矢量的协变分量满足协变变换，逆变分量满足逆变变换。

证明：先证必要性。已知 $\boldsymbol{A}^* = \boldsymbol{A}$，则

$$A_i^* = \boldsymbol{A}^* \cdot \boldsymbol{e}_i^* = \boldsymbol{A} \cdot \boldsymbol{e}_i^* = \boldsymbol{A} \cdot \frac{\partial x^j}{\partial x^{*i}} \boldsymbol{e}_j = \frac{\partial x^j}{\partial x^{*i}} A_j$$

$$A^{*i} = \boldsymbol{A}^* \cdot \boldsymbol{e}^{*i} = \boldsymbol{A} \cdot \boldsymbol{e}^{*i} = \boldsymbol{A} \cdot \frac{\partial x^{*i}}{\partial x^j} \boldsymbol{e}^j = \frac{\partial x^{*i}}{\partial x^j} A^j$$

再证充分性。已知

$$A_i^* = \frac{\partial x^j}{\partial x^{*i}} A_j$$

则

$$A_i^* = \boldsymbol{A}^* \cdot \boldsymbol{e}_i^* = \frac{\partial x^j}{\partial x^{*i}} A_j = \boldsymbol{A} \cdot \frac{\partial x^j}{\partial x^{*i}} \boldsymbol{e}_j = \boldsymbol{A} \cdot \boldsymbol{e}_i^*$$

于是

$$\boldsymbol{A}^* = \boldsymbol{A}$$

同理，已知

$$A^{*i} = \frac{\partial x^{*i}}{\partial x^j} A^j$$

则

$$A^{*i} = \boldsymbol{A}^* \cdot \boldsymbol{e}^{*i} = \frac{\partial x^{*i}}{\partial x^j} A^j = \boldsymbol{A} \cdot \frac{\partial x^{*i}}{\partial x^j} \boldsymbol{e}^j = \boldsymbol{A} \cdot \boldsymbol{e}^{*i}$$

于是

$$\boldsymbol{A}^* = \boldsymbol{A}$$

因此，如矢量 **A** 为绝对矢量，则其逆变分量满足逆变变换、协变分量满足协变变换。

**例 3-3** 设速度 **V** 在笛卡儿坐标系下的分量为 $V^1$，$V^2$，$V^3$，求：(1)圆柱坐标系下 **V** 的逆变分量；(2)球坐标系下 **V** 的协变分量。

**解：**(1)设笛卡儿坐标系和圆柱坐标系分别为老、新坐标系，根据逆变变换，有

$$V^{*i} = \frac{\partial x^{*i}}{\partial x^j} V^j$$

于是

$$V^{*r} = \frac{\partial r}{\partial y^1} V^1 + \frac{\partial r}{\partial y^2} V^2 + \frac{\partial r}{\partial y^3} V^3$$

$$V^{*\theta} = \frac{\partial \theta}{\partial y^1} V^1 + \frac{\partial \theta}{\partial y^2} V^2 + \frac{\partial \theta}{\partial y^3} V^3$$

$$V^{*z} = \frac{\partial z}{\partial y^1} V^1 + \frac{\partial z}{\partial y^2} V^2 + \frac{\partial z}{\partial y^3} V^3$$

由

$$\frac{\partial r}{\partial y^1}=\cos\theta,\ \frac{\partial r}{\partial y^2}=\sin\theta,\ \frac{\partial r}{\partial y^3}=0$$

$$\frac{\partial \theta}{\partial y^1}=-\frac{\sin\theta}{r},\ \frac{\partial \theta}{\partial y^2}=\frac{\cos\theta}{r},\ \frac{\partial \theta}{\partial y^3}=0$$

$$\frac{\partial z}{\partial y^1}=\frac{\partial z}{\partial y^2}=0,\ \frac{\partial z}{\partial y^3}=1$$

可得

$$V^{*r}=\cos\theta V^1+\sin\theta V^2$$

$$V^{*\theta}=-\frac{\sin\theta}{r}V^1+\frac{\cos\theta}{r}V^2$$

$$V^{*z}=V^3$$

(2)设笛卡儿坐标系和球坐标系分别为老、新坐标系，根据协变变换，有

$$V_i^*=\frac{\partial x^j}{\partial x^{*i}}V_j$$

于是

$$V_R^*=\frac{\partial y^1}{\partial R}V_1+\frac{\partial y^2}{\partial R}V_2+\frac{\partial y^3}{\partial R}V_3$$

$$V_\theta^*=\frac{\partial y^1}{\partial \theta}V_1+\frac{\partial y^2}{\partial \theta}V_2+\frac{\partial y^3}{\partial \theta}V_3$$

$$V_\varphi^*=\frac{\partial y^1}{\partial \varphi}V_1+\frac{\partial y^2}{\partial \varphi}V_2+\frac{\partial y^3}{\partial \varphi}V_3$$

由

$$\frac{\partial y^1}{\partial R}=\sin\theta\cos\varphi,\ \frac{\partial y^2}{\partial R}=\sin\theta\sin\varphi,\ \frac{\partial y^3}{\partial R}=\cos\theta$$

$$\frac{\partial y^1}{\partial \theta}=R\cos\theta\cos\varphi,\ \frac{\partial y^2}{\partial \theta}=R\cos\theta\sin\varphi,\ \frac{\partial y^3}{\partial \theta}=-R\sin\theta$$

$$\frac{\partial y^1}{\partial \varphi}=-R\sin\theta\sin\varphi,\ \frac{\partial y^2}{\partial \varphi}=R\sin\theta\cos\varphi,\ \frac{\partial y^3}{\partial \varphi}=0$$

可得

$$V_R^*=\sin\theta\cos\varphi V_1+\sin\theta\sin\varphi V_2+\cos\theta V_3$$

$$V_\theta^*=R\cos\theta\cos\varphi V_1+R\cos\theta\sin\varphi V_2-R\sin\theta V_3$$

$$V_\varphi^*=-R\sin\theta\sin\varphi V_1+R\sin\theta\cos\varphi V_2$$

又因为笛卡儿坐标系下协变分量和逆变分量相同，即 $V_i=V^i$，故

$$V_R^*=\sin\theta\cos\varphi V^1+\sin\theta\sin\varphi V^2+\cos\theta V^3$$

$$V_\theta^*=R\cos\theta\cos\varphi V^1+R\cos\theta\sin\varphi V^2-R\sin\theta V^3$$

$$V_\varphi^*=-R\sin\theta\sin\varphi V^1+R\sin\theta\cos\varphi V^2$$

解毕。

### 3.5.3 克里斯多菲符号

#### 1. 矢量的微分

前面曾讨论过，在任意曲线坐标系下，矢量 $\boldsymbol{A}$ 向协变基矢量 $\boldsymbol{e}_i$ 方向分解，即

$$\boldsymbol{A}=A^i\boldsymbol{e}_i \tag{3-86}$$

因 $A^i$ 和 $\boldsymbol{e}_i$ 都是 $x^i$ 的函数，所以 $\mathrm{d}A^i\neq 0$，$\mathrm{d}\boldsymbol{e}_i\neq\boldsymbol{0}$。求 $\boldsymbol{A}$ 的微分，则

$$\mathrm{d}\boldsymbol{A}=\mathrm{d}(A^i\boldsymbol{e}_i)=\mathrm{d}A^i\boldsymbol{e}_i+A^i\mathrm{d}\boldsymbol{e}_i$$

$\mathrm{d}\boldsymbol{A}$ 称为矢量 $\boldsymbol{A}$ 的微分。由上式可见，$\mathrm{d}\boldsymbol{A}$ 由两项组成：第一项中的 $\mathrm{d}A^i$ 反映了矢量 $\boldsymbol{A}$ 的逆变分量随空间位置的变化：

$$\mathrm{d}A^i=\frac{\partial A^i}{\partial x^k}\mathrm{d}x^k$$

第二项中的 $\mathrm{d}\boldsymbol{e}_i$ 表示协变基矢量 $\boldsymbol{e}_i$ 随空间位置的变化，同样可表示成

$$\mathrm{d}\boldsymbol{e}_i=\frac{\partial \boldsymbol{e}_i}{\partial x^k}\mathrm{d}x^k$$

因此，$\mathrm{d}\boldsymbol{A}$ 可表达为

$$\mathrm{d}\boldsymbol{A}=\left(\frac{\partial A^i}{\partial x^k}\boldsymbol{e}_i+A^i\ \frac{\partial \boldsymbol{e}_i}{\partial x^k}\right)\mathrm{d}x^k$$

又因为

$$\mathrm{d}\boldsymbol{A}=\frac{\partial \boldsymbol{A}}{\partial x^k}\mathrm{d}x^k$$

则

$$\frac{\partial \boldsymbol{A}}{\partial x^k}=\frac{\partial A^i}{\partial x^k}\boldsymbol{e}_i+A^i\ \frac{\partial \boldsymbol{e}_i}{\partial x^k} \tag{3-87}$$

上式为矢量 $\boldsymbol{A}$ 以逆变分量 $A^i$ 表示的协变导数。

另一方面，矢量 $\boldsymbol{A}$ 也可向逆变基矢量 $\boldsymbol{e}^i$ 方向分解，即

$$\boldsymbol{A}=A_i\boldsymbol{e}^i \tag{3-88}$$

重复上述类似的操作，可得

$$\frac{\partial \boldsymbol{A}}{\partial x^k}=\frac{\partial A_i}{\partial x^k}\boldsymbol{e}^i+A_i\ \frac{\partial \boldsymbol{e}^i}{\partial x^k} \tag{3-89}$$

上式为矢量 $\boldsymbol{A}$ 以协变分量 $A_i$ 表示的协变导数。

在笛卡儿坐标系下，由于协变基矢量和逆变基矢量相同且均不随空间位置的变化而变化，因此有

$$\frac{\partial \boldsymbol{e}^i}{\partial x^k}=\frac{\partial \boldsymbol{e}_i}{\partial x^k}=0$$

即等式(3-87)和(3-89)右边第二项都是不存在的。而在曲线坐标系下，由于协变基矢量及逆变基矢量在空间的不同位置上，大小、方向一般都不相同，即 $\boldsymbol{e}_i$ 和 $\boldsymbol{e}^i$ 都是 $x^i$ 的函数，因此该项不为零。这一项是由曲线坐标系的弯曲造成的，且其大小代表着曲线坐标系的弯曲程度。为了方便运算，下面引入克里斯多菲符号来表示该项。

**2. 第一及第二类克里斯多菲符号**

克里斯多菲符号代表了曲线坐标系的弯曲程度，可以通过以下方式得到。记

$$\nabla_k A^j = \frac{\partial \boldsymbol{A}}{\partial x^k} \cdot \boldsymbol{e}^j$$

$$\nabla_k A_j = \frac{\partial \boldsymbol{A}}{\partial x^k} \cdot \boldsymbol{e}_j$$

这意味着$\nabla_k A^j$ 和$\nabla_k A_j$ 分别是$\frac{\partial \boldsymbol{A}}{\partial x^k}$的逆变分量和协变分量，故

$$\frac{\partial \boldsymbol{A}}{\partial x^k} = (\nabla_k A^j)\boldsymbol{e}_j = (\nabla_k A_j)\boldsymbol{e}^j \tag{3-90}$$

下面推导$\nabla_k A^j$ 和$\nabla_k A_j$ 的具体表达式。

对式(3-87)两边同时点乘 $\boldsymbol{e}^j$，可以得到

$$\nabla_k A^j = \frac{\partial \boldsymbol{A}}{\partial x^k} \cdot \boldsymbol{e}^j = \frac{\partial A^j}{\partial x^k} + A^i \frac{\partial \boldsymbol{e}_i}{\partial x^k} \cdot \boldsymbol{e}^j \tag{3-91}$$

引入第二类克里斯多菲符号

$$\Gamma^j_{ik} = \frac{\partial \boldsymbol{e}_i}{\partial x^k} \cdot \boldsymbol{e}^j$$

则上式可表示为

$$\nabla_k A^j = \frac{\partial A^j}{\partial x^k} + A^i \Gamma^j_{ik}$$

对式(3-89)两边同时点乘 $\boldsymbol{e}_j$，可以得到

$$\nabla_k A_j = \frac{\partial \boldsymbol{A}}{\partial x^k} \cdot \boldsymbol{e}_j = \frac{\partial A_j}{\partial x^k} + A_i \frac{\partial \boldsymbol{e}^i}{\partial x^k} \cdot \boldsymbol{e}_j \tag{3-92}$$

式中，$\frac{\partial \boldsymbol{e}^i}{\partial x^k} \cdot \boldsymbol{e}_j$ 为未知项，为了推导它与克里斯多菲符号的关系，式 $\boldsymbol{e}_i \cdot \boldsymbol{e}^j = \delta^j_i$ 两边对 $x^k$ 求导，得

$$\frac{\partial \boldsymbol{e}_i}{\partial x^k} \cdot \boldsymbol{e}^j + \frac{\partial \boldsymbol{e}^j}{\partial x^k} \cdot \boldsymbol{e}_i = 0$$

由第二类克里斯多菲符号的定义式可知

$$\Gamma^j_{ik} = \frac{\partial \boldsymbol{e}_i}{\partial x^k} \cdot \boldsymbol{e}^j$$

则

$$\frac{\partial \boldsymbol{e}^j}{\partial x^k} \cdot \boldsymbol{e}_i = -\Gamma^j_{ik}$$

将结果代入式(3-92)中得

$$\nabla_k A_j = \frac{\partial A_j}{\partial x^k} - A_i \Gamma^i_{jk} \tag{3-93}$$

把$\frac{\partial \boldsymbol{e}_i}{\partial x^k}$看作一个矢量，则第二类克里斯多菲符号可以看作该矢量的逆变分量。定义第一类克里斯多菲符号为

$$\Gamma_{j,ik}=\frac{\partial \boldsymbol{e}_i}{\partial x^k}\cdot \boldsymbol{e}_j$$

显然，第一类克里斯多菲符号可以看作是$\frac{\partial \boldsymbol{e}_i}{\partial x^k}$的协变分量。于是，$\frac{\partial \boldsymbol{e}_i}{\partial x^k}$可以表示为

$$\frac{\partial \boldsymbol{e}_i}{\partial x^k}=\Gamma_{ik}^{j}\boldsymbol{e}_j=\Gamma_{j,ik}\boldsymbol{e}^j \tag{3-94}$$

下面讨论克里斯多菲符号的性质。

**3. 克里斯多菲符号的性质**

1) $\Gamma_{ik}^{j}=\Gamma_{ki}^{j}$，$\Gamma_{j,ik}=\Gamma_{j,ki}$

由第二类克里斯多菲符号的定义式

$$\Gamma_{ik}^{j}=\frac{\partial \boldsymbol{e}_i}{\partial x^k}\cdot \boldsymbol{e}^j \tag{3-95}$$

根据协变基矢量的定义式，有

$$\boldsymbol{e}_i=\frac{\partial \boldsymbol{r}_P}{\partial x^i}$$

将上式代入式(3-95)得

$$\Gamma_{ik}^{j}=\frac{\partial}{\partial x^k}\left(\frac{\partial \boldsymbol{r}_P}{\partial x^i}\right)\cdot \boldsymbol{e}^j$$

因为偏导数的结果与求导顺序无关，交换求导的次序：

$$\Gamma_{ik}^{j}=\frac{\partial}{\partial x^i}\left(\frac{\partial \boldsymbol{r}_P}{\partial x^k}\right)\cdot \boldsymbol{e}^j$$

由协变基矢量的定义式可将上式写为

$$\Gamma_{ik}^{j}=\frac{\partial \boldsymbol{e}_k}{\partial x^i}\cdot \boldsymbol{e}^j$$

再由克里斯多菲符号的定义式，上式右边为 $\Gamma_{ki}^{j}$，即有

$$\Gamma_{ik}^{j}=\Gamma_{ki}^{j} \tag{3-96}$$

可见对于第二类克里斯多菲符号，其下面的两个指标可以互相交换位置，即第二类克里斯多菲符号 $\Gamma_{ik}^{j}$ 的下标是对称的。根据这个性质，$\Gamma_{ik}^{j}$ 虽然有 27 个分量，但实际上只有 18 个分量是相互独立的。类似地，也可以证明，对于第一类克里斯多菲符号有 $\Gamma_{j,ik}=\Gamma_{j,ki}$。

2)在笛卡儿坐标系下，$\Gamma_{ik}^{j}=\Gamma_{j,ik}=0$

第一、二类克里斯多菲符号的定义式分别为

$$\Gamma_{j,ik}=\frac{\partial \boldsymbol{e}_i}{\partial x^k}\cdot \boldsymbol{e}_j,\quad \Gamma_{ik}^{j}=\frac{\partial \boldsymbol{e}_i}{\partial x^k}\cdot \boldsymbol{e}^j \tag{3-97}$$

前面已经证明，在笛卡儿坐标系下：

$$\boldsymbol{e}_i=\boldsymbol{e}^i=\boldsymbol{u}_i$$

而 $\boldsymbol{u}_i$ 具有空间无关性，即

$$\frac{\partial \boldsymbol{e}_i}{\partial x^k}=\boldsymbol{0}$$

因此，在笛卡儿坐标系下，第一、二类克里斯多菲符号的值始终为 0。

3)在圆柱坐标系下，第二类克里斯多菲符号中只有 $\Gamma_{r\theta}^{\theta}$，$\Gamma_{\theta r}^{\theta}$ 和 $\Gamma_{\theta\theta}^{r}$ 3 个分量非零下面给出 3 个不为零分量的值。

根据第二类克里斯多菲符号的定义式有

$$\Gamma_{r\theta}^{\theta}=\frac{\partial \boldsymbol{e}_r}{\partial\theta}\cdot\boldsymbol{e}^{\theta} \tag{3-98}$$

由 3.3 节内容可知，在圆柱坐标系下，3 个协变或逆变基矢量分别为

$$\boldsymbol{e}_r=\cos\theta\boldsymbol{u}_1+\sin\theta\boldsymbol{u}_2=\boldsymbol{e}^r$$
$$\boldsymbol{e}_\theta=-r\sin\theta\boldsymbol{u}_1+r\cos\theta\boldsymbol{u}_2=r^2\boldsymbol{e}^\theta$$
$$\boldsymbol{e}_z=\boldsymbol{u}_3=\boldsymbol{e}^z$$

则 $\Gamma_{r\theta}^{\theta}$ 的表达式可写为

$$\Gamma_{r\theta}^{\theta}=(-\sin\theta\boldsymbol{u}_1+\cos\theta\boldsymbol{u}_2)\cdot\frac{1}{r}(-\sin\theta\boldsymbol{u}_1+\cos\theta\boldsymbol{u}_2)=\frac{1}{r} \tag{3-99}$$

由于 $\Gamma_{ik}^{j}$ 的下标是对称的，因此有

$$\Gamma_{\theta r}^{\theta}=\Gamma_{r\theta}^{\theta}=\frac{1}{r}$$

$\Gamma_{\theta\theta}^{r}$ 的表达式可写为

$$\begin{aligned}\Gamma_{\theta\theta}^{r}&=\frac{\partial\boldsymbol{e}_\theta}{\partial\theta}\cdot\boldsymbol{e}^r=\frac{\partial\boldsymbol{e}_\theta}{\partial\theta}\cdot\boldsymbol{e}_r\\&=-r(\cos\theta\boldsymbol{u}_1+\sin\theta\boldsymbol{u}_2)\cdot(\cos\theta\boldsymbol{u}_1+\sin\theta\boldsymbol{u}_2)=-r\end{aligned} \tag{3-100}$$

其他分量的值均为 0，现以 $\Gamma_{\theta\theta}^{\theta}$ 为例进行证明：

$$\begin{aligned}\Gamma_{\theta\theta}^{\theta}&=\frac{\partial\boldsymbol{e}_\theta}{\partial\theta}\cdot\boldsymbol{e}^\theta=\frac{\partial\boldsymbol{e}_\theta}{\partial\theta}\cdot\frac{1}{r^2}\boldsymbol{e}_\theta\\&=-r(\cos\theta\boldsymbol{u}_1+\sin\theta\boldsymbol{u}_2)\cdot\frac{1}{r}(-\sin\theta\boldsymbol{u}_1+\cos\theta\boldsymbol{u}_2)=0\end{aligned} \tag{3-101}$$

其他分量读者可自行检验。

4)$\Gamma_{ik}^{j}$ 不是绝对张量

用 $x^i$，$x^{*i}$ 分别代表老、新曲线坐标系。在新坐标系 $x^{*i}$ 下，根据第二类克里斯多菲符号的定义式有

$$\Gamma_{ik}^{*j}=\frac{\partial\boldsymbol{e}_i^*}{\partial x^{*k}}\cdot\boldsymbol{e}^{*j} \tag{3-102}$$

根据协变基矢量 $\boldsymbol{e}_i$ 的协变变换和逆变基矢量 $\boldsymbol{e}^j$ 的逆变变换，有

$$\boldsymbol{e}_i^*=\frac{\partial x^q}{\partial x^{*i}}\boldsymbol{e}_q,\quad \boldsymbol{e}^{*j}=\frac{\partial x^{*j}}{\partial x^p}\boldsymbol{e}^p$$

将上式代入 $\Gamma_{ik}^{*j}$ 的表达式中得

$$\begin{aligned}\Gamma_{ik}^{*j}&=\frac{\partial}{\partial x^{*k}}\left(\frac{\partial x^q}{\partial x^{*i}}\boldsymbol{e}_q\right)\cdot\frac{\partial x^{*j}}{\partial x^p}\boldsymbol{e}^p\\&=\left(\frac{\partial x^q}{\partial x^{*i}}\frac{\partial x^r}{\partial x^{*k}}\frac{\partial\boldsymbol{e}_q}{\partial x^r}+\frac{\partial^2 x^q}{\partial x^{*k}\partial x^{*i}}\boldsymbol{e}_q\right)\cdot\frac{\partial x^{*j}}{\partial x^p}\boldsymbol{e}^p\end{aligned}$$

由于

$$\boldsymbol{e}^p \cdot \frac{\partial \boldsymbol{e}_q}{\partial x^r} = \Gamma_{qr}^p, \quad \boldsymbol{e}^p \cdot \boldsymbol{e}_q = \delta_q^p$$

所以

$$\Gamma_{ik}^{*j} = \frac{\partial x^{*j}}{\partial x^p} \frac{\partial x^q}{\partial x^{*i}} \frac{\partial x^r}{\partial x^{*k}} \Gamma_{qr}^p + \frac{\partial^2 x^q}{\partial x^{*k} \partial x^{*i}} \frac{\partial x^{*j}}{\partial x^q} \tag{3-103}$$

参照后文 3.6.3 节绝对张量的定义：绝对张量的协变分量满足协变变换，逆变分量满足逆变变换。上式与绝对张量的定义式相比多出了等号右端第二项，且右端第二项不一定为 0。因此 $\Gamma_{ik}^j$ 不是绝对张量。

关于 $\Gamma_{ik}^j$ 不是绝对张量，也可以这样来理解。不妨取老坐标系为笛卡儿坐标系，新坐标系为曲线坐标系。假设 $\Gamma_{ik}^j$ 是绝对张量，则满足变换关系：

$$\Gamma_{ik}^{*j} = \frac{\partial x^{*j}}{\partial x^p} \frac{\partial x^q}{\partial x^{*i}} \frac{\partial x^r}{\partial x^{*k}} \Gamma_{qr}^p$$

因为笛卡儿坐标系下 $\Gamma_{qr}^p = 0$，由上式有 $\Gamma_{ik}^{*j} = 0$。这与曲线坐标系下 $\Gamma_{ik}^{*j} \neq 0$ 相冲突，则假设 $\Gamma_{ik}^j$ 是绝对张量不成立。

5) $\Gamma - g$ 恒等式

克里斯多菲符号和度量张量之间存在如下关系：

$$\Gamma_{ik}^i = \frac{1}{\sqrt{g}} \frac{\partial}{\partial x^k} \sqrt{g} \tag{3-104}$$

事实上，由前面内容可知，度量张量的协变分量 $g_{ij}$ 所构成矩阵的行列式的值为 $g$，且有

$$\boldsymbol{e}_1 \cdot (\boldsymbol{e}_2 \times \boldsymbol{e}_3) = \sqrt{g}$$

因此有

$$\frac{\partial}{\partial x^k} \sqrt{g} = \frac{\partial}{\partial x^k} [\boldsymbol{e}_1 \cdot (\boldsymbol{e}_2 \times \boldsymbol{e}_3)]$$

将上式右边展开得

$$\frac{\partial}{\partial x^k} \sqrt{g} = \frac{\partial \boldsymbol{e}_1}{\partial x^k} \cdot (\boldsymbol{e}_2 \times \boldsymbol{e}_3) + \boldsymbol{e}_1 \cdot \left( \frac{\partial \boldsymbol{e}_2}{\partial x^k} \times \boldsymbol{e}_3 \right) + \boldsymbol{e}_1 \cdot \left( \boldsymbol{e}_2 \times \frac{\partial \boldsymbol{e}_3}{\partial x^k} \right)$$

根据第二类克里斯多菲符号的定义式，上式右边可化为

$$\frac{\partial}{\partial x^k} \sqrt{g} = \Gamma_{1k}^j \boldsymbol{e}_j \cdot (\boldsymbol{e}_2 \times \boldsymbol{e}_3) + \boldsymbol{e}_1 \cdot (\Gamma_{2k}^j \boldsymbol{e}_j \times \boldsymbol{e}_3) + \boldsymbol{e}_1 \cdot (\boldsymbol{e}_2 \times \Gamma_{3k}^j \boldsymbol{e}_j)$$

提取相同项并合并，得

$$\frac{\partial}{\partial x^k} \sqrt{g} = (\Gamma_{1k}^1 + \Gamma_{2k}^2 + \Gamma_{3k}^3) [\boldsymbol{e}_1 \cdot (\boldsymbol{e}_2 \times \boldsymbol{e}_3)]$$

即

$$\frac{\partial}{\partial x^k} \sqrt{g} = (\Gamma_{1k}^1 + \Gamma_{2k}^2 + \Gamma_{3k}^3) \sqrt{g}$$

故下式成立：

$$\Gamma_{ik}^i = \frac{1}{\sqrt{g}} \frac{\partial}{\partial x^k} \sqrt{g} \tag{3-105}$$

6)指标升降

$$\Gamma_{ik}^{j}=\Gamma_{l,ik}g^{jl}，\ \Gamma_{j,ik}=\Gamma_{ik}^{l}g_{lj} \tag{3-106}$$

虽然克里斯多菲符号不是绝对张量，但是其以上指标(仅限于第二类克里斯多菲符号中的上标和第一类克里斯多菲符号中的第一个指标)可以通过度量张量协变或逆变分量进行升降，事实上，

$$\Gamma_{ik}^{j}=\frac{\partial \boldsymbol{e}_i}{\partial x^k}\cdot\boldsymbol{e}^j=\frac{\partial \boldsymbol{e}_i}{\partial x^k}\cdot\boldsymbol{e}_l g^{jl}=\Gamma_{l,ik}g^{jl}$$

$$\Gamma_{j,ik}=\frac{\partial \boldsymbol{e}_i}{\partial x^k}\cdot\boldsymbol{e}_j=\frac{\partial \boldsymbol{e}_i}{\partial x^k}\cdot\boldsymbol{e}^l g_{lj}=\Gamma_{ik}^{l}g_{lj}$$

**例 3-4**　求平面极坐标系下，以逆变物理分量和单位协变基矢量表示的矢量 **A** 的微分。

**解：**

$$\mathrm{d}\boldsymbol{A}=\frac{\partial \boldsymbol{A}}{\partial x^i}\mathrm{d}x^i=\frac{\partial}{\partial x^i}(A^r\boldsymbol{e}_r+A^\theta\boldsymbol{e}_\theta)\mathrm{d}x^i$$

$$=\frac{\partial}{\partial r}(A^r\boldsymbol{e}_r+A^\theta\boldsymbol{e}_\theta)\mathrm{d}r+\frac{\partial}{\partial\theta}(A^r\boldsymbol{e}_r+A^\theta\boldsymbol{e}_\theta)\mathrm{d}\theta$$

$$=\left(\frac{\partial A^r}{\partial r}\boldsymbol{e}_r+A^r\frac{\partial\boldsymbol{e}_r}{\partial r}+\frac{\partial A^\theta}{\partial r}\boldsymbol{e}_\theta+A^\theta\frac{\partial\boldsymbol{e}_\theta}{\partial r}\right)\mathrm{d}r+\left(\frac{\partial A^r}{\partial\theta}\boldsymbol{e}_r+A^r\frac{\partial\boldsymbol{e}_r}{\partial\theta}+\frac{\partial A^\theta}{\partial\theta}\boldsymbol{e}_\theta+A^\theta\frac{\partial\boldsymbol{e}_\theta}{\partial\theta}\right)\mathrm{d}\theta$$

$$=\left(\frac{\partial A^r}{\partial r}\boldsymbol{e}_r+\frac{\partial A^\theta}{\partial r}\boldsymbol{e}_\theta+A^\theta\Gamma_{r\theta}^{\theta}\boldsymbol{e}_\theta\right)\mathrm{d}r+\left(\frac{\partial A^r}{\partial\theta}\boldsymbol{e}_r+A^r\Gamma_{r\theta}^{\theta}\boldsymbol{e}_\theta+\frac{\partial A^\theta}{\partial\theta}\boldsymbol{e}_\theta+A^\theta\Gamma_{\theta\theta}^{r}\boldsymbol{e}_r\right)\mathrm{d}\theta$$

在平面极坐标系下，有

$$\Gamma_{r\theta}^{\theta}=\Gamma_{\theta r}^{\theta}=\frac{1}{r}，\ \Gamma_{\theta\theta}^{r}=-r$$

将其代入上述方程，得

$$\mathrm{d}\boldsymbol{A}=\left(\frac{\partial A^r}{\partial r}\boldsymbol{e}_r+\frac{\partial A^\theta}{\partial r}\boldsymbol{e}_\theta+\frac{A^\theta}{r}\boldsymbol{e}_\theta\right)\mathrm{d}r+\left(\frac{\partial A^r}{\partial\theta}\boldsymbol{e}_r+\frac{A^r}{r}\boldsymbol{e}_\theta+\frac{\partial A^\theta}{\partial\theta}\boldsymbol{e}_\theta-rA^\theta\boldsymbol{e}_r\right)\mathrm{d}\theta$$

$$=\left(\frac{\partial A^r}{\partial r}\mathrm{d}r+\frac{\partial A^r}{\partial\theta}\mathrm{d}\theta-rA^\theta\mathrm{d}\theta\right)\boldsymbol{e}_r+\left(\frac{\partial A^\theta}{\partial r}\mathrm{d}r+\frac{A^\theta}{r}\mathrm{d}r+\frac{A^r}{r}\mathrm{d}\theta+\frac{\partial A^\theta}{\partial\theta}\mathrm{d}\theta\right)\boldsymbol{e}_\theta$$

又因为

$$A^r=a^r，\ A^\theta=\frac{a^\theta}{r}，\ \boldsymbol{e}_r=\boldsymbol{l}_r，\ \boldsymbol{e}_\theta=r\boldsymbol{l}_\theta$$

代入上式，有

$$\mathrm{d}\boldsymbol{A}=\left(\frac{\partial a^r}{\partial r}\mathrm{d}r+\frac{\partial a^r}{\partial\theta}\mathrm{d}\theta-a^\theta\mathrm{d}\theta\right)\boldsymbol{l}_r+\left[\frac{\partial}{\partial r}\left(\frac{a^\theta}{r}\right)\mathrm{d}r+\frac{a^\theta}{r^2}\mathrm{d}r+\frac{a^r}{r}\mathrm{d}\theta+\frac{\partial}{\partial\theta}\left(\frac{a^\theta}{r}\right)\mathrm{d}\theta\right]r\boldsymbol{l}_\theta$$

$$=\left[\frac{\partial a^r}{\partial r}\mathrm{d}r+\left(\frac{\partial a^r}{\partial\theta}-a^\theta\right)\mathrm{d}\theta\right]\boldsymbol{l}_r+\left[\frac{\partial a^\theta}{\partial r}\mathrm{d}r+\left(a^r+\frac{\partial a^\theta}{\partial\theta}\right)\mathrm{d}\theta\right]\boldsymbol{l}_\theta$$

解毕。

**例 3-5**　证明在平面极坐标系下的加速度为

$$\boldsymbol{A}=\left(\frac{\mathrm{D}v^r}{\mathrm{D}t}-\frac{v_\theta^2}{r}\right)\boldsymbol{l}_r+\left(\frac{\mathrm{D}v^\theta}{\mathrm{D}t}+\frac{v^r v^\theta}{r}\right)\boldsymbol{l}_\theta$$

证明：根据物质导数的定义，有

$$\boldsymbol{A}=\frac{\mathrm{D}\boldsymbol{V}}{\mathrm{D}t}=\frac{\partial \boldsymbol{V}}{\partial t}+\frac{\partial \boldsymbol{V}}{\partial x^j}\frac{\mathrm{d}x^j}{\mathrm{d}t}=\frac{\partial \boldsymbol{V}}{\partial t}+V^j\frac{\partial \boldsymbol{V}}{\partial x^j}$$

所以

$$\begin{aligned}\boldsymbol{A}&=\frac{\partial V^i}{\partial t}\boldsymbol{e}_i+V^j\nabla_j V^i\boldsymbol{e}_i=\left(\frac{\partial V^i}{\partial t}+V^j\nabla_j V^i\right)\boldsymbol{e}_i\\&=\left[\frac{\partial V^i}{\partial t}+V^j\left(\frac{\partial V^i}{\partial x^j}+\Gamma^i_{jk}V^k\right)\right]\boldsymbol{e}_i=\left(\frac{\mathrm{D}V^i}{\mathrm{D}t}+V^jV^k\Gamma^i_{jk}\right)\boldsymbol{e}_i\end{aligned}$$

上式可进一步展开为

$$\boldsymbol{A}=\left(\frac{\mathrm{D}V^r}{\mathrm{D}t}+V^\theta V^\theta\Gamma^r_{\theta\theta}\right)\boldsymbol{e}_r+\left(\frac{\mathrm{D}V^\theta}{\mathrm{D}t}+2V^rV^\theta\Gamma^\theta_{r\theta}\right)\boldsymbol{e}_\theta$$

在平面极坐标系下有

$$\Gamma^\theta_{r\theta}=\Gamma^\theta_{\theta r}=\frac{1}{r},\ \Gamma^r_{\theta\theta}=-r$$

将其代入上述方程得

$$\boldsymbol{A}=\left(\frac{\mathrm{D}V^r}{\mathrm{D}t}-rV_\theta^2\right)\boldsymbol{e}_r+\left(\frac{\mathrm{D}V^\theta}{\mathrm{D}t}+\frac{2V^rV^\theta}{r}\right)\boldsymbol{e}_\theta$$

又因为

$$V^r=v^r,\ V^\theta=\frac{v^\theta}{r},\ \boldsymbol{e}_r=\boldsymbol{l}_r,\ \boldsymbol{e}_\theta=r\boldsymbol{l}_\theta$$

代入上式有

$$\begin{aligned}\boldsymbol{A}&=\left(\frac{\mathrm{D}v^r}{\mathrm{D}t}-\frac{v_\theta^2}{r}\right)\boldsymbol{l}_r+\left[\frac{\mathrm{D}}{\mathrm{D}t}\left(\frac{v^\theta}{r}\right)+\frac{2v^rv^\theta}{r^2}\right]r\boldsymbol{l}_\theta\\&=\left(\frac{\mathrm{D}v^r}{\mathrm{D}t}-\frac{v_\theta^2}{r}\right)\boldsymbol{l}_r+\left[\frac{1}{r}\frac{\mathrm{D}v^\theta}{\mathrm{D}t}+v^\theta\frac{\mathrm{D}}{\mathrm{D}t}\left(\frac{1}{r}\right)+\frac{2v^rv^\theta}{r^2}\right]r\boldsymbol{l}_\theta\\&=\left(\frac{\mathrm{D}v^r}{\mathrm{D}t}-\frac{v_\theta^2}{r}\right)\boldsymbol{l}_r+\left(\frac{1}{r}\frac{\mathrm{D}v^\theta}{\mathrm{D}t}-\frac{v^\theta}{r^2}\frac{\mathrm{D}r}{\mathrm{D}t}+\frac{2v^rv^\theta}{r^2}\right)r\boldsymbol{l}_\theta\\&=\left(\frac{\mathrm{D}v^r}{\mathrm{D}t}-\frac{v_\theta^2}{r}\right)\boldsymbol{l}_r+\left(\frac{1}{r}\frac{\mathrm{D}v^\theta}{\mathrm{D}t}+\frac{v^rv^\theta}{r^2}\right)r\boldsymbol{l}_\theta\\&=\left(\frac{\mathrm{D}v^r}{\mathrm{D}t}-\frac{v_\theta^2}{r}\right)\boldsymbol{l}_r+\left(\frac{\mathrm{D}v^\theta}{\mathrm{D}t}+\frac{v^rv^\theta}{r}\right)\boldsymbol{l}_\theta\end{aligned}$$

证毕。

### 3.5.4 梯度、散度与旋度

#### 1. 标量的梯度

张量的梯度为高一阶的张量，这里以 0 阶张量即标量为例。设 $\phi$ 为任一标量函数，在笛卡儿坐标系下其梯度为

$$\nabla\phi=\boldsymbol{u}_j\frac{\partial\phi}{\partial y^j}\tag{3-107}$$

通过链式求导法则，有

$$\nabla\phi=\boldsymbol{u}_j\ \frac{\partial\phi}{\partial x^i}\frac{\partial x^i}{\partial y^j} \tag{3-108}$$

由逆变基矢量的定义，上式可化为

$$\nabla\phi=\boldsymbol{e}^i\ \frac{\partial\phi}{\partial x^i} \tag{3-109}$$

由上式可知，在曲线坐标系下，哈密顿算子可以表示为

$$\nabla=\boldsymbol{e}^i\ \frac{\partial}{\partial x^i}$$

显然，该算子既具有矢量的性质，也具有微分的性质。

式(3-108)是标量梯度在任意曲线坐标系下的一般形式。在实际使用时特别是采用正交曲线坐标系时，常以曲线坐标系的单位逆变基矢量 $\boldsymbol{l}^i$ 表示，即 $\boldsymbol{e}^i=\sqrt{g^{ii}}\boldsymbol{l}^i$。如果是正交曲线坐标系，可以用拉梅系数 $h_i$ 表示 $g^{ii}$，即 $g^{ii}=\dfrac{1}{g_{ii}}=\dfrac{1}{h_i^2}$，于是 $\boldsymbol{e}^i=\dfrac{\boldsymbol{l}^i}{h_i}$。此外，对于正交曲线坐标系有 $\boldsymbol{l}_i=\dfrac{\boldsymbol{e}_i}{|\boldsymbol{e}_i|}=\dfrac{g_{ij}\boldsymbol{e}^j}{h_i}=\dfrac{g_{ii}\boldsymbol{e}^i}{h_i}=h_i\boldsymbol{e}^i=\boldsymbol{l}^i$，这说明单位协变基矢量 $\boldsymbol{l}_i$ 与单位逆变基矢量 $\boldsymbol{l}^i$ 是等同的。

因此在正交曲线坐标系下，标量梯度的表达式可以记为

$$\nabla\phi=\boldsymbol{e}^i\ \frac{\partial\phi}{\partial x^i}=\boldsymbol{l}^1\ \frac{\partial\phi}{h_1\,\partial x^1}+\boldsymbol{l}^2\ \frac{\partial\phi}{h_2\,\partial x^2}+\boldsymbol{l}^3\ \frac{\partial\phi}{h_3\,\partial x^3}=\boldsymbol{l}_1\ \frac{\partial\phi}{h_1\,\partial x^1}+\boldsymbol{l}_2\ \frac{\partial\phi}{h_2\,\partial x^2}+\boldsymbol{l}_3\ \frac{\partial\phi}{h_3\,\partial x^3} \tag{3-110}$$

对于圆柱坐标系，由于 $h_1=1$，$h_2=r$，$h_3=1$，则根据上式有

$$\nabla\phi=\boldsymbol{l}^r\ \frac{\partial\phi}{\partial r}+\boldsymbol{l}^\theta\ \frac{\partial\phi}{r\,\partial\theta}+\boldsymbol{l}^z\ \frac{\partial\phi}{\partial z}=\boldsymbol{l}_r\ \frac{\partial\phi}{\partial r}+\boldsymbol{l}_\theta\ \frac{\partial\phi}{r\,\partial\theta}+\boldsymbol{l}_z\ \frac{\partial\phi}{\partial z} \tag{3-111}$$

对于标量场，标量的梯度是矢量，大小表示标量函数 $\phi$ 在空间分布的不均匀程度，方向为 $\phi$ 在空间上变化最快的方向。

**2. 矢量的散度**

对张量求散度，会使张量降一阶，因此一阶张量(矢量)及更高阶张量才会有散度。设 $\boldsymbol{A}$ 为任一矢量函数，其散度的定义式为

$$\nabla\cdot\boldsymbol{A} \tag{3-112}$$

利用哈密顿算子∇的表达式

$$\nabla=\boldsymbol{e}^i\ \frac{\partial}{\partial x^i}$$

则矢量 $\boldsymbol{A}$ 的散度可写为

$$\nabla\cdot\boldsymbol{A}=\boldsymbol{e}^i\cdot\frac{\partial\boldsymbol{A}}{\partial x^i}$$

由 3.5.3 节所介绍的矢量的偏导数，可将上式化为

$$\nabla\cdot\boldsymbol{A}=\boldsymbol{e}^i\cdot\frac{\partial\boldsymbol{A}}{\partial x^i}=\boldsymbol{e}^i\cdot(\nabla_iA^j)\boldsymbol{e}_j=\nabla_iA^i$$

根据式(3－91)及第二类克里斯多菲符号的定义式可将等式右边展开为

$$\nabla\cdot\boldsymbol{A}=\frac{\partial A^i}{\partial x^i}+A^i\Gamma_{ik}^k$$

由 Γ－$g$ 恒等式可将上式改写为

$$\nabla\cdot\boldsymbol{A}=\frac{\partial A^i}{\partial x^i}+A^i\ \frac{1}{\sqrt{g}}\frac{\partial\sqrt{g}}{\partial x^i}$$

等式右边提取一个$\frac{1}{\sqrt{g}}$得

$$\nabla\cdot\boldsymbol{A}=\frac{1}{\sqrt{g}}\left(\sqrt{g}\frac{\partial A^i}{\partial x^i}+A^i\ \frac{\partial\sqrt{g}}{\partial x^i}\right)$$

于是上式进一步合并为

$$\nabla\cdot\boldsymbol{A}=\frac{1}{\sqrt{g}}\frac{\partial(A^i\ \sqrt{g})}{\partial x^i}\tag{3-113}$$

如果逆变分量 $A^i$ 用相应的逆变物理分量 $a^i$ 表示，则有 $A^i=\frac{a^i}{|\boldsymbol{e}_i|}=\frac{a^i}{\sqrt{g_{ii}}}$。对于正交曲线坐标系，因有 $g=g_{11}g_{22}g_{33}$，$g_{11}=h_1^2$，$g_{22}=h_2^2$，$g_{33}=h_3^2$，所以矢量 **A** 的散度还可记为

$$\nabla\cdot\boldsymbol{A}=\frac{1}{h_1h_2h_3}\left[\frac{\partial}{\partial x^1}(h_2h_3a^1)+\frac{\partial}{\partial x^2}(h_1h_3a^2)+\frac{\partial}{\partial x^3}(h_1h_2a^3)\right]\tag{3-114}$$

此外，在正交曲线坐标系下，矢量 **A** 可以表示为 $\boldsymbol{A}=a^i\boldsymbol{l}_i=a_i\boldsymbol{l}^i$，又因为 $\boldsymbol{l}_i=\boldsymbol{l}^i$，故协变物理分量 $a_i$ 和逆变物理分量 $a^i$ 是完全等同的，在应用它们时无需特别说明或区分。

对于圆柱坐标系，因有 $h_1=1$，$h_2=r$，$h_3=1$，则$\nabla\cdot\boldsymbol{A}$ 的表达式可写为

$$\nabla\cdot\boldsymbol{A}=\frac{1}{r}\left[\frac{\partial(ra^r)}{\partial r}+\frac{\partial a^\theta}{\partial\theta}+\frac{\partial(ra^z)}{\partial z}\right]=\frac{1}{r}\left[\frac{\partial(ra_r)}{\partial r}+\frac{\partial a_\theta}{\partial\theta}+\frac{\partial(ra_z)}{\partial z}\right]\tag{3-115}$$

对于矢量场，其散度是标量，它反映了“通量”的意义。例如在流体力学中，速度的散度$\nabla\cdot\boldsymbol{V}$ 表示单位时间有多少流体体积从单位体积内流出，即表征流体微团的可压缩性。

**3. 矢量的旋度**

因为要进行叉乘运算，因此必须是一阶或一阶以上的张量才有旋度。张量求旋度后其阶次与原张量相同。设 **A** 为任一矢量函数，其旋度的定义式为

$$\nabla\times\boldsymbol{A}\tag{3-116}$$

利用哈密顿算子$\nabla$的表达式

$$\nabla=\boldsymbol{e}^i\ \frac{\partial}{\partial x^i}$$

则矢量 **A** 的旋度可写为

$$\nabla\times\boldsymbol{A}=\boldsymbol{e}^i\times\frac{\partial\boldsymbol{A}}{\partial x^i}$$

由 3.5.3 节所介绍的矢量的偏导数，可将上式化为

$$\nabla\times\boldsymbol{A}=\boldsymbol{e}^i\times\nabla_i A_j\boldsymbol{e}^j$$

根据

$$\boldsymbol{e}^i\times\boldsymbol{e}^j=\frac{1}{\sqrt{g}}\varepsilon^{ijk}\boldsymbol{e}_k$$

得

$$\nabla\times\boldsymbol{A}=\frac{1}{\sqrt{g}}\varepsilon^{ijk}\nabla_i A_j\boldsymbol{e}_k=\frac{1}{\sqrt{g}}\begin{vmatrix}\boldsymbol{e}_1 & \boldsymbol{e}_2 & \boldsymbol{e}_3\\ \nabla_1 & \nabla_2 & \nabla_3\\ A_1 & A_2 & A_3\end{vmatrix}$$

上式展开得

$$\nabla\times\boldsymbol{A}=\frac{1}{\sqrt{g}}[(\nabla_2A_3-\nabla_3A_2)\boldsymbol{e}_1+(\nabla_3A_1-\nabla_1A_3)\boldsymbol{e}_2+(\nabla_1A_2-\nabla_2A_1)\boldsymbol{e}_3]$$

由式(3-93)可知

$$\nabla_iA_j=\frac{\partial A_j}{\partial x^i}-A_k\Gamma_{ji}^k,\quad \nabla_jA_i=\frac{\partial A_i}{\partial x^j}-A_k\Gamma_{ij}^k$$

又因为克里斯多菲符号具有对称性，即 $\Gamma_{ji}^k=\Gamma_{ij}^k$，于是上面两式相减可得

$$\nabla_iA_j-\nabla_jA_i=\frac{\partial A_j}{\partial x^i}-\frac{\partial A_i}{\partial x^j}-(A_k\Gamma_{ji}^k-A_k\Gamma_{ij}^k)=\frac{\partial A_j}{\partial x^i}-\frac{\partial A_i}{\partial x^j}$$

根据上式，则$\nabla\times\boldsymbol{A}$ 的展开式又可写为

$$\nabla\times\boldsymbol{A}=\frac{1}{\sqrt{g}}\left[\left(\frac{\partial A_3}{\partial x^2}-\frac{\partial A_2}{\partial x^3}\right)\boldsymbol{e}_1+\left(\frac{\partial A_1}{\partial x^3}-\frac{\partial A_3}{\partial x^1}\right)\boldsymbol{e}_2+\left(\frac{\partial A_2}{\partial x^1}-\frac{\partial A_1}{\partial x^2}\right)\boldsymbol{e}_3\right]\tag{3-117}$$

或以行列式表示为

$$\nabla\times\boldsymbol{A}=\frac{1}{\sqrt{g}}\begin{vmatrix}\boldsymbol{e}_1 & \boldsymbol{e}_2 & \boldsymbol{e}_3\\ \dfrac{\partial}{\partial x^1} & \dfrac{\partial}{\partial x^2} & \dfrac{\partial}{\partial x^3}\\ A_1 & A_2 & A_3\end{vmatrix}\tag{3-118}$$

可见，在矢量的旋度表达式中，算子$\nabla_i$与$\dfrac{\partial}{\partial x^i}$是等效的。需要注意的是，在写出式(3-118)的展开式时，基矢量在求导符号外面。

在正交曲线坐标系下，因为$\boldsymbol{A}=A_i\boldsymbol{e}^i=a_i\boldsymbol{l}^i=a_i\dfrac{\boldsymbol{e}^i}{|\boldsymbol{e}^i|}=a_i\dfrac{\boldsymbol{e}^i}{\sqrt{g^{ii}}}=a_ih_i\boldsymbol{e}^i$，因此有 $A_i=a_ih_i$；另有 $\boldsymbol{e}_i=h_i\boldsymbol{l}_i$。将它们代入式(3-118)，则矢量的旋度$\nabla\times\boldsymbol{A}$ 可用协变物理分量 $a_i$ 和单位协变基矢量 $\boldsymbol{l}_i$ 表示如下：

$$\nabla\times\boldsymbol{A}=\frac{1}{\sqrt{g}}\begin{vmatrix}\boldsymbol{e}_1 & \boldsymbol{e}_2 & \boldsymbol{e}_3\\ \dfrac{\partial}{\partial x^1} & \dfrac{\partial}{\partial x^2} & \dfrac{\partial}{\partial x^3}\\ A_1 & A_2 & A_3\end{vmatrix}=\frac{1}{h_1h_2h_3}\begin{vmatrix}h_1\boldsymbol{l}_1 & h_2\boldsymbol{l}_2 & h_3\boldsymbol{l}_3\\ \dfrac{\partial}{\partial x^1} & \dfrac{\partial}{\partial x^2} & \dfrac{\partial}{\partial x^3}\\ h_1a_1 & h_2a_2 & h_3a_3\end{vmatrix}\tag{3-119}$$

依照上式，圆柱坐标系下$\nabla\times\boldsymbol{A}$ 可进一步写为

$$\nabla\times\boldsymbol{A}=\frac{1}{r}\begin{vmatrix}\boldsymbol{l}_r & r\boldsymbol{l}_\theta & \boldsymbol{l}_z\\ \dfrac{\partial}{\partial r} & \dfrac{\partial}{\partial\theta} & \dfrac{\partial}{\partial z}\\ a_r & ra_\theta & a_z\end{vmatrix}\tag{3-120}$$

对于矢量场，矢量的旋度是仍是矢量。在流体力学中，速度的旋度$\nabla\times\boldsymbol{V}$表示单位体积流体的旋转强度，称为涡量。

现在利用以上三种算子的运算公式，证明在任意曲线坐标系下的几个矢量恒等式成立。

**例 3-6** $\phi$是标量，试证$\nabla\times(\nabla\phi)=0$成立。

证明：由前面内容可知，标量的梯度是矢量，因此令矢量$\boldsymbol{A}=\nabla\phi$，则

$$\nabla\times(\nabla\phi)=\nabla\times\boldsymbol{A}$$

由式(3-118)有

$$\nabla\times(\nabla\phi)=\nabla\times\boldsymbol{A}=\frac{1}{\sqrt{g}}\begin{vmatrix}\boldsymbol{e}_1 & \boldsymbol{e}_2 & \boldsymbol{e}_3\\ \dfrac{\partial}{\partial x^1} & \dfrac{\partial}{\partial x^2} & \dfrac{\partial}{\partial x^3}\\ A_1 & A_2 & A_3\end{vmatrix}$$

由式(3-109)有

$$\boldsymbol{A}=\nabla\phi=\boldsymbol{e}^i\,\frac{\partial\phi}{\partial x^i}$$

又因

$$\boldsymbol{A}=A_i\boldsymbol{e}^i$$

所以

$$A_1=\frac{\partial\phi}{\partial x^1},\ A_2=\frac{\partial\phi}{\partial x^2},\ A_3=\frac{\partial\phi}{\partial x^3}$$

则可得

$$\nabla\times(\nabla\phi)=\nabla\times\boldsymbol{A}=\frac{1}{\sqrt{g}}\begin{vmatrix}\boldsymbol{e}_1 & \boldsymbol{e}_2 & \boldsymbol{e}_3\\ \dfrac{\partial}{\partial x^1} & \dfrac{\partial}{\partial x^2} & \dfrac{\partial}{\partial x^3}\\ A_1 & A_2 & A_3\end{vmatrix}=\frac{1}{\sqrt{g}}\begin{vmatrix}\boldsymbol{e}_1 & \boldsymbol{e}_2 & \boldsymbol{e}_3\\ \dfrac{\partial}{\partial x^1} & \dfrac{\partial}{\partial x^2} & \dfrac{\partial}{\partial x^3}\\ \dfrac{\partial\phi}{\partial x^1} & \dfrac{\partial\phi}{\partial x^2} & \dfrac{\partial\phi}{\partial x^3}\end{vmatrix}$$

$$=\frac{1}{\sqrt{g}}\left[\left(\frac{\partial}{\partial x^2}\left(\frac{\partial\phi}{\partial x^3}\right)-\frac{\partial}{\partial x^3}\left(\frac{\partial\phi}{\partial x^2}\right)\right)\boldsymbol{e}_1+\left(\frac{\partial}{\partial x^3}\left(\frac{\partial\phi}{\partial x^1}\right)-\frac{\partial}{\partial x^1}\left(\frac{\partial\phi}{\partial x^3}\right)\right)\boldsymbol{e}_2+\right.$$

$$\left.\left(\frac{\partial}{\partial x^1}\left(\frac{\partial\phi}{\partial x^2}\right)-\frac{\partial}{\partial x^2}\left(\frac{\partial\phi}{\partial x^1}\right)\right)\boldsymbol{e}_3\right]=0$$

证毕。

**例 3-7** $\boldsymbol{V}$是矢量，试证$\boldsymbol{V}\times(\nabla\times\boldsymbol{V})=-\boldsymbol{V}\cdot\nabla\boldsymbol{V}+\frac{1}{2}\nabla\boldsymbol{V}^2$成立。

证明：$\boldsymbol{V}\times(\nabla\times\boldsymbol{V})=\boldsymbol{V}\times\left(\boldsymbol{e}^i\times\dfrac{\partial\boldsymbol{V}}{\partial x^i}\right)=\boldsymbol{V}\times(\boldsymbol{e}^i\times\nabla_iV_j\boldsymbol{e}^j)=\boldsymbol{V}\times\left(\dfrac{1}{\sqrt{g}}\varepsilon^{ijk}\nabla_iV_j\boldsymbol{e}_k\right)$

$$=V^l\boldsymbol{e}_l\times\left(\frac{1}{\sqrt{g}}\varepsilon^{ijk}\nabla_iV_j\boldsymbol{e}_k\right)=\frac{1}{\sqrt{g}}\varepsilon^{ijk}V^l\nabla_iV_j\boldsymbol{e}_l\times\boldsymbol{e}_k=\varepsilon^{ijk}\varepsilon_{lkm}V^l\nabla_iV_j\boldsymbol{e}^m$$

$$=\varepsilon^{ijk}\varepsilon_{mlk}V^l\nabla_iV_j\boldsymbol{e}^m=V^l\nabla_iV_j\boldsymbol{e}^m(\delta^i_m\delta^j_l-\delta^i_l\delta^j_m)=V^j\nabla_iV_j\boldsymbol{e}^i-V^i\nabla_iV_j\boldsymbol{e}^j$$

$$\boldsymbol{V}\cdot\nabla\boldsymbol{V}=\boldsymbol{V}\cdot\boldsymbol{e}^i\frac{\partial\boldsymbol{V}}{\partial x^i}=V^i\frac{\partial\boldsymbol{V}}{\partial x^i}=V^i\nabla_iV_j\boldsymbol{e}^j$$

$$\frac{1}{2}\nabla\boldsymbol{V}^2=\frac{1}{2}\boldsymbol{e}^i\frac{\partial\boldsymbol{V}\cdot\boldsymbol{V}}{\partial x^i}=\frac{1}{2}\boldsymbol{e}^i\left(\frac{\partial\boldsymbol{V}}{\partial x^i}\cdot\boldsymbol{V}+\boldsymbol{V}\cdot\frac{\partial\boldsymbol{V}}{\partial x^i}\right)$$

$$=\boldsymbol{e}^i\frac{\partial\boldsymbol{V}}{\partial x^i}\cdot\boldsymbol{V}=\boldsymbol{e}^i\nabla_iV_j\boldsymbol{e}^j\cdot\boldsymbol{V}=V^j\nabla_iV_j\boldsymbol{e}^i$$

由以上 3 个式子可得

$$\boldsymbol{V}\times(\nabla\times\boldsymbol{V})=V^j\nabla_iV_j\boldsymbol{e}^i-V^i\nabla_iV_j\boldsymbol{e}^j=\frac{1}{2}\nabla\boldsymbol{V}^2-\boldsymbol{V}\cdot\nabla\boldsymbol{V}$$

证毕。

**例 3－8**　$\boldsymbol{V}$ 是矢量，试证$\nabla\times(\nabla\times\boldsymbol{V})=\nabla(\nabla\cdot\boldsymbol{V})-\nabla\cdot(\nabla\boldsymbol{V})$成立。

证明：$\nabla\times(\nabla\times\boldsymbol{V})=\boldsymbol{e}^i\times\left[\frac{\partial}{\partial x^i}\left(\boldsymbol{e}^j\times\frac{\partial\boldsymbol{V}}{\partial x^j}\right)\right]=\boldsymbol{e}^i\times\left(\frac{\partial\boldsymbol{e}^j}{\partial x^i}\times\frac{\partial\boldsymbol{V}}{\partial x^j}\right)+\boldsymbol{e}^i\times\left(\boldsymbol{e}^j\times\frac{\partial^2\boldsymbol{V}}{\partial x^i\partial x^j}\right)$

对上式利用矢性二重积(3－78)有

$$\nabla\times(\nabla\times\boldsymbol{V})=\left(\boldsymbol{e}^i\cdot\frac{\partial\boldsymbol{V}}{\partial x^j}\right)\frac{\partial\boldsymbol{e}^j}{\partial x^i}-\left(\boldsymbol{e}^i\cdot\frac{\partial\boldsymbol{e}^j}{\partial x^i}\right)\frac{\partial\boldsymbol{V}}{\partial x^j}+\left(\boldsymbol{e}^i\cdot\frac{\partial^2\boldsymbol{V}}{\partial x^i\partial x^j}\right)\boldsymbol{e}^j-(\boldsymbol{e}^i\cdot\boldsymbol{e}^j)\frac{\partial^2\boldsymbol{V}}{\partial x^i\partial x^j}\tag{3-121}$$

$$\nabla(\nabla\cdot\boldsymbol{V})-\nabla\cdot(\nabla\boldsymbol{V})=\boldsymbol{e}^i\frac{\partial}{\partial x^i}\left(\boldsymbol{e}^j\cdot\frac{\partial\boldsymbol{V}}{\partial x^j}\right)-\boldsymbol{e}^i\cdot\frac{\partial}{\partial x^i}\left(\boldsymbol{e}^j\frac{\partial\boldsymbol{V}}{\partial x^j}\right)$$

$$=\boldsymbol{e}^i\left(\frac{\partial\boldsymbol{e}^j}{\partial x^i}\cdot\frac{\partial\boldsymbol{V}}{\partial x^j}\right)+\boldsymbol{e}^i\left(\boldsymbol{e}^j\cdot\frac{\partial^2\boldsymbol{V}}{\partial x^i\partial x^j}\right)-\left(\boldsymbol{e}^i\cdot\frac{\partial\boldsymbol{e}^j}{\partial x^i}\right)\frac{\partial\boldsymbol{V}}{\partial x^j}-(\boldsymbol{e}^i\cdot\boldsymbol{e}^j)\frac{\partial^2\boldsymbol{V}}{\partial x^i\partial x^j}\tag{3-122}$$

根据式(3－121)和式(3－122)有

$$\nabla\times(\nabla\times\boldsymbol{V})-\nabla(\nabla\cdot\boldsymbol{V})+\nabla\cdot(\nabla\boldsymbol{V})=\left(\boldsymbol{e}^i\cdot\frac{\partial\boldsymbol{V}}{\partial x^j}\right)\frac{\partial\boldsymbol{e}^j}{\partial x^i}-\boldsymbol{e}^i\left(\frac{\partial\boldsymbol{e}^j}{\partial x^i}\cdot\frac{\partial\boldsymbol{V}}{\partial x^j}\right)$$

对等式右端项利用矢性二重积(3－78)得

$$\nabla\times(\nabla\times\boldsymbol{V})-\nabla(\nabla\cdot\boldsymbol{V})+\nabla\cdot(\nabla\boldsymbol{V})=\frac{\partial\boldsymbol{V}}{\partial x^j}\times\left(\frac{\partial\boldsymbol{e}^j}{\partial x^i}\times\boldsymbol{e}^i\right)=\frac{\partial\boldsymbol{V}}{\partial x^j}\times(-\Gamma^j_{im}\boldsymbol{e}^m\times\boldsymbol{e}^i)$$

$$=-\Gamma^j_{im}\frac{\partial\boldsymbol{V}}{\partial x^j}\times\left(\frac{1}{\sqrt{g}}\varepsilon^{mil}\boldsymbol{e}_l\right)=-\Gamma^j_{im}\nabla_jV^p\boldsymbol{e}_p\times\left(\frac{1}{\sqrt{g}}\varepsilon^{mil}\boldsymbol{e}_l\right)$$

$$=-\Gamma^j_{im}\varepsilon^{mil}\nabla_jV^p\varepsilon_{plq}\boldsymbol{e}^q=-\Gamma^j_{im}\nabla_jV^p(\delta^m_q\delta^i_p-\delta^i_q\delta^m_p)\boldsymbol{e}^q$$

$$=-\Gamma^j_{im}\nabla_jV^i\boldsymbol{e}^m+\Gamma^j_{im}\nabla_jV^m\boldsymbol{e}^i$$

$$=-\Gamma^j_{mi}\nabla_jV^m\boldsymbol{e}^i+\Gamma^j_{im}\nabla_jV^m\boldsymbol{e}^i=\boldsymbol{0}$$

证毕。

# 3.6 任意曲线坐标系下的高阶张量分析

## 3.6.1 二阶张量

二阶张量是最常遇到的一类高阶张量，其在应用上有特殊意义。流体力学中的位移张量 $\boldsymbol{D}$、变形率张量 $\boldsymbol{S}$、旋转率张量 $\boldsymbol{\Omega}$、应力张量 $\boldsymbol{P}$ 都是二阶张量。在任意曲线坐标系下，任何一个二阶张量(如应力张量 $\boldsymbol{P}$)都可以写成下面四种表达形式：

$$\boldsymbol{P}=P^{ij}\boldsymbol{e}_i\boldsymbol{e}_j=P_{ij}\boldsymbol{e}^i\boldsymbol{e}^j=P_i^{\cdot j}\boldsymbol{e}^i\boldsymbol{e}_j=P^i_{\cdot j}\boldsymbol{e}_i\boldsymbol{e}^j \tag{3-123}$$

式中，

$P^{ij}$—应力作用面的外法向是逆变基矢量 $\boldsymbol{e}^i$，但按协变基矢量 $\boldsymbol{e}_j$ 方向分解的分量；

$P_{ij}$—应力作用面的外法向是协变基矢量 $\boldsymbol{e}_i$，但按逆变基矢量 $\boldsymbol{e}^j$ 方向分解的分量；

$P_i^{\cdot j}$—应力作用面的外法向是协变基矢量 $\boldsymbol{e}_i$，但按协变基矢量 $\boldsymbol{e}_j$ 方向分解的分量；

$P^i_{\cdot j}$—应力作用面的外法向是逆变基矢量 $\boldsymbol{e}^i$，但按逆变基矢量 $\boldsymbol{e}^j$ 方向分解的分量。

很明显，只要知道了其中一种分量，就可以通过指标升降得到其他 3 种分量。

## 3.6.2 二阶张量的分解

任何二阶张量都可以唯一地分解为对称部分和反对称部分之和，这称为加法分解。

以在流体力学中常用到的位移张量 $\boldsymbol{D}$ 为例。当流体微团在运动的时候，一般流场中各个质点的流速是不同的，这种不同使得相邻质点之间出现相对运动。考虑流体微团上两相邻流体质点 $P$ 点和 $Q$ 点。设 $P$ 点的坐标为 $x^i$，$Q$ 点的坐标为 $x^i+\delta x^i$；两点处的速度分别为 $\boldsymbol{V}$ 和 $\boldsymbol{V}+\delta\boldsymbol{V}$。经过一个微小的时间 $\mathrm{d}t$，可以得到两点间的相对位移为

$$\delta\boldsymbol{V}\mathrm{d}t=[\boldsymbol{V}(x^i+\delta x^i)-\boldsymbol{V}(x^i)]\mathrm{d}t=\frac{\partial\boldsymbol{V}}{\partial x^i}\delta x^i\mathrm{d}t=\nabla_i V_j\boldsymbol{e}^j\delta x^i\mathrm{d}t \tag{3-124}$$

于是，位移张量可由速度梯度定义为

$$\boldsymbol{D}^{\mathrm{T}}=\nabla\boldsymbol{V}=\boldsymbol{e}^i\ \nabla_i V_j\boldsymbol{e}^j \text{或}\ D=(\nabla\boldsymbol{V})^{\mathrm{T}}=\boldsymbol{e}^i\ \nabla_j V_i\boldsymbol{e}^j \tag{3-125}$$

显然，$\boldsymbol{D}$ 反映了流场中不同位置处的速度差异。容易想象，流体微团上相邻点的相对运动会导致下一个瞬时，流体微团的形状可能发生变化，即流体微团发生变形。另一方面，假设流体微团绕某一固定轴旋转，像刚体一样，虽然各点之间存在速度差，但流体微团却可以不发生变形。根据这个直观认识，位移张量或其转置一定可以分为两部分，其中一部分描述流体微团的变形，而另一部分与变形无关，描述流体微团的旋转。

采用二阶张量的加法分解，式(3-125)可以写为

$$\boldsymbol{D}^{\mathrm{T}}=\boldsymbol{S}+\boldsymbol{\Omega}=\boldsymbol{e}^i S_{ij}\boldsymbol{e}^j+\boldsymbol{e}^i\Omega_{ij}\boldsymbol{e}^j \tag{3-126}$$

式中，

$$S_{ij}=\frac{1}{2}(\nabla_i V_j+\nabla_j V_i)=\frac{1}{2}\left(\frac{\partial V_j}{\partial x^i}+\frac{\partial V_i}{\partial x^j}-2\Gamma_{ij}^k V_k\right)$$

$$\Omega_{ij}=\frac{1}{2}(\nabla_i V_j-\nabla_j V_i)=\frac{1}{2}\left(\frac{\partial V_j}{\partial x^i}-\frac{\partial V_i}{\partial x^j}\right)$$

显然，这里 $\boldsymbol{S}$ 是一个二阶对称张量，称为变形率张量。对于变形率张量，因为 $S_{ij}=S_{ji}$，所以它只有六个分量是独立的。$\boldsymbol{\Omega}$ 是一个二阶反对称张量($\Omega_{ij}=-\Omega_{ji}$)，称为旋转率张量。对丁二阶反对称张量，只有 3 个分量是独立的，因为在其对角分量中有 $\Omega_{11}=-\Omega_{11}$，$\Omega_{22}=-\Omega_{22}$，$\Omega_{33}=-\Omega_{33}$，即 $\Omega_{11}=\Omega_{22}=\Omega_{33}=0$，非对角分量符号相反。

下面我们进一步讨论位移张量与流动加速度之间的关系。根据本章例 3－5，加速度可以写为

$$\boldsymbol{A}=\frac{\mathrm{D}\boldsymbol{V}}{\mathrm{D}t}=\frac{\partial \boldsymbol{V}}{\partial t}+V^i\frac{\partial \boldsymbol{V}}{\partial x^i} \tag{3-127}$$

由于

$$\frac{\partial \boldsymbol{V}}{\partial x^i}=(\nabla_i V_j)\boldsymbol{e}^j$$

于是

$$A_j=\frac{\partial V_j}{\partial t}+V^i(\nabla_i V_j)=\frac{\partial V_j}{\partial t}+V^i(S_{ij}+\Omega_{ij})$$

### 3.6.3　绝对张量

在 3.5.2 节中已经介绍了在任意曲线坐标系下绝对矢量的定义及其充要条件，而绝对矢量又可称为一阶绝对张量。现在将绝对张量的阶次进行提高，讨论二阶绝对张量、高阶绝对张量应满足的充要条件。

#### 1. 二阶绝对张量

与绝对矢量的定义相似，如果一个二阶张量 $\boldsymbol{P}$，对于任意的坐标变换都满足 $\boldsymbol{P}^*=\boldsymbol{P}$(“＊”代表新坐标系)，则 $\boldsymbol{P}$ 为二阶绝对张量。

如前所述，任意一个二阶张量 $\boldsymbol{P}$ 都有四种表达形式，现仅取形式 $\boldsymbol{P}=P^{ij}\boldsymbol{e}_i\boldsymbol{e}_j$ 为例进行说明。

$\boldsymbol{P}$ 为二阶绝对张量的充要条件是

$$P^{*mn}=\frac{\partial x^{*m}}{\partial x^i}\frac{\partial x^{*n}}{\partial x^j}P^{ij} \tag{3-128}$$

证明：在新、老两个曲线坐标系下有

$$\boldsymbol{e}_i^*=\frac{\partial x^j}{\partial x^{*i}}\boldsymbol{e}_j\text{(协变变换)},\quad \boldsymbol{e}^{*i}=\frac{\partial x^{*i}}{\partial x^j}\boldsymbol{e}^j\text{(逆变变换)}$$

先证必要性。已知 $\boldsymbol{P}^*=\boldsymbol{P}$，则

$$P^{*mn}=\boldsymbol{e}^{*m}\cdot\boldsymbol{P}^*\cdot\boldsymbol{e}^{*n}=\frac{\partial x^{*m}}{\partial x^i}\boldsymbol{e}^i\cdot\boldsymbol{P}\cdot\frac{\partial x^{*n}}{\partial x^j}\boldsymbol{e}^j=\frac{\partial x^{*m}}{\partial x^i}\frac{\partial x^{*n}}{\partial x^j}P^{ij}$$

再证充分性。已知

$$P^{*mn}=\frac{\partial x^{*m}}{\partial x^i}\frac{\partial x^{*n}}{\partial x^j}P^{ij}$$

则

$$\boldsymbol{P}^*=\boldsymbol{e}_m^*P^{*mn}\boldsymbol{e}_n^*=\frac{\partial x^i}{\partial x^{*m}}\boldsymbol{e}_iP^{*mn}\frac{\partial x^j}{\partial x^{*n}}\boldsymbol{e}_j=P^{ij}\boldsymbol{e}_i\boldsymbol{e}_j=\boldsymbol{P}$$

同样可以证明，$\boldsymbol{P}$ 为二阶绝对张量的充要条件是

$$P_{mn}^*=\frac{\partial x^i}{\partial x^{*m}}\frac{\partial x^j}{\partial x^{*n}}P_{ij}$$

$$P_{m}^{*\cdot n}=\frac{\partial x^i}{\partial x^{*m}}\frac{\partial x^{*n}}{\partial x^j}P_i^{\cdot j}$$

$$P_{\cdot n}^{*m}=\frac{\partial x^{*m}}{\partial x^i}\frac{\partial x^j}{\partial x^{*n}}P^i_{\cdot j}$$

证毕。

**例 3－9**　证明度量张量为二阶绝对张量。

证明：已知 $g_{ij}=\boldsymbol{e}_i\cdot\boldsymbol{e}_j$，则

$$g_{mn}^*=\boldsymbol{e}_m^*\cdot\boldsymbol{e}_n^*=\frac{\partial x^i}{\partial x^{*m}}\boldsymbol{e}_i\cdot\frac{\partial x^j}{\partial x^{*n}}\boldsymbol{e}_j=\frac{\partial x^i}{\partial x^{*m}}\frac{\partial x^j}{\partial x^{*n}}g_{ij}$$

该式满足二阶绝对张量的充要条件，因此度量张量为二阶绝对张量。

证毕。

**例 3－10**　已知 $\boldsymbol{A}$ 为绝对矢量，证明$\frac{\partial A_i}{\partial x^j}$不是绝对张量，但$\nabla_iA_j$ 是二阶绝对张量。

证明：$\frac{\partial A_m^*}{\partial x^{*n}}=\frac{\partial}{\partial x^{*n}}\left(\frac{\partial x^i}{\partial x^{*m}}A_i\right)=\frac{\partial A_i}{\partial x^j}\frac{\partial x^j}{\partial x^{*n}}\frac{\partial x^i}{\partial x^{*m}}+A_i\frac{\partial^2x^i}{\partial x^{*m}\partial x^{*n}}$

与二阶绝对张量的充要条件对比，右边多了一项且该项

$$A_i\frac{\partial^2x^i}{\partial x^{*m}\partial x^{*n}}\neq0$$

因此$\frac{\partial A_i}{\partial x^j}$不满足二阶绝对张量的充要条件，即不是绝对张量。

$$\nabla_m^*A_n^*=\frac{\partial\boldsymbol{A}^*}{\partial x^{*m}}\cdot\boldsymbol{e}_n^*=\left(\frac{\partial\boldsymbol{A}}{\partial x^i}\frac{\partial x^i}{\partial x^{*m}}\right)\cdot\left(\frac{\partial x^j}{\partial x^{*n}}\boldsymbol{e}_j\right)=\frac{\partial x^i}{\partial x^{*m}}\frac{\partial x^j}{\partial x^{*n}}\nabla_iA_j$$

因此$\nabla_iA_j$ 满足二阶绝对张量的充要条件，即是二阶绝对张量。

证毕。

**2. 高阶绝对张量**

继续将二阶绝对张量的定义推广至任意阶张量。设 $T_{i_1;\cdots;i_m}^{j_1;\cdots;j_s}$ 为 $m+s$ 阶张量，如果对于任意的坐标变换都有 $\boldsymbol{T}^*=\boldsymbol{T}$（“$*$”代表新坐标系），则 $\boldsymbol{T}$ 为 $m$ 阶协变、$s$ 阶逆变的 $m+s$ 阶绝对张量。

容易证明，高阶张量 $\boldsymbol{T}$ 为绝对张量的充要条件是

$$T^{j_1^*,\cdots,j_s^*}_{i_1^*,\cdots,i_m^*}=\frac{\partial x^{i_1}}{\partial x^{i_1^*}}\cdots\frac{\partial x^{i_m}}{\partial x^{i_m^*}}\frac{\partial x^{j_1^*}}{\partial x^{j_1}}\cdots\frac{\partial x^{j_s^*}}{\partial x^{j_s}}T^{j_1,\cdots,j_s}_{i_1,\cdots,i_m} \tag{3-129}$$

**3. 商法则**

若有一个量，不知其是否为绝对张量，可根据张量的商法则验证其真伪。下面给出绝对张量的商法则。

有一组数的集合，如果它和任意一个 $s$ 阶绝对张量的内积为一个 $m$ 阶绝对张量，即在任意坐标系下都有

$$T(i_1,\ \cdots,\ i_m,\ j_1,\ \cdots,\ j_s)S^{j_1,\cdots,j_s}=U_{i_1,\cdots,i_m} \tag{3-130}$$

成立，则 $\boldsymbol{T}$ 必为一个 $m+s$ 阶绝对张量。

## 3.6.4　各向同性张量

各向同性是物理学中的重要概念之一。所谓各向同性，就是如果介质的力学性质与所取方向无关，则称此介质为各向同性的介质。而表示这类力学性质的张量称为各向同性张量。

在此之前已经介绍了笛卡儿坐标系下的各向同性张量，在任意曲线坐标系下，各向同性张量同样是指经任意坐标变换后，张量本身及其分量均不改变。但由于曲线坐标系在进行坐标变换时要考虑坐标系弯曲程度的影响，因此其各向同性张量的表达式会与笛卡儿坐标系的有些区别。下面仅以二阶各向同性张量和四阶各向同性对称张量为例作介绍。

**1. 二阶各向同性张量**

以前面笛卡儿坐标系下二阶各向同性张量为基础，把笛卡儿坐标系当作老坐标系，把曲线坐标系当作新坐标系，然后通过坐标变换便可获得任意曲线坐标系下二阶各向同性张量的表达式。

由第 2 章内容可知，在笛卡儿坐标系下，二阶各向同性张量满足

$$\pi_{ij}=\lambda\delta_{ij} \tag{3-131}$$

由笛卡儿坐标基矢量的单位正交性可得

$$\boldsymbol{u}_i\cdot\boldsymbol{u}_j=\delta_{ij}$$

将上式代入 $\pi_{ij}=\lambda\delta_{ij}$ 得

$$\pi_{ij}=\lambda\boldsymbol{u}_i\cdot\boldsymbol{u}_j$$

根据协变变换有

$$\pi_{mn}=\frac{\partial y^i}{\partial x^m}\frac{\partial y^j}{\partial x^n}\pi_{ij}$$

把式 $\pi_{ij}=\lambda\boldsymbol{u}_i\cdot\boldsymbol{u}_j$ 代入上式，则

$$\pi_{mn}=\lambda\ \frac{\partial y^i}{\partial x^m}\boldsymbol{u}_i\cdot\frac{\partial y^j}{\partial x^n}\boldsymbol{u}_j=\lambda\boldsymbol{e}_m\cdot\boldsymbol{e}_n$$

由度量张量协变分量的定义式可得

$$\pi_{mn}=\lambda g_{mn} \tag{3-132}$$

类似地，也可以导出 $\pi^{mn}=\lambda g^{mn}$，这里不再赘述。

从以上内容可知，在任意曲线坐标系下，若 $\boldsymbol{\pi}$ 为二阶各向同性张量，则必有

$$\pi_{mn}=\lambda g_{mn}\,,\quad \pi^{mn}=\lambda g^{mn} \tag{3-133}$$

式中，$\lambda$ 为任意标量。容易验证，式(3-133)确实为二阶各向同性张量。

**2. 四阶各向同性对称张量**

类似地，对于任意曲线坐标系，四阶各向同性对称张量表达式的推导也采用与上面相同的方法。

在笛卡儿坐标系下，四阶各向同性对称张量满足

$$E^{ijkl}=\lambda\delta^{ij}\delta^{kl}+\mu(\delta^{ik}\delta^{jl}+\delta^{il}\delta^{jk}) \tag{3-134}$$

根据逆变变换有

$$E^{pqrs}=\frac{\partial x^p}{\partial y^i}\frac{\partial x^q}{\partial y^j}\frac{\partial x^r}{\partial y^k}\frac{\partial x^s}{\partial y^l}E^{ijkl}$$

将式(3-134)代入上式，有

$$\begin{aligned}E^{pqrs}&=\frac{\partial x^p}{\partial y^i}\frac{\partial x^q}{\partial y^j}\frac{\partial x^r}{\partial y^k}\frac{\partial x^s}{\partial y^l}[\lambda\delta^{ij}\delta^{kl}+\mu(\delta^{ik}\delta^{jl}+\delta^{il}\delta^{jk})]\\&=\lambda g^{pq}g^{rs}+\mu(g^{pr}g^{qs}+g^{ps}g^{qr})\end{aligned} \tag{3-135}$$

类似地，根据协变变换可以导出

$$E_{pqrs}=\lambda g_{pq}g_{rs}+\mu(g_{pr}g_{qs}+g_{ps}g_{qr})$$

综上，在任意曲线坐标系下，若 $\boldsymbol{E}$ 为四阶各向同性对称张量，则

$$E^{pqrs}=\lambda g^{pq}g^{rs}+\mu(g^{pr}g^{qs}+g^{ps}g^{qr}) \tag{3-136}$$

$$E_{pqrs}=\lambda g_{pq}g_{rs}+\mu(g_{pr}g_{qs}+g_{ps}g_{qr}) \tag{3-137}$$

式中，$\lambda$，$\mu$ 为任意标量。容易验证，式(3-136)～(3-137)确实为四阶各向同性对称张量。

### 3.6.5　张量运算

**1. 二阶张量**

首先以二阶张量为例，计算二阶张量 $\boldsymbol{\pi}$ 的散度：

$$\nabla\cdot\boldsymbol{\pi}=\boldsymbol{e}^k\cdot\frac{\partial}{\partial x^k}(\pi^{ij}\boldsymbol{e}_i\boldsymbol{e}_j) \tag{3-138}$$

上式右边展开可得

$$\nabla\cdot\boldsymbol{\pi}=\boldsymbol{e}^k\cdot\frac{\partial\pi^{ij}}{\partial x^k}\boldsymbol{e}_i\boldsymbol{e}_j+\boldsymbol{e}^k\cdot\frac{\partial\boldsymbol{e}_i}{\partial x^k}\pi^{ij}\boldsymbol{e}_j+\boldsymbol{e}^k\cdot\pi^{ij}\boldsymbol{e}_i\frac{\partial\boldsymbol{e}_j}{\partial x^k}$$

由第二类克里斯多菲符号的定义式可将上式化为

$$\nabla\cdot\boldsymbol{\pi}=\left[\frac{\partial\pi^{ij}}{\partial x^i}+\Gamma^k_{ik}\pi^{ij}+\Gamma^j_{ik}\pi^{ik}\right]\boldsymbol{e}_j$$

由 $\Gamma-g$ 恒等式可得

$$\nabla\cdot\boldsymbol{\pi}=\frac{1}{\sqrt{g}}\frac{\partial(\sqrt{g}\pi^{ij})}{\partial x^i}\boldsymbol{e}_j+\Gamma^j_{ik}\pi^{ik}\boldsymbol{e}_j \tag{3-139}$$

以上二阶张量的散度计算，其实可以简单表示为

$$\nabla\cdot\boldsymbol{\pi}=\nabla_i\pi^{ij}\boldsymbol{e}_j \tag{3-140}$$

式中，

$$\nabla_i\pi^{ij}=\frac{\partial\pi^{ij}}{\partial x^i}+\Gamma^i_{ik}\pi^{kj}+\Gamma^j_{ik}\pi^{ik}$$

**2. 高阶张量**

类似地，可以得到更高阶张量的运算。如对于三阶张量的散度，有

$$\nabla\cdot\boldsymbol{\pi}=\nabla_i\pi^{ijk}\boldsymbol{e}_j\boldsymbol{e}_k \tag{3-141}$$

式中，

$$\nabla_i\pi^{ijk}=\frac{\partial\pi^{ijk}}{\partial x^i}+\Gamma^i_{im}\pi^{mjk}+\Gamma^j_{im}\pi^{imk}+\Gamma^k_{im}\pi^{ijm}$$

对于四阶张量的散度，有

$$\nabla\cdot\boldsymbol{\pi}=\nabla_i\pi^{ijkl}\boldsymbol{e}_j\boldsymbol{e}_k\boldsymbol{e}_l \tag{3-142}$$

式中，

$$\nabla_i\pi^{ijkl}=\frac{\partial\pi^{ijkl}}{\partial x^i}+\Gamma^i_{im}\pi^{mjkl}+\Gamma^j_{im}\pi^{imkl}+\Gamma^k_{im}\pi^{ijml}+\Gamma^l_{im}\pi^{ijkm}$$

**例 3-11**　推导圆柱坐标系下应力张量 $\boldsymbol{P}$ 的散度 $\nabla\cdot\boldsymbol{P}$ 的物理分量表达式。

**解：** $\nabla\cdot P=\nabla_i\boldsymbol{P}^{ij}\boldsymbol{e}_j=\left(\dfrac{\partial P^{ij}}{\partial x^i}+\Gamma^i_{ik}P^{kj}+\Gamma^j_{ik}P^{ik}\right)\boldsymbol{e}_j$

$$=\left[\frac{\partial P^{ij}}{\partial x^i}+\frac{1}{\sqrt{g}}\frac{\partial\sqrt{g}}{\partial x^i}P^{ij}+\Gamma^j_{ik}P^{ik}\right]\boldsymbol{e}_j=\left[\frac{1}{\sqrt{g}}\frac{\partial(\sqrt{g}P^{ij})}{\partial x^i}+\Gamma^j_{ik}P^{ik}\right]\boldsymbol{e}_j$$

$$=\left[\frac{1}{\sqrt{g}}\frac{\partial(\sqrt{g}P^{ir})}{\partial x^i}+\Gamma^r_{ik}P^{ik}\right]\boldsymbol{e}_r+\left[\frac{1}{\sqrt{g}}\frac{\partial(\sqrt{g}P^{i\theta})}{\partial x^i}+\Gamma^\theta_{ik}P^{ik}\right]\boldsymbol{e}_\theta+\left[\frac{1}{\sqrt{g}}\frac{\partial(\sqrt{g}P^{iz})}{\partial x^i}+\Gamma^z_{ik}P^{ik}\right]\boldsymbol{e}_z$$

已知圆柱坐标系下第二类克里斯多菲符号只有 $\Gamma^r_{\theta\theta}$，$\Gamma^\theta_{r\theta}$ 和 $\Gamma^\theta_{\theta r}$ 非零，且 $\sqrt{g}=r$，上式可写为

$$\begin{aligned}\nabla\cdot\boldsymbol{P}=&\left\{\frac{1}{r}\left[\frac{\partial(rP^{rr})}{\partial r}+\frac{\partial(rP^{\theta r})}{\partial\theta}+\frac{\partial(rP^{zr})}{\partial z}\right]+\Gamma^r_{\theta\theta}P^{\theta\theta}\right\}\boldsymbol{e}_r+\\&\left\{\frac{1}{r}\left[\frac{\partial(rP^{r\theta})}{\partial r}+\frac{\partial(rP^{\theta\theta})}{\partial\theta}+\frac{\partial(rP^{z\theta})}{\partial z}\right]+2\Gamma^\theta_{r\theta}P^{r\theta}\right\}\boldsymbol{e}_\theta+\\&\frac{1}{r}\left[\frac{\partial(rP^{rz})}{\partial r}+\frac{\partial(rP^{\theta z})}{\partial\theta}+\frac{\partial(rP^{zz})}{\partial z}\right]\boldsymbol{e}_z\end{aligned}$$

因为 $\boldsymbol{P}=\boldsymbol{P}^{ij}\boldsymbol{e}_i\boldsymbol{e}_j=p^{ij}\boldsymbol{l}_i\boldsymbol{l}_j=p^{ij}\dfrac{\boldsymbol{e}_i}{h_i}\dfrac{\boldsymbol{e}_j}{h_j}$，故 $P^{ij}=\dfrac{p^{ij}}{h_ih_j}=\dfrac{p_{ij}}{h_ih_j}$。由该式有 $P^{rr}=p_{rr}$，$P^{\theta r}=\dfrac{p_{\theta r}}{r}$，$P^{zr}=p_{zr}$，$P^{r\theta}=\dfrac{p_{r\theta}}{r}$，$P^{\theta\theta}=\dfrac{p_{\theta\theta}}{r^2}$，$P^{z\theta}=\dfrac{p_{z\theta}}{r}$，$P^{rz}=p_{rz}$，$P^{\theta z}=\dfrac{p_{\theta z}}{r}$，$P^{zz}=p_{zz}$；同时已知 $\Gamma^r_{\theta\theta}=-r$，$\Gamma^\theta_{r\theta}=\Gamma^\theta_{\theta r}=\dfrac{1}{r}$，以及 $\boldsymbol{e}_r=\boldsymbol{l}_r$，$\boldsymbol{e}_\theta=r\boldsymbol{l}_\theta$，$\boldsymbol{e}_z=\boldsymbol{l}_z$。代入上式得

$$\nabla \cdot \boldsymbol{P} = \left\{\frac{1}{r}\left[\frac{\partial(rp_{rr})}{\partial r}+\frac{\partial p_{\theta r}}{\partial \theta}+\frac{\partial(rp_{zr})}{\partial z}\right]-\frac{p_{\theta\theta}}{r}\right\}\boldsymbol{l}_r+$$

$$\left\{\frac{1}{r}\left[\frac{\partial(rp_{r\theta})}{\partial r}+\frac{\partial\left(\frac{p_{\theta\theta}}{r}\right)}{\partial \theta}+\frac{\partial(p_{z\theta})}{\partial z}\right]+\frac{2p_{r\theta}}{r^2}\right\}r\boldsymbol{l}_\theta+$$

$$\frac{1}{r}\left[\frac{\partial(rp_{rz})}{\partial r}+\frac{\partial p_{\theta z}}{\partial \theta}+\frac{\partial(rp_{zz})}{\partial z}\right]\boldsymbol{l}_z$$

$$=\left(\frac{\partial p_{rr}}{\partial r}+\frac{\partial p_{\theta r}}{r\,\partial \theta}+\frac{\partial p_{zr}}{\partial z}+\frac{p_{rr}-p_{\theta\theta}}{r}\right)\boldsymbol{l}_r+\left(\frac{\partial p_{r\theta}}{\partial r}+\frac{\partial p_{\theta\theta}}{r\,\partial \theta}+\frac{\partial p_{z\theta}}{\partial z}+\frac{2p_{r\theta}}{r}\right)\boldsymbol{l}_\theta+$$

$$\left(\frac{\partial p_{rz}}{\partial r}+\frac{\partial p_{\theta z}}{r\,\partial \theta}+\frac{\partial p_{zz}}{\partial z}+\frac{p_{rz}}{r}\right)\boldsymbol{l}_z$$

# 习　题

3-1　已知一斜交直线坐标系的协变基矢量是 $\boldsymbol{e}_1=2\boldsymbol{u}_1+\boldsymbol{u}_3$，$\boldsymbol{e}_2=\boldsymbol{u}_1+2\boldsymbol{u}_2+\boldsymbol{u}_3$，$\boldsymbol{e}_3=\boldsymbol{u}_1+\boldsymbol{u}_2+\boldsymbol{u}_3$，其中，$\boldsymbol{u}_1$，$\boldsymbol{u}_2$，$\boldsymbol{u}_3$ 是笛卡儿坐标系的基矢量。

(1)求出它的逆变基矢量 $\boldsymbol{e}^1$，$\boldsymbol{e}^2$，$\boldsymbol{e}^3$ 的表达式；

(2)求原点到斜交坐标为(1，1，1)的点的距离；

(3)求斜交坐标为(1，1，1)和(1，2，3)的两点间的距离。

3-2　对于上题给出的基矢量，已知矢量 $\boldsymbol{A}=A^i\boldsymbol{e}_i=A_i\boldsymbol{e}^i$ 的一种分量，求另一种分量，并求矢量的大小。

(1)$A_1=1$，$A_2=-1$，$A_3=1$；

(2)$A_1=2$，$A_2=3$，$A_3=4$；

(3)$A^1=1$，$A^2=1$，$A^3=1$；

(4)$A^1=2$，$A^2=0$，$A^3=1$。

3-3　设有球坐标系如图 3-3 所示，令 $R=x^1$，$\theta=x^2$，$\varphi=x^3$，求：

(1)协变基矢量 $\boldsymbol{e}_i$ 关于 $\boldsymbol{u}_1$，$\boldsymbol{u}_2$，$\boldsymbol{u}_3$ 的表达式；

(2)逆变基矢量 $\boldsymbol{e}^i$，并说明 $\boldsymbol{e}_i$ 和 $\boldsymbol{e}^i$ 的大小和方向有何关系。

3-4　求题 3-1 的逆变变换系数 $\dfrac{\partial y^{*i}}{\partial x^j}$。其中，斜交直线坐标系被看成老坐标系 $x^i$，笛卡儿坐标系被看成新坐标系 $y^{*i}$。

3-5　已知笛卡儿坐标系下矢量 $\boldsymbol{V}$ 的逆变分量 $V^{*1}$，$V^{*2}$，$V^{*3}$，求在球坐标系下 $\boldsymbol{V}$ 的逆变分量 $V^1$，$V^2$，$V^3$。

3-6　求在下列坐标系下度量张量的协变分量 $g_{ij}$，逆变分量 $g^{ij}$ 及弧元平方$(\mathrm{d}s)^2$。

(1)斜交直线坐标系 $\boldsymbol{e}_1=\boldsymbol{u}_2+\boldsymbol{u}_3$，$\boldsymbol{e}_2=\boldsymbol{u}_3+\boldsymbol{u}_1$，$\boldsymbol{e}_3=\boldsymbol{u}_1+\boldsymbol{u}_2$；

(2)习题 3-1 给出的斜交直线坐标系；

(3)习题 3-3 给出的球坐标系。

3-7　对于习题 3-1 给出的斜交直线坐标系，利用习题 3-6(2)所得到的度量张量：

(1)验算逆变基矢量 $\boldsymbol{e}^i$；

(2)根据指标上升和下降规律，验算习题 3－2 中的结果。

3－8　设有圆柱坐标系如图 3－2 所示，令 $r=x^1$、$\theta=x^2$、$z=x^3$。试写出圆柱坐标系下一点 $\left(r=2,\ \theta=\dfrac{\pi}{3},\ z=1\right)$ 处的 $\boldsymbol{e}_i$ 和 $\boldsymbol{e}^i$。若已知在该点有两个矢量 $\boldsymbol{A}=2\boldsymbol{e}_1+3\boldsymbol{e}_2+3\boldsymbol{e}_3$ 和 $\boldsymbol{B}=\boldsymbol{e}_1-\boldsymbol{e}_2+2\boldsymbol{e}_3$，则

(1)求 $\boldsymbol{A}$ 和 $\boldsymbol{B}$ 的协变分量，并求矢量 $\boldsymbol{A}$ 和 $\boldsymbol{B}$ 的长度及 $\boldsymbol{A}$ 和 $\boldsymbol{B}$ 之间的夹角；

(2)直接写出 $\boldsymbol{A}$ 和 $\boldsymbol{B}$ 在笛卡儿坐标系下的表达式，并验证上述结果；

(3)计算 $\boldsymbol{A}$ 和 $\boldsymbol{B}$ 的叉乘 $\boldsymbol{A}\times\boldsymbol{B}$ 的逆变分量和协变分量。

3－9　证明：在任意曲线坐标系下，$\nabla\cdot(\nabla\times\boldsymbol{A})=0$ 成立，其中 $\boldsymbol{A}$ 为任意一矢量。

3－10　写出球坐标系下矢量 $\boldsymbol{A}$ 的散度表达式(以 $\boldsymbol{A}$ 的协变物理分量表示)。

3－11　推导圆柱和球坐标系下拉普拉斯算子 $\Delta\boldsymbol{V}=\nabla\cdot(\nabla\boldsymbol{V})$ 的表达式(用矢量 $\boldsymbol{V}$ 的物理分量和单位基矢量表示)。

3－12　已知线涡诱导速度的物理分量为 $v^r=0$，$v^\theta=\dfrac{\Gamma}{2\pi r}$，$v^z=0$，求：速度矢量的协变分量 $V_r$，$V_\theta$，$V_z$，逆变分量 $V^r$，$V^\theta$，$V^z$，以及旋度 $\nabla\times\boldsymbol{V}$ 和散度 $\nabla\cdot\boldsymbol{V}$。

3－13　证明：在球坐标系下，第二类克里斯多菲符号中只有 $\Gamma_{\theta\theta}^R$、$\Gamma_{\varphi\varphi}^R$、$\Gamma_{\varphi\varphi}^\theta$、$\Gamma_{R\theta}^\theta$、$\Gamma_{\theta R}^\theta$、$\Gamma_{R\varphi}^\varphi$、$\Gamma_{\varphi R}^\varphi$、$\Gamma_{\theta\varphi}^\varphi$ 和 $\Gamma_{\varphi\theta}^\varphi$ 9 个分量非零，且有 $\Gamma_{\theta\theta}^R=-R$，$\Gamma_{\varphi\varphi}^R=-R\,(\sin\theta)^2$，$\Gamma_{\varphi\varphi}^\theta=-\sin\theta\cos\theta$，$\Gamma_{R\theta}^\theta=\Gamma_{\theta R}^\theta=\Gamma_{R\varphi}^\varphi=\Gamma_{\varphi R}^\varphi=1/R$，$\Gamma_{\theta\varphi}^\varphi=\Gamma_{\varphi\theta}^\varphi=\cot\theta$。

3－14　推导流动加速度在球坐标系下的物理分量：

$$a^R=\frac{\partial v^R}{\partial t}+v^R\frac{\partial v^R}{\partial R}+\frac{v^\varphi}{R\sin\theta}\frac{\partial v^R}{\partial\varphi}+\frac{v^\theta}{R}\frac{\partial v^R}{\partial\theta}-\frac{(v^\theta)^2+(v^\varphi)^2}{R}$$

$$a^\theta=\frac{\partial v^\theta}{\partial t}+v^R\frac{\partial v^\theta}{\partial R}+\frac{v^\varphi}{R\sin\theta}\frac{\partial v^\theta}{\partial\varphi}+\frac{v^\theta}{R}\frac{\partial v^\theta}{\partial\theta}+\frac{v^R v^\theta}{R}-\frac{(v^\varphi)^2\cot\theta}{R}$$

$$a^\varphi=\frac{\partial v^\varphi}{\partial t}+v^R\frac{\partial v^\varphi}{\partial R}+\frac{v^\varphi}{R\sin\theta}\frac{\partial v^\varphi}{\partial\varphi}+\frac{v^\theta}{R}\frac{\partial v^\varphi}{\partial\theta}+\frac{v^R v^\varphi}{R}+\frac{v^\theta v^\varphi\cot\theta}{R}$$

3－15　利用不可压缩流动的纳维-斯托克斯方程

$$\begin{cases}\nabla\cdot\boldsymbol{V}=0\\ \dfrac{\partial\boldsymbol{V}}{\partial t}+\boldsymbol{V}\cdot\nabla\boldsymbol{V}=-\dfrac{1}{\rho}\nabla p+\dfrac{\mu}{\rho}\Delta\boldsymbol{V}+\boldsymbol{f}\end{cases}$$

式中，$\rho$，$p$，$\mu$ 分别为流体密度、压力和动力黏度；$\boldsymbol{V}$ 和 $\boldsymbol{f}$ 分别为速度和体积力。写出任意曲线坐标系下该方程的张量分量形式，并进一步写出圆柱坐标系下的物理分量形式。

3－16　推导圆柱坐标系下变形率张量 $\boldsymbol{S}$ 的散度 $\nabla\cdot\boldsymbol{S}$ 的物理分量。

# 第 4 章　曲面上的张量分析

物理学中的许多张量是定义在空间曲面上的，例如，两类相对流面上的流动速度和加速度，薄壳理论中的应力张量和应变张量，广义相对论中的弯曲时空曲面第二基本张量和黎曼张量等。本章将介绍曲面上的张量分析，包括曲面坐标系的几何性质(高斯坐标、面内基矢量、离面基矢量、第一和第二基本张量、曲率及空间导数)，以及张量运算。

## 4.1　曲面坐标系

曲面是三维空间上的一个二维子空间。由高等数学知识可知，曲面方程中含有两个独立变量或独立参数，所以可以在曲面上建立一个二维曲线坐标系 $x^\alpha(\alpha=1,\ 2)$ 即 $(x^1,\ x^2)$。曲面上任意一点 $P$ 的坐标都可以用该曲线坐标系下的两个坐标表示，也就是任意点的矢径都是这两个曲线坐标的函数：

$$\boldsymbol{r}_P=\boldsymbol{r}_P(x^1,\ x^2)=\boldsymbol{r}_P(x^\alpha) \tag{4-1}$$

上式即为曲面方程的矢量式，曲面上的曲线坐标也称为高斯坐标。

与第 3 章相同，曲面上高斯坐标为 $x^\alpha$ 的点 $P$ 处的协变基矢量定义为

$$\boldsymbol{e}_\alpha=\frac{\partial \boldsymbol{r}_P}{\partial x^\alpha} \tag{4-2}$$

它们分别与 $P$ 点处两条坐标线相切，协变基矢量 $\boldsymbol{e}_1$ 和 $\boldsymbol{e}_2$ 所决定的平面是曲面在 $P$ 点处的切平面，也称 $\boldsymbol{e}_\alpha$ 为面内协变基矢量。

曲面上过 $P$ 点的单位法矢量 $\boldsymbol{n}$ 为

$$\boldsymbol{n}=\frac{\boldsymbol{e}_1\times\boldsymbol{e}_2}{|\boldsymbol{e}_1\times\boldsymbol{e}_2|} \tag{4-3}$$

规定 $\boldsymbol{n}$ 的正向所朝向的一面是曲面的正面。如果沿 $\boldsymbol{n}$ 设置一坐标线 $x^3$，就可以令这个单位法矢量 $\boldsymbol{n}$ 为第 3 个协变基矢量，即令

$$\boldsymbol{e}_3=\boldsymbol{n}=\frac{\boldsymbol{e}_1\times\boldsymbol{e}_2}{|\boldsymbol{e}_1\times\boldsymbol{e}_2|} \tag{4-4}$$

$\boldsymbol{e}_3$ 称为第三协变基矢量。

综上可知，两个线性无关的面内基矢量 $\boldsymbol{e}_1$，$\boldsymbol{e}_2$ 与相对应的第三基矢量 $\boldsymbol{e}_3$ 共同构成了曲面上每点的协变基矢量，当然，它们是随点坐标$(x^1,\ x^2)$变化的。

由于 $\boldsymbol{e}_3$ 是单位矢量且垂直于 $\boldsymbol{e}_1$，$\boldsymbol{e}_2$ 所构成的平面，因此有

$$\boldsymbol{e}_3\cdot\boldsymbol{e}_3=1 \tag{4-5}$$

$$\boldsymbol{e}_\alpha\cdot\boldsymbol{e}_3=0 \tag{4-6}$$

还可以定义曲面在 $P$ 点处另一组参考矢量 $\boldsymbol{e}^1$，$\boldsymbol{e}^2$，它们与面内协变基矢量 $\boldsymbol{e}_1$，$\boldsymbol{e}_2$ 之间满足对偶关系：

$$\boldsymbol{e}^{\alpha}\cdot\boldsymbol{e}_{\beta}=\delta_{\beta}^{\alpha} \tag{4-7}$$

式中，$\boldsymbol{e}^{\alpha}$ 为逆变基矢量。根据第 3 章逆变基矢量的性质，$\boldsymbol{e}^{\alpha}$ 也满足

$$\boldsymbol{e}^{\alpha}\cdot\boldsymbol{e}_{3}=\boldsymbol{e}^{\alpha}\cdot\boldsymbol{n}=0 \tag{4-8}$$

该性质表明 $\boldsymbol{e}^{\alpha}$ 也在切平面内。又因为 $\boldsymbol{e}^{3}\cdot\boldsymbol{e}_{\alpha}=0$，$\boldsymbol{e}^{3}\cdot\boldsymbol{e}_{3}=1$，则第三协变基矢量 $\boldsymbol{e}_3$ 和第三逆变基矢量 $\boldsymbol{e}^3$ 是重合的，即

$$\boldsymbol{e}^{3}=\boldsymbol{e}_{3}=\boldsymbol{n} \tag{4-9}$$

需要说明的是，在由面内坐标 $x^{\alpha}(\alpha=1,2)$ 和离面坐标 $x^3$ 构成的三维坐标系下，第 3 章有关于三维曲线坐标系的一切结论均可应用。

## 4.2　曲面的第一基本张量

类似于曲线坐标系下度量张量的协变分量 $g_{ij}$，定义曲面度量张量的协变分量

$$a_{\alpha\beta}=\boldsymbol{e}_{\alpha}\cdot\boldsymbol{e}_{\beta} \tag{4-10}$$

由上式得知曲面度量张量的协变分量 $a_{\alpha\beta}$ 关于两个指标对称，即

$$a_{\alpha\beta}=a_{\beta\alpha} \tag{4-11}$$

因为 $\boldsymbol{e}_{\alpha}$ 和 $\boldsymbol{e}^{\alpha}$ 都为切平面内矢量，则 $\boldsymbol{e}_{\alpha}$ 可以通过 $\boldsymbol{e}^{\alpha}$ 来表示，不妨假设 $\boldsymbol{e}_{\alpha}=p_{\alpha\beta}\boldsymbol{e}^{\beta}$。对其两边点乘 $\boldsymbol{e}_{\gamma}$ 得 $a_{\alpha\gamma}=p_{\alpha\beta}\boldsymbol{e}^{\beta}\cdot\boldsymbol{e}_{\gamma}$，故 $p_{\alpha\gamma}=a_{\alpha\gamma}$。这说明 $a_{\alpha\beta}$ 是面内协变基矢量按面内逆变基矢量分解的系数，即

$$\boldsymbol{e}_{\alpha}=a_{\alpha\beta}\boldsymbol{e}^{\beta} \tag{4-12}$$

另一方面，也可以用面内逆变基矢量去定义曲面度量张量的逆变分量，即 $a^{\alpha\beta}=\boldsymbol{e}^{\alpha}\cdot\boldsymbol{e}^{\beta}$。同上面类似，将 $\boldsymbol{e}^{\alpha}$ 通过 $\boldsymbol{e}_{\alpha}$ 来表示，即 $\boldsymbol{e}^{\alpha}=p^{\alpha\beta}\boldsymbol{e}_{\beta}$，从而得出 $p^{\alpha\beta}=a^{\alpha\beta}$，则

$$\boldsymbol{e}^{\alpha}=a^{\alpha\beta}\boldsymbol{e}_{\beta} \tag{4-13}$$

从(4-12)和(4-13)可以看出，与曲线坐标系下度量张量的逆变和协变分量一样，曲面度量张量的逆变分量 $a^{\alpha\beta}$ 和协变分量 $a_{\alpha\beta}$ 也有升降指标的作用。此外，由曲面度量张量协变分量的定义式及面内协变基矢量与第三协变基矢量的关系可知

$$a_{3\alpha}=a_{\alpha 3}=\boldsymbol{e}_{\alpha}\cdot\boldsymbol{e}_{3}=0 \tag{4-14}$$

那么由 $a_{\alpha\beta}$ 和 $a_{3\alpha}=a_{\alpha 3}$ 构成的矩阵行列式为

$$\begin{vmatrix} a_{11} & a_{12} & 0 \\ a_{21} & a_{22} & 0 \\ 0 & 0 & 1 \end{vmatrix}=\begin{vmatrix} a_{11} & a_{12} \\ a_{21} & a_{22} \end{vmatrix}=|a_{\alpha\beta}|=a \tag{4-15}$$

现设曲面上有一任意点 $P$，其矢径为 $\boldsymbol{r}_P$，在 $P$ 点的邻近处有一点 $Q$，$Q$ 点的矢径为 $\boldsymbol{r}_P+\mathrm{d}\boldsymbol{r}_P$。那么曲面上从 $P$ 点到 $Q$ 点的矢量为 $\mathrm{d}\boldsymbol{r}_P$，它所对应的弧长 $\mathrm{d}s$ 就称为弧元。$\mathrm{d}\boldsymbol{r}_P$ 的表达式可以写为

$$\mathrm{d}\boldsymbol{r}_P=\frac{\partial\boldsymbol{r}_P}{\partial x^{\alpha}}\mathrm{d}x^{\alpha}=\boldsymbol{e}_{\alpha}\mathrm{d}x^{\alpha} \tag{4-16}$$

由上式可以定义弧元 $\mathrm{d}s$ 的平方：

$$\mathrm{I}=\mathrm{d}s^2=\mathrm{d}\boldsymbol{r}_P\cdot\mathrm{d}\boldsymbol{r}_P=\boldsymbol{e}_{\alpha}\mathrm{d}x^{\alpha}\cdot\boldsymbol{e}_{\beta}\mathrm{d}x^{\beta}=a_{\alpha\beta}\mathrm{d}x^{\alpha}\mathrm{d}x^{\beta} \tag{4-17}$$

称弧元的平方 $ds^2$ 为曲面的第一基本形式，用 $I$ 表示。它的系数是曲面度量张量的协变分量 $a_{\alpha\beta}$，因此曲面度量张量 $\boldsymbol{a}$ 也称为曲面第一基本张量，$a$ 为第一基本张量的系数行列式。在曲面几何中，不妨假设

$$|\boldsymbol{e}_1|=A,\quad |\boldsymbol{e}_2|=B \tag{4-18}$$

同时定义面内基矢量 $\boldsymbol{e}_1$ 和 $\boldsymbol{e}_2$ 的夹角为 $\theta$，则可将曲面第一基本张量的各协变分量表示为

$$a_{11}=A^2,\quad a_{22}=B^2 \tag{4-19}$$

$$a_{12}=a_{21}=AB\cos\theta \tag{4-20}$$

进一步，曲面第一基本张量的系数行列式可表示为

$$a=\begin{vmatrix} a_{11} & a_{12} \\ a_{21} & a_{22} \end{vmatrix}=A^2B^2-A^2B^2\cos^2\theta=A^2B^2\sin^2\theta \tag{4-21}$$

由以上定义可得

$$|\boldsymbol{e}_1\times\boldsymbol{e}_2|=|AB\sin\theta|=\sqrt{a} \tag{4-22}$$

于是，式(4-4)可进一步变为

$$\boldsymbol{e}_3=\boldsymbol{n}=\frac{\boldsymbol{e}_1\times\boldsymbol{e}_2}{|\boldsymbol{e}_1\times\boldsymbol{e}_2|}=\frac{\boldsymbol{e}_1\times\boldsymbol{e}_2}{\sqrt{a}} \tag{4-23}$$

另一方面，鉴于协变基矢量和逆变基矢量共面，根据 $\boldsymbol{e}^1\cdot\boldsymbol{e}_2=\boldsymbol{e}^2\cdot\boldsymbol{e}_1=0$ 可知 $\boldsymbol{e}_1$ 和 $\boldsymbol{e}^1$ 之间、$\boldsymbol{e}_2$ 和 $\boldsymbol{e}^2$ 之间的夹角均为$\dfrac{\pi}{2}-\theta$，如图 4-1 所示。于是，由 $\boldsymbol{e}^1\cdot\boldsymbol{e}_1=\boldsymbol{e}^2\cdot\boldsymbol{e}_2=1$ 可得

$$|\boldsymbol{e}^1|=\frac{1}{A\sin\theta},\quad |\boldsymbol{e}^2|=\frac{1}{B\sin\theta} \tag{4-24}$$

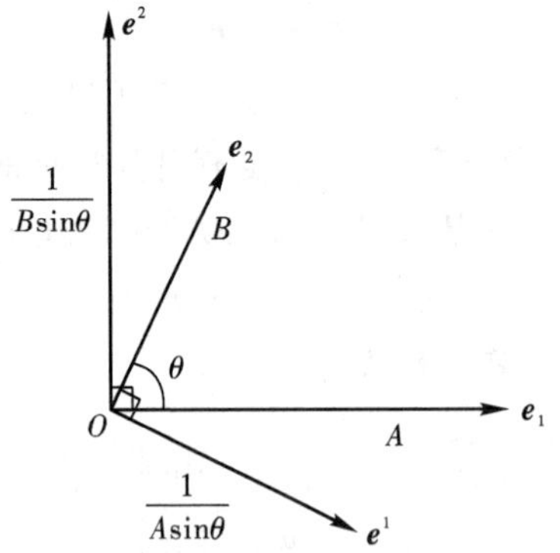


**图 4-1 切平面内协变和逆变基矢量示意图**

此外，由前面已知 $\boldsymbol{e}_\alpha=a_{\alpha\gamma}\boldsymbol{e}^\gamma$，两边同时点乘 $\boldsymbol{e}^\beta$ 得

$$a_{\alpha\gamma}a^{\gamma\beta}=\delta_\alpha^\beta \tag{4-25}$$

这说明与第 3 章度量张量协变分量和逆变分量类似，$a_{\alpha\beta}$ 和 $a^{\alpha\beta}$ 形成的矩阵互逆。上式用矩阵形式表示为

$$\begin{pmatrix} a_{11} & a_{12} \\ a_{21} & a_{22} \end{pmatrix}\begin{pmatrix} a^{11} & a^{12} \\ a^{21} & a^{22} \end{pmatrix}=\begin{pmatrix} 1 & 0 \\ 0 & 1 \end{pmatrix} \tag{4-26}$$

则

$$\begin{pmatrix} a^{11} & a^{12} \\ a^{21} & a^{22} \end{pmatrix} = \begin{pmatrix} a_{11} & a_{12} \\ a_{21} & a_{22} \end{pmatrix}^{-1} = \begin{pmatrix} \dfrac{a_{22}}{a} & -\dfrac{a_{12}}{a} \\ -\dfrac{a_{21}}{a} & \dfrac{a_{11}}{a} \end{pmatrix} \tag{4-27}$$

最后，再次强调，曲面的第一基本张量也就是曲面的度量张量，记为

$$\boldsymbol{a} = a_{\alpha\beta}\boldsymbol{e}^\alpha\boldsymbol{e}^\beta = a^{\alpha\beta}\boldsymbol{e}_\alpha\boldsymbol{e}_\beta = a_\alpha^\beta\boldsymbol{e}^\alpha\boldsymbol{e}_\beta = a_\beta^\alpha\boldsymbol{e}_\alpha\boldsymbol{e}^\beta \tag{4-28}$$

式中，$a_\alpha^\beta = \boldsymbol{e}_\alpha \cdot \boldsymbol{e}^\beta = \delta_\alpha^\beta$，$a_\beta^\alpha = \boldsymbol{e}^\alpha \cdot \boldsymbol{e}_\beta = \delta_\beta^\alpha$。所以，曲面的第一基本张量 $\boldsymbol{a}$ 有时候也记作 $\boldsymbol{I}$（即曲面单位张量）。

## 4.3　曲面的第二基本张量

为了研究曲面在 $P$ 点处的弯曲程度，我们计算 $P$ 点(矢径为 $\boldsymbol{r}_P$)邻近的点 $Q$(矢径为 $\boldsymbol{r}_P + \Delta\boldsymbol{r}_P$)到 $P$ 点的切平面 $\boldsymbol{T}_P$ 的垂直距离 $\delta$(见图 4-2)。

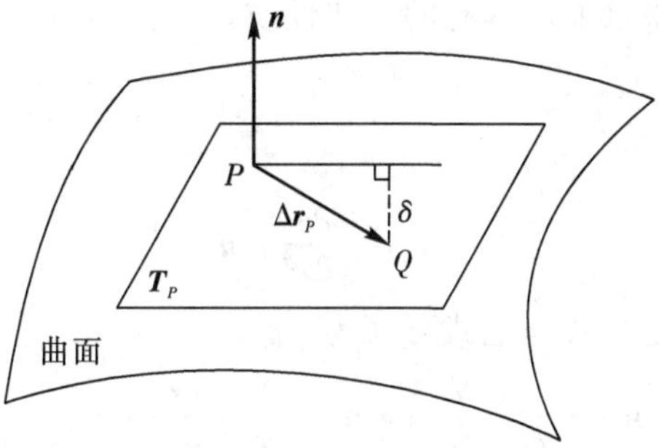


图 4-2　曲面的第二基本形式示意图

将 $\Delta\boldsymbol{r}_P$ 利用泰勒公式展开：

$$\overrightarrow{PQ} = \Delta\boldsymbol{r}_P = \frac{\partial\boldsymbol{r}_P}{\partial x^\alpha}\mathrm{d}x^\alpha + \frac{1}{2}\frac{\partial^2\boldsymbol{r}_P}{\partial x^\alpha\,\partial x^\beta}\mathrm{d}x^\alpha\mathrm{d}x^\beta + \cdots = \boldsymbol{e}_\alpha\mathrm{d}x^\alpha + \frac{1}{2}\frac{\partial^2\boldsymbol{r}_P}{\partial x^\alpha\,\partial x^\beta}\mathrm{d}x^\alpha\mathrm{d}x^\beta + \cdots$$

有

$$\delta = \overrightarrow{PQ} \cdot \boldsymbol{n} = \boldsymbol{e}_\alpha \cdot \boldsymbol{n}\mathrm{d}x^\alpha + \frac{1}{2}\frac{\partial^2\boldsymbol{r}_P}{\partial x^\alpha\,\partial x^\beta} \cdot \boldsymbol{n}\mathrm{d}x^\alpha\mathrm{d}x^\beta + \cdots$$

上式中省略号表示三阶及之上的小量。考虑到 $P$ 点处的单位法矢量 $\boldsymbol{n}$ 与协变基矢量正交，即 $\boldsymbol{e}_\alpha \cdot \boldsymbol{n} = 0$，故

$$2\delta = \frac{\partial^2\boldsymbol{r}_P}{\partial x^\alpha\,\partial x^\beta} \cdot \boldsymbol{n}\mathrm{d}x^\alpha\mathrm{d}x^\beta + \cdots \tag{4-29}$$

我们把 $2\delta$ 的主要部分，即下列二次微分形式称为曲面的第二基本形式：

$$I\!I = \frac{\partial^2\boldsymbol{r}_P}{\partial x^\alpha\,\partial x^\beta} \cdot \boldsymbol{n}\mathrm{d}x^\alpha\mathrm{d}x^\beta = b_{\alpha\beta}\mathrm{d}x^\alpha\mathrm{d}x^\beta \tag{4-30}$$

式中，$b_{\alpha\beta}$ 为第二基本形式的系数。由式(4-30)可知，第二基本形式为有向距离，可能为正或负。显然，当单位法矢量 $\boldsymbol{n}$ 与 $\overrightarrow{PQ}$ 的夹角为锐角时，第二基本形式为正；反之，

则为负。

将 $\boldsymbol{e}_\alpha \cdot \boldsymbol{n}=0$ 两边对 $x^\beta$ 求导，得

$$\frac{\partial \boldsymbol{e}_\alpha}{\partial x^\beta}\cdot \boldsymbol{n}+\boldsymbol{e}_\alpha \cdot \frac{\partial \boldsymbol{n}}{\partial x^\beta}=0$$

于是

$$\frac{\partial \boldsymbol{e}_\alpha}{\partial x^\beta}\cdot \boldsymbol{n}=-\boldsymbol{e}_\alpha \cdot \frac{\partial \boldsymbol{n}}{\partial x^\beta} \tag{4-31}$$

把 $\boldsymbol{e}_\alpha=\frac{\partial \boldsymbol{r}_P}{\partial x^\alpha}$代入上式，并结合式(4-30)有

$$b_{\alpha\beta}=\frac{\partial^2 \boldsymbol{r}_P}{\partial x^\alpha \partial x^\beta}\cdot \boldsymbol{n}=\frac{\partial \boldsymbol{e}_\alpha}{\partial x^\beta}\cdot \boldsymbol{n}=-\boldsymbol{e}_\alpha \cdot \frac{\partial \boldsymbol{n}}{\partial x^\beta} \tag{4-32}$$

容易证明 $b_{\alpha\beta}$满足协变变换，因此它是一个二阶绝对张量的协变分量。这个二阶绝对张量称为曲面的第二基本张量，曲面第二基本张量的实体形式通常用 $\boldsymbol{b}$ 表示，定义为

$$\boldsymbol{b}=b_{\alpha\beta}\boldsymbol{e}^\alpha \boldsymbol{e}^\beta=b^{\alpha\beta}\boldsymbol{e}_\alpha \boldsymbol{e}_\beta=b_\alpha{}^{\cdot\beta}\boldsymbol{e}^\alpha \boldsymbol{e}_\beta=b^\alpha{}_{\cdot\beta}\boldsymbol{e}_\alpha \boldsymbol{e}^\beta \tag{4-33}$$

下面介绍第二基本张量 $\boldsymbol{b}$ 所具有的一些性质。

**1. 对称性**

由式(4-32)可得

$$b_{\alpha\beta}=\frac{\partial \boldsymbol{e}_\alpha}{\partial x^\beta}\cdot \boldsymbol{n} \tag{4-34}$$

根据面内协变基矢量的定义式，上式可写为

$$b_{\alpha\beta}=\frac{\partial \boldsymbol{e}_\alpha}{\partial x^\beta}\cdot \boldsymbol{n}=\frac{\partial}{\partial x^\beta}\left(\frac{\partial \boldsymbol{r}_P}{\partial x^\alpha}\right)\cdot \boldsymbol{n}=\frac{\partial}{\partial x^\alpha}\left(\frac{\partial \boldsymbol{r}_P}{\partial x^\beta}\right)\cdot \boldsymbol{n}=\frac{\partial \boldsymbol{e}_\beta}{\partial x^\alpha}\cdot \boldsymbol{n}=b_{\beta\alpha} \tag{4-35}$$

即有 $b_{\beta\alpha}=b_{\alpha\beta}$。可见对于 $b_{\alpha\beta}$，它的两个指标可以相互交换位置，也就是说 $b_{\alpha\beta}$关于指标 $\alpha$ 和 $\beta$ 是对称的。

**2. $b_{\alpha\beta}$ 与克里斯多菲符号的关系**

由式(4-34)可知

$$b_{\alpha\beta}=\frac{\partial \boldsymbol{e}_\alpha}{\partial x^\beta}\cdot \boldsymbol{e}_3 \tag{4-36}$$

根据式(3-94)将$\frac{\partial \boldsymbol{e}_\alpha}{\partial x^\beta}$用第一类克里斯多菲符号表示，则

$$\frac{\partial \boldsymbol{e}_\alpha}{\partial x^\beta}=\Gamma_{k,\alpha\beta}\boldsymbol{e}^k \tag{4-37}$$

需要注意的是，希腊字母 $\alpha$ 和 $\beta$ 是曲面坐标系下的指标，其取值范围为 $\alpha$，$\beta=1$，2；而拉丁字母 $k$ 是曲线坐标系下的指标，其取值范围为 $k=1$，2，3。由于上式右侧既有曲面坐标系下的指标，又有曲线坐标系下的指标，因此它是一种混合表示(该表示形式能够存在是因为曲面坐标系实际上是曲线坐标系的一种特例)。

现将 $\Gamma_{k,\alpha\beta}\boldsymbol{e}^k$ 用曲面坐标系下的指标进行表示，则

$$\Gamma_{k,\alpha\beta}\boldsymbol{e}^k=\Gamma_{\gamma,\alpha\beta}\boldsymbol{e}^\gamma+\Gamma_{3,\alpha\beta}\boldsymbol{e}^3 \tag{4-38}$$

综合以上 3 个式子，可得

$$b_{\alpha\beta}=(\Gamma_{\gamma,\alpha\beta}\boldsymbol{e}^{\gamma}+\Gamma_{3,\alpha\beta}\boldsymbol{e}^{3})\cdot\boldsymbol{e}_{3} \tag{4-39}$$

将上式展开有

$$b_{\alpha\beta}=\Gamma_{\gamma,\alpha\beta}\boldsymbol{e}^{\gamma}\cdot\boldsymbol{e}_{3}+\Gamma_{3,\alpha\beta}\boldsymbol{e}^{3}\cdot\boldsymbol{e}_{3} \tag{4-40}$$

对于右边第一项，由式(4-8)可得

$$\Gamma_{\gamma,\alpha\beta}\boldsymbol{e}^{\gamma}\cdot\boldsymbol{e}_{3}=0 \tag{4-41}$$

对于右边第二项，由式(4-9)可得

$$\Gamma_{3,\alpha\beta}\boldsymbol{e}^{3}\cdot\boldsymbol{e}_{3}=\Gamma_{3,\alpha\beta} \tag{4-42}$$

因此

$$b_{\alpha\beta}=\Gamma_{3,\alpha\beta} \tag{4-43}$$

同理，如果将$\dfrac{\partial\boldsymbol{e}_{\alpha}}{\partial x^{\beta}}$用第二类克里斯多菲符号表示，则可得

$$b_{\alpha\beta}=\Gamma_{\alpha\beta}^{3} \tag{4-44}$$

此外，由式(4-32)可知，$b_{\alpha\beta}$的表达式还可以写为

$$b_{\alpha\beta}=-\frac{\partial\boldsymbol{e}_{3}}{\partial x^{\beta}}\cdot\boldsymbol{e}_{\alpha} \tag{4-45}$$

利用式(3-94)可以将上式表示为

$$b_{\alpha\beta}=-(\Gamma_{k,3\beta}\boldsymbol{e}^{k})\cdot\boldsymbol{e}_{\alpha} \tag{4-46}$$

用曲面坐标系下的指标表示为

$$\begin{aligned}b_{\alpha\beta}&=-(\Gamma_{\gamma,3\beta}\boldsymbol{e}^{\gamma}+\Gamma_{3,3\beta}\boldsymbol{e}^{3})\cdot\boldsymbol{e}_{\alpha}\\&=-\Gamma_{\gamma,3\beta}\boldsymbol{e}^{\gamma}\cdot\boldsymbol{e}_{\alpha}-\Gamma_{3,3\beta}\boldsymbol{e}^{3}\cdot\boldsymbol{e}_{\alpha}\end{aligned} \tag{4-47}$$

对于右边第一项，由式(4-7)可得

$$-\Gamma_{\gamma,3\beta}\boldsymbol{e}^{\gamma}\cdot\boldsymbol{e}_{\alpha}=-\Gamma_{\gamma,3\beta}\delta_{\alpha}^{\gamma}=-\Gamma_{\alpha,3\beta} \tag{4-48}$$

对于右边第二项，由式(4-8)可得

$$-\Gamma_{3,3\beta}\boldsymbol{e}^{3}\cdot\boldsymbol{e}_{\alpha}=0 \tag{4-49}$$

将以上两式代入式(4-47)，则

$$b_{\alpha\beta}=-\Gamma_{\alpha,3\beta} \tag{4-50}$$

结合式(4-43)、式(4-44)和式(4-50)，并利用$b_{\alpha\beta}$和克里斯多菲符号的对称性，曲面第二基本张量协变分量和克里斯多菲符号之间的关系有

$$b_{\alpha\beta}=\Gamma_{3,\alpha\beta}=\Gamma_{3,\beta\alpha}=\Gamma_{\alpha\beta}^{3}=\Gamma_{\beta\alpha}^{3}=-\Gamma_{\alpha,3\beta}=-\Gamma_{\alpha,\beta3}=-\Gamma_{\beta,3\alpha}=-\Gamma_{\beta,\alpha3} \tag{4-51}$$

# 4.4　曲面上的曲率

## 4.4.1　曲线曲率

设 $C$ 为曲面上的一条曲线，$C$ 上任一点 $P$ 的矢径为$\boldsymbol{r}_{P}(x^{1},\ x^{2})$，其中 $x^{1}$，$x^{2}$ 均为弧长参数 $s$ 的函数，则曲线 $C$ 的参数方程可写为

$$\boldsymbol{r}_{P}=\boldsymbol{r}_{P}(x^{1}(s),\ x^{2}(s))=\boldsymbol{r}_{P}(s) \tag{4-52}$$

进一步，该曲线上 $P$ 点处的切线方向单位矢量(切线矢量)$\boldsymbol{\tau}$ 可表示为

$$\boldsymbol{\tau}=\frac{\mathrm{d}\boldsymbol{r}_{P}}{\mathrm{d}s} \tag{4-53}$$

由切线矢量 $\boldsymbol{\tau}$ 可定义 $P$ 点处的密切平面，如图 4－3 所示。为此，过 $P$ 点在曲线 $C$ 上邻近的 $Q$ 点和 $P$ 点的切线矢量 $\boldsymbol{\tau}$ 可作一平面 $\sigma$，当 $Q$ 点沿着曲线趋近于 $P$ 时，平面 $\sigma$ 的极限位置称为曲线 $C$ 在 $P$ 点的密切平面。特别地，若曲线 $C$ 为平面曲线，那么它在每一点的密切平面都是曲线所在的平面。过 $P$ 点并与切线矢量 $\boldsymbol{\tau}$ 垂直的平面称为法平面，法平面与密切平面的交线称为 $C$ 在 $P$ 点的主法线。令主法线的单位矢量为 $\boldsymbol{n}_C$，指向曲线内凹一侧。根据微分几何知识，可定义曲线的曲率，即

$$\frac{\mathrm{d}\boldsymbol{\tau}}{\mathrm{d}s}=\frac{\mathrm{d}^2\boldsymbol{r}_P}{\mathrm{d}s^2}=\kappa_C\boldsymbol{n}_C \tag{4-54}$$

式中，$\kappa_C$ 为曲线 $C$ 的曲率。下面由曲线的曲率来定义曲面的曲率，并建立曲面的曲率与曲面的第一、第二基本形式系数的关系。

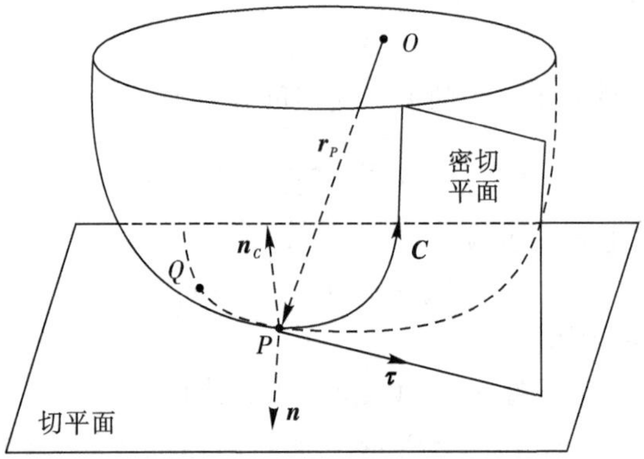


**图 4－3　曲面上的曲线 $C$ 及 $C$ 上过点 $P$ 的切线矢量、密切平面和主法线的单位矢量示意图**

### 4.4.2　曲面曲率

首先介绍几个概念。通过曲面上一点的法线 $\boldsymbol{n}$ 所作的平面称为该点的法截面，法截面与曲面相交的曲线称为该点的法截线，法截线的曲率称为曲面的法截面曲率(又称法曲率)，记为 $\kappa$。如图 4－4 所示，法截线在 $P$ 点的主法线的单位矢量 $\boldsymbol{n}_C$ 与曲面在 $P$ 点的法矢量 $\boldsymbol{n}$ 刚好反向，于是有 $\boldsymbol{n}_C=-\boldsymbol{n}$。将法截线的曲率 $\kappa$ 和主法线的单位矢量 $\boldsymbol{n}_C=-\boldsymbol{n}$ 代入式(4－54)得

$$\frac{\mathrm{d}^2\boldsymbol{r}_P}{\mathrm{d}s^2}=-\kappa\boldsymbol{n} \tag{4-55}$$

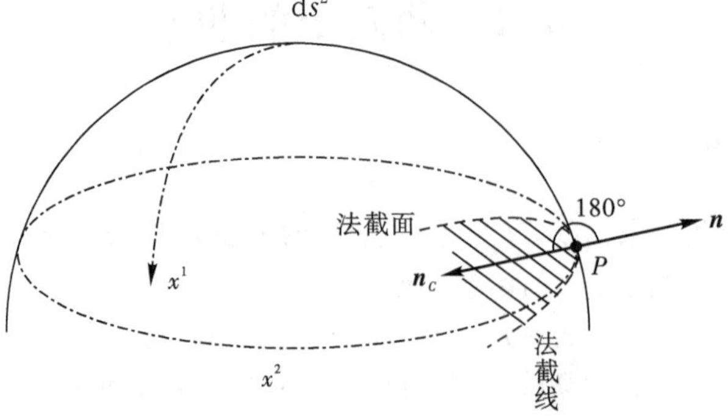


**图 4－4　曲面上过点 $P$ 的法截面和法截线示意图**

上式两边都与 $\boldsymbol{n}$ 作内积，有

$$\frac{\mathrm{d}^2\boldsymbol{r}_P}{\mathrm{d}s^2}\cdot\boldsymbol{n}=-\kappa\boldsymbol{n}\cdot\boldsymbol{n}=-\kappa \tag{4-56}$$

又因为

$$\frac{\mathrm{d}\boldsymbol{r}_P}{\mathrm{d}s}=\frac{\partial\boldsymbol{r}_P}{\partial x^\alpha}\frac{\mathrm{d}x^\alpha}{\mathrm{d}s}=\boldsymbol{e}_\alpha\frac{\mathrm{d}x^\alpha}{\mathrm{d}s} \tag{4-57}$$

利用它可以得出

$$\frac{\mathrm{d}^2\boldsymbol{r}_P}{\mathrm{d}s^2}=\frac{\mathrm{d}}{\mathrm{d}s}\left(\boldsymbol{e}_\alpha\frac{\mathrm{d}x^\alpha}{\mathrm{d}s}\right)=\frac{\mathrm{d}\boldsymbol{e}_\alpha}{\mathrm{d}s}\frac{\mathrm{d}x^\alpha}{\mathrm{d}s}+\boldsymbol{e}_\alpha\frac{\mathrm{d}^2x^\alpha}{\mathrm{d}s^2} \tag{4-58}$$

将上式代入式(4-56)左端，并考虑 $\boldsymbol{e}_\alpha$ 与 $\boldsymbol{n}$ 正交，则

$$\frac{\mathrm{d}^2\boldsymbol{r}_P}{\mathrm{d}s^2}\cdot\boldsymbol{n}=\frac{\mathrm{d}\boldsymbol{e}_\alpha}{\mathrm{d}s}\cdot\boldsymbol{n}\frac{\mathrm{d}x^\alpha}{\mathrm{d}s}=\left(\frac{\partial\boldsymbol{e}_\alpha}{\partial x^\beta}\frac{\mathrm{d}x^\beta}{\mathrm{d}s}\right)\cdot\boldsymbol{n}\frac{\mathrm{d}x^\alpha}{\mathrm{d}s}=\left(\frac{\partial\boldsymbol{e}_\alpha}{\partial x^\beta}\cdot\boldsymbol{n}\right)\frac{\mathrm{d}x^\alpha}{\mathrm{d}s}\frac{\mathrm{d}x^\beta}{\mathrm{d}s}=b_{\alpha\beta}\frac{\mathrm{d}x^\alpha}{\mathrm{d}s}\frac{\mathrm{d}x^\beta}{\mathrm{d}s} \tag{4-59}$$

把式(4-17)代入上式，式(4-56)可变为

$$\kappa=-\frac{\mathrm{d}^2\boldsymbol{r}_P}{\mathrm{d}s^2}\cdot\boldsymbol{n}=-b_{\alpha\beta}\frac{\mathrm{d}x^\alpha}{\mathrm{d}s}\frac{\mathrm{d}x^\beta}{\mathrm{d}s}=-\frac{b_{\alpha\beta}\mathrm{d}x^\alpha\mathrm{d}x^\beta}{a_{\lambda\mu}\mathrm{d}x^\lambda\mathrm{d}x^\mu}=-\frac{\mathit{II}}{\mathit{I}} \tag{4-60}$$

上式表明：法截面曲率在数值上为第二基本形式与第一基本形式之比。比值前面的负号可以这样理解：如图 4-2 示，当曲面的法矢量 $\boldsymbol{n}$ 背向法截线内凹一侧时(即 $\boldsymbol{n}$ 与 $\overrightarrow{PQ}$ 的夹角为钝角)，按照式(4-30)定义的第二基本形式为负值，此时法截面曲率 $\kappa$ 为正；而当曲面的法矢量 $\boldsymbol{n}$ 指向法截线内凹一侧时(即 $\boldsymbol{n}$ 与 $\overrightarrow{PQ}$ 的夹角为锐角)，第二基本形式为正值，此时 $\kappa$ 为负。我们也可以通过图 4-5 来直观说明式(4-60)的合理性，具体如下：设图中曲面上 $P$ 点处法截面的曲率半径为 $R$，它邻近的 $Q$ 点至 $P$ 点处切平面的距离 $\delta$ 可近似表示为 $-\frac{\mathit{II}}{2}$，另令 $PQ$ 的弧长和圆心角分别为 $\mathrm{d}s$ 和 $\theta$，则

$$\delta=R(1-\cos\theta)\approx-\frac{\mathit{II}}{2} \tag{4-61}$$

约等号左边可以进一步表示为

$$\delta=2R\sin^2\left(\frac{\theta}{2}\right)\approx R\frac{\theta^2}{2}=\frac{1}{2}\frac{\mathrm{d}s^2}{R}$$

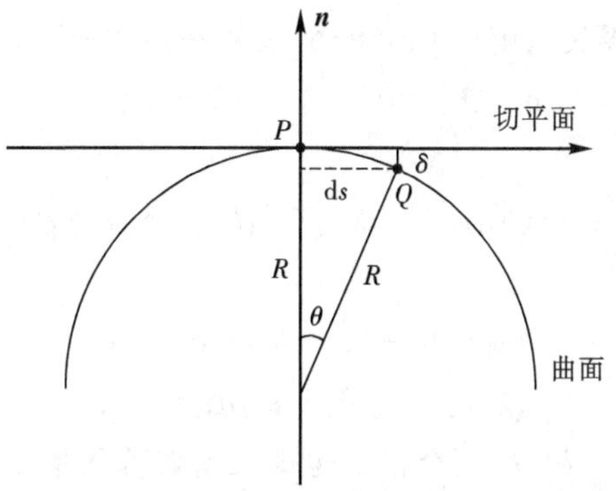


**图 4-5　曲面的法截面曲率与第一、第二基本形式之间的关系示意图**

将上式代入式(4-61)，得到曲面的法截面曲率

$$\kappa=\frac{1}{R}\approx-\frac{II}{\mathrm{d}s^2}=-\frac{II}{I}$$

故近似恢复到式(4-60)。

通过曲面上任一点可以作出无数法截面，不同方向的法截面具有不同的 $\mathrm{d}x^1$ 和 $\mathrm{d}x^2$ 值(如沿 $x^1$ 线方向，$\mathrm{d}x^1\neq0$ 但 $\mathrm{d}x^2=0$；沿 $x^2$ 线方向，$\mathrm{d}x^1=0$ 但 $\mathrm{d}x^2\neq0$)，可通过式(4-60)计算出任意方向的法截面曲率。通常，法截面的方向不同，法截面曲率也不相同，也就是说曲面上某个特定点处法截面曲率值取决于法截面的方向。接下来我们分析在什么方向上法截面曲率达到最大值和最小值。

设 $P$ 点处法截线的切线方向的单位矢量为 $\boldsymbol{\tau}$，由式(4-53)和(4-57)有

$$\boldsymbol{\tau}=\frac{\mathrm{d}\boldsymbol{r}_P}{\mathrm{d}s}=\frac{\mathrm{d}x^\alpha}{\mathrm{d}s}\boldsymbol{e}_\alpha=\tau^\alpha\boldsymbol{e}_\alpha \tag{4-62}$$

式中，$\tau^\alpha$ 为 $\boldsymbol{\tau}$ 的逆变分量，定义为 $\tau^\alpha=\frac{\mathrm{d}x^\alpha}{\mathrm{d}s}$。考虑到 $\boldsymbol{\tau}$ 为单位矢量，故其满足

$$\boldsymbol{\tau}\cdot\boldsymbol{a}\cdot\boldsymbol{\tau}=\tau^\alpha a_{\alpha\beta}\tau^\beta=\tau^\alpha\tau_\alpha=\boldsymbol{\tau}\cdot\boldsymbol{\tau}=1 \tag{4-63}$$

同时根据式(4-60)，沿 $\boldsymbol{\tau}$ 方向的法截面曲率 $\kappa$ 可表示为

$$\kappa=-b_{\alpha\beta}\frac{\mathrm{d}x^\alpha}{\mathrm{d}s}\frac{\mathrm{d}x^\beta}{\mathrm{d}s}=-b_{\alpha\beta}\tau^\alpha\tau^\beta=-\boldsymbol{\tau}\cdot\boldsymbol{b}\cdot\boldsymbol{\tau} \tag{4-64}$$

于是问题描述为在式(4-63)约束下求式(4-64)的极值问题。该条件极值问题可采用拉格朗日乘子法求解，即转化为求解如下方程组：

$$\frac{\partial}{\partial\tau^\gamma}\left[-b_{\alpha\beta}\tau^\alpha\tau^\beta+\lambda(a_{\alpha\beta}\tau^\alpha\tau^\beta-1)\right]=0\quad(\gamma=1,\ 2) \tag{4-65}$$

式中，$\lambda$ 是拉格朗日乘子。由于 $\frac{\partial\tau^\alpha}{\partial\tau^\gamma}=\delta^\alpha_\gamma$，并利用 $a_{\alpha\beta}$ 和 $b_{\alpha\beta}$ 的对称性，式(4-65)可化简为

$$(b_{\gamma\beta}-\lambda a_{\gamma\beta})\tau^\beta=0\quad(\gamma=1,\ 2) \tag{4-66}$$

上式两边左乘 $a^{\alpha\gamma}$，利用式(4-25)并将自由指标 $\alpha$ 转变为 $\gamma$ 可得

$$(b^\gamma_{\cdot\beta}-\lambda\delta^\gamma_\beta)\tau^\beta=0\quad(\gamma=1,\ 2) \tag{4-67}$$

或记作张量形式

$$(\boldsymbol{b}-\lambda\boldsymbol{I})\cdot\boldsymbol{\tau}=\boldsymbol{0} \tag{4-68}$$

上述方程组具有非零矢量解(即 $\boldsymbol{\tau}\neq\boldsymbol{0}$)的条件是系数矩阵行列式等于0，即

$$|\boldsymbol{b}-\lambda\boldsymbol{I}|=0\quad 或\quad |b^\gamma_{\cdot\beta}-\lambda\delta^\gamma_\beta|=0 \tag{4-69}$$

上式展开得

$$\lambda^2-(b^1_{\cdot1}+b^2_{\cdot2})\lambda+(b^1_{\cdot1}b^2_{\cdot2}-b^1_{\cdot2}b^2_{\cdot1})=0 \tag{4-70}$$

所以有

$$\begin{cases}\lambda_1+\lambda_2=b^1_{\cdot1}+b^2_{\cdot2}=b^\alpha_{\cdot\alpha}\\ \lambda_1\lambda_2=b^1_{\cdot1}b^2_{\cdot2}-b^1_{\cdot2}b^2_{\cdot1}=|b^\alpha_{\cdot\beta}|\end{cases} \tag{4-71}$$

式中，$\lambda_1$ 和 $\lambda_2$ 为方程(4-70)的两个根，也即二阶对称张量 $\boldsymbol{b}$ 的两个特征值。

不妨假设 $\lambda_1\neq\lambda_2$。由线性代数的知识可知，一个 $n$ 阶对称矩阵必具有 $n$ 个实特征

值，且不同特征值对应的特征向量必然正交。这意味着：对于曲面第二基本张量 $\boldsymbol{b}$(二阶对称张量)，如果 $\lambda_1 \neq \lambda_2$，则 $\lambda_1$ 和 $\lambda_2$ 对应的特征方向 $\boldsymbol{\tau}_1$ 和 $\boldsymbol{\tau}_2$ 必然正交，并称两个特征方向为曲面在该点的主方向。在两个主方向上曲面的法截面曲率称为曲面在该点的主曲率，分别记为 $\kappa_1$ 和 $\kappa_2$。考虑到 $\boldsymbol{b}$ 的特征值为 $\lambda_1$ 和 $\lambda_2$，对应的特征方向为 $\boldsymbol{\tau}_1$ 和 $\boldsymbol{\tau}_2$，则有

$$\boldsymbol{b}\cdot\boldsymbol{\tau}_1=\lambda_1\boldsymbol{\tau}_1,\qquad \boldsymbol{b}\cdot\boldsymbol{\tau}_2=\lambda_2\boldsymbol{\tau}_2 \tag{4-72}$$

分别代入 $\boldsymbol{\tau}_1$ 和 $\boldsymbol{\tau}_2$ 到式(4-64)，并利用式(4-72)，可得

$$\kappa_1=-\boldsymbol{\tau}_1\cdot\boldsymbol{b}\cdot\boldsymbol{\tau}_1=-\boldsymbol{\tau}_1\cdot(\lambda_1\boldsymbol{\tau}_1)=-\lambda_1,\qquad \kappa_2=-\boldsymbol{\tau}_2\cdot\boldsymbol{b}\cdot\boldsymbol{\tau}_2=-\boldsymbol{\tau}_2\cdot(\lambda_2\boldsymbol{\tau}_2)=-\lambda_2 \tag{4-73}$$

上式表明曲面的两个主曲率在数值上分别等于曲面第二基本张量的两个特征值，但符号相反。曲面上某点处两个主曲率之积称为曲面的高斯曲率，即

$$K=\kappa_1\kappa_2=\lambda_1\lambda_2=|b^{\alpha}{}_{\cdot\beta}|=|a^{\alpha\gamma}b_{\gamma\beta}|=|a^{\alpha\gamma}|\,|b_{\gamma\beta}|=\frac{|b_{\gamma\beta}|}{a} \tag{4-74}$$

两个主曲率的平均值

$$H=\frac{1}{2}(\kappa_1+\kappa_2)=-\frac{1}{2}(\lambda_1+\lambda_2)=-\frac{1}{2}b^{\alpha}{}_{\cdot\alpha} \tag{4-75}$$

称为曲面的平均曲率。

最后我们指出，若方程(4-70)具有两个相等的实根，即 $\lambda_1=\lambda_2$，则曲面在该点处任一方向都是其主方向，且沿每个方向的法截面曲率均相等，该点称为脐点。从数学上来说，主方向的任意性意味着式(4-68)对于任意的 $\boldsymbol{\tau}$ 均成立，这要求方程组的系数矩阵等于 0，即

$$b^{\gamma}{}_{\cdot\beta}=\lambda_1\delta^{\gamma}_{\beta}\quad 或\quad b_{\gamma\beta}=\lambda_1 a_{\gamma\beta} \tag{4-76}$$

表明在脐点处，曲面第二基本张量是球形张量(各向同性张量)，对应曲面在该点附近是一个球面。在脐点上，可以任意选择两个正交的特征方向 $\boldsymbol{\tau}_1$ 和 $\boldsymbol{\tau}_2$，均满足式(4-72)～(4-75)，所以上述高斯曲率、主曲率和平均曲率的计算公式依然适用。

# 4.5　曲面上的张量导数

如前几节所述，曲面相关的重要矢量和张量包括：单位法向矢量、协变基矢量及逆变基矢量、第一基本张量、第二基本张量等。在实际应用中经常会用到这些量对坐标的导数。本节重点介绍各个张量对坐标求导的推导。

## 4.5.1　曲面单位法向矢量的导数

由 4.1 节的内容可知，曲面单位法矢量 $\boldsymbol{n}=\boldsymbol{e}_3$，它的大小不变，但方向却随着曲面上点的坐标($x^1$，$x^2$)的改变而变化。现将式 $\boldsymbol{e}_3\cdot\boldsymbol{e}_3=1$ 左右两端对 $x^{\alpha}$ 求导，得

$$2\,\frac{\partial\boldsymbol{e}_3}{\partial x^{\alpha}}\cdot\boldsymbol{e}_3=0 \tag{4-77}$$

可以看出，$\boldsymbol{e}_3$ 对坐标 $x^{\alpha}$ 的导数与 $\boldsymbol{e}_3$ 垂直，是一个面内矢量。于是不妨设

$$\frac{\partial \boldsymbol{e}_3}{\partial x^\alpha}=p_{\alpha\beta}\boldsymbol{e}^\beta \tag{4-78}$$

上式两边同时点乘 $\boldsymbol{e}_\gamma$ 得

$$\frac{\partial \boldsymbol{e}_3}{\partial x^\alpha}\cdot\boldsymbol{e}_\gamma=p_{\alpha\beta}\boldsymbol{e}^\beta\cdot\boldsymbol{e}_\gamma=p_{\alpha\gamma} \tag{4-79}$$

即

$$p_{\alpha\beta}=\frac{\partial \boldsymbol{e}_3}{\partial x^\alpha}\cdot\boldsymbol{e}_\beta \tag{4-80}$$

考虑到 $b_{\alpha\beta}$ 的对称性，由式(4-45)可得

$$\frac{\partial \boldsymbol{e}_3}{\partial x^\alpha}\cdot\boldsymbol{e}_\beta=-b_{\beta\alpha}=-b_{\alpha\beta} \tag{4-81}$$

将上式代入式(4-80)，得

$$p_{\alpha\beta}=-b_{\alpha\beta} \tag{4-82}$$

将上式代入式(4-78)，可得曲面单位法向矢量对坐标的导数：

$$\frac{\partial \boldsymbol{e}_3}{\partial x^\alpha}=-b_{\alpha\beta}\boldsymbol{e}^\beta \tag{4-83}$$

上式称为 Weingarten 公式。下面看几个由单位法向矢量求导所得到的结果及结论。

**1.** $\Gamma_{3,3\alpha}=\Gamma_{3\alpha}^3=0$

已知

$$\boldsymbol{e}_3\cdot\boldsymbol{e}_3=1$$

上式两边对坐标 $x^\alpha$ 求导得

$$\frac{\partial \boldsymbol{e}_3}{\partial x^\alpha}\cdot\boldsymbol{e}_3=0 \tag{4-84}$$

根据式(3-94)，将导数$\frac{\partial \boldsymbol{e}_3}{\partial x^\alpha}$用第一类克里斯多菲符号表达，且指标均换为曲面坐标系下，则

$$(\Gamma_{\lambda,3\alpha}\boldsymbol{e}^\lambda+\Gamma_{3,3\alpha}\boldsymbol{e}^3)\cdot\boldsymbol{e}^3=0 \tag{4-85}$$

由式(4-8)和(4-9)可知

$$\boldsymbol{e}^\lambda\cdot\boldsymbol{e}^3=0,\ \boldsymbol{e}^3\cdot\boldsymbol{e}^3=1$$

将上式代入式(4-85)，则

$$\Gamma_{3,3\alpha}=0 \tag{4-86}$$

若根据式(3-94)，将导数$\frac{\partial \boldsymbol{e}_3}{\partial x^\alpha}$用第二类克里斯多菲符号表达，那么由$\frac{\partial \boldsymbol{e}_3}{\partial x^\alpha}\cdot\boldsymbol{e}_3=0$ 得到的结果为

$$\Gamma_{3\alpha}^3=0 \tag{4-87}$$

**2.** $\Gamma_{33}^\alpha=\Gamma_{33}^3=\Gamma_{\alpha,33}=\Gamma_{3,33}=0$

由于 $\boldsymbol{e}_3$ 是单位法向矢量，且坐标线 $x^3$ 是沿着 $\boldsymbol{e}_3$ 设置的，那么相对于坐标线 $x^3$ 来说，$\boldsymbol{e}_3$ 的大小和方向均不发生变化，其可以看作一个常矢量，于是

$$\frac{\partial \boldsymbol{e}_3}{\partial x^3}=\boldsymbol{0} \tag{4-88}$$

上式也可以通过如下内容来证明。

为表述方便，不妨设 $\boldsymbol{A}=\frac{\partial \boldsymbol{e}_3}{\partial x^3}$。首先，已知 $\boldsymbol{e}_3 \cdot \boldsymbol{e}_3=1$，两边对 $x^3$ 求导有 $\frac{\partial \boldsymbol{e}_3}{\partial x^3} \cdot \boldsymbol{e}_3=0$，则 $A_3=0$；另外，已知 $\boldsymbol{e}_3 \cdot \boldsymbol{e}_\alpha=0$，两边对 $x^3$ 求导，有 $\frac{\partial \boldsymbol{e}_3}{\partial x^3} \cdot \boldsymbol{e}_\alpha+\frac{\partial \boldsymbol{e}_\alpha}{\partial x^3} \cdot \boldsymbol{e}_3=0$，则 $A_\alpha=-\frac{\partial \boldsymbol{e}_\alpha}{\partial x^3} \cdot \boldsymbol{e}_3=-\Gamma_{3,3\alpha}=0$。综上有 $\frac{\partial \boldsymbol{e}_3}{\partial x^3}=\boldsymbol{A}=A_\alpha \boldsymbol{e}^\alpha+A_3 \boldsymbol{e}^3=\boldsymbol{0}$，故得证。

根据式(3-94)，将导数 $\frac{\partial \boldsymbol{e}_3}{\partial x^3}$ 用第二类克里斯多菲符号表示，且指标均换为曲面坐标系下，则

$$\frac{\partial \boldsymbol{e}_3}{\partial x^3}=\Gamma_{33}^\alpha \boldsymbol{e}_\alpha+\Gamma_{33}^3 \boldsymbol{e}_3=\boldsymbol{0} \tag{4-89}$$

要使上式恒成立，则

$$\Gamma_{33}^\alpha=\Gamma_{33}^3=0 \tag{4-90}$$

同样地，若将导数 $\frac{\partial \boldsymbol{e}_3}{\partial x^3}$ 根据式(3-94)用第一类克里斯多菲符号表示，则由式 $\frac{\partial \boldsymbol{e}_3}{\partial x^3}=\boldsymbol{0}$ 可得

$$\Gamma_{\alpha,33} \boldsymbol{e}^\alpha+\Gamma_{3,33} \boldsymbol{e}^3=\boldsymbol{0} \tag{4-91}$$

上式恒成立，则

$$\Gamma_{\alpha,33}=\Gamma_{3,33}=0 \tag{4-92}$$

由上面的结果可以得到如下结论：对于曲面上的第一类克里斯多菲符号或第二类克里斯多菲符号，其中只要有两个或两个以上的指标为 3，则其值等于 0。

### 4.5.2　面内协变基矢量的导数

面内协变基矢量 $\boldsymbol{e}_\alpha$ 对坐标的导数可以用面内协变基矢量和单位法向矢量表示。

根据式(3-94)，可将导数 $\frac{\partial \boldsymbol{e}_\alpha}{\partial x^\beta}$ 用第二类克里斯多菲符号表示，即

$$\frac{\partial \boldsymbol{e}_\alpha}{\partial x^\beta}=\Gamma_{\alpha\beta}^i \boldsymbol{e}_i \tag{4-93}$$

将 $\Gamma_{\alpha\beta}^i \boldsymbol{e}_i$ 完全用曲面坐标系下的指标进行表示，则

$$\frac{\partial \boldsymbol{e}_\alpha}{\partial x^\beta}=\Gamma_{\alpha\beta}^\gamma \boldsymbol{e}_\gamma+\Gamma_{\alpha\beta}^3 \boldsymbol{e}_3 \tag{4-94}$$

由式(4-51)可知，$\Gamma_{\alpha\beta}^3$ 可用 $b_{\alpha\beta}$ 代替，得

$$\frac{\partial \boldsymbol{e}_\alpha}{\partial x^\beta}=\Gamma_{\alpha\beta}^\gamma \boldsymbol{e}_\gamma+b_{\alpha\beta} \boldsymbol{n} \tag{4-95}$$

上式称为高斯求导公式。它表明面内协变基矢量对坐标的导数是一个三维矢量，该矢量可以用面内协变基矢量和单位法向矢量表示。

除此以外，面内协变基矢量 $\boldsymbol{e}_\alpha$ 对坐标的导数也可以用面内逆变基矢量和单位法向

矢量表示。

根据式(3-94)，将$\frac{\partial \boldsymbol{e}_\alpha}{\partial x^\beta}$用第一类克里斯多菲符号表示，有

$$\frac{\partial \boldsymbol{e}_\alpha}{\partial x^\beta}=\Gamma_{i,\alpha\beta}\boldsymbol{e}^i \tag{4-96}$$

上式右边用曲面坐标系下的指标表示，可得

$$\frac{\partial \boldsymbol{e}_\alpha}{\partial x^\beta}=\Gamma_{\gamma,\alpha\beta}\boldsymbol{e}^\gamma+\Gamma_{3,\alpha\beta}\boldsymbol{e}^3 \tag{4-97}$$

由式(4-51)可知，$b_{\alpha\beta}=\Gamma_{3,\alpha\beta}$，则上式可写为

$$\frac{\partial \boldsymbol{e}_\alpha}{\partial x^\beta}=\Gamma_{\gamma,\alpha\beta}\boldsymbol{e}^\gamma+b_{\alpha\beta}\boldsymbol{n} \tag{4-98}$$

式(4-95)和式(4-98)说明，面内协变基矢量对坐标的导数可以用克里斯多菲符号和曲面第二基本张量表示。

### 4.5.3　面内逆变基矢量的导数

由式(4-7)可知

$$\boldsymbol{e}^\alpha\cdot\boldsymbol{e}_\gamma=\delta^\alpha_\gamma \tag{4-99}$$

将上式两边对坐标 $x^\beta$ 求导，得

$$\frac{\partial \boldsymbol{e}^\alpha}{\partial x^\beta}\cdot\boldsymbol{e}_\gamma+\frac{\partial \boldsymbol{e}_\gamma}{\partial x^\beta}\cdot\boldsymbol{e}^\alpha=0 \tag{4-100}$$

不妨令矢量$\frac{\partial \boldsymbol{e}^\alpha}{\partial x^\beta}=\boldsymbol{A}$，根据式(4-95)可将上式改写为

$$\boldsymbol{A}\cdot\boldsymbol{e}_\gamma=-\boldsymbol{e}^\alpha\cdot(\Gamma^\lambda_{\gamma\beta}\boldsymbol{e}_\lambda+b_{\gamma\beta}\boldsymbol{n}) \tag{4-101}$$

于是

$$\boldsymbol{A}\cdot\boldsymbol{e}_\gamma=-\Gamma^\alpha_{\gamma\beta} \tag{4-102}$$

即

$$A_\gamma=-\Gamma^\alpha_{\gamma\beta} \tag{4-103}$$

由式(4-8)可知

$$\boldsymbol{e}^\alpha\cdot\boldsymbol{e}_3=0$$

上式两边对 $x^\beta$ 求导得

$$\frac{\partial \boldsymbol{e}_3}{\partial x^\beta}\cdot\boldsymbol{e}^\alpha+\frac{\partial \boldsymbol{e}^\alpha}{\partial x^\beta}\cdot\boldsymbol{e}_3=0 \tag{4-104}$$

根据式(4-83)，可将上式改写为

$$\boldsymbol{A}\cdot\boldsymbol{e}_3=-\boldsymbol{e}^\alpha\cdot(-b_{\beta\lambda}\boldsymbol{e}^\lambda) \tag{4-105}$$

由曲面度量张量逆变分量的定义式，可得

$$A_3=a^{\alpha\lambda}b_{\beta\lambda}=b_\beta^{\cdot\alpha} \tag{4-106}$$

结合式(4-103)和式(4-106)，便可得到面内逆变基矢量对坐标的导数的表达式，即

$$\frac{\partial \boldsymbol{e}^{\alpha}}{\partial x^{\beta}}=\boldsymbol{A}=A_{i}\boldsymbol{e}^{i}=A_{\gamma}\boldsymbol{e}^{\gamma}+A_{3}\boldsymbol{e}^{3}=-\Gamma_{\gamma\beta}^{\alpha}\boldsymbol{e}^{\gamma}+b_{\beta}^{\cdot\alpha}\boldsymbol{n} \tag{4-107}$$

### 4.5.4 第一基本张量的导数

**1. 协变分量的导数**

由曲面度量张量协变分量的定义式可得

$$\frac{\partial a_{\alpha\beta}}{\partial x^{\gamma}}=\frac{\partial(\boldsymbol{e}_{\alpha}\cdot\boldsymbol{e}_{\beta})}{\partial x^{\gamma}} \tag{4-108}$$

将上式右边展开有

$$\frac{\partial a_{\alpha\beta}}{\partial x^{\gamma}}=\frac{\partial \boldsymbol{e}_{\alpha}}{\partial x^{\gamma}}\cdot\boldsymbol{e}_{\beta}+\frac{\partial \boldsymbol{e}_{\beta}}{\partial x^{\gamma}}\cdot\boldsymbol{e}_{\alpha} \tag{4-109}$$

面内协变基矢量对坐标的导数用面内逆变基矢量和第三逆变基矢量(单位法向矢量)表示，则上式可写为

$$\frac{\partial a_{\alpha\beta}}{\partial x^{\gamma}}=(\Gamma_{\mu,\alpha\gamma}\boldsymbol{e}^{\mu}+\Gamma_{3,\alpha\gamma}\boldsymbol{e}^{3})\cdot\boldsymbol{e}_{\beta}+(\Gamma_{\mu,\beta\gamma}\boldsymbol{e}^{\mu}+\Gamma_{3,\beta\gamma}\boldsymbol{e}^{3})\cdot\boldsymbol{e}_{\alpha} \tag{4-110}$$

根据面内协变基矢量和面内逆变基矢量及面内协变基矢量和第三逆变基矢量的关系式，将上式右边展开可得

$$\frac{\partial a_{\alpha\beta}}{\partial x^{\gamma}}=\Gamma_{\beta,\alpha\gamma}+\Gamma_{\alpha,\beta\gamma} \tag{4-111}$$

式(4－111)便是第一基本张量对坐标的导数表达式。

通过对式(4－111)中的指标进行轮换，可得以下两式：

$$\frac{\partial a_{\alpha\gamma}}{\partial x^{\beta}}=\Gamma_{\gamma,\alpha\beta}+\Gamma_{\alpha,\beta\gamma} \tag{4-112}$$

$$\frac{\partial a_{\beta\gamma}}{\partial x^{\alpha}}=\Gamma_{\beta,\alpha\gamma}+\Gamma_{\gamma,\alpha\beta} \tag{4-113}$$

由式(4－112)＋式(4－113)－式(4－111)得

$$\frac{\partial a_{\alpha\gamma}}{\partial x^{\beta}}+\frac{\partial a_{\beta\gamma}}{\partial x^{\alpha}}-\frac{\partial a_{\alpha\beta}}{\partial x^{\gamma}}=2\Gamma_{\gamma,\alpha\beta} \tag{4-114}$$

即

$$\Gamma_{\gamma,\alpha\beta}=\frac{1}{2}\left(\frac{\partial a_{\alpha\gamma}}{\partial x^{\beta}}+\frac{\partial a_{\beta\gamma}}{\partial x^{\alpha}}-\frac{\partial a_{\alpha\beta}}{\partial x^{\gamma}}\right) \tag{4-115}$$

可见，第一类克里斯多菲符号的表达式也可以写为第一基本张量协变分量对坐标导数的形式。

**2. 逆变分量的导数**

由式(4－25)可知

$$a^{\alpha\beta}a_{\beta\lambda}=\delta_{\lambda}^{\alpha} \tag{4-116}$$

上式两边对坐标 $x^{\gamma}$ 求导得

$$\frac{\partial a^{\alpha\beta}}{\partial x^{\gamma}}a_{\beta\lambda}+\frac{\partial a_{\beta\lambda}}{\partial x^{\gamma}}a^{\alpha\beta}=0 \tag{4-117}$$

根据式(4－111)可将上式改写为

$$\frac{\partial a^{\alpha\beta}}{\partial x^{\gamma}}a_{\beta\lambda}=-a^{\alpha\beta}(\Gamma_{\beta,\lambda\gamma}+\Gamma_{\lambda,\beta\gamma}) \tag{4-118}$$

上式两边同乘 $a^{\lambda\mu}$，并由式(4－25)得

$$\frac{\partial a^{\alpha\beta}}{\partial x^{\gamma}}\delta_{\beta}^{\mu}=-a^{\alpha\beta}a^{\lambda\mu}(\Gamma_{\beta,\lambda\gamma}+\Gamma_{\lambda,\beta\gamma}) \tag{4-119}$$

$$\frac{\partial a^{\alpha\mu}}{\partial x^{\gamma}}=-a^{\alpha\beta}a^{\lambda\mu}(\Gamma_{\beta,\lambda\gamma}+\Gamma_{\lambda,\beta\gamma}) \tag{4-120}$$

将 $\mu$ 换为 $\beta$，$\beta$ 换为 $\mu$，可得

$$\frac{\partial a^{\alpha\beta}}{\partial x^{\gamma}}=-a^{\alpha\mu}a^{\lambda\beta}(\Gamma_{\mu,\lambda\gamma}+\Gamma_{\lambda,\mu\gamma}) \tag{4-121}$$

将上式右边展开，并把第一类克里斯多菲符号用曲面度量张量逆变分量变成第二类克里斯多菲符号，则

$$\frac{\partial a^{\alpha\beta}}{\partial x^{\gamma}}=-a^{\lambda\beta}\Gamma_{\lambda\gamma}^{\alpha}-a^{\alpha\mu}\Gamma_{\mu\gamma}^{\beta} \tag{4-122}$$

上式便是第一基本张量对坐标的导数表达式。其中应用了第一类与第二类克里斯多菲符号之间的转化关系，即 $\Gamma_{\alpha\beta}^{\lambda}=\Gamma_{\gamma,\alpha\beta}a^{\gamma\lambda}$，它可从式(4－95)和式(4－98)中推得，即 $\Gamma_{\alpha\beta}^{\gamma}\boldsymbol{e}_{\gamma}=\Gamma_{\gamma,\alpha\beta}\boldsymbol{e}^{\gamma}$。

**3. $\sqrt{a}$ 的导数**

由前面的内容可知，第一基本张量的协变分量的行列式是用 $a$ 表示的，见式(4－15)。又由式 $\boldsymbol{e}_3=\boldsymbol{n}=\dfrac{\boldsymbol{e}_1\times\boldsymbol{e}_2}{\sqrt{a}}$，可知 $\sqrt{a}$ 的计算公式如下

$$\sqrt{a}=(\boldsymbol{e}_1\times\boldsymbol{e}_2)\cdot\boldsymbol{n}=(\boldsymbol{e}_1\times\boldsymbol{e}_2)\cdot\boldsymbol{e}_3=\boldsymbol{e}_1\cdot(\boldsymbol{e}_2\times\boldsymbol{e}_3) \tag{4-123}$$

因为 $\sqrt{a}$ 随曲面上点的位置变化而变化，所以 $\sqrt{a}$ 对坐标的导数非零。将上式对坐标求导，有

$$\frac{\partial\sqrt{a}}{\partial x^{\alpha}}=\frac{\partial}{\partial x^{\alpha}}[\boldsymbol{e}_1\cdot(\boldsymbol{e}_2\times\boldsymbol{e}_3)] \tag{4-124}$$

将上式右边展开，可得

$$\frac{\partial\sqrt{a}}{\partial x^{\alpha}}=\frac{\partial\boldsymbol{e}_1}{\partial x^{\alpha}}\cdot(\boldsymbol{e}_2\times\boldsymbol{e}_3)+\boldsymbol{e}_1\cdot\left(\frac{\partial\boldsymbol{e}_2}{\partial x^{\alpha}}\times\boldsymbol{e}_3\right)+\boldsymbol{e}_1\cdot\left(\boldsymbol{e}_2\times\frac{\partial\boldsymbol{e}_3}{\partial x^{\alpha}}\right) \tag{4-125}$$

由式(4－95)和式(4－83)，可将上式中的面内基矢量和第三基矢量对坐标的导数表示为如下形式：

$$\frac{\partial\sqrt{a}}{\partial x^{\alpha}}=(\Gamma_{1\alpha}^{\lambda}\boldsymbol{e}_{\lambda}+b_{1\alpha}\boldsymbol{e}_3)\cdot(\boldsymbol{e}_2\times\boldsymbol{e}_3)+\boldsymbol{e}_1\cdot[(\Gamma_{2\alpha}^{\lambda}\boldsymbol{e}_{\lambda}+b_{2\alpha}\boldsymbol{e}_3)\times\boldsymbol{e}_3]+ \tag{4-126}$$
$$\boldsymbol{e}_1\cdot[\boldsymbol{e}_2\times(-b_{\alpha\beta}\boldsymbol{e}^{\beta})]$$

将上式右边展开并化简得

$$\frac{\partial\sqrt{a}}{\partial x^{\alpha}}=\Gamma_{1\alpha}^{1}\boldsymbol{e}_1\cdot(\boldsymbol{e}_2\times\boldsymbol{e}_3)+\Gamma_{2\alpha}^{2}\boldsymbol{e}_1\cdot(\boldsymbol{e}_2\times\boldsymbol{e}_3) \tag{4-127}$$

根据式(4－123)可得

$$\frac{\partial\sqrt{a}}{\partial x^{\alpha}}=(\Gamma^{1}_{1\alpha}+\Gamma^{2}_{2\alpha})\sqrt{a}=\sqrt{a}\,\Gamma^{\beta}_{\beta\alpha} \tag{4-128}$$

故

$$\Gamma^{\beta}_{\beta\alpha}=\frac{1}{\sqrt{a}}\frac{\partial\sqrt{a}}{\partial x^{\alpha}} \tag{4-129}$$

### 4.5.5　曲面上矢量的导数

考虑一个定义在曲面上的矢量 **A**，它是曲面坐标 $x^{\beta}$ 的函数。**A** 不一定是面内矢量，因此，矢量 **A** 可以写作

$$\boldsymbol{A}=A_{\gamma}\boldsymbol{e}^{\gamma}+A_{3}\boldsymbol{e}^{3} \tag{4-130}$$

在 3.5 节中，已经介绍过在任意曲线坐标系下矢量(例如矢量 **B**，它是曲线坐标 $x^{i}$ 的函数)对曲线坐标 $x^{i}$ 求导的一些记号和公式：

$$\frac{\partial\boldsymbol{B}}{\partial x^{i}}=\nabla_{i}B_{j}\boldsymbol{e}^{j}=\nabla_{i}B^{j}\boldsymbol{e}_{j} \tag{4-131}$$

式中，

$$\nabla_{i}B_{j}=\frac{\partial B_{j}}{\partial x^{i}}-\Gamma^{k}_{ij}B_{k} \tag{4-132}$$

$$\nabla_{i}B^{j}=\frac{\partial B^{j}}{\partial x^{i}}+\Gamma^{j}_{ik}B^{k} \tag{4-133}$$

这些记号和公式同样适用于曲面坐标系，正如前面所提到的，曲面坐标系只是任意曲线坐标系的一种特例。现根据这些已有知识，推导出矢量 **A** 对曲面坐标 $x^{\beta}$ 的导数 $\frac{\partial\boldsymbol{A}}{\partial x^{\beta}}$的表达式。

由式(4－131)可得

$$\frac{\partial\boldsymbol{A}}{\partial x^{\beta}}=\nabla_{\beta}A_{j}\boldsymbol{e}^{j} \tag{4-134}$$

将上式右边的指标全部替换为曲面坐标系下的指标，则

$$\frac{\partial\boldsymbol{A}}{\partial x^{\beta}}=\nabla_{\beta}A_{\alpha}\boldsymbol{e}^{\alpha}+\nabla_{\beta}A_{3}\boldsymbol{e}^{3} \tag{4-135}$$

根据式(4－132)和式(4－133)，且指标均替换为曲面坐标系下的，那么上式可化为

$$\begin{aligned}\frac{\partial\boldsymbol{A}}{\partial x^{\beta}}&=\left(\frac{\partial A_{\alpha}}{\partial x^{\beta}}-\Gamma^{\gamma}_{\alpha\beta}A_{\gamma}-\Gamma^{3}_{\alpha\beta}A_{3}\right)\boldsymbol{e}^{\alpha}+\left(\frac{\partial A_{3}}{\partial x^{\beta}}-\Gamma^{\gamma}_{3\beta}A_{\gamma}-\Gamma^{3}_{3\beta}A_{3}\right)\boldsymbol{e}^{3}\\&=\left(\frac{\partial A_{\alpha}}{\partial x^{\beta}}-\Gamma^{\gamma}_{\alpha\beta}A_{\gamma}-b_{\alpha\beta}A_{3}\right)\boldsymbol{e}^{\alpha}+\left(\frac{\partial A_{3}}{\partial x^{\beta}}+b_{\beta}^{\cdot\gamma}A_{\gamma}\right)\boldsymbol{n}\end{aligned} \tag{4-136}$$

式(4－136)即为曲面上任意矢量 **A** 对坐标的导数表达式。

### 4.5.6　曲面上二阶张量的导数

与矢量一样，3.6 节中关于张量对曲线坐标求导的一般论述在本章都适用。只不过

在曲面坐标系下，对坐标 $x^\alpha$ 的导数和对坐标 $x^3$ 的导数往往是分开讨论的。现以二阶张量为例，求其导数。

由式(3－123)可知，二阶张量 $\boldsymbol{P}$ 可表达为

$$\boldsymbol{P}=P_{ij}\boldsymbol{e}^i\boldsymbol{e}^j=P^{ij}\boldsymbol{e}_i\boldsymbol{e}_j=P_i^{\cdot j}\boldsymbol{e}^i\boldsymbol{e}_j=P^i_{\cdot j}\boldsymbol{e}_i\boldsymbol{e}^j$$

类似于式(3－140)，上式的导数记作

$$\frac{\partial \boldsymbol{P}}{\partial x^\alpha}=\nabla_\alpha P_{ij}\boldsymbol{e}^i\boldsymbol{e}^j=\nabla_\alpha P^{ij}\boldsymbol{e}_i\boldsymbol{e}_j=\nabla_\alpha P_i^{\cdot j}\boldsymbol{e}^i\boldsymbol{e}_j=\nabla_\alpha P^i_{\cdot j}\boldsymbol{e}_i\boldsymbol{e}^j \tag{4－137}$$

式中，

$$\nabla_\alpha P_{ij}=\frac{\partial P_{ij}}{\partial x^\alpha}-\Gamma^k_{\alpha i}P_{kj}-\Gamma^k_{\alpha j}P_{ik}$$

$$\nabla_\alpha P^{ij}=\frac{\partial P^{ij}}{\partial x^\alpha}+\Gamma^i_{\alpha k}P^{kj}+\Gamma^j_{\alpha k}P^{ik}$$

$$\nabla_\alpha P_i^{\cdot j}=\frac{\partial P_i^{\cdot j}}{\partial x^\alpha}-\Gamma^k_{\alpha i}P_k^{\cdot j}+\Gamma^j_{\alpha k}P_i^{\cdot k}$$

$$\nabla_\alpha P^i_{\cdot j}=\frac{\partial P^i_{\cdot j}}{\partial x^\alpha}+\Gamma^i_{\alpha k}P^k_{\cdot j}-\Gamma^k_{\alpha j}P^i_{\cdot k}$$

式(4－137)就是任意曲面上二阶张量求导的表达式。

### 4.5.7 面内协变基矢量的二阶导数

前面已介绍了面内协变基矢量对坐标的一阶导数的表达式，见式(4－95)和式(4－98)。在此基础上，将协变基矢量的导数再次对坐标求导，即可获得面内协变基矢量的二阶导数的表达式。现以表达形式为式(4－98)的协变基矢量一阶导数为基础，计算面内协变基矢量的二阶导数。

由式(4－98)可知，面内协变基矢量的一阶导数表达式可写为

$$\frac{\partial \boldsymbol{e}_\alpha}{\partial x^\beta}=\Gamma_{\gamma,\alpha\beta}\boldsymbol{e}^\gamma+b_{\alpha\beta}\boldsymbol{e}^3 \tag{4－138}$$

上式两边对坐标 $x^\mu$ 求导可得

$$\frac{\partial}{\partial x^\mu}\left(\frac{\partial \boldsymbol{e}_\alpha}{\partial x^\beta}\right)=\frac{\partial \Gamma_{\gamma,\alpha\beta}}{\partial x^\mu}\boldsymbol{e}^\gamma+\frac{\partial \boldsymbol{e}^\gamma}{\partial x^\mu}\Gamma_{\gamma,\alpha\beta}+\frac{\partial b_{\alpha\beta}}{\partial x^\mu}\boldsymbol{e}^3+\frac{\partial \boldsymbol{e}^3}{\partial x^\mu}b_{\alpha\beta} \tag{4－139}$$

由面内逆变基矢量对坐标的导数的表达式，即式(4－107)，可得

$$\frac{\partial \boldsymbol{e}^\gamma}{\partial x^\mu}=-\Gamma^\gamma_{\lambda\mu}\boldsymbol{e}^\lambda+b_\mu^{\cdot\gamma}\boldsymbol{n} \tag{4－140}$$

根据式(4－83)可知，第三逆变基矢量对坐标的导数的表达式为

$$\frac{\partial \boldsymbol{e}^3}{\partial x^\mu}=\frac{\partial \boldsymbol{e}_3}{\partial x^\mu}=-b_{\mu\lambda}\boldsymbol{e}^\lambda \tag{4－141}$$

综合以上各式，且将 $\boldsymbol{e}^3$ 用 $\boldsymbol{n}$ 表示，那么面内协变基矢量的二阶导数的表达式可写为

$$\frac{\partial}{\partial x^\mu}\left(\frac{\partial \boldsymbol{e}_\alpha}{\partial x^\beta}\right)=\frac{\partial \Gamma_{\gamma,\alpha\beta}}{\partial x^\mu}\boldsymbol{e}^\gamma+(-\Gamma^\gamma_{\lambda\mu}\boldsymbol{e}^\lambda+b_\mu^{\cdot\gamma}\boldsymbol{n})\Gamma_{\gamma,\alpha\beta}+\frac{\partial b_{\alpha\beta}}{\partial x^\mu}\boldsymbol{n}-b_{\alpha\beta}b_{\mu\lambda}\boldsymbol{e}^\lambda \tag{4－142}$$

**例 4－1** 在半径为 $R=1$ 的球面上，如图 4－6 所示，定义曲面坐标为($\theta$，$\varphi$)，其中 $\theta$ 为纬度，$\varphi$ 为经度，求出球面坐标的协变基矢量 $\boldsymbol{e}_\alpha$，逆变基矢量 $\boldsymbol{e}^\alpha$，第一基本形式

和第二基本形式，其中 $\alpha$，$\beta=1$，2。

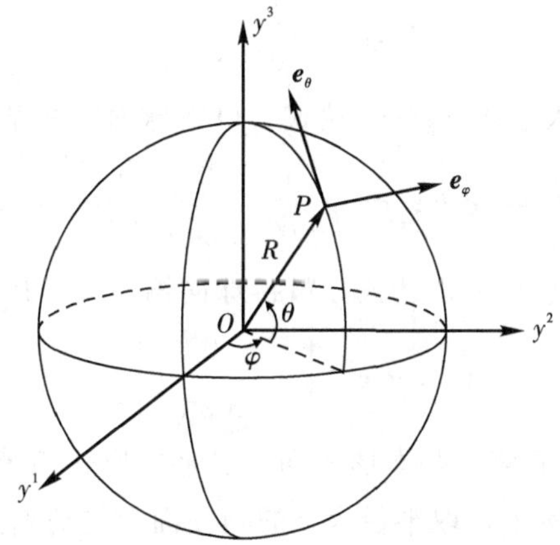


**图 4-6　半径 $R=1$ 的球面**

解：首先需要说明一下，本题中 $\theta$ 为纬度，与第 3 章球坐标系下 $\theta$ 代表的不是同一个角度。

矢径可表示为

$$\boldsymbol{r}_P=R\cos\theta\cos\varphi\boldsymbol{u}_1+R\cos\theta\sin\varphi\boldsymbol{u}_2+R\sin\theta\boldsymbol{u}_3$$

已知 $R=1$，则矢径为

$$\boldsymbol{r}_P=\cos\theta\cos\varphi\boldsymbol{u}_1+\cos\theta\sin\varphi\boldsymbol{u}_2+\sin\theta\boldsymbol{u}_3$$

由协变基矢量定义式可得球面坐标的协变基矢量

$$\boldsymbol{e}_1=\frac{\partial\boldsymbol{r}_P}{\partial\theta}=-\sin\theta\cos\varphi\boldsymbol{u}_1-\sin\theta\sin\varphi\boldsymbol{u}_2+\cos\theta\boldsymbol{u}_3$$

$$\boldsymbol{e}_2=\frac{\partial\boldsymbol{r}_P}{\partial\varphi}=-\cos\theta\sin\varphi\boldsymbol{u}_1+\cos\theta\cos\varphi\boldsymbol{u}_2$$

$$\boldsymbol{e}_3=\frac{\boldsymbol{e}_1\times\boldsymbol{e}_2}{|\boldsymbol{e}_1\times\boldsymbol{e}_2|}=-\cos\theta\cos\varphi\boldsymbol{u}_1-\cos\theta\sin\varphi\boldsymbol{u}_2-\sin\theta\boldsymbol{u}_3$$

由度量张量定义式可得度量张量的矩阵形式：

$$(a_{\alpha\beta})=(\boldsymbol{e}_\alpha\cdot\boldsymbol{e}_\beta)=\begin{pmatrix}1 & 0\\ 0 & \cos^2\theta\end{pmatrix}$$

由于 $a_{\alpha\beta}$ 和 $a^{\alpha\beta}$ 形成的矩阵互逆，则

$$(a^{\alpha\beta})=\begin{pmatrix}1 & 0\\ 0 & \dfrac{1}{\cos^2\theta}\end{pmatrix}$$

由于 $\boldsymbol{e}^\alpha=a^{\alpha\beta}\boldsymbol{e}_\beta$，可得逆变基矢量：

$$\boldsymbol{e}^1=a^{1\beta}\boldsymbol{e}_\beta=a^{11}\boldsymbol{e}_1=\boldsymbol{e}_1$$

$$\boldsymbol{e}^2=a^{2\beta}\boldsymbol{e}_\beta=a^{22}\boldsymbol{e}_2=\frac{1}{\cos^2\theta}\boldsymbol{e}_2$$

由式(4-32)可知

$$b_{\alpha\beta}=-\frac{\partial\boldsymbol{e}_3}{\partial x^\beta}\cdot\boldsymbol{e}_\alpha$$

则

$$(b_{\alpha\beta})=\begin{pmatrix}1 & 0\\ 0 & \cos^2\theta\end{pmatrix}$$

由式(4-17)，并代入上述 $a_{\alpha\beta}$ 的表达式，可得球面第一基本形式为

$$\mathrm{I}=(a_{\alpha\beta})(\mathrm{d}x^\alpha)(\mathrm{d}x^\beta)=(\mathrm{d}x^1,\ \mathrm{d}x^2)\begin{pmatrix}1 & 0\\ 0 & \cos^2\theta\end{pmatrix}\begin{pmatrix}\mathrm{d}x^1\\ \mathrm{d}x^2\end{pmatrix}=(\mathrm{d}x^1)^2+\cos^2\theta(\mathrm{d}x^2)^2$$

由式(4-30)，并代入上述 $b_{\alpha\beta}$ 的表达式，可得球面第二基本形式为

$$\mathrm{II}=(b_{\alpha\beta})(\mathrm{d}x^\alpha)(\mathrm{d}x^\beta)=(\mathrm{d}x^1,\ \mathrm{d}x^2)\begin{pmatrix}1 & 0\\ 0 & \cos^2\theta\end{pmatrix}\begin{pmatrix}\mathrm{d}x^1\\ \mathrm{d}x^2\end{pmatrix}=(\mathrm{d}x^1)^2+\cos^2\theta(\mathrm{d}x^2)^2$$

由上面的结果可知，球面的第一基本形式和第二基本形式相等。

**例 4-2** 如图 4-7 所示，取半径为 $r$ 的圆柱面上的高斯坐标为$(\xi,\ \theta)$。

(1)求该曲面的第一基本张量的逆变分量 $a^{\alpha\beta}$，第二基本张量的逆变分量 $b^{\alpha\beta}$ 和高斯曲率 $K$。

(2)定义面内单位协变基矢量为 $\boldsymbol{l}_\alpha=\dfrac{\boldsymbol{e}_\alpha}{|\boldsymbol{e}_\alpha|}$，$\boldsymbol{n}$ 为单位法矢量，求$\dfrac{\partial\boldsymbol{l}_\alpha}{\partial x^\beta}$和$\dfrac{\partial\boldsymbol{n}}{\partial x^\beta}(\alpha,\ \beta=1,\ 2)$。

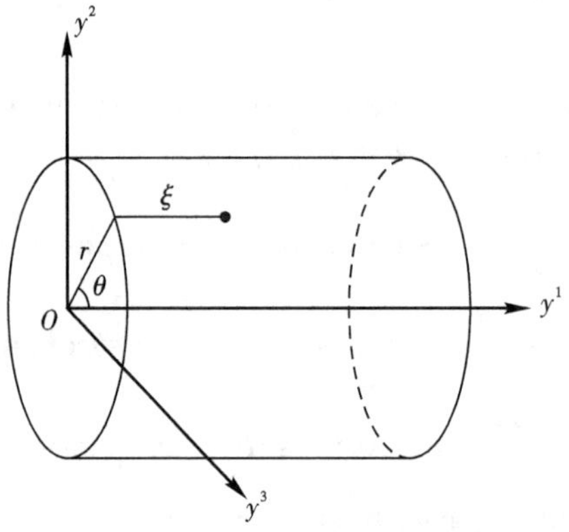


**图 4-7 半径为 $r$ 的圆柱面**

解：(1)确定矢径：

$$\boldsymbol{r}_P=\xi\boldsymbol{u}_1+r\sin\theta\boldsymbol{u}_2+r\cos\theta\boldsymbol{u}_3$$

由协变基矢量定义式有

$$\boldsymbol{e}_1=\boldsymbol{e}_\xi=\frac{\partial\boldsymbol{r}_P}{\partial\xi}=\boldsymbol{u}_1$$

$$\boldsymbol{e}_2=\boldsymbol{e}_\theta=\frac{\partial\boldsymbol{r}_P}{\partial\theta}=r\cos\theta\boldsymbol{u}_2-r\sin\theta\boldsymbol{u}_3$$

$$\boldsymbol{e}_3=\frac{\boldsymbol{e}_1\times\boldsymbol{e}_2}{|\boldsymbol{e}_1\times\boldsymbol{e}_2|}=\frac{r\cos\theta\boldsymbol{u}_1\times\boldsymbol{u}_2-r\sin\theta\boldsymbol{u}_1\times\boldsymbol{u}_3}{r}=\cos\theta\boldsymbol{u}_3+\sin\theta\boldsymbol{u}_2$$

由曲面第一基本张量的定义式得

$$(a_{\alpha\beta})=(\boldsymbol{e}_\alpha\cdot\boldsymbol{e}_\beta)=\begin{pmatrix}1 & 0\\ 0 & r^2\end{pmatrix}$$

由 $a_{\alpha\beta}$ 和 $a^{\alpha\beta}$ 形成的矩阵互逆，可得第一基本张量的逆变分量形成的矩阵为

$$(a^{\alpha\beta})=\begin{pmatrix}1 & 0\\0 & r^2\end{pmatrix}^{-1}=\begin{pmatrix}1 & 0\\0 & \dfrac{1}{r^2}\end{pmatrix}$$

由式(4-32)可知

$$b_{\alpha\beta}=-\frac{\partial \boldsymbol{e}_3}{\partial x^\beta}\cdot\boldsymbol{e}_\alpha=\boldsymbol{e}_3\cdot\frac{\partial \boldsymbol{e}_\alpha}{\partial x^\beta}$$

则各个 $b_{\alpha\beta}$ 分量为

$$b_{11}=-\frac{\partial \boldsymbol{e}_3}{\partial \xi}\cdot\boldsymbol{e}_1=0$$

$$b_{12}=-\frac{\partial \boldsymbol{e}_3}{\partial \theta}\cdot\boldsymbol{e}_1=-(\cos\theta\boldsymbol{u}_2-\sin\theta\boldsymbol{u}_3)\cdot\boldsymbol{u}_1=0$$

$$b_{21}=b_{12}=0$$

$$b_{22}=-\frac{\partial \boldsymbol{e}_3}{\partial \theta}\cdot\boldsymbol{e}_2=-(\cos\theta\boldsymbol{u}_2-\sin\theta\boldsymbol{u}_3)\cdot(r\cos\theta\boldsymbol{u}_2-r\sin\theta\boldsymbol{u}_3)=-r$$

于是，第二基本张量的协变分量形成的矩阵为

$$(b_{\alpha\beta})=\begin{pmatrix}0 & 0\\0 & -r\end{pmatrix}$$

由张量分量的指标升降规则可得

$$b^{\alpha}_{\cdot\mu}=a^{\alpha\lambda}b_{\lambda\mu}，\ b^{\alpha\beta}=b^{\alpha}_{\cdot\mu}a^{\mu\beta}，\ b^{\alpha\beta}=a^{\alpha\lambda}b_{\lambda\mu}a^{\mu\beta}$$

由式 $b^{\alpha}_{\cdot\mu}=a^{\alpha\lambda}b_{\lambda\mu}$ 可得

$$(b^{\alpha}_{\cdot\mu})=\begin{pmatrix}b^1_{\cdot1} & b^1_{\cdot2}\\b^2_{\cdot1} & b^2_{\cdot2}\end{pmatrix}=\begin{pmatrix}a^{11} & a^{12}\\a^{21} & a^{22}\end{pmatrix}\begin{pmatrix}b_{11} & b_{12}\\b_{21} & b_{22}\end{pmatrix}=\begin{pmatrix}0 & 0\\0 & -\dfrac{1}{r}\end{pmatrix}$$

由式 $b^{\alpha\beta}=b^{\alpha}_{\cdot\mu}a^{\mu\beta}$ 可得第二基本张量的逆变分量形成的矩阵为

$$(b^{\alpha\beta})=\begin{pmatrix}b^{11} & b^{12}\\b^{21} & b^{22}\end{pmatrix}=\begin{pmatrix}b^1_{\cdot1} & b^1_{\cdot2}\\b^2_{\cdot1} & b^2_{\cdot2}\end{pmatrix}\begin{pmatrix}a^{11} & a^{12}\\a^{21} & a^{22}\end{pmatrix}=\begin{pmatrix}0 & 0\\0 & -\dfrac{1}{r^3}\end{pmatrix}$$

由高斯曲率的定义式(4-74)可得高斯曲率

$$K=|b^{\alpha}_{\cdot\beta}|=\begin{vmatrix}b^1_{\cdot1} & b^1_{\cdot2}\\b^2_{\cdot1} & b^2_{\cdot2}\end{vmatrix}=\begin{vmatrix}0 & 0\\0 & -\dfrac{1}{r}\end{vmatrix}=0$$

(2) 单位协变基矢量：

$$\boldsymbol{l}_1=\boldsymbol{u}_1$$

$$\boldsymbol{l}_2=\cos\theta\boldsymbol{u}_2-\sin\theta\boldsymbol{u}_3$$

$$\boldsymbol{n}=\cos\theta\boldsymbol{u}_3+\sin\theta\boldsymbol{u}_2$$

单位协变基矢量求导：

$$\frac{\partial \boldsymbol{l}_1}{\partial \theta}=\frac{\partial \boldsymbol{l}_1}{\partial \xi}=\boldsymbol{0}$$

$$\frac{\partial \boldsymbol{l}_2}{\partial \theta}=-\sin\theta\boldsymbol{u}_2-\cos\theta\boldsymbol{u}_3,\quad \frac{\partial \boldsymbol{l}_2}{\partial \xi}=\boldsymbol{0}$$

$$\frac{\partial \boldsymbol{n}}{\partial \xi}=\boldsymbol{0},\quad \frac{\partial \boldsymbol{n}}{\partial \theta}=\cos\theta\boldsymbol{u}_2-\sin\theta\boldsymbol{u}_3$$

# 习　题

4－1　在笛卡儿坐标系 $y^1$，$y^2$，$y^3$ 中，双曲抛物面的方程为 $y^3=\frac{y^1y^2}{c}$。用笛卡儿坐标 $y^1=x^1$ 和 $y^2=x^2$ 作为双曲抛物面上点的坐标 $x^\alpha$。试用这些坐标 $x^\alpha$ 计算以下各量：$a_{\alpha\beta}$，$a^{\alpha\beta}$，$b_{\alpha\beta}$，$b^{\alpha}_{\cdot\beta}$，$b^{\alpha\beta}$，$\Gamma_{\gamma,\alpha\beta}$，$\Gamma^{\gamma}_{\alpha\beta}$。

4－2　在一个半径为 $a$ 的圆柱面上，坐标系定义如下：

$$x^1=z-a\theta\tan\omega=z-c\theta,\quad x^2=\theta$$

式中，$\omega$ 和 $c=a\tan\omega$ 都是常数。试求度量张量的协变分量 $a_{\alpha\beta}$，曲面第二基本张量的协变分量 $b_{\alpha\beta}$ 和混合分量 $b_{\alpha}^{\cdot\beta}$。

4－3　在一个正圆锥上，坐标 $x^\alpha$ 如图 4－8 所示。从弧元的表达式出发，计算 $a_{\alpha\beta}$，$b_{\alpha\beta}$，$\Gamma_{\gamma,\alpha\beta}$。

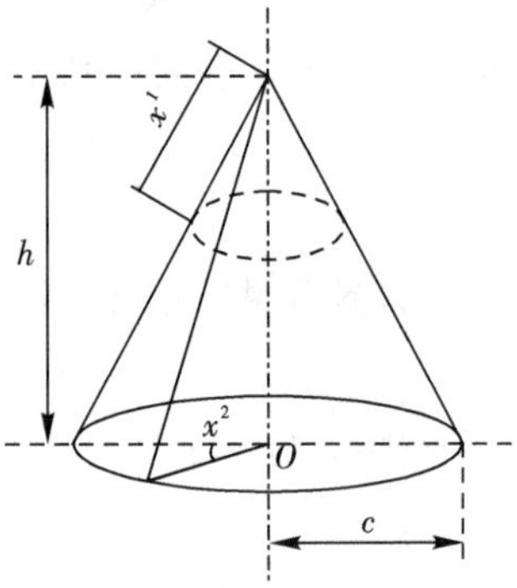

图 4－8　正圆锥曲面

4－4　求证：$\frac{\partial a^{\alpha\beta}}{\partial x^\lambda}=-a^{\alpha\omega}\Gamma^{\beta}_{\lambda\omega}-a^{\omega\beta}\Gamma^{\alpha}_{\omega\lambda}$。

4－5　已知旋转曲面上的高斯坐标为$(\theta,\ z)$，曲面上点的矢径为 $\boldsymbol{r}_P=f(z)\cos\theta\boldsymbol{u}_1+f(z)\sin\theta\boldsymbol{u}_2+z\boldsymbol{u}_3$，求：$a_{\alpha\beta}$，$b_{\alpha\beta}$，主曲率 $\kappa_1$ 和 $\kappa_2$，平均曲率，高斯曲率。

4－6　已知闭合圆环曲面上的高斯坐标为$(\theta,\ \varphi)$，如图 4－9 所示。求曲面的协变基矢量，第一、第二基本形式的系数，主曲率，高斯曲率，平均曲率。

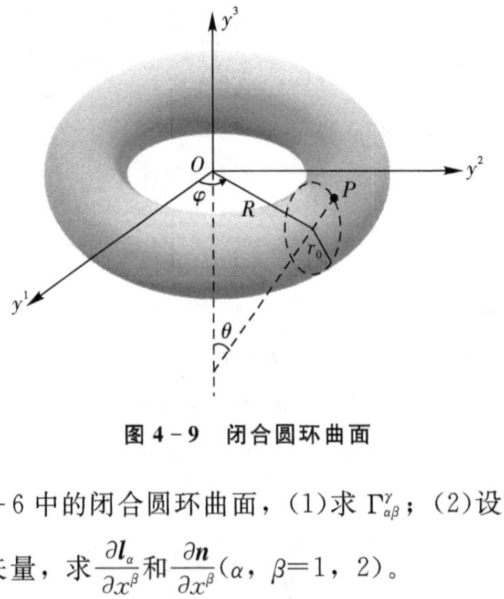

图 4－9　闭合圆环曲面

4－7　对于习题 4－6 中的闭合圆环曲面，(1)求 $\Gamma^{\gamma}_{\alpha\beta}$；(2)设面内单位协变基矢量为 $\boldsymbol{l}_\alpha=\frac{\boldsymbol{e}_\alpha}{|\boldsymbol{e}_\alpha|}$，$\boldsymbol{n}$ 为单位法矢量，求$\frac{\partial \boldsymbol{l}_\alpha}{\partial x^\beta}$和$\frac{\partial \boldsymbol{n}}{\partial x^\beta}$($\alpha$，$\beta$=1，2)。

# 第 5 章　张量分析在流体力学中的应用

前面第 1～4 章主要从数学符号及数学运算角度出发，介绍了张量基本概念，笛卡儿坐标系、任意曲线坐标系及任意曲面坐标系的几何性质、代数性质、微分性质，以及各类坐标系下张量的代数运算、微分运算等，同时安排了一些张量运算例题和习题，帮助读者更好地掌握所学到的张量分析理论部分的知识。

从本章起，将主要从工程应用角度出发，介绍几类物理问题的张量表示及张量方程。具体而言，第 5～9 章将依次介绍张量分析在流体力学、叶轮机械气体动力学、固体力学、电动力学、相对论中的应用，重点突出各类物理量的张量表达形式，以及张量分析在各类控制方程推导、简化及问题分析中的应用。希望读者通过学习后 5 章内容，掌握张量分析应用的基本知识，进一步提高张量分析在物理模型、数学模型及工程分析中的应用能力。

本章将介绍任意曲线坐标系下张量分析在流体力学中的应用，主要包括：常见流动物理量的张量表示，拉格朗日导数与欧拉导数的区别和联系，守恒与非守恒型流动方程的张量实体和分量形式，势函数与流函数方程的张量实体和分量形式，弯曲管道内部二次流和主流的相互作用和影响分析。要求重点掌握任意曲线坐标系下的流体力学方程及弯曲流动分析方法。

## 5.1　流体力学概述

### 5.1.1　定义

流体力学是研究流体的基本属性、运动规律及其与固体相互作用的一个力学分支。1738 年，伯努利著书《水动力学》，提出了“水动力学”概念；1880 年前后，马赫、兰金等人研究高速空气流动，提出了“空气动力学”概念；1935 年前后，研究人员概括了这两方面的知识，建立了统一的体系，即为“流体力学”，主要研究对象是水和空气；后来，流体力学的研究对象进一步扩展到其他液态和气态物质。

按照流体的连续介质观点，流体是由宏观上足够小、微观上足够大的大量流体质点组成的，“拉格朗日法”通过跟踪每个流体质点的运动轨迹描述流场参数的空间分布，“欧拉法”通过场的方法描述流场参数的空间分布，这两种方法均能够用来研究流体的运动规律，二者通过拉格朗日导数和欧拉导数之间的关系式建立起联系。流体流动总是和包围它的固体相互作用，以飞行器为例，其流体力学行为决定着飞行器的性能(飞行速度和高度)，固体力学行为决定着飞行器的安全性(强度和振动)，现代高性能、轻量化飞行器都是流体力学和固体力学高度耦合的产物。

### 5.1.2 历史

流体力学是在大量的试验观测和高度的理论抽象基础上形成并发展起来的科学。流体力学的首要问题是流动阻力，据记载，古希腊亚里士多德最早提出连续介质假说并描述了液体阻力现象。古希腊阿基米德提出液体浮力定律，并设想压力差是克服流动阻力、驱动液体流动的主要因素。阿基米德是公认的流体静力学的奠基人，其所著的《论浮体》是最早有关流体力学的文献。此后千余年间，流体力学几乎没有大的发展，直到15世纪的文艺复兴时期，这一情况才有所改变，意大利达·芬奇的作品中出现了关于水波、管流、水力机械、鸟类飞翔原理等流动问题的直观图画描述，他还提出流体质量守恒的思想。其后，人们逐步提出流动速度、加速度、压力、流场等概念，以及质量、动量、能量等守恒定律。在1673—1690年期间，惠更斯和牛顿等人研究了液体中运动物体所受到的阻力，得出流动阻力-速度的二次方定律。

1732年，皮托发明了测量流速的仪器，后来被人们称为皮托管，至今仍有大量应用。1738年，伯努利从机械能守恒关系出发，通过实验测量水管内流动并加以理论分析，提出理想定常流动下流速、压力、管道高程之间的代数关系式，即伯努利方程。1752—1755年，欧拉发表了三篇流体力学论文，采用连续介质的概念，推导出理想流动方程，这是一组偏微分方程，比伯努利方程复杂得多。欧拉被认为是理论流体力学的奠基人，流体力学从此开始了偏微分方程求解和实验测量并重的定量研究阶段。在该阶段，首先是理想位势流理论有了进一步的发展，如拉格朗日对于无旋流动，亥姆霍兹对于涡旋流动作了不少研究。然而，达朗贝尔指出在无黏假设条件下流动阻力为0的佯谬，即达朗贝尔佯谬，促使人们将关注点由无黏流转移到黏性流。

1822年，纳维从分子运动统计角度，1843年圣维南及1845年斯托克斯从连续介质角度，分别独立地推导出黏性流动方程组，被后人称为纳维-斯托克斯方程。1883年，雷诺用实验观测方法研究了黏性流动的两种流态，即层流和湍流，并提出两种流态的雷诺数判断准则和雷诺平均纳维-斯托克斯方程。由于纳维-斯托克斯方程是一组非线性偏微分方程，其解的存在性、唯一性和稳定性尚未得到完全解决，在最近两次世纪之交的关键节点，1900年著名数学家希尔伯特报告中的“希尔伯特的23个问题”、2000年美国克雷数学研究所悬赏100万美金的“世界七大数学难题”，均将求解纳维-斯托克斯方程列入人类未解的数学难题中。

20世纪初，飞机的出现极大地促进了空气动力学的发展。为了满足生产和工程上的需求，1904年，普朗特对纳维-斯托克斯方程作了简化，提出边界层理论，这一理论既明确了理想流动方程的适用范围，又能计算物体运动时所遇到的黏性摩擦阻力，克服了上述的达朗贝尔佯谬。1901—1910年间，库塔、茹科夫斯基、恰普雷金、普朗特等流体力学家开创了以无黏不可压缩位势流理论为基础的机翼理论。边界层理论和机翼理论的建立和结合是空气动力学的一次重大突破，可以毫不夸张地讲，以势流理论解析解、边界层理论近似解和试验数据修正校准相结合的翼型和叶栅空气动力学理论，目前依然是先进飞机和发动机气动设计体系的核心理论工具。20世纪40年代以后，跨音速飞机和燃气涡轮发动机等航空工业中出现的跨音速流动，火箭和喷气推进器等航天工业中出现的超音速流动，核聚变和太空探索等技术中出现的等离子体、稀薄气体和相对论效应，对空气动力学提出了新的研究课题，出现了气体动力学、磁流体力学、物理化学流体动力学、相对论流体力学等分支学科。不同于低速流动研究，气体动力学研究须将流体力学、热力学甚至化学反应动力学耦合起来。

20 世纪 50 年代以后，随着计算机的出现和普及，以及数值方法的发展和完善，出现了计算流体力学分支，该方向上的主要代表性人物包括普林斯顿大学的冯·诺伊曼、柯朗数学科学研究所的拉克斯、斯坦福大学的詹姆森、帝国理工学院的斯波尔丁、剑桥大学的登顿等人。在 1970 年以后，根据计算机辅助工程(computer aided engineering，CAE)的需要，计算流体力学和计算结构动力学等相互渗透与融合，在产品设计分析中发挥着重要作用。

### 5.1.3　基本内容

流体力学研究内容大致分为流体静力学、流体运动学和流体动力学三部分，其研究方法大致分为理论分析、实验测量和数值计算三种。本章主要介绍从流动物理定律到数学方程的建模过程，以及张量分析在方程建立和弯曲流动分析中的应用知识。

## 5.2　流动物理量的张量表示

### 5.2.1　标量

流体密度 $\rho$、温度 $T$、静压力 $p$、比焓 $h$、比熵 $s$、定压比热 $C_p$、定容比热 $C_V$，以及流动速度散度 $\nabla\cdot\boldsymbol{V}$、功率 $\boldsymbol{f}\cdot\boldsymbol{V}$ 等都是 0 阶绝对张量，即绝对标量，只有 1 个分量，且其值不随着空间坐标系变换而变化。在任意曲线坐标系($x^1$，$x^2$，$x^3$)下，流场中任一时刻 $t$、任一空间点 $x^i$ 的标量可统一用一个标量场函数 $\phi$ 来表示，即

$$\phi=\phi(t,\ x^i) \tag{5-1}$$

### 5.2.2　流动速度

流动速度是同一流体质点位置矢量 $\boldsymbol{r}_P$ 随时间 $t$ 的变化率，即位置矢量的随体导数，有时也将随体导数称为物质导数、拉格朗日导数：

$$\boldsymbol{V}=\left.\frac{\mathrm{d}\boldsymbol{r}_P}{\mathrm{d}t}\right|_{\text{质点}}=\frac{\mathrm{D}\boldsymbol{r}_P}{\mathrm{D}t}=\frac{\partial\boldsymbol{r}_P}{\partial t}+\frac{\partial\boldsymbol{r}_P}{\partial x^i}\frac{\mathrm{D}x^i}{\mathrm{D}t}=\boldsymbol{e}_i\frac{\mathrm{D}x^i}{\mathrm{D}t} \tag{5-2}$$

式中，$\boldsymbol{V}$ 为流动速度，下标“质点”表示质点不变化。上式推导中利用了位置矢量只随空间自变量发生改变，但不随时间发生改变的性质，以及坐标基矢量 $\boldsymbol{e}_i$ 的定义式，即

$$\frac{\partial\boldsymbol{r}_P}{\partial t}=\boldsymbol{0}$$

$$\boldsymbol{e}_i=\frac{\partial\boldsymbol{r}_P}{\partial x^i}$$

因此，流动速度的逆变分量$V^i$为

$$V^i=\frac{\mathrm{D}x^i}{\mathrm{D}t} \tag{5-3}$$

式中，$x^i$ 为流体质点的曲线坐标。

在笛卡儿坐标系$(x, y, z)$下，无需区分协变、逆变、物理分量，均可用流动速度分量$(u, v, w)$来表示：

$$u=\frac{\mathrm{D}x}{\mathrm{D}t}, \quad v=\frac{\mathrm{D}y}{\mathrm{D}t}, \quad w=\frac{\mathrm{D}z}{\mathrm{D}t} \tag{5-4}$$

式中，$u$，$v$，$w$ 均为线速度，单位为 m/s。

在圆柱坐标系$(r, \theta, z)$下，流动速度的逆变分量$(V^r, V^\theta, V^z)$的表达式为

$$V^r=\frac{\mathrm{D}r}{\mathrm{D}t}, \quad V^\theta=\frac{\mathrm{D}\theta}{\mathrm{D}t}, \quad V^z=\frac{\mathrm{D}z}{\mathrm{D}t} \tag{5-5}$$

式中，$V^r$，$V^z$为线速度，单位为 m/s；$V^\theta$为角速度，单位为 rad/s。但它们的逆变物理分量 $v^r$，$v^\theta$，$v^z$ 均为线速度，单位为 m/s，即

$$\begin{cases} v^r=\dfrac{V^r}{\sqrt{g^{rr}}}=\dfrac{\mathrm{D}r}{\mathrm{D}t} \\ v^\theta=\dfrac{V^\theta}{\sqrt{g^{\theta\theta}}}=\dfrac{r\mathrm{D}\theta}{\mathrm{D}t} \\ v^z=\dfrac{V^z}{\sqrt{g^{zz}}}=\dfrac{\mathrm{D}z}{\mathrm{D}t} \end{cases} \tag{5-6}$$

在球坐标系$(R, \theta, \varphi)$下，流动速度的逆变分量 $V^R$，$V^\theta$，$V^\varphi$的表达式分别为

$$V^R=\frac{\mathrm{D}R}{\mathrm{D}t}, \quad V^\theta=\frac{\mathrm{D}\theta}{\mathrm{D}t}, \quad V^\varphi=\frac{\mathrm{D}\varphi}{\mathrm{D}t} \tag{5-7}$$

式中，$V^R$为线速度，单位为 m/s；$V^\theta$和 $V^\varphi$为角速度，单位为 rad/s。但它们的逆变物理分量 $v^R$，$v^\theta$，$v^\varphi$ 均为线速度，单位为 m/s，即

$$\begin{cases} v^R=\dfrac{V^R}{\sqrt{g^{RR}}}=\dfrac{\mathrm{D}R}{\mathrm{D}t} \\ v^\theta=\dfrac{V^\theta}{\sqrt{g^{\theta\theta}}}=\dfrac{R\mathrm{D}\theta}{\mathrm{D}t} \\ v^\varphi=\dfrac{V^\varphi}{\sqrt{g^{\varphi\varphi}}}=\dfrac{R\sin\theta\mathrm{D}\varphi}{\mathrm{D}t} \end{cases} \tag{5-8}$$

取任意曲线坐标系变换 $x^{*i}=x^{*i}(x^1, x^2, x^3)$，利用质点位置矢量是绝对矢量，即 $\boldsymbol{r}_P^*=\boldsymbol{r}_P$，时间微分是绝对标量，可知流动速度是绝对矢量：

$$\mathbf{V}^*=\frac{\mathrm{D}\boldsymbol{r}_P^*}{\mathrm{D}t}=\frac{\mathrm{D}\boldsymbol{r}_P}{\mathrm{D}t}=\mathbf{V} \tag{5-9}$$

### 5.2.3　流动加速度

流动加速度是同一流体质点流动速度随时间的变化率，即流动速度的随体导数：

$$\begin{aligned}\boldsymbol{A} &= \frac{\mathrm{D}\boldsymbol{V}}{\mathrm{D}t} = \frac{\partial \boldsymbol{V}}{\partial t} + \boldsymbol{V} \cdot \nabla \boldsymbol{V} = \frac{\partial V^i \boldsymbol{e}_i}{\partial t} + V \cdot \boldsymbol{e}^j \nabla_j V^i \boldsymbol{e}_i \\ &= \frac{\partial V^i}{\partial t} \boldsymbol{e}_i + V^j \nabla_j V^i \boldsymbol{e}_i = \left( \frac{\partial V^i}{\partial t} + V^j \frac{\partial V^i}{\partial x^j} + V^j V^k \Gamma^i_{jk} \right) \boldsymbol{e}_i \\ &= \left( \frac{\mathrm{D}V^i}{\mathrm{D}t} + V^j V^k \Gamma^i_{jk} \right) \boldsymbol{e}_i \end{aligned} \tag{5-10}$$

式中，$\boldsymbol{A}$ 为流动加速度。上式推导中利用了在空间固定点处坐标基矢量不随时间发生改变的性质，即

$$\frac{\partial \boldsymbol{e}_i}{\partial t} = \boldsymbol{0} \tag{5-11}$$

因此，流动加速度的逆变分量 $A^i$ 为

$$A^i = \frac{\mathrm{D}V^i}{\mathrm{D}t} + V^j V^k \Gamma^i_{jk} \tag{5-12}$$

与笛卡儿坐标系相比，任意曲线坐标下流动加速度公式的右端第二项为多出的附加项，是由坐标线的拉伸弯曲，即克里斯多菲符号不等于 0 引起的。

在笛卡儿坐标系下，克里斯多菲符号均为 0，流动加速度分量为

$$\begin{cases} a^x = \dfrac{\mathrm{D}u}{\mathrm{D}t} \\ a^y = \dfrac{\mathrm{D}v}{\mathrm{D}t} \\ a^z = \dfrac{\mathrm{D}w}{\mathrm{D}t} \end{cases} \tag{5-13}$$

式中，三个加速度分量均为线性加速度，单位为 $\mathrm{m/s^2}$。

在圆柱坐标系下，流动加速度的逆变分量为

$$\begin{cases} A^r = \dfrac{\mathrm{D}V^r}{\mathrm{D}t} - rV^\theta V^\theta \\ A^\theta = \dfrac{\mathrm{D}V^\theta}{\mathrm{D}t} + 2\dfrac{V^r V^\theta}{r} \\ A^z = \dfrac{\mathrm{D}V^z}{\mathrm{D}t} \end{cases} \tag{5-14}$$

式中，$A^r$，$A^z$ 为线性加速度，单位为 $\mathrm{m/s^2}$；$A^\theta$ 为角加速度，单位为 $\mathrm{rad/s^2}$。但它们的物理分量均为线性加速度，单位为 $\mathrm{m/s^2}$，即

$$a^r = \frac{A^r}{\sqrt{g^{rr}}} = A^r = \frac{\mathrm{D}v^r}{\mathrm{D}t} - \frac{v^\theta v^\theta}{r}$$

$$a^\theta = \frac{A^\theta}{\sqrt{g^{\theta\theta}}} = rA^\theta = r\left( \frac{\mathrm{D}v^\theta / r}{\mathrm{D}t} + 2\frac{v^r v^\theta}{r^2} \right) = \frac{\mathrm{D}v^\theta}{\mathrm{D}t} + \frac{v^r v^\theta}{r}$$

$$a^z = \frac{\mathrm{D}v^z}{\mathrm{D}t}$$

前两个分量右端多出的项均由 $\theta$ 坐标线弯曲引起。有时将 $\theta$ 方向上的流动加速度物理分量的右端合并成一项，这样有

$$\begin{cases} a^r = \dfrac{\mathrm{D}v^r}{\mathrm{D}t} - \dfrac{v^\theta v^\theta}{r} \\ a^\theta = \dfrac{1}{r}\dfrac{\mathrm{D}v^\theta r}{\mathrm{D}t} \\ a^z = \dfrac{\mathrm{D}v^z}{\mathrm{D}t} \end{cases} \tag{5-15}$$

式中，$v^\theta r$ 为流动速度沿着圆周线上的环量。

在球坐标系下，流动加速度的逆变物理分量为

$$\begin{cases} a^R = \dfrac{A^R}{\sqrt{g^{RR}}} = \dfrac{\mathrm{D}v^R}{\mathrm{D}t} - \dfrac{v^\theta v^\theta + v^\varphi v^\varphi}{R} \\ a^\theta = \dfrac{A^\theta}{\sqrt{g^{\theta\theta}}} = \dfrac{\mathrm{D}v^\theta}{\mathrm{D}t} + \dfrac{v^R v^\theta}{R} - \dfrac{v^\varphi v^\varphi}{R}\cot\theta \\ a^\varphi = \dfrac{A^\varphi}{\sqrt{g^{\varphi\varphi}}} = \dfrac{\mathrm{D}v^\varphi}{\mathrm{D}t} + \dfrac{v^R v^\varphi}{R} + \dfrac{v^\theta v^\varphi}{R}\cot\theta \end{cases} \tag{5-16}$$

右端多出的项均由 $\theta$ 和 $\varphi$ 坐标线弯曲引起。

在新老空间曲线坐标系下，利用流动速度是绝对矢量 $\mathbf{V}=\mathbf{V}^*$，时间微分是绝对标量的性质，可知流动加速度是绝对矢量为

$$\mathbf{A}^* = \frac{\mathrm{D}\mathbf{V}^*}{\mathrm{D}t} = \frac{\mathrm{D}\mathbf{V}}{\mathrm{D}t} = \mathbf{A} \tag{5-17}$$

### 5.2.4　流动动能与湍动能

流动动能 $K$ 与流动速度 $\mathbf{V}$、湍动能 $k$ 与湍流脉动速度 $\mathbf{V}'$ 之间的关系为

$$K = \frac{1}{2}\mathbf{V}\cdot\mathbf{V} = \frac{1}{2}V^i V_i = \frac{1}{2}g_{ij}V^i V^j \tag{5-18}$$

$$k = \frac{1}{2}\overline{\mathbf{V}'\cdot\mathbf{V}'} = \frac{1}{2}\overline{V'^i V'_i} = \frac{1}{2}g_{ij}\overline{V'^i V'^j} \tag{5-19}$$

在笛卡儿坐标系、圆柱坐标系、球坐标系下，流动动能用速度物理分量表示为

$$K = \frac{1}{2}(u^2 + v^2 + w^2) \tag{5-20}$$

$$K = \frac{1}{2}(v^r v^r + v^\theta v^\theta + v^z v^z) \tag{5-21}$$

$$K = \frac{1}{2}(v^R v^R + v^\theta v^\theta + v^\varphi v^\varphi) \tag{5-22}$$

在以上三式中，将速度分量换为湍流脉动速度分量并取雷诺平均，很容易写出湍动能分量形式，不再赘述。

利用绝对矢量内积为绝对标量的性质，流动动能和湍动能皆为绝对标量，单位均为 $\mathrm{m^2/s^2}$。

### 5.2.5　环量与流量

环量 $\Gamma$ 是流动速度 $\mathbf{V}$ 沿着封闭曲线 $\boldsymbol{r}_P$ 方向投影的线积分：

$$\Gamma = \oint \mathbf{V} \cdot \mathrm{d}\boldsymbol{r}_P = \oint \mathbf{V} \cdot \boldsymbol{e}_i \mathrm{d}x^i = \oint V_i \mathrm{d}x^i = \oint g_{ij} V^j \mathrm{d}x^i \tag{5-23}$$

利用流动速度 $\mathbf{V}$ 与位置矢量 $\boldsymbol{r}_P$ 皆为绝对矢量的性质，可知环量为绝对标量，单位为 $\mathrm{m^2/s}$。

质量流量是单位时间通过单位面积的流体质量，单位为 kg/s；体积流量是单位时间通过单位面积的流体体积，单位为 $\mathrm{m^3/s}$。现在分析以空间任意点 $O$ 为角点、以微元线段 $\mathrm{d}x^i\boldsymbol{e}_i$ 为棱边的微元六面控制体(见图 5-1)的质量变化情况。

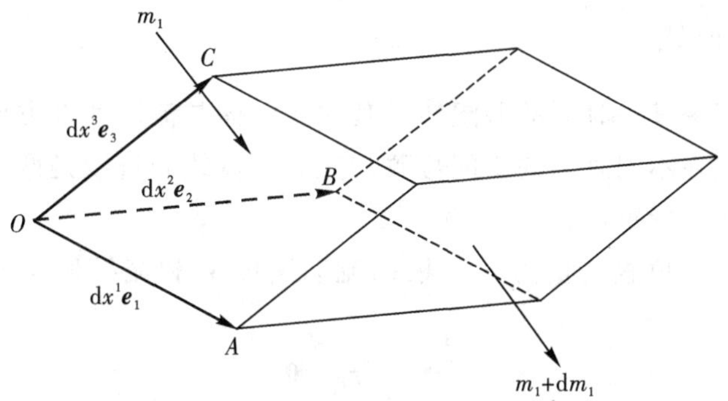


**图 5-1　微元六面控制体质量分析**

对于由 $\mathrm{d}x^2\boldsymbol{e}_2$ 和 $\mathrm{d}x^3\boldsymbol{e}_3$ 为棱边的微元坐标面，流进微元控制体的质量流量为

$$\dot{m}_1 = \rho\mathbf{V} \cdot (\mathrm{d}x^2\boldsymbol{e}_2 \times \mathrm{d}x^3\boldsymbol{e}_3) = \rho\mathbf{V} \cdot \boldsymbol{e}^1\sqrt{g}\,\mathrm{d}x^2\mathrm{d}x^3 = \rho V^1\sqrt{g}\,\mathrm{d}x^2\mathrm{d}x^3 \tag{5-24}$$

流出其对面微元面的质量流量为

$$\dot{m}_1 + \mathrm{d}\dot{m}_1 = \rho V^1\sqrt{g}\,\mathrm{d}x^2\mathrm{d}x^3 + \frac{\partial}{\partial x^1}(\rho V^1\sqrt{g})\mathrm{d}x^1\mathrm{d}x^2\mathrm{d}x^3 \tag{5-25}$$

这样沿着 $x^1$ 坐标线方向上，微元控制体的净流出质量流量为

$$\mathrm{d}\dot{m}_1 = \frac{\partial}{\partial x^1}(\rho V^1\sqrt{g})\mathrm{d}x^1\mathrm{d}x^2\mathrm{d}x^3 \tag{5-26}$$

同理可得沿着 $x^2$，$x^3$ 坐标线方向上，微元控制体的净流出质量流量为

$$\mathrm{d}\dot{m}_2 = \frac{\partial}{\partial x^2}(\rho V^2\sqrt{g})\mathrm{d}x^1\mathrm{d}x^2\mathrm{d}x^3 \tag{5-27}$$

$$\mathrm{d}\dot{m}_3 = \frac{\partial}{\partial x^3}(\rho V^3\sqrt{g})\mathrm{d}x^1\mathrm{d}x^2\mathrm{d}x^3 \tag{5-28}$$

另一方面，微元控制体内的流体质量为

$$\mathrm{d}m = \rho\mathrm{d}v = \rho\mathrm{d}x^1\boldsymbol{e}_1 \cdot (\mathrm{d}x^2\boldsymbol{e}_2 \times \mathrm{d}x^3\boldsymbol{e}_3) = \rho\sqrt{g}\,\mathrm{d}x^1\mathrm{d}x^2\mathrm{d}x^3 \tag{5-29}$$

根据质量守恒定律，通过三对微元面的净流出质量流量与单位时间内微元控制体的流体质量的增加量相互平衡，即

$$\frac{\partial}{\partial t}\left[\rho\sqrt{g}\,\mathrm{d}x^1\mathrm{d}x^2\mathrm{d}x^3\right] + \frac{\partial}{\partial x^i}(\rho V^i\sqrt{g})\mathrm{d}x^1\mathrm{d}x^2\mathrm{d}x^3 = 0 \tag{5-30}$$

利用微元控制体体积 $\sqrt{g}\,\mathrm{d}x^1\mathrm{d}x^2\mathrm{d}x^3$ 不随时间改变的性质，上式两边同时除以微元控制体体积，有

$$\frac{\partial \rho}{\partial t}+\frac{1}{\sqrt{g}}\frac{\partial(\rho V^i\sqrt{g})}{\partial x^i}=0 \tag{5-31}$$

也就是

$$\frac{\partial \rho}{\partial t}+\nabla\cdot\rho\boldsymbol{V}=0 \tag{5-32}$$

式(5-31)与式(5-32)分别是质量守恒方程在任意曲线坐标系下的张量分量形式和张量实体形式。

### 5.2.6 流线与迹线

流线是在流场中某一时刻的假想线，其切线方向与流动速度方向一致。迹线是流场中同一流体质点在不同时刻的空间位置的连线。流线和迹线是两个不同的概念，但在定常流动情况下二者重合。

设流线上任一点位置矢量为 $\boldsymbol{r}_P$，根据流动速度 $\boldsymbol{V}$ 和流线切向 $\mathrm{d}\boldsymbol{r}_P$ 方向一致的性质，有

$$\boldsymbol{V}\times \mathrm{d}\boldsymbol{r}_P=\boldsymbol{0} \tag{5-33}$$

式中，左端展开为

$$V^i\boldsymbol{e}_i\times \mathrm{d}x^j\boldsymbol{e}_j=\sqrt{g}\varepsilon_{ijk}V^i\times \mathrm{d}x^j\boldsymbol{e}^k=\sqrt{g}\begin{vmatrix}\boldsymbol{e}^1 & \boldsymbol{e}^2 & \boldsymbol{e}^3\\ V^1 & V^2 & V^3\\ \mathrm{d}x^1 & \mathrm{d}x^2 & \mathrm{d}x^3\end{vmatrix} \tag{5-34}$$

**0** 矢量的 3 个分量亦为 0，故式(5-33)的 3 个分量方程分别为

$$V^2\mathrm{d}x^3-V^3\mathrm{d}x^2=0$$
$$V^3\mathrm{d}x^1-V^1\mathrm{d}x^3=0$$
$$V^1\mathrm{d}x^2-V^2\mathrm{d}x^1=0$$

即

$$\frac{\mathrm{d}x^1}{V^1}=\frac{\mathrm{d}x^2}{V^2}=\frac{\mathrm{d}x^3}{V^3}$$

式中，$(x^1,\ x^2,\ x^3)$为流线的空间坐标，为求解变量，令上式等于 $\mathrm{d}\tau$，则上式可写为如下一阶常微分方程组

$$\begin{cases}\dfrac{\mathrm{d}x^1}{\mathrm{d}\tau}=V^1(t,\ x^1,\ x^2,\ x^3)\\[2ex] \dfrac{\mathrm{d}x^2}{\mathrm{d}\tau}=V^2(t,\ x^1,\ x^2,\ x^3)\\[2ex] \dfrac{\mathrm{d}x^3}{\mathrm{d}\tau}=V^3(t,\ x^1,\ x^2,\ x^3)\end{cases} \tag{5-35}$$

给定自变量 $\tau=0$ 的流线起始位置坐标 $x^i(0)$，求解上述方程组就可以得到该时刻 $t$ 通过该位置的流线。注意式(5-35)中的 $\tau$ 为常微分方程的自变量，$t$ 为参变量。

同样，设迹线上任一点位置矢量为 $\boldsymbol{r}_P$，根据迹线和速度之间的关系，有

$$\frac{\mathrm{d}\boldsymbol{r}_P}{\mathrm{d}t}=\boldsymbol{V},\qquad \frac{\mathrm{d}x^i}{\mathrm{d}t}=V^i \tag{5-36}$$

即

$$\begin{cases}\dfrac{\mathrm{d}x^1}{\mathrm{d}t}=V^1(t,\ x^1,\ x^2,\ x^3)\\[2ex]\dfrac{\mathrm{d}x^2}{\mathrm{d}t}=V^2(t,\ x^1,\ x^2,\ x^3)\\[2ex]\dfrac{\mathrm{d}x^3}{\mathrm{d}t}=V^3(t,\ x^1,\ x^2,\ x^3)\end{cases} \tag{5-37}$$

其为一阶常微分方程组，给定自变量 $t=0$ 的迹线起始位置坐标 $x^i(0)$，求解上述方程组就可以得到通过该位置的流线。

注意式(5－37)中的 $t$ 是自变量，不仅出现在方程的左端导数项中，还出现在方程的右端项中，故式(5－35)和式(5－37)的解并不相同。但当流动为定常流动时，式(5－35)及式(5－37)右端项均与时间 $t$ 无关，故右端项相同，即迹线方程和流线方程相同，进一步取流线方程 $\tau=0$ 和迹线方程 $t=0$ 的初始条件相同，即过同一空间点 $x^i(0)$，则迹线与流线完全重合。

## 5.2.7　流函数与势函数

无源场和无旋场可分别用矢流函数和标势函数来简化，在二维情况下，矢流函数进一步简化为标流函数。流函数和势函数在流体力学和电动力学中有着重要用途，本节介绍相关概念。

**1. 流函数**

定常流动的连续方程为

$$\nabla\cdot\rho\boldsymbol{V}=0 \tag{5-38}$$

这是一个标量方程，利用张量关系式

$$\nabla\cdot(\nabla\times\boldsymbol{\psi})=\nabla\cdot(\boldsymbol{e}^i\times\nabla_i\psi_j\boldsymbol{e}^j)=\nabla\cdot\left(\boldsymbol{e}^i\times\frac{\partial\psi_j}{\partial x^i}\boldsymbol{e}^j\right)=\nabla\cdot\left(\frac{1}{\sqrt{g}}\varepsilon^{ijk}\frac{\partial\psi_j}{\partial x^i}\boldsymbol{e}_k\right)$$

$$=\varepsilon^{ijk}\frac{1}{\sqrt{g}}\frac{\partial}{\partial x^k}\frac{\partial\psi_j}{\partial x^i}=\frac{1}{\sqrt{g}}\begin{vmatrix}\dfrac{\partial}{\partial x^1} & \dfrac{\partial}{\partial x^2} & \dfrac{\partial}{\partial x^3}\\[2ex]\dfrac{\partial}{\partial x^1} & \dfrac{\partial}{\partial x^2} & \dfrac{\partial}{\partial x^3}\\[2ex]\psi_1 & \psi_2 & \psi_3\end{vmatrix}$$

该行列式前两行元素完全相同，故行列式为 0，成立如下张量恒等式：

$$\nabla\cdot(\nabla\times\boldsymbol{\psi})=0 \tag{5-39}$$

对比式(5－38)、(5－39)可知，定常流动必存在矢量流函数 $\boldsymbol{\psi}$，使得

$$\rho\boldsymbol{V}=\nabla\times\boldsymbol{\psi}=\varepsilon^{ijk}\frac{1}{\sqrt{g}}\frac{\partial\psi_j}{\partial x^i}\boldsymbol{e}_k \tag{5-40}$$

即

$$\rho \boldsymbol{V}=\frac{1}{\sqrt{g}}\begin{vmatrix} \boldsymbol{e}_1 & \boldsymbol{e}_2 & \boldsymbol{e}_3 \\ \dfrac{\partial}{\partial x^1} & \dfrac{\partial}{\partial x^2} & \dfrac{\partial}{\partial x^3} \\ \psi_1 & \psi_2 & \psi_3 \end{vmatrix}$$

这样，原来需要求解三个流动速度分量 $V^i$，在定常流动条件下，可以转换为三个流函数分量 $\psi_i$ 的求解。进一步，在二维流动条件下，不妨设

$$\frac{\partial}{\partial x^3}=0，\psi_3=\psi$$

则

$$\rho \boldsymbol{V}=\frac{1}{\sqrt{g}}\begin{vmatrix} \boldsymbol{e}_1 & \boldsymbol{e}_2 & \boldsymbol{e}_3 \\ \dfrac{\partial}{\partial x^1} & \dfrac{\partial}{\partial x^2} & 0 \\ \psi_1 & \psi_2 & \psi \end{vmatrix}=\frac{1}{\sqrt{g}}\frac{\partial \psi}{\partial x^2}\boldsymbol{e}_1-\frac{1}{\sqrt{g}}\frac{\partial \psi}{\partial x^1}\boldsymbol{e}_2+\left(\frac{1}{\sqrt{g}}\frac{\partial \psi_2}{\partial x^1}-\frac{1}{\sqrt{g}}\frac{\partial \psi_1}{\partial x^2}\right)\boldsymbol{e}_3$$

得到二维流动速度分量为

$$\rho V^1=\frac{1}{\sqrt{g}}\frac{\partial \psi}{\partial x^2}，\quad \rho V^2=-\frac{1}{\sqrt{g}}\frac{\partial \psi}{\partial x^1} \tag{5-41}$$

这样，对于二维定常流动问题，流动速度可以通过一个标量流函数 $\psi$ 来表示。

为了讨论方便，将 $\alpha$，$\beta$ 作为二维流动的指标，于是

$$\rho V^\alpha=\frac{1}{\sqrt{g}}\varepsilon^{\alpha\beta 3}\frac{\partial \psi}{\partial x^\beta}，\quad \frac{\partial \psi}{\partial x^\beta}=\rho\sqrt{g}\,\varepsilon_{\alpha\beta 3}V^\alpha \tag{5-42}$$

$\alpha$，$\beta$ 取值范围均为 1，2。

流函数 $\psi$ 具有如下两个重要性质。

1)等流函数线为流线

流函数的全微分为

$$\mathrm{d}\psi=\frac{\partial \psi}{\partial x^\beta}\mathrm{d}x^\beta=\rho\sqrt{g}\,\varepsilon_{\alpha\beta 3}V^\alpha\mathrm{d}x^\beta \tag{5-43}$$

沿着等流函数线有 $\mathrm{d}\psi=0$，即

$$\varepsilon_{\alpha\beta 3}V^\alpha\mathrm{d}x^\beta=0 \tag{5-44}$$

此即为流线的方程，得证。

2)过任两点间的质量流量等于该两点流函数之差

过 $P$ 点流线的流函数为 $\psi=\psi_P$，过 $Q$ 点流线的流函数为 $\psi=\psi_Q$，过 $P$ 和 $Q$ 两点连线的质量流量为(见图 5-2)

$$\dot{m}=\int_P^Q \rho\boldsymbol{V}\cdot\mathrm{d}\boldsymbol{S}=\int_P^Q \rho\boldsymbol{V}\cdot(\mathrm{d}\boldsymbol{r}\times\boldsymbol{e}_3)=\int_P^Q \rho\sqrt{g}\,\varepsilon_{\alpha\beta 3}V^\alpha\mathrm{d}x^\beta \tag{5-45}$$

利用流速分量与流函数的关系，得

$$\dot{m}=\int_P^Q \frac{\partial \psi}{\partial x^\beta}\mathrm{d}x^\beta=\int_P^Q \mathrm{d}\psi=\psi_Q-\psi_P \tag{5-46}$$

上式只与 $P$ 和 $Q$ 两点的位置有关，与路径无关，得证。

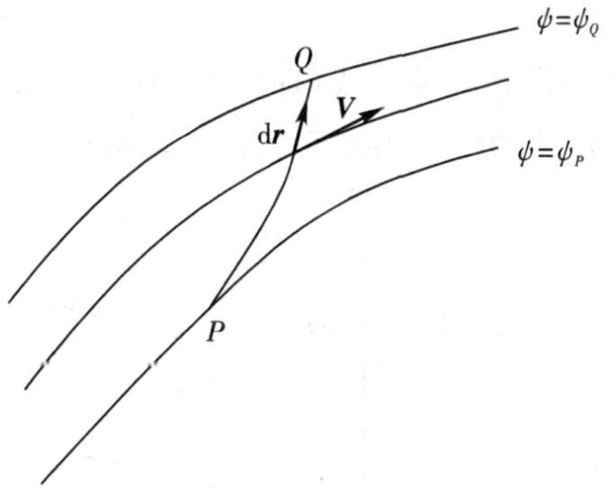


**图 5－2　流量与流函数示意图**

## 2. 势函数

无旋流（即位势流或有势流）的流动速度的旋度处处为 **0**：

$$\nabla\times\mathbf{V}=\mathbf{0} \tag{5-47}$$

这是一个矢量方程，利用张量关系式

$$\nabla\times\nabla\phi=\boldsymbol{e}^i\frac{\partial}{\partial x^i}\times\boldsymbol{e}^j\frac{\partial\phi}{\partial x^j}=\frac{1}{\sqrt{g}}\varepsilon^{ijk}\frac{\partial}{\partial x^i}\frac{\partial\phi}{\partial x^j}\boldsymbol{e}_k=\frac{1}{\sqrt{g}}\begin{vmatrix}\boldsymbol{e}_1 & \boldsymbol{e}_2 & \boldsymbol{e}_3\\ \dfrac{\partial}{\partial x^1} & \dfrac{\partial}{\partial x^2} & \dfrac{\partial}{\partial x^3}\\ \dfrac{\partial\phi}{\partial x^1} & \dfrac{\partial\phi}{\partial x^2} & \dfrac{\partial\phi}{\partial x^3}\end{vmatrix}$$

展开该行列式，并利用二阶求导可以交换求导顺序的性质，可知三个分量均为 0，故行列式为 0，成立如下张量恒等式：

$$\nabla\times\nabla\phi=\mathbf{0} \tag{5-48}$$

对比式(5－47)、(5－48)可知，无旋流必存在速度势函数 $\phi$，使得

$$\mathbf{V}=\nabla\phi \tag{5-49}$$

$$V_i=\frac{\partial\phi}{\partial x^i} \tag{5-50}$$

这样，原来需要求解三个流动速度分量 $V_i$，在无旋流条件下，只需要求解一个速度势函数 $\phi$，流动问题求解将得到极大简化。

势函数 $\phi$ 具有如下两个重要性质。

1)势函数的方向导数等于速度在该方向上的投影

取任意方向为 $\boldsymbol{n}$，该方向的偏导数为

$$\frac{\partial\phi}{\partial n}=\frac{\partial\phi}{\partial x^i}\frac{\partial x^i}{\partial n}=\nabla\phi\cdot\boldsymbol{n}=\mathbf{V}\cdot\boldsymbol{n} \tag{5-51}$$

得证。

2)等势线与流线处处正交

$$\nabla\phi\cdot\nabla\psi=(\boldsymbol{e}^1V_1+\boldsymbol{e}^2V_2)\cdot\rho\sqrt{g}\,(V^2\boldsymbol{e}_1-V^1\boldsymbol{e}_2)=0 \tag{5-52}$$

等势线法向与流线法向处处正交，等势线与流线本身亦处处正交，得证。

**3. 流网**

流网是由二维流场中一簇等流函数线(即流线)和一簇等势函数线交织而成的网络图，在水文学、渗流学、流体力学中用来定性直观地描述流场速度。图 5 - 3 给出了流网示意图。

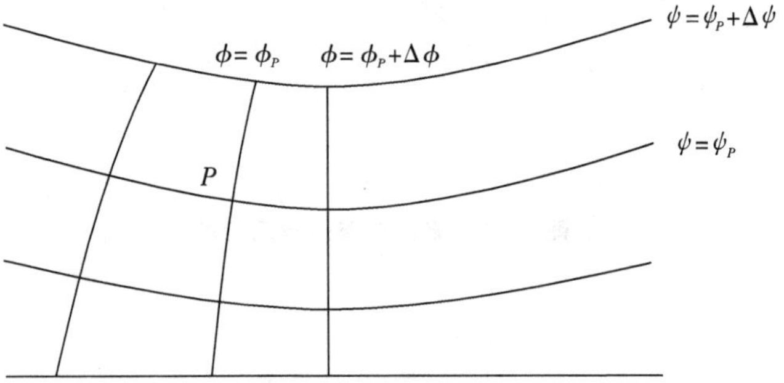


**图 5 - 3 流网示意图**

根据流函数和势函数的性质，流网具有如下两个重要性质。

1)正交网

流线法向与等势线法向相互正交($\nabla\phi\cdot\nabla\psi=0$)，流线与等势线亦正交。

2)网线疏密程度反映了流动速度的大小

设相邻流线的流函数增量为 $\Delta\psi$，即相邻流线之间的流量为 $\Delta\psi$，可知，当相邻流线之间距离越小即流线越密，则流速越大，反之亦然。

设相邻等势线增量为 $\Delta\phi$，由于势函数梯度是流动速度，可知，当相邻等势线之间距离越小，则流速越大，反之亦然。

## 5.3 拉格朗日导数与欧拉导数

在流体运动学中，拉格朗日法通过跟踪每个流体质点的运动轨迹来描述流体运动规律，欧拉法通过场的方法即流场参数的分布来描述流体运动规律，这两种方法通过拉格朗日导数和欧拉导数之间的关系式建立起联系。

拉格朗日导数表示流场中同一流体质点携带的物理量随时间的变化率，经过 $\Delta t$ 时间，所考察的流体质点的四个自变量均变化，其数学表达式为

$$\begin{aligned}\frac{\mathrm{D}\phi}{\mathrm{D}t}=\left.\frac{\mathrm{d}\phi}{\mathrm{d}t}\right|_{质点}&=\lim_{\Delta t\to 0}\left.\frac{\phi(t+\Delta t,\ x^1+\Delta x^1,\ x^2+\Delta x^2,\ x^3+\Delta x^3)-\phi(t,\ x^1,\ x^2,\ x^3)}{\Delta t}\right|_{质点}\\&=\lim_{\Delta t\to 0}\frac{\phi(t+\Delta t,\ x^1+V^1\Delta t,\ x^2+V^2\Delta t,\ x^3+V^3\Delta t)-\phi(t,\ x^1,\ x^2,\ x^3)}{\Delta t}\\&=\frac{\partial\phi}{\partial t}+V^i\frac{\partial\phi}{\partial x^i}\end{aligned}\tag{5-53}$$

式中，下标“质点”表示同一流体质点，因此

$$\frac{\mathrm{D}\phi}{\mathrm{D}t}=\frac{\partial\phi}{\partial t}+\mathbf{V}\cdot\nabla\phi \tag{5-54}$$

式中，左端为拉格朗日导数，即随体导数、物质导数；右端第一项为欧拉导数，即局部导数，第二项为迁移导数。

欧拉导数表示同一空间点处流动物理量随时间的变化率，经过 $\Delta t$ 时间，所考察的空间点固定不动，故

$$\frac{\partial\phi}{\partial t}=\left.\frac{\partial\phi}{\partial t}\right|_{x^i}=\lim_{\Delta t\to 0}\left.\frac{\phi(t+\Delta t,\ x^1,\ x^2,\ x^3)-\phi(t,\ x^1,\ x^2,\ x^3)}{\Delta t}\right|_{x^i} \tag{5-55}$$

式中，下标 $x^i$ 表示同一空间坐标，即三个空间自变量不变化。

可见，拉格朗日导数是同一个流体质点的物理量随时间的变化率，欧拉导数是同一个空间点的物理量随时间的变化率，二者相差迁移导数项。需要注意的是式(5-54)中的物理量 $\phi$ 可以是任意张量，包括标量、矢量及高阶张量。

在笛卡儿、圆柱及球坐标系下的拉格朗日导数分别为

$$\frac{\mathrm{D}\phi}{\mathrm{D}t}=\frac{\partial\phi}{\partial t}+u\frac{\partial\phi}{\partial x}+v\frac{\partial\phi}{\partial y}+w\frac{\partial\phi}{\partial z} \tag{5-56}$$

$$\frac{\mathrm{D}\phi}{\mathrm{D}t}=\frac{\partial\phi}{\partial t}+v^r\frac{\partial\phi}{\partial r}+v^\theta\frac{\partial\phi}{r\,\partial\theta}+v^z\frac{\partial\phi}{\partial z} \tag{5-57}$$

$$\frac{\mathrm{D}\phi}{\mathrm{D}t}=\frac{\partial\phi}{\partial t}+v^R\frac{\partial\phi}{\partial R}+v^\theta\frac{\partial\phi}{R\,\partial\theta}+v^\varphi\frac{\partial\phi}{R\sin\theta\,\partial\varphi} \tag{5-58}$$

**例 5-1**　强度为 $\Gamma'$ 的线涡诱导出的流动速度为 $v_r=0$，$v_\theta=\dfrac{\Gamma'}{2\pi r}$，$v_z=0$，求该流动的位移张量、变形率张量、旋转率张量、速度散度、速度旋度和加速度，并判断该流动是否为不可压缩无旋流动。

**解**：位移张量为

$$(D_{ij})=\begin{pmatrix}\dfrac{\partial v_r}{\partial r} & \dfrac{\partial v_r}{r\,\partial\theta}-\dfrac{v_\theta}{r} & \dfrac{\partial v_r}{\partial z}\\[2mm] \dfrac{\partial v_\theta}{\partial r} & \dfrac{\partial v_\theta}{r\,\partial\theta}+\dfrac{v_r}{r} & \dfrac{\partial v_\theta}{\partial z}\\[2mm] \dfrac{\partial v_z}{\partial r} & \dfrac{\partial v_z}{r\,\partial\theta} & \dfrac{\partial v_z}{\partial z}\end{pmatrix}=\begin{pmatrix}0 & -\dfrac{\Gamma'}{2\pi r^2} & 0\\[2mm] -\dfrac{\Gamma'}{2\pi r^2} & 0 & 0\\[2mm] 0 & 0 & 0\end{pmatrix}$$

变形率张量为

$$(S_{ij})=\frac{1}{2}(D_{ij}+D_{ji})=\begin{pmatrix}0 & -\dfrac{\Gamma'}{2\pi r^2} & 0\\[2mm] -\dfrac{\Gamma'}{2\pi r^2} & 0 & 0\\[2mm] 0 & 0 & 0\end{pmatrix}$$

故为剪切变形流动。

旋转率张量为

$$(\Omega_{ij})=\frac{1}{2}(D_{ij}-D_{ji})=\begin{pmatrix}0 & 0 & 0\\ 0 & 0 & 0\\ 0 & 0 & 0\end{pmatrix}$$

故为无旋流动。

速度散度为

$$\nabla\cdot\mathbf{V}=\frac{1}{r}\left(\frac{\partial rv_r}{\partial r}+\frac{\partial v_\theta}{\partial\theta}+\frac{\partial rv_z}{\partial z}\right)=0$$

故为不可压缩流动。

速度旋度为

$$\nabla\times\mathbf{V}=\frac{1}{r}\begin{vmatrix}\boldsymbol{l}_r & r\boldsymbol{l}_\theta & \boldsymbol{l}_z\\ \dfrac{\partial}{\partial r} & \dfrac{\partial}{\partial\theta} & \dfrac{\partial}{\partial z}\\ v_r & v_\theta r & v_z\end{vmatrix}=\mathbf{0}$$

故为无旋流动。

加速度为

$$\frac{\mathrm{D}\mathbf{V}}{\mathrm{D}t}=\left(\frac{\mathrm{D}v_r}{\mathrm{D}t}-\frac{v_\theta^2}{r}\right)\boldsymbol{l}_r+\frac{\mathrm{D}v_\theta r}{r\mathrm{D}t}\boldsymbol{l}_\theta+\frac{\mathrm{D}v_z}{\mathrm{D}t}\boldsymbol{l}_z=-\frac{\Gamma^2}{(2\pi)^2r^3}\boldsymbol{l}_r$$

故为向心加速度。

解毕。

## 5.4 流动方程的张量形式

在第 2 章中，我们在笛卡儿坐标系下利用张量方法，通过研究任意流体微元系统 $\delta\nu$ 的质量、动量、能量守恒定律，得到了流动方程的张量形式，其中用到了流体系统的单位体积膨胀率等于流动速度的散度这一结论。下面证明该结论在任意曲线坐标系下也成立，如是，则笛卡儿坐标下推导出的流动方程张量形式，在任意曲线坐标系下也成立。

设以空间任意点为角点、以微元流体线段 $\delta x^i\boldsymbol{e}_i$ 为棱边组成的微元六面体系统为 $\delta\nu$，则单位体积微元系统的体积膨胀率为

$$\begin{aligned}\frac{\mathrm{D}\delta\nu}{\delta\nu\mathrm{D}t}&=\frac{1}{\sqrt{g}\,\delta x^1\delta x^2\delta x^3}\frac{\mathrm{D}(\sqrt{g}\,\delta x^1\delta x^2\delta x^3)}{\mathrm{D}t}=\frac{\mathrm{D}\sqrt{g}}{\sqrt{g}\,\mathrm{D}t}+\frac{\mathrm{D}\delta x^i}{\delta x^i\mathrm{D}t}\\&=\frac{1}{\sqrt{g}}\left(\frac{\partial\sqrt{g}}{\partial t}+V^i\frac{\partial\sqrt{g}}{\partial x^i}\right)+\frac{\partial V^i}{\partial x^i}=\frac{1}{\sqrt{g}}V^i\frac{\partial\sqrt{g}}{\partial x^i}+\frac{\partial V^i}{\partial x^i}=\frac{1}{\sqrt{g}}\frac{\partial(\sqrt{g}V^i)}{\partial x^i}\end{aligned}$$

式中，右端为流动速度的散度，故

$$\frac{\mathrm{D}\delta\nu}{\delta\nu\mathrm{D}t}=\nabla\cdot\mathbf{V}\tag{5-59}$$

在上式推导中利用了坐标基矢量围成的体积$\sqrt{g}$是空间自变量的函数即不随时间变化的性质，如圆柱坐标系下$\sqrt{g}=r$与时间无关。此外还用到了如下运动学张量公式：

$$\frac{\mathrm{D}\delta x^i}{\delta x^i\mathrm{D}t}=\frac{\partial V^i}{\partial x^i}\tag{5-60}$$

下面将首先给出流体力学方程的张量实体形式，然后给出其在任意曲线坐标系下

的张量分量形式。

### 5.4.1　连续方程

流体连续方程是质量守恒定律的数学表示，在任意曲线坐标系下，利用拉格朗日法分析微元系统 $\delta\nu$ 的质量守恒定律，可得如下连续方程的非守恒型形式：

$$\frac{\mathrm{D}\rho}{\mathrm{D}t}+\rho\,\nabla\cdot\boldsymbol{V}=0 \tag{5-61}$$

利用拉格朗日导数与欧拉导数之间的关系式，上式可写成

$$\frac{\partial\rho}{\partial t}+\boldsymbol{V}\cdot\nabla\rho+\rho\,\nabla\cdot\boldsymbol{V}=0$$

合并后两项，得到连续方程的守恒型形式为

$$\frac{\partial\rho}{\partial t}+\nabla\cdot\rho\boldsymbol{V}=0 \tag{5-62}$$

事实上，利用微元系统 $\delta\nu$ 的拉格朗日分析法直接得到的是非守恒型形式，利用流体微元控制体 $\delta\nu$ 的欧拉分析法直接得到的是守恒型形式，二者利用拉格朗日导数和欧拉导数之间的关系可以相互转换。

非守恒型及守恒型连续方程的张量分量形式分别为

$$\frac{\mathrm{D}\rho}{\mathrm{D}t}+\rho\frac{1}{\sqrt{g}}\frac{\partial(\sqrt{g}V^i)}{\partial x^i}=0 \tag{5-63}$$

$$\frac{\partial\rho}{\partial t}+\frac{1}{\sqrt{g}}\frac{\partial(\sqrt{g}\rho V^i)}{\partial x^i}=0 \tag{5-64}$$

### 5.4.2　动量方程

动量方程本质上是牛顿第二定律的数学表示，其非守恒型形式为

$$\rho\frac{\mathrm{D}\boldsymbol{V}}{\mathrm{D}t}=\rho\boldsymbol{f}+\nabla\cdot\boldsymbol{P} \tag{5-65}$$

利用拉格朗日导数和欧拉导数之间的关系式，上式可写成

$$\rho\left(\frac{\partial\boldsymbol{V}}{\partial t}+\boldsymbol{V}\cdot\nabla\boldsymbol{V}\right)=\rho\boldsymbol{f}+\nabla\cdot\boldsymbol{P} \tag{5-66}$$

将连续方程式(5-62)乘以 $\boldsymbol{V}$，并与上式相加可得

$$\frac{\partial\rho}{\partial t}\boldsymbol{V}+(\nabla\cdot\rho\boldsymbol{V})\boldsymbol{V}+\rho\frac{\partial\boldsymbol{V}}{\partial t}+\rho\boldsymbol{V}\cdot\nabla\boldsymbol{V}=\rho\boldsymbol{f}+\nabla\cdot\boldsymbol{P}$$

得到动量方程的守恒型形式为

$$\frac{\partial\rho\boldsymbol{V}}{\partial t}+\nabla\cdot\rho\boldsymbol{V}\boldsymbol{V}=\rho\boldsymbol{f}+\nabla\cdot\boldsymbol{P} \tag{5-67}$$

非守恒型与守恒型动量方程的张量分量形式分别为

$$\rho\left(\frac{\mathrm{D}V^i}{\mathrm{D}t}+V^jV^k\Gamma^i_{jk}\right)=\rho f^i+\frac{1}{\sqrt{g}}\frac{\partial\sqrt{g}P^{ki}}{\partial x^k}+P^{kj}\Gamma^i_{jk} \tag{5-68}$$

$$\frac{\partial\rho V^i}{\partial t}+\frac{1}{\sqrt{g}}\frac{\partial\sqrt{g}\rho V^kV^i}{\partial x^k}+\rho V^jV^k\Gamma^i_{jk}=\rho f^i+\frac{1}{\sqrt{g}}\frac{\partial\sqrt{g}P^{ki}}{\partial x^k}+P^{kj}\Gamma^i_{jk} \tag{5-69}$$

### 5.4.3 能量方程

在气动热力学中，能量方程本质上是热力学第一定律的数学表示，其非守恒型形式为

$$\rho\frac{\mathrm{D}}{\mathrm{D}t}\left(e+\frac{1}{2}\boldsymbol{V}\cdot\boldsymbol{V}\right)=\rho\boldsymbol{f}\cdot\boldsymbol{V}+\nabla\cdot(\boldsymbol{P}\cdot\boldsymbol{V})+\nabla\cdot k\,\nabla T+\rho\,\dot{q} \tag{5-70}$$

守恒型形式为

$$\frac{\partial}{\partial t}\rho\left(e+\frac{1}{2}\boldsymbol{V}\cdot\boldsymbol{V}\right)+\nabla\cdot\rho\boldsymbol{V}\left(e+\frac{1}{2}\boldsymbol{V}\cdot\boldsymbol{V}\right)=\rho\boldsymbol{f}\cdot\boldsymbol{V}+\nabla\cdot(\boldsymbol{P}\cdot\boldsymbol{V})+\nabla\cdot k\,\nabla T+\rho\,\dot{q} \tag{5-71}$$

非守恒型与守恒型能量方程的张量分量形式分别为

$$\begin{aligned}\rho\frac{\mathrm{D}}{\mathrm{D}t}\left(e+\frac{1}{2}g_{ij}V^iV^j\right)=&\rho g_{ij}f^iV^j+\frac{1}{\sqrt{g}}\frac{\partial}{\partial x^i}(\sqrt{g}P^{ij}g_{jk}V^k)+\\&\frac{1}{\sqrt{g}}\frac{\partial}{\partial x^i}\left(\sqrt{g}g^{ij}k\,\frac{\partial T}{\partial x^j}\right)+\rho\,\dot{q}\end{aligned} \tag{5-72}$$

$$\begin{aligned}&\frac{\partial}{\partial t}\rho\left(e+\frac{1}{2}g_{ij}V^iV^j\right)+\frac{1}{\sqrt{g}}\frac{\partial}{\partial x^k}\sqrt{g}\rho V^k\left(e+\frac{1}{2}g_{ij}V^iV^j\right)\\&=\rho g_{ij}f^iV^j+\frac{1}{\sqrt{g}}\frac{\partial}{\partial x^i}(\sqrt{g}P^{ij}g_{jk}V^k)+\frac{1}{\sqrt{g}}\frac{\partial}{\partial x^i}\left(\sqrt{g}g^{ij}k\,\frac{\partial T}{\partial x^j}\right)+\rho\,\dot{q}\end{aligned} \tag{5-73}$$

### 5.4.4 熵方程

熵方程是热力学第二定律的数学表示，其非守恒型的张量形式为

$$\rho T\frac{\mathrm{D}s}{\mathrm{D}t}=\Phi+\nabla\cdot k\,\nabla T+\rho\,\dot{q} \tag{5-74}$$

其张量分量形式为

$$\rho T\frac{\mathrm{D}s}{\mathrm{D}t}=\Phi+\frac{1}{\sqrt{g}}\frac{\partial}{\partial x^i}\left(\sqrt{g}g^{ij}k\,\frac{\partial T}{\partial x^j}\right)+\rho\,\dot{q} \tag{5-75}$$

式中，$\Phi=\boldsymbol{\tau}:\boldsymbol{S}$ 为耗散函数，与黏性有关。对于无黏绝热流动，上式右端三项均为 0，为等熵流动，即

$$\frac{\mathrm{D}s}{\mathrm{D}t}=0 \tag{5-76}$$

### 5.4.5 状态方程

状态方程描述流体热力学状态参数之间的关系，二元热力学系统有两个独立的热力学状态参数，其他参数可用这两个独立参数来计算，如

$$p=p(\rho,\ T) \tag{5-77}$$

对于完全气体，上述方程简化成克拉佩龙方程：

$$p=\rho RT \tag{5-78}$$

其他热力学状态参数，如焓和熵，可用相应热力学关系式计算。

### 5.4.6　本构方程

本构方程描述的是连续介质表面力参数与运动学参数之间关系，对于线性流体，本构方程的张量实体形式为

$$\boldsymbol{P}=-p\boldsymbol{I}+\boldsymbol{E}\cdot\cdot\boldsymbol{S} \tag{5-79}$$

式中，$\boldsymbol{P}$ 为二阶应力张量；$p$ 为静压力；$\boldsymbol{I}$ 为二阶单位张量；$\boldsymbol{E}$ 为四阶黏性张量；$\boldsymbol{S}$ 为二阶变形率张量。

牛顿流体假设黏性张量为四阶各向同性对称张量，可以用两个独立物性参数来表示，即第一动力黏性系数 $\mu$ 及第二动力黏性系数 $\lambda$，这样，牛顿流体本构方程的张量分量形式为

$$\begin{aligned}P^{ij}&=-pg^{ij}+E^{ijkl}S_{kl}\\&=-pg^{ij}+\lambda g^{ij}g^{kl}S_{kl}+\mu(g^{ik}g^{jl}+g^{il}g^{jk})S_{kl}\\&=-pg^{ij}+\lambda g^{ij}S_k^k+\mu(S^{ij}+S^{ji})\\&=-pg^{ij}+\lambda g^{ij}S_k^k+2\mu S^{ij}\end{aligned} \tag{5-80}$$

斯托克斯流体进一步假设平均法应力为静压力，即

$$P_i^i=-3p$$

则

$$\lambda=-\frac{2}{3}\mu \tag{5-81}$$

综上，牛顿-斯托克斯流体本构方程的张量分量形式为

$$P^{ij}=-pg^{ij}-\frac{2}{3}\mu g^{ij}S_k^k+2\mu S^{ij} \tag{5-82}$$

其张量实体形式为

$$\boldsymbol{P}=-\left(p+\frac{2}{3}\mu\,\nabla\cdot\boldsymbol{V}\right)\boldsymbol{I}+2\mu\boldsymbol{S} \tag{5-83}$$

### 5.4.7　几何方程

流体几何方程是运动学关系式，描述变形率张量与流动速度之间的关系，根据变形率张量的定义，几何方程的张量实体形式为

$$\boldsymbol{S}=\frac{1}{2}[\nabla\boldsymbol{V}+(\nabla\boldsymbol{V})^{\mathrm{T}}] \tag{5-84}$$

其张量分量形式为

$$S^{ij}=\frac{1}{2}(\nabla^iV^j+\nabla^jV^i) \tag{5-85}$$

在流体力学中，基本方程包括连续方程、动量方程和能量方程，基本求解变量为速度 $\boldsymbol{V}$、密度 $\rho$ 和温度 $T$，其他流动参数可用简单代数或微分运算式求出，故方程组封闭，结合适定的定解条件，可求理论解或数值解。

# 5.5 势函数与流函数方程

## 5.5.1 势函数方程

下面推导定常可压缩无黏绝热无旋流动的势函数方程，在这些假设条件下，流动方程如下：

连续方程：

$$\rho \nabla \cdot \boldsymbol{V} + \boldsymbol{V} \cdot \nabla \rho = 0 \tag{5-86}$$

动量方程：

$$\nabla p + \rho \nabla \frac{\boldsymbol{V}^2}{2} = 0 \tag{5-87}$$

等熵方程的音速形式：

$$\nabla p = a^2 \nabla \rho \tag{5-88}$$

注意在上述假设条件下，时间导数项为 0，黏性应力项为 0，能量方程简化为等熵方程，即式(5-88)。

将等熵方程(5-88)代入动量方程(5-87)可消去压力梯度项，进而将动量方程代入连续方程(5-86)可消去密度梯度项，这样得到关于速度的标量方程为

$$\nabla \cdot \boldsymbol{V} - \frac{1}{a^2} \boldsymbol{V} \cdot \nabla \frac{\boldsymbol{V}^2}{2} = 0 \tag{5-89}$$

利用速度势，将上式写成势函数方程的张量实体形式：

$$\nabla \cdot \nabla \phi - \frac{1}{2a^2} \nabla \phi \cdot \nabla (\nabla \phi \cdot \nabla \phi) = 0 \tag{5-90}$$

其张量分量形式为

$$\frac{1}{\sqrt{g}} \frac{\partial}{\partial x^i}\left(\sqrt{g} g^{ij} \frac{\partial \phi}{\partial x^j}\right) - \frac{1}{2a^2} g^{ij} \frac{\partial \phi}{\partial x^i} \frac{\partial}{\partial x^j}\left(g^{kl} \frac{\partial \phi}{\partial x^k} \frac{\partial \phi}{\partial x^l}\right) = 0 \tag{5-91}$$

在圆柱坐标系下，式(5-90)中的两项分别展开为

$$\nabla \cdot \nabla \phi = \frac{1}{r} \frac{\partial}{\partial r} r \frac{\partial \phi}{\partial r} + \frac{1}{r} \frac{\partial}{\partial \theta} \frac{1}{r} \frac{\partial \phi}{\partial \theta} + \frac{1}{r} \frac{\partial}{\partial z} r \frac{\partial \phi}{\partial z} = \frac{\partial^2 \phi}{\partial r^2} + \frac{1}{r} \frac{\partial \phi}{\partial r} + \frac{1}{r^2} \frac{\partial^2 \phi}{\partial \theta^2} + \frac{\partial^2 \phi}{\partial z^2} \tag{5-92}$$

$$\begin{aligned}
\nabla \phi \cdot \nabla (\nabla \phi \cdot \nabla \phi) &= \frac{\partial \phi}{\partial r} \frac{\partial}{\partial r}(\nabla \phi \cdot \nabla \phi) + \frac{1}{r^2} \frac{\partial \phi}{\partial \theta} \frac{\partial}{\partial \theta}(\nabla \phi \cdot \nabla \phi) + \frac{\partial \phi}{\partial z} \frac{\partial}{\partial z}(\nabla \phi \cdot \nabla \phi) \\
&= \frac{\partial \phi}{\partial r} \frac{\partial}{\partial r}\left[\left(\frac{\partial \phi}{\partial r}\right)^2 + \frac{1}{r^2}\left(\frac{\partial \phi}{\partial \theta}\right)^2 + \left(\frac{\partial \phi}{\partial z}\right)^2\right] + \\
&\quad \frac{1}{r^2} \frac{\partial \phi}{\partial \theta} \frac{\partial}{\partial \theta}\left[\left(\frac{\partial \phi}{\partial r}\right)^2 + \frac{1}{r^2}\left(\frac{\partial \phi}{\partial \theta}\right)^2 + \left(\frac{\partial \phi}{\partial z}\right)^2\right] + \\
&\quad \frac{\partial \phi}{\partial z} \frac{\partial}{\partial z}\left[\left(\frac{\partial \phi}{\partial r}\right)^2 + \frac{1}{r^2}\left(\frac{\partial \phi}{\partial \theta}\right)^2 + \left(\frac{\partial \phi}{\partial z}\right)^2\right]
\end{aligned} \tag{5-93}$$

将上两式代入式(5 - 90)，并展开之，得

$$\begin{aligned}&\frac{\partial^2\phi}{\partial r^2}+\frac{1}{r}\frac{\partial\phi}{\partial r}+\frac{1}{r^2}\frac{\partial^2\phi}{\partial\theta^2}+\frac{\partial^2\phi}{\partial z^2}-\\&\frac{1}{a^2}\left(\frac{\partial\phi}{\partial r}\right)^2\frac{\partial^2\phi}{\partial r^2}-\frac{1}{a^2r^2}\frac{\partial\phi}{\partial r}\frac{\partial\phi}{\partial\theta}\frac{\partial^2\phi}{\partial r\,\partial\theta}+\frac{1}{a^2r^3}\left(\frac{\partial\phi}{\partial\theta}\right)^2\frac{\partial\phi}{\partial r}-\frac{1}{a^2}\frac{\partial\phi}{\partial r}\frac{\partial\phi}{\partial z}\frac{\partial^2\phi}{\partial r\,\partial z}-\\&\frac{1}{a^2r^2}\frac{\partial\phi}{\partial\theta}\frac{\partial\phi}{\partial r}\frac{\partial^2\phi}{\partial r\,\partial\theta}-\frac{1}{a^2r^4}\left(\frac{\partial\phi}{\partial\theta}\right)^2\frac{\partial^2\phi}{\partial\theta^2}-\frac{1}{a^2r^2}\frac{\partial\phi}{\partial\theta}\frac{\partial\phi}{\partial z}\frac{\partial^2\phi}{\partial z\,\partial\theta}-\\&\frac{1}{a^2}\frac{\partial\phi}{\partial z}\frac{\partial\phi}{\partial r}\frac{\partial^2\phi}{\partial z\,\partial r}-\frac{1}{a^2r^2}\frac{\partial\phi}{\partial z}\frac{\partial\phi}{\partial\theta}\frac{\partial^2\phi}{\partial z\,\partial\theta}-\frac{1}{a^2}\left(\frac{\partial\phi}{\partial z}\right)^2\frac{\partial^2\phi}{\partial z^2}=0\end{aligned}\tag{5-94}$$

再经过整理合并，得到圆柱坐标系下势函数方程的简洁形式：

$$\begin{aligned}&\left[1-\frac{1}{a^2}\left(\frac{\partial\phi}{\partial r}\right)^2\right]\frac{\partial^2\phi}{\partial r^2}+\left[1-\frac{1}{a^2}\left(\frac{\partial\phi}{r\,\partial\theta}\right)^2\right]\frac{\partial^2\phi}{r^2\,\partial\theta^2}+\left[1-\frac{1}{a^2}\left(\frac{\partial\phi}{\partial z}\right)^2\right]\frac{\partial^2\phi}{\partial z^2}-\\&\frac{2}{a^2r^2}\frac{\partial\phi}{\partial r}\frac{\partial\phi}{\partial\theta}\frac{\partial^2\phi}{\partial r\,\partial\theta}-\frac{2}{a^2}\frac{\partial\phi}{\partial r}\frac{\partial\phi}{\partial z}\frac{\partial^2\phi}{\partial r\,\partial z}-\frac{2}{a^2r^2}\frac{\partial\phi}{\partial\theta}\frac{\partial\phi}{\partial z}\frac{\partial^2\phi}{\partial z\,\partial\theta}+\\&\frac{1}{r}\frac{\partial\phi}{\partial r}\left[1+\frac{1}{a^2r^2}\left(\frac{\partial\phi}{\partial\theta}\right)^2\right]=0\end{aligned}\tag{5-95}$$

同理，可以得到笛卡儿坐标系下的势函数方程：

$$\begin{aligned}&\left[1-\frac{1}{a^2}\left(\frac{\partial\phi}{\partial x}\right)^2\right]\frac{\partial^2\phi}{\partial x^2}+\left[1-\frac{1}{a^2}\left(\frac{\partial\phi}{\partial y}\right)^2\right]\frac{\partial^2\phi}{\partial y^2}+\left[1-\frac{1}{a^2}\left(\frac{\partial\phi}{\partial z}\right)^2\right]\frac{\partial^2\phi}{\partial z^2}-\\&\frac{2}{a^2}\frac{\partial\phi}{\partial x}\frac{\partial\phi}{\partial y}\frac{\partial^2\phi}{\partial x\,\partial y}-\frac{2}{a^2}\frac{\partial\phi}{\partial x}\frac{\partial\phi}{\partial z}\frac{\partial^2\phi}{\partial x\,\partial z}-\frac{2}{a^2}\frac{\partial\phi}{\partial y}\frac{\partial\phi}{\partial z}\frac{\partial^2\phi}{\partial y\,\partial z}=0\end{aligned}\tag{5-96}$$

其为二阶非线性偏微分方程，其方程类型与流动速度大小有关。结合适定的边界条件，通过求解该方程可以得到流场的势函数，进而得到速度场及其他流动参数。

与音速 $a$ 有关项是从可压缩项 $\boldsymbol{V}\cdot\nabla\rho$ 的展开式得到的。对于不可压缩流动，式(5 - 95)～(5 - 96)方程方括号中的系数趋于 1，其余项趋于 0，可得圆柱坐标系和笛卡儿坐标系下定常不可压缩无黏绝热无旋流动的势函数方程为

$$\frac{\partial^2\phi}{\partial r^2}+\frac{\partial^2\phi}{r^2\,\partial\theta^2}+\frac{\partial^2\phi}{\partial z^2}+\frac{1}{r}\frac{\partial\phi}{\partial r}=0\tag{5-97}$$

$$\frac{\partial^2\phi}{\partial x^2}+\frac{\partial^2\phi}{\partial y^2}+\frac{\partial^2\phi}{\partial z^2}=0\tag{5-98}$$

上两个方程均为拉普拉斯方程，其张量实体形式为

$$\nabla\cdot\nabla\phi=0\tag{5-99}$$

### 5.5.2 流函数方程

下面推导二维定常可压缩无黏绝热无旋流动的流函数方程。

对于二维定常流动，由连续方程定义流函数 $\psi$：

$$V^\alpha=\varepsilon^{\alpha\beta3}\frac{1}{\rho\sqrt{g}}\frac{\partial\psi}{\partial x^\beta}\tag{5-100}$$

$$V_\nu=g_{\nu\alpha}V^\alpha=\varepsilon^{\alpha\beta3}\frac{g_{\nu\alpha}}{\rho\sqrt{g}}\frac{\partial\psi}{\partial x^\beta}\tag{5-101}$$

由无旋流动条件$\nabla\times\mathbf{V}=\mathbf{0}$，得

$$\varepsilon^{\mu\nu3}\frac{1}{\sqrt{g}}\frac{\partial V_\nu}{\partial x^\mu}=0 \tag{5-102}$$

将以流函数表示的速度分量代入上式，得

$$\varepsilon^{\mu\nu3}\varepsilon^{\alpha\beta3}\frac{1}{\sqrt{g}}\frac{\partial}{\partial x^\mu}\left(\frac{g_{\nu\alpha}}{\rho\sqrt{g}}\frac{\partial\psi}{\partial x^\beta}\right)=0 \tag{5-103}$$

利用置换符号与克罗内克符号之间的恒等式$\varepsilon^{\mu\nu3}\varepsilon^{\alpha\beta3}=\delta^{\mu\alpha}\delta^{\nu\beta}-\delta^{\mu\beta}\delta^{\nu\alpha}$，可将上式写成

$$(\delta^{\mu\alpha}\delta^{\nu\beta}-\delta^{\mu\beta}\delta^{\nu\alpha})\frac{1}{\sqrt{g}}\frac{\partial}{\partial x^\mu}\left(\frac{g_{\nu\alpha}}{\rho\sqrt{g}}\frac{\partial\psi}{\partial x^\beta}\right)=0$$

即

$$\frac{1}{\sqrt{g}}\frac{\partial}{\partial x^\alpha}\left(\frac{g_{\beta\alpha}}{\rho\sqrt{g}}\frac{\partial\psi}{\partial x^\beta}\right)-\frac{1}{\sqrt{g}}\frac{\partial}{\partial x^\beta}\left(\frac{g_{\alpha\alpha}}{\rho\sqrt{g}}\frac{\partial\psi}{\partial x^\beta}\right)=0 \tag{5-104}$$

为了将上式写成关于$\psi$的方程，需将密度$\rho$的偏导数分离出来：

$$\frac{1}{\sqrt{g}}\frac{\partial}{\partial x^\alpha}\left(\frac{g_{\alpha\beta}}{\sqrt{g}}\frac{\partial\psi}{\partial x^\beta}\right)-\frac{1}{\sqrt{g}}\frac{\partial}{\partial x^\beta}\left(\frac{g_{\alpha\alpha}}{\sqrt{g}}\frac{\partial\psi}{\partial x^\beta}\right)-\left(\frac{g_{\alpha\beta}}{g}\frac{\partial\psi}{\partial x^\alpha}-\frac{g_{\alpha\alpha}}{g}\frac{\partial\psi}{\partial x^\beta}\right)\frac{1}{\rho}\frac{\partial\rho}{\partial x^\beta}=0 \tag{5-105}$$

再利用无黏动量方程、音速方程：

$$\nabla p+\rho\nabla\frac{\mathbf{V}^2}{2}=0$$

$$\nabla p=a^2\nabla\rho$$

即

$$\frac{1}{\rho}\nabla\rho+\frac{1}{a^2}\nabla\frac{\mathbf{V}^2}{2}=0 \tag{5-106}$$

有

$$\frac{1}{\rho}\frac{\partial\rho}{\partial x^\beta}=-\frac{1}{a^2}\frac{\partial}{\partial x^\beta}\frac{\mathbf{V}^2}{2} \tag{5-107}$$

式中，$\mathbf{V}$可利用流函数表示成

$$\begin{aligned}\frac{\mathbf{V}^2}{2}&=\frac{1}{2}g_{\mu\nu}V^\mu V^\nu=\frac{1}{2}g_{\mu\nu}\varepsilon^{\mu\alpha3}\frac{1}{\rho\sqrt{g}}\frac{\partial\psi}{\partial x^\alpha}\varepsilon^{\nu\gamma3}\frac{1}{\rho\sqrt{g}}\frac{\partial\psi}{\partial x^\gamma}\\&=\frac{1}{2}\varepsilon^{\mu\alpha3}\varepsilon^{\nu\gamma3}g_{\mu\nu}\frac{1}{\rho^2 g}\frac{\partial\psi}{\partial x^\alpha}\frac{\partial\psi}{\partial x^\gamma}\end{aligned} \tag{5-108}$$

$$\frac{\partial}{\partial x^\beta}\frac{\mathbf{V}^2}{2}=\frac{1}{\rho^2}\frac{\partial}{\partial x^\beta}\left(\frac{1}{2}\varepsilon^{\mu\alpha3}\varepsilon^{\nu\gamma3}g_{\mu\nu}\frac{1}{g}\frac{\partial\psi}{\partial x^\alpha}\frac{\partial\psi}{\partial x^\gamma}\right)-\frac{1}{\rho^3}\left(\varepsilon^{\mu\alpha3}\varepsilon^{\nu\gamma3}g_{\mu\nu}\frac{1}{g}\frac{\partial\psi}{\partial x^\alpha}\frac{\partial\psi}{\partial x^\gamma}\right)\frac{\partial\rho}{\partial x^\beta} \tag{5-109}$$

这样有

$$\begin{aligned}\frac{1}{\rho}\frac{\partial\rho}{\partial x^\beta}=&-\frac{1}{2}\frac{1}{a^2}\frac{1}{\rho^2}\frac{\partial}{\partial x^\beta}\left(g_{\mu\mu}\frac{1}{g}\frac{\partial\psi}{\partial x^\gamma}\frac{\partial\psi}{\partial x^\gamma}-g_{\mu\gamma}\frac{1}{g}\frac{\partial\psi}{\partial x^\gamma}\frac{\partial\psi}{\partial x^\mu}\right)+\\&\frac{1}{a^2}\frac{1}{\rho^3}\left(g_{\mu\mu}\frac{1}{g}\frac{\partial\psi}{\partial x^\gamma}\frac{\partial\psi}{\partial x^\gamma}-g_{\mu\gamma}\frac{1}{g}\frac{\partial\psi}{\partial x^\gamma}\frac{\partial\psi}{\partial x^\mu}\right)\frac{\partial\rho}{\partial x^\beta}\end{aligned} \tag{5-110}$$

因此

$$\frac{1}{\rho}\frac{\partial\rho}{\partial x^{\beta}}=-\frac{1}{2}\frac{1}{a^{2}}\frac{1}{\rho^{2}}\frac{\frac{\partial}{\partial x^{\beta}}\left(g_{\mu\mu}\frac{1}{g}\frac{\partial\psi}{\partial x^{\gamma}}\frac{\partial\psi}{\partial x^{\gamma}}-g_{\mu\gamma}\frac{1}{g}\frac{\partial\psi}{\partial x^{\gamma}}\frac{\partial\psi}{\partial x^{\mu}}\right)}{1-\frac{1}{a^{2}}\frac{1}{\rho^{2}}\left(g_{\mu\mu}\frac{1}{g}\frac{\partial\psi}{\partial x^{\gamma}}\frac{\partial\psi}{\partial x^{\gamma}}-g_{\mu\gamma}\frac{1}{g}\frac{\partial\psi}{\partial x^{\gamma}}\frac{\partial\psi}{\partial x^{\mu}}\right)} \tag{5-111}$$

代入式(5 - 105)可得

$$\begin{aligned}&\frac{1}{\sqrt{g}}\frac{\partial}{\partial x^{\alpha}}\left(\frac{g_{\alpha\beta}}{\sqrt{g}}\frac{\partial\psi}{\partial x^{\beta}}\right)-\frac{1}{\sqrt{g}}\frac{\partial}{\partial x^{\beta}}\left(\frac{g_{\alpha\alpha}}{\sqrt{g}}\frac{\partial\psi}{\partial x^{\beta}}\right)+\\&\left(\frac{g_{\alpha\beta}}{g}\frac{\partial\psi}{\partial x^{\alpha}}-\frac{g_{\alpha\alpha}}{g}\frac{\partial\psi}{\partial x^{\beta}}\right)\frac{1}{2}\frac{1}{a^{2}}\frac{1}{\rho^{2}}\frac{\frac{\partial}{\partial x^{\beta}}\left(g_{\mu\mu}\frac{1}{g}\frac{\partial\psi}{\partial x^{\gamma}}\frac{\partial\psi}{\partial x^{\gamma}}-g_{\mu\gamma}\frac{1}{g}\frac{\partial\psi}{\partial x^{\gamma}}\frac{\partial\psi}{\partial x^{\mu}}\right)}{1-\frac{1}{a^{2}}\frac{1}{\rho^{2}}\left(g_{\mu\mu}\frac{1}{g}\frac{\partial\psi}{\partial x^{\gamma}}\frac{\partial\psi}{\partial x^{\gamma}}-g_{\mu\gamma}\frac{1}{g}\frac{\partial\psi}{\partial x^{\gamma}}\frac{\partial\psi}{\partial x^{\mu}}\right)}=0\end{aligned} \tag{5-112}$$

在圆柱坐标系下，上述方程经过整理合并，可得二维轴对称定常可压缩无旋流动流函数方程的简洁形式为

$$\begin{aligned}&\left[1-\frac{1}{r^{2}a^{2}\rho^{2}}\left(\frac{\partial\psi}{\partial z}\right)^{2}\right]\frac{\partial^{2}\psi}{\partial r^{2}}+\left[1-\frac{1}{r^{2}a^{2}\rho^{2}}\left(\frac{\partial\psi}{\partial r}\right)^{2}\right]\frac{\partial^{2}\psi}{\partial z^{2}}+\\&\frac{2}{r^{2}a^{2}\rho^{2}}\frac{\partial\psi}{\partial r}\frac{\partial\psi}{\partial z}\frac{\partial^{2}\psi}{\partial r\,\partial z}+\frac{1}{r}\frac{\partial\psi}{\partial r}=0\end{aligned} \tag{5-113}$$

同理，可以得到笛卡儿坐标系下的流函数方程为

$$\left[1-\frac{1}{a^{2}\rho^{2}}\left(\frac{\partial\psi}{\partial y}\right)^{2}\right]\frac{\partial^{2}\psi}{\partial x^{2}}+\left[1-\frac{1}{a^{2}\rho^{2}}\left(\frac{\partial\psi}{\partial x}\right)^{2}\right]\frac{\partial^{2}\psi}{\partial y^{2}}+\frac{2}{a^{2}\rho^{2}}\frac{\partial\psi}{\partial x}\frac{\partial\psi}{\partial y}\frac{\partial^{2}\psi}{\partial x\,\partial y}=0 \tag{5-114}$$

其为二阶非线性偏微分方程，方程类型与流动速度大小有关。结合适定的边界条件，通过求解该方程可以得到流场流函数，进而得到速度场及其他流动参数。

对于不可压缩流动，式(5 - 113)～(5 - 114)左端的前两项的方括号中的系数趋于1，第三项趋于0，可得圆柱坐标系下轴对称流动和笛卡儿坐标系下二维流动的流函数方程分别为

$$\frac{\partial^{2}\psi}{\partial r^{2}}+\frac{\partial^{2}\psi}{\partial z^{2}}+\frac{1}{r}\frac{\partial\psi}{\partial r}=0 \tag{5-115}$$

$$\frac{\partial^{2}\psi}{\partial x^{2}}+\frac{\partial^{2}\psi}{\partial y^{2}}=0 \tag{5-116}$$

以上两个方程均为拉普拉斯方程，张量实体形式都为

$$\nabla\cdot\nabla\psi=0 \tag{5-117}$$

## 5.6　弯管内二次流与主流分析实例

### 5.6.1　物理模型

弯曲流动广泛存在于自然界和流体工程领域，如唐代诗人刘禹锡的《浪淘沙·其一》一文中的“九曲黄河万里沙”形象地描写了弯曲水流和两岸之间的相互作用，再比如航空涡轮机内流的三大特点是旋转、弯曲和高温，压气机内流的三大特点是旋转、弯曲和逆压，二者共同的特点是旋转和弯曲。本节将利用流动方程的简化形式分析弯曲

流动现象，下一章将专门分析旋转流动。

90 度弯管内流是一个经典流体力学问题，迪安对此问题进行了深入的理论分析，泰勒等人对此问题进行了系统的实验测量。设 90 度弯管的横截面为正方形，前后壁为平壁，内外壁为 90 度弯壁，如图 5－4(a)所示。流体从进口流入，先后流经上游直方管、90 度弯管、下游直方管，从出口流出，现在重点分析 90 度弯管段部分的主流、二次流分布。

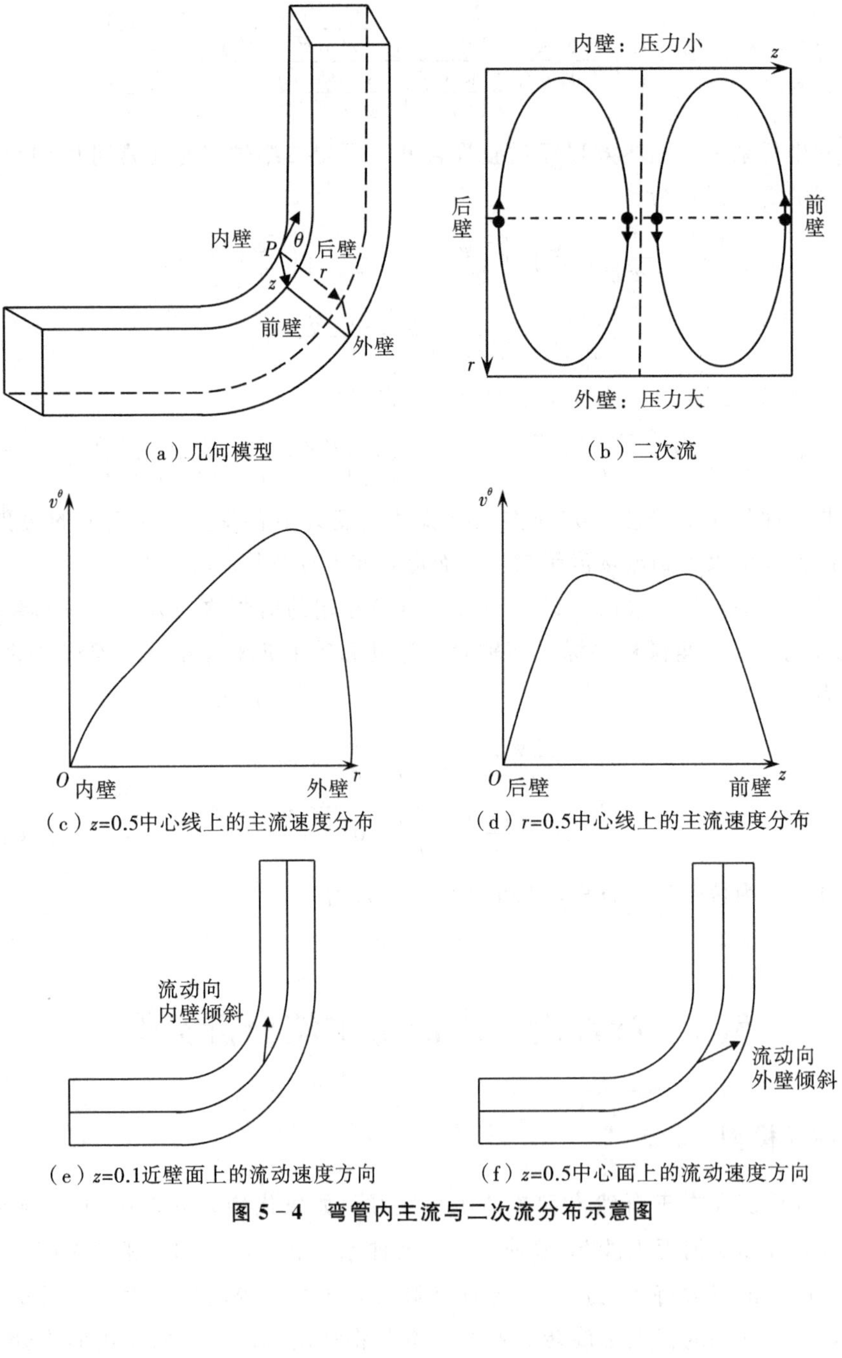


(a) 几何模型　　(b) 二次流

(c) $z$=0.5中心线上的主流速度分布　　(d) $r$=0.5中心线上的主流速度分布

(e) $z$=0.1近壁面上的流动速度方向　　(f) $z$=0.5中心面上的流动速度方向

**图 5－4　弯管内主流与二次流分布示意图**

### 5.6.2　数学模型

描述 90 度弯管内流最恰当的坐标系是圆柱坐标系($r$, $\theta$, $z$)，设坐标系原点位于弯管曲率中心，沿着坐标增加方向，$r$ 线从内壁指向外壁，$\theta$ 线从弯管进口指向出口，$z$ 线从后壁指向前壁，如图 5-4(a)所示。二次流为在 $r$、$z$ 平面即正方形横截面上的流动，主流为沿着 $\theta$ 线方向的流动，二次流速度相比主流速度是个小量，但二次流对主流影响非常大。

对弯管内主流、二次流的定性分析，仅用 $r$ 方向的动量方程即可，其为

$$\rho\frac{\mathrm{D}v^r}{\mathrm{D}t}-\rho\frac{v^\theta v^\theta}{r}=-\frac{\partial p}{\partial r}+(\nabla\cdot\boldsymbol{\tau})^r \tag{5-118}$$

称为径向平衡方程。方程左端为单位体积流体的惯性力，第一项为 $v^r$ 的随体导数，第二项是由于 $\theta$ 坐标线弯曲引起的附加惯性力，与弯管弯曲程度和主流速度有关；方程右端是单位体积流体受到的外力，第一项为压力，第二项为黏性力。

### 5.6.3　二次流

对于 $r$ 方向上的动量方程，由于二次流速度分量 $v^r$ 是小量，在远离壁面处黏性力也是小量，这样 $r$ 方向上的动量方程近似为

$$\rho\frac{v^\theta v^\theta}{r}=\frac{\partial p}{\partial r} \tag{5-119}$$

称为简单径向平衡方程，表明主流弯曲的惯性力与压力径向梯度项相互平衡。由于左端恒为正，与是否发生分离流动无关，故流体质点在运动过程中

$$\frac{\partial p}{\partial r}>0 \tag{5-120}$$

表明弯管外壁压力高于内壁压力，在该压力差作用下，主流才会沿 $\theta$ 方向发生弯曲流动现象。需要注意，由于前后壁为平板，$z$ 方向动量方程的各项均为小量，压力沿着前后壁方向上基本不变化，即可近似为

$$\frac{\partial p}{\partial z}=0 \tag{5-121}$$

现在分析弯管段一横截面上的二次流分布。该截面靠近前后壁边界层内的流体质点，在黏性的作用下，其主流速度 $v^\theta$ 很小，离心力亦很小，无法平衡从外壁指向内壁上的压力差，只能向内壁方向转移。运动到内壁附近的流体质点，在内壁阻挡滞止的作用下，沿着横截面上中心线再向外壁转移，形成如图 5-4(b)所示的二次流现象。该二次流结构为一对旋转方向相反的二次流涡，叫作迪安涡。

### 5.6.4　主流

现在分析横截面上二次流迪安涡对主流的作用。流体质点在二次流作用下，前后壁边界层内的低速流体质点不断向内壁输运，受此影响，内壁聚集低速流体质点，靠近内壁侧的主流速度 $v^\theta$ 小于靠近外壁侧的主流速度，沿着内外壁 $r$ 方向上的主流速度

呈如图 5-4(c)所示的非对称分布。在沿着前后壁 $z$ 方向上，内壁侧低速流体质点受二次流作用，向截面中心区转移，主流速度形成如图 5-4(d)所示的“m”形分布。

需要特别指出的是，如果不考虑黏性的影响，按照伯努利方程，无黏流动的主流速度 $v^\theta$ 沿着 $r$ 方向上内壁处大于外壁处，沿着 $z$ 方向中心处大于前后壁处。

实际上，弯管段内的流体质点在主流和二次流的共同作用下，并不是“四平八稳”流经弯管段，而是“打着旋”流经弯管段，流体质点在靠近前后壁处向内壁倾斜[见图 5-4(e)]，在中心区向外壁倾斜[见图 5-4(f)]。

弯管内流分析总结如下：

(1)主流与二次流相互作用。不均匀的主流分布在压力差作用下产生二次流现象，二次流表现为迪安涡；二次流反过来又改变主流速度分布；黏性流速度分布规律与无黏流定性相反。

(2)弯管内流动比较复杂。流体质点在弯曲作用下“打着旋”流经弯管段，如何降低二次流强度、二次流损失，以及降低二次流对主流的干扰，是内流体力学的基础问题，具有现实工程意义。

(3)以上丰富的流动现象分析仅是径向动量方程的一个应用实例而已。对于工科院校的学生来说，如何以简驭繁，抓住主要物理矛盾，合理简化数学模型，再利用简单明快的数学公式，讲出复杂多变的物理故事，对问题分析和工程实践能力的提高具有至关重要的作用。

## 习　题

5-1　证明在任意曲线坐标系下，如下矢量恒等式成立：

(1)$(\boldsymbol{c}\times\boldsymbol{a})\times(\boldsymbol{a}\times\boldsymbol{b})=[\boldsymbol{a}\cdot(\boldsymbol{b}\times\boldsymbol{c})]\boldsymbol{a}$

(2)$(\boldsymbol{a}\times\boldsymbol{b})\cdot[(\boldsymbol{b}\times\boldsymbol{c})\times(\boldsymbol{c}\times\boldsymbol{a})]=[\boldsymbol{a}\cdot(\boldsymbol{b}\times\boldsymbol{c})]^2$

(3)$\boldsymbol{v}\cdot\nabla\boldsymbol{v}=\nabla\frac{1}{2}\boldsymbol{v}^2+(\nabla\times\boldsymbol{v})\times\boldsymbol{v}$

(4)$\nabla\times\nabla\phi=\boldsymbol{0}$

(5)$\nabla\cdot\nabla\times\boldsymbol{v}=0$

(6)$\nabla\cdot\boldsymbol{r}_P=3$，$\nabla\times\boldsymbol{r}_P=\boldsymbol{0}$，$\boldsymbol{a}\cdot\nabla\boldsymbol{r}_P=\boldsymbol{a}$

5-2　试利用力矩平衡条件，证明应力张量 $\boldsymbol{P}$ 为二阶对称张量。

5-3　证明在任意曲线坐标系下，$\nabla\cdot(\boldsymbol{P}\cdot\boldsymbol{V})=(\nabla\cdot\boldsymbol{P})\cdot\boldsymbol{V}-p\,\nabla\cdot\boldsymbol{V}+\Phi$，其中 $\boldsymbol{P}$ 为应力张量，$\boldsymbol{V}$ 为流动速度，$p$ 为静压力，$\Phi$ 为耗散函数。

5-4　利用流动速度的逆变物理分量，分别写出耗散函数 $\Phi=\boldsymbol{\tau}:\boldsymbol{S}$ 在笛卡儿坐标系、圆柱坐标系、球坐标系、正交曲线坐标系下的分量形式。

5-5　利用拉格朗日法，设流体质点按以下规律运动：$y_1=Y_1(1+t^2)$，$y_2=Y_2$，$y_3=Y_3$，式中$(y_1, y_2, y_3)$是笛卡儿坐标系，$(Y_1, Y_2, Y_3)$是拉格朗日坐标系，$t$ 为时间。求流体质点运动的位移、速度和加速度。

5-6　利用欧拉法，求出习题 5-5 的流动加速度，并验证拉格朗日法和欧拉法所得加速度的一致性。

5-7　求出如下流动的位移张量 $\boldsymbol{D}$、变形率张量 $\boldsymbol{S}$、旋转率张量 $\boldsymbol{\Omega}$、速度散度 $\nabla\cdot\boldsymbol{V}$、速度旋度 $\nabla\times\boldsymbol{V}$ 和加速度 $\frac{\mathrm{D}\boldsymbol{V}}{\mathrm{D}t}$，并判断是否为不可压缩无旋流动。

(1)两平行平板间的库埃特流，速度分量为 $v_x=U_{\max}y$，$v_y=0$，$v_z=0$。

(2)旋转角速度为 $\omega$(常数)的刚体涡诱导流动，速度分量为 $v_r=0$，$v_\theta=\omega r$，$v_z=0$。

(3)圆管内部充分发展层流，速度分量为 $v_r=0$，$v_\theta=0$，$v_z=U_{\max}(1-r)^2$。

(4)点源诱导流动，速度分量为 $v_R=\frac{Q}{4\pi R^2}$，$v_\theta=0$，$v_\varphi=0$。

5-8　证明在任意曲线坐标系下，如下张量恒等式成立：

$$\frac{\mathrm{D}\delta x^i}{\delta x^i\mathrm{D}t}=\frac{\partial V^i}{\partial x^i}$$

式中，$\delta x^i$ 为微元流体线段的逆变分量；$V^i$ 为流动速度的逆变分量。

5-9　上机练习。试利用商业计算流体力学软件(Fluent、CFX、NUMECA，三选一)计算 90 度弯管内部流动，并绘制出图 5-4 的计算结果。以正方形截面边长为特征尺度，进口均匀流动速度为特征速度，上、下游直方管段长度均为 5，内壁曲率半径为 1～5，$Re=100\sim500$。

5-10　上机练习。接上题，导出弯管段中间截面(弯曲角 45 度)上的网格及流场计算数据，画出该截面沿着中心线 $z=0.5$、$r=0.5$ 上的主流速度分量、二次流速度分量、加速度分量、速度旋度大小、变形率张量大小的分布图。

# 第 6 章　张量分析在叶轮机械气体动力学中的应用

航空涡轮机的三个运行特点是旋转、弯曲和高温，压气机的三个运行特点是旋转、弯曲和逆压，二者的共同特点是旋转和弯曲。第 5 章结合张量分析在流体力学中的应用，介绍了弯曲流动的张量分析实例，本章将继续介绍旋转流动的张量分析方法，主要包括：绝对流动与相对流动的变换关系，相对流动的微分方程，相对流动的代数方程。本章重点是绝对流动与相对流动之间的五大关系，相对流动的伯努利方程、欧拉方程、相对转子焓方程。通过学习本章内容，读者能够掌握旋转流动的张量分析方法，与时间有关的坐标系变换及相对流动的概念，为第 9 章中进一步学习爱因斯坦相对论相关内容提供借鉴与启发。

## 6.1　叶轮机械气体动力学概述

叶轮机械气体动力学是研究叶轮机械内部气体运动规律及其与叶片相互作用的一门技术学科，属于内流体力学的应用范畴。其上、下游课程主要包括基础课(高等数学、线性代数、数学物理方程、理论力学)，专业基础课(工程热力学、流体力学、传热学)，原理课(流体机械原理或叶轮机械原理)；张量分析，叶轮机械气体动力学(相对流动方程及简化理论)，叶轮机械内流数值方法(流线曲率法、通流矩阵法等)，计算流体力学(有限差分法、有限体积法、有限元法等)，计算方法，程序设计语言，相关计算和处理软件等。可见，张量分析是沟通叶轮机械原理中物理模型和叶轮机械气体动力学中数学模型的桥梁。(叶轮机械气体动力学的课程及知识结构见表 6 - 1)。

以离心式压气机原理为例，为了能够使初学者抓住主要矛盾、降低认知难度、快速直观地理解工作原理和性能计算方法，在介绍工作原理时往往不追究内部三维流动细节，而只关注主要部件如吸气室、叶轮、扩压器、弯道、回流器、排气室的进出口流动截面上的平均参数，即沿着气流方向上只在主要部件的进出口截面上布置计算网格点，忽略部件进出口截面上的流动不均匀性及内部流动细节，从而计算出机器大致的性能参数，如压比、流量、效率、裕度等。显然，为了进一步提高机器性能分析和设计的精度和可靠性，需要开展三维甚至三维非定常气体动力学分析和设计。为描述三维气动物理量并建立相应的气动方程，就需要用到张量分析工具。

表 6－1　叶轮机械气体动力学的课程及知识结构

| 类别 | 主要内容 |
| --- | --- |
| 基础课 | 高等数学、线性代数、偏微分方程、理论力学、连续介质力学 |
| 专业基础课 | 工程热力学、流体力学、传热学 |
| 原理课 | 流体机械原理或叶轮机械原理 |
| 张量分析 | 笛卡儿张量、任意曲线坐标张量、曲面张量 |
| 叶轮机械气体动力学 | 相对流动方程、一维/二维/准三维简化理论 |
| 叶轮机械内流数值方法 | 流线曲率法、流函数法、势函数法、通流矩阵法 |
| 计算流体力学 | 有限差分法、有限体积法、有限元法 |
| 计算方法 | 逼近与拟合、代数方程组求解、数值微积分、误差分析 |
| 程序设计语言 | Fortran、C、C＋＋、Python |
| 叶轮机械 CFD 软件 | NUMECA、Ansys-CFX、Ansys-Fluent、OpenFOAM |
| 叶轮机械后处理软件 | Tecplot、FieldView、ParaView |

注：CFD，computational fluid dynamics，计算流体力学。

叶轮机械气体动力学基本方程本质上是关于 4 个自变量($t$，$x^i$)、5 个基本求解变量($\rho$，$\boldsymbol{W}$，$T$)的 5 个偏微分方程(质量、动量、能量守恒方程)，一般没有解析解，为了开展原理学习和工程分析设计，需要对其进行简化处理，从而形成多种简化理论和计算方法，如一维均径方法、二维通流/叶栅方法、基于两类流面的准三维方法、三维计算流体力学方法、三维非定常方法等，在发展、完善、应用这些流动理论和方法时，需要具备物理概念清楚、数学推导严密、形式表达简洁、工程应用便捷的建模能力。

# 6.2　绝对流动与相对流动的五个关系

本节从绝对坐标系与相对坐标系之间的变换关系出发，推导绝对流动与相对流动之间的五大关系，据此可将第 5 章中获得的绝对流动控制方程转换为相对流动控制方程。

## 6.2.1　绝对坐标系与相对坐标系

在叶轮机械气体动力学中，通常采用固接在静止部件(如扩压器、机壳)上的坐标系描述静止部件中的流动，采用固接在旋转部件(如叶轮、转轴)上的坐标系描述旋转部件中的流动。我们将固接在静止部件上的坐标系称为绝对坐标系，在绝对坐标系下观察到的流动称为绝对流动；将固接在旋转运动部件上的坐标系称为相对旋转坐标系，简称为相对坐标系，在相对坐标系下观察到的流动称为相对流动。这种处理方式带来的好处是流动边界是定常的(不考虑叶片振动)，内部流动可以近似简化为定常的，更具体点讲，静止部件内部的绝对流动可视为定常的，旋转部件内部的相对流动可视为定常的，这样便使叶轮机械气体动力学研究得到极大的简化。

显然，两类流动是同一客观流动现象在不同坐标系下观察者的主观感受而已，二者肯定既有区别又有联系。本节利用与时间有关的坐标系变换(即坐标变换不仅与空间坐标有关，而且和时间坐标有关)及其张量分量变换方法，建立绝对流动与相对流动之间的变换关系式。

需要指出的是前面各章的坐标变换通用形式为 $x^{*i}=x^{*i}(x^1,\ x^2,\ x^3)$，其与空间坐标有关，而与时间无关。本章的绝对坐标系和相对坐标系之间的变换关系式与时间有关，第一次接触相对流动概念的读者，应该从物理图案及数学思维两个角度，理解与推导非定常坐标变换关系式，以及张量本身及其分量随时间变化率的变换关系，这对理解第 9 章相对论中的四维时空理论及“钟慢尺缩”效应同样非常重要。

描述叶轮机械最合适的坐标系首推圆柱坐标系，现取老坐标系 $x^i$ 为静止圆柱坐标系，新坐标系 $x^{*i}$ 为相对旋转圆柱坐标系。不妨假设 $z$ 轴为旋转轴，转子旋转角速度 $\omega$ 为常数，初始时刻 $t=0$ 两类坐标系重合，则新、老坐标系变换关系式为

$$\begin{cases} x^{*1}=x^1 \\ x^{*2}=x^2-\omega t \\ x^{*3}=x^3 \end{cases} \tag{6-1}$$

新、老坐标系的径向坐标 $r$ 相等，轴向坐标 $z$ 相等，只有周向角坐标相差一个刚性旋转角度 $\omega t$，这样便无需区分径向坐标和轴向坐标，记老坐标系为$(r,\ \theta,\ z)$，新坐标系为$(r,\ \varphi,\ z)$，则新、老坐标系变换关系式可简写成如下形式：

$$\begin{cases} r=r \\ \varphi=\theta-\omega t \\ z=z \end{cases} \tag{6-2}$$

在同一空间点 $P$ 处(见图 6-1)，新、老圆柱坐标系的坐标面、坐标线、坐标单位基矢量均重合。图 6-1 同时画出了静止笛卡儿坐标系$(x,\ y)$和相对旋转笛卡儿坐标系$(x^*,\ y^*)$，经过 $t$ 时间，横、纵坐标轴均绕坐标原点旋转过 $\omega t$ 角度，$z$ 轴保持不变，方向始终垂直于纸面向外。

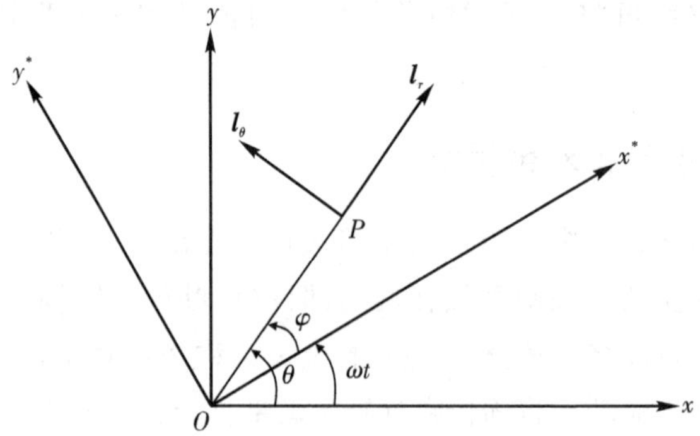


**图 6-1　绝对坐标系与相对坐标系**

上述圆柱坐标系变换的特点是：

(1)与时间有关。同一张量随时间的变化率，在两类坐标系下一般不相等( $\partial^*/\partial t \neq \partial/\partial t$)，这是相对运动坐标系的最大特点。

(2)张量随空间坐标的变化率相等。考察同一时刻空间任意点 $P$ 处，如将径向坐标 $r$ 改变 $\Delta r$ 到 $Q$ 处，在绝对坐标系下有

$$\frac{\partial \phi}{\partial r}=\lim_{\Delta r\to 0}\frac{\phi_Q-\phi_P}{\Delta r}$$

在相对坐标系下有

$$\frac{\partial^* \phi}{\partial r}=\lim_{\Delta r\to 0}\frac{\phi_Q-\phi_P}{\Delta r}$$

显然在两类坐标系下，径向坐标改变 $\Delta r$ 前后的起始点 $P$ 重合，终止点 $Q$ 亦重合，故

$$\frac{\partial^* \phi}{\partial r}=\frac{\partial \phi}{\partial r}$$

式中，$\phi$ 为任意张量场函数。上式对标量、矢量及高阶张量均成立。同理，上式在 $\theta$ 及 $z$ 坐标线上也成立，因此

$$\frac{\partial^*}{\partial x^{*i}}=\frac{\partial}{\partial x^i}，\ \nabla^*=\nabla \tag{6-3}$$

作为特例，位置矢量 $\boldsymbol{r}_P$ 的空间偏导数相等，可得

$$\boldsymbol{e}_i^*=\boldsymbol{e}_i，\ \boldsymbol{e}^{*i}=\boldsymbol{e}^i \tag{6-4}$$

即新、老坐标系的坐标基矢量相等，这样，同一矢量或同一张量在两类坐标系下的分量亦相等：

$$A_i^*=A_i，\ A^{*i}=A^i，\ \pi_{ij}^*=\pi_{ij}，\ \pi^{*ij}=\pi^{ij} \tag{6-5}$$

上述坐标变换的特点(1)、(2)表明，在两类坐标系下，需要区分时间偏导数，不需要区分空间偏导数，不需要区分坐标基矢量及张量分量。

在推导任意标量函数 $\varphi(t,\ x^i)$及任意矢量函数 $\boldsymbol{A}(t,\ x^i)$的当地导数及随体导数关系之前，首先给出绝对速度、相对速度、牵连速度之间的关系式。

设在绝对坐标系下观察到的流动绝对速度为 $\boldsymbol{V}$，在相对坐标系下观察到的流动相对速度为 $\boldsymbol{W}$，坐标系旋转角速度为 $\boldsymbol{\omega}$，按照流动速度定义式(5-2)，有

$$\boldsymbol{V}=\frac{\mathrm{D}\boldsymbol{r}_P}{\mathrm{D}t}=\boldsymbol{e}_i\frac{\mathrm{D}x^i}{\mathrm{D}t}=\boldsymbol{e}_r\frac{\mathrm{D}r}{\mathrm{D}t}+\boldsymbol{e}_\theta\frac{\mathrm{D}\theta}{\mathrm{D}t}+\boldsymbol{e}_z\frac{\mathrm{D}z}{\mathrm{D}t} \tag{6-6}$$

$$\boldsymbol{W}=\frac{\mathrm{D}^*\boldsymbol{r}_P}{\mathrm{D}t}=\boldsymbol{e}_i^*\frac{\mathrm{D}x^{*i}}{\mathrm{D}t}=\boldsymbol{e}_r\frac{\mathrm{D}r}{\mathrm{D}t}+\boldsymbol{e}_\varphi\frac{\mathrm{D}\varphi}{\mathrm{D}t}+\boldsymbol{e}_z\frac{\mathrm{D}z}{\mathrm{D}t} \tag{6-7}$$

利用坐标变换关系式(6-2)，可以得到逆变分量及物理分量关系为

$$V^r=W^r，\ V^\theta=W^\varphi+\omega，\ V^z=W^z$$

$$v^r=w^r，\ v^\theta=w^\varphi+\omega r，\ v^z=w^z$$

写成张量实体形式为

$$\boldsymbol{V}=\boldsymbol{W}+\boldsymbol{\omega}\times\boldsymbol{r} \tag{6-8}$$

式中，$\boldsymbol{\omega}=\omega\boldsymbol{e}^z$ 为旋转角速度矢量，大小为旋转角速度，方向始终沿着旋转轴线方向；$\boldsymbol{r}=r\boldsymbol{e}^r$ 为径向矢量，大小为半径，方向始终沿着径向向外；右端的第二项为 $\boldsymbol{\omega}\times\boldsymbol{r}=$

$\omega \boldsymbol{e}_\theta = \omega r \boldsymbol{l}_\theta$，其大小为旋转线速度，方向与当地周向方向一致，沿着坐标单位基矢量 $\boldsymbol{l}_\theta$ 方向，由于该项与刚体旋转运动诱导出的速度完全一致，因此也叫作刚性旋转速度、圆周速度、牵连速度。

式(6－8)即为叶轮机械原理中著名的速度三角形公式，任意点处绝对速度 $\boldsymbol{V}$、相对速度 $\boldsymbol{W}$、圆周速度 $\boldsymbol{\omega}\times\boldsymbol{r}$ 组成速度三角形(见图 6－2)。

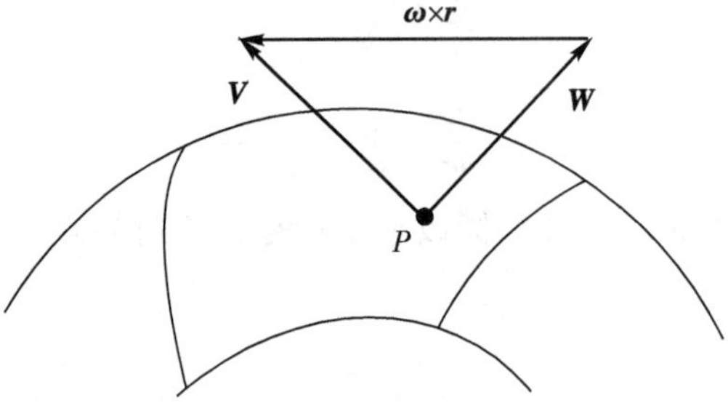


图 6－2　速度三角形示意图

## 6.2.2　标量的时间导数

对于任意标量场 $\phi(t, x^i)$，在流场任意时刻 $t$ 和任意一点 $P$ 处，既能写成绝对坐标系下的函数

$$\phi(t, x^i) = \phi(t, r, \theta, z) \tag{6-9}$$

又能写成相对坐标系下的函数

$$\phi(t, x^{*i}) = \phi(t, r, \varphi, z) \tag{6-10}$$

显然，同一时刻、同一空间点处标量函数取值相同，径向和轴向坐标相同，周向坐标不相同($\theta = \varphi + \omega t$)。

先考察标量场的时间偏导数。为了深入理解，下面分别从物理意义及数学推导两个角度建立新、老坐标系下的时间偏导数关系式。

从物理意义角度看，$\dfrac{\partial \phi}{\partial t}$表示标量场 $\phi(t, r, \theta, z)$在绝对坐标$(r, \theta, z)$不改变，只有 $t$ 改变情况下的时间偏导数：

$$\frac{\partial \phi}{\partial t} = \left.\frac{\partial \phi}{\partial t}\right|_{(r,\theta,z)} \tag{6-11}$$

而$\dfrac{\partial^* \phi}{\partial t}$表示标量场 $\phi(t, r, \varphi, z)$在相对坐标$(r, \varphi, z)$不改变，只有 $t$ 改变情况下的时间偏导数：

$$\frac{\partial^* \phi}{\partial t} = \left.\frac{\partial^* \phi}{\partial t}\right|_{(r,\varphi,z)} \tag{6-12}$$

显然，经过 $\Delta t$ 时间后，如果相对坐标$(r, \varphi, z)$不改变，则按照两类坐标系变换关系式(6－2)，绝对坐标 $r$，$z$ 不变化，但绝对角坐标的改变量为 $\omega\Delta t$，即图 6－3(a)中 $P$ 点和 $P'$点的绝对角坐标相差 $\omega\Delta t$，因此二者的关系为

$$\frac{\partial^* \phi}{\partial t}=\lim_{\Delta t\to 0}\frac{\phi^*(t+\Delta t,\ r,\ \varphi,\ z)-\phi^*(t,\ r,\ \varphi,\ z)}{\Delta t}$$
$$=\lim_{\Delta t\to 0}\frac{\phi(t+\Delta t,\ r,\ \theta+\omega\Delta t,\ z)-\varphi(t,\ r,\ \theta,\ z)}{\Delta t}$$

利用泰勒级数展开式，上式写成

$$\frac{\partial^* \phi}{\partial t}=\frac{\partial \phi}{\partial t}+\omega\frac{\partial \phi}{\partial \theta} \tag{6-13}$$

此即为标量函数在新、老坐标系下的时间偏导数关系式。

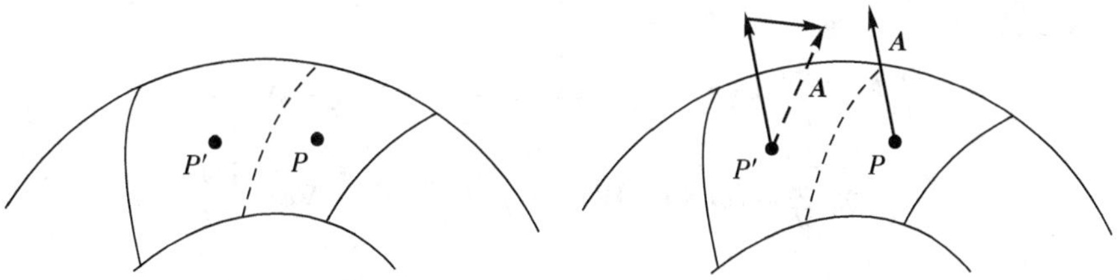


(a) 标量示意　(b) 矢量示意

**图 6－3　时间偏导数分析**

从数学推导角度看，利用链式求导法则和自变量变换关系式(6－2)，也可以得到式(6－13)：

$$\frac{\partial^* \phi}{\partial t}=\frac{\partial \phi}{\partial t}+\frac{\partial \phi}{\partial x^{*i}}\frac{\partial x^{*i}}{\partial x^j}\frac{\partial x^j}{\partial t}=\frac{\partial \phi}{\partial t}+\frac{\partial \phi}{\partial x^{*i}}\delta^{ij}\frac{\partial x^j}{\partial t}=\frac{\partial \phi}{\partial t}+\frac{\partial \phi}{\partial x^i}\frac{\partial x^i}{\partial t}=\frac{\partial \phi}{\partial t}+\omega\frac{\partial \phi}{\partial \theta}$$

式(6－13)也可以写成张量实体形式：

$$\frac{\partial^* \phi}{\partial t}=\frac{\partial \phi}{\partial t}+(\boldsymbol{\omega}\times\boldsymbol{r})\cdot\nabla\phi \tag{6-14}$$

式中，左端项为相对坐标系下观察到的标量函数的时间偏导数，右端第一项为绝对坐标系下观察到的标量函数的时间偏导数，二者之差$(\boldsymbol{\omega}\times\boldsymbol{r})\cdot\nabla\phi=\omega\dfrac{\partial\phi}{\partial\theta}$是由于坐标系的旋转速度$\boldsymbol{\omega}\times\boldsymbol{r}$引起的，相差大小取决于坐标旋转速度的大小和函数的周向不均匀程度。

不妨将标量$\phi$取为压力$p$，则式(6－13)变为

$$\frac{\partial^* p}{\partial t}=\frac{\partial p}{\partial t}+\omega\frac{\partial p}{\partial \theta}$$

在压力面和吸力面上的压力不相等，沿着周向坐标线$\partial p/\partial\theta\neq 0$，则上式右端第二项不为 0，即旋转部件内部的相对定常流动必为绝对非定常流动，静止部件内部的绝对定常流动必为相对非定常流动。

再考察标量场的时间全导数。在两类坐标系下，时间全导数即随体导数的定义为

$$\frac{\mathrm{D}\phi}{\mathrm{D}t}=\frac{\partial \phi}{\partial t}+\boldsymbol{V}\cdot\nabla\phi \tag{6-15}$$

$$\frac{\mathrm{D}^*\phi}{\mathrm{D}t}=\frac{\partial^* \phi}{\partial t}+\boldsymbol{W}\cdot\nabla\phi \tag{6-16}$$

按照 5.3 节知识，$\dfrac{\mathrm{D}\phi}{\mathrm{D}t}$的物理意义是在绝对坐标系下观察到的同一流体质点上的物

理量 $\phi$ 随时间 $t$ 的变化率，而$\dfrac{D^*\phi}{Dt}$的物理意义则是在相对坐标系下观察到的同一流体质点上的物理量 $\phi$ 随时间 $t$ 的变化率。显然，经过 $\Delta t$ 时间后，两类坐标系下观察到的是同一流体质点上的物理量 $\phi$ 随时间 $t$ 的变化率，因此

$$\frac{D^*\phi}{Dt}=\frac{D\phi}{Dt} \tag{6-17}$$

需要注意式(6-15)和式(6-16)中，在绝对坐标系下观察到的流动速度为 $\boldsymbol{V}$，在相对坐标系下观察到的流动速度为 $\boldsymbol{W}$，故迁移导数并不相同。事实上，利用数学推导，也可以得到式(6-17)，即

$$\begin{aligned}\frac{D^*\phi}{Dt}&=\frac{\partial^*\phi}{\partial t}+\boldsymbol{W}\cdot\nabla\phi=\frac{\partial\phi}{\partial t}+(\boldsymbol{\omega}\times\boldsymbol{r})\cdot\nabla\phi+\boldsymbol{W}\cdot\nabla\phi\\&=\frac{\partial\phi}{\partial t}+(\boldsymbol{\omega}\times\boldsymbol{r}+\boldsymbol{W})\cdot\nabla\phi=\frac{\partial\phi}{\partial t}+\boldsymbol{V}\cdot\nabla\phi=\frac{D\phi}{Dt}\end{aligned}$$

### 6.2.3 矢量的时间导数

设任意矢量场 $\boldsymbol{A}=\boldsymbol{A}(t,\ x^i)$，我们仍先从物理意义，然后从数学推导两个角度，建立矢量场在新、老坐标系下的时间偏导数及时间全导数的关系式。

在任意时刻 $t$、任意空间点 $P$，其绝对坐标为$(r,\ \theta,\ z)$，相对坐标为$(r,\ \varphi,\ z)$，经过 $\Delta t$ 时间后，在相对坐标不改变时，绝对角坐标改变量为 $\omega\Delta t$。与标量场类似，相对坐标系下矢量场随时间的变化率仍包括绝对非定常部分 $\partial\boldsymbol{A}/\partial t$、旋转及周向不均匀部分$(\boldsymbol{\omega}\times\boldsymbol{r})\cdot\nabla\boldsymbol{A}$。此外，由于矢量的方向性，即使以上两部分为 $\boldsymbol{0}$(即绝对定常、周向均匀)，对相对坐标系下的观察者而言，矢量 $\boldsymbol{A}$ 亦向后倒 $\omega\Delta t$ 角度，此部分的改变率为 $-\boldsymbol{\omega}\times\boldsymbol{A}$[见图 6-3(b)]。简而言之，有

$$\frac{\partial^*\boldsymbol{A}}{\partial t}=\frac{\partial\boldsymbol{A}}{\partial t}+(\boldsymbol{\omega}\times\boldsymbol{r})\cdot\nabla\boldsymbol{A}-\boldsymbol{\omega}\times\boldsymbol{A} \tag{6-18}$$

式中，右端多出的项均由坐标系旋转引起的，其中右端第二项与旋转和周向不均匀性有关，第三项与旋转和矢量方向性有关。

下面再从数学推导角度证明之，即

$$\begin{aligned}\frac{\partial^*\boldsymbol{A}}{\partial t}&=\frac{\partial^*A^{*i}\boldsymbol{e}_i^*}{\partial t}=\frac{\partial^*A^i\boldsymbol{e}_i}{\partial t}=\frac{\partial^*A^i}{\partial t}\boldsymbol{e}_i\\&=\left(\frac{\partial A^i}{\partial t}+\omega\frac{\partial A^i}{\partial\theta}\right)\boldsymbol{e}_i=\frac{\partial\boldsymbol{A}}{\partial t}+\omega\frac{\partial A^i}{\partial\theta}\boldsymbol{e}_i+\omega A^i\frac{\partial\boldsymbol{e}_i}{\partial\theta}-\omega A^i\frac{\partial\boldsymbol{e}_i}{\partial\theta}\\&=\frac{\partial\boldsymbol{A}}{\partial t}+\omega\frac{\partial A^i\boldsymbol{e}_i}{\partial\theta}-\omega A^i\frac{\partial\boldsymbol{e}_i}{\partial\theta}=\frac{\partial\boldsymbol{A}}{\partial t}+\omega\frac{\partial A^i\boldsymbol{e}_i}{\partial\theta}-\boldsymbol{\omega}\times\boldsymbol{A}\\&=\frac{\partial\boldsymbol{A}}{\partial t}+(\boldsymbol{\omega}\times\boldsymbol{r})\cdot\nabla\boldsymbol{A}-\boldsymbol{\omega}\times\boldsymbol{A}\end{aligned}$$

在上式推导过程中，利用了关系式 $\omega A^i\dfrac{\partial\boldsymbol{e}_i}{\partial\theta}=\boldsymbol{\omega}\times\boldsymbol{A}$，即

$$\omega A^i\frac{\partial\boldsymbol{e}_i}{\partial\theta}=\omega A^r\frac{\partial\boldsymbol{e}_r}{\partial\theta}+\omega A^\theta\frac{\partial\boldsymbol{e}_\theta}{\partial\theta}+\omega A^z\frac{\partial\boldsymbol{e}_z}{\partial\theta}=\omega A^r\Gamma_{r\theta}^j\boldsymbol{e}_j+\omega A^\theta\Gamma_{\theta\theta}^j\boldsymbol{e}_j=\omega A^r\frac{1}{r}\boldsymbol{e}_\theta-\omega A^\theta r\boldsymbol{e}_r$$

$$\boldsymbol{\omega}\times\boldsymbol{A}=\omega\boldsymbol{e}_z\times(A^r\boldsymbol{e}_r+A^\theta\boldsymbol{e}_\theta+A^z\boldsymbol{e}_z)=\omega A^r r\boldsymbol{e}^\theta-\omega A^\theta r\boldsymbol{e}^r=\omega A^r\frac{1}{r}\boldsymbol{e}_\theta-\omega A^\theta r\boldsymbol{e}_r$$

以及空间固定点处，坐标基矢量不随时间发生变化的性质：

$$\frac{\partial^*\boldsymbol{e}_i}{\partial t}=\frac{\partial\boldsymbol{e}_i}{\partial t}=\boldsymbol{0}$$

现在继续推导矢量全导数在两类坐标系下的关系式。在两类坐标系下，全导数定义分别为

$$\frac{\mathrm{D}\boldsymbol{A}}{\mathrm{D}t}=\frac{\partial\boldsymbol{A}}{\partial t}+\boldsymbol{V}\cdot\nabla\boldsymbol{A}\tag{6-19}$$

$$\frac{\mathrm{D}^*\boldsymbol{A}}{\mathrm{D}t}=\frac{\partial^*\boldsymbol{A}}{\partial t}+\boldsymbol{W}\cdot\nabla\boldsymbol{A}\tag{6-20}$$

式(6-19)的物理意义是：左端为绝对坐标系下观察到的矢量随体导数，右端第一项是绝对坐标系下观察到的矢量局部导数，第二项为绝对坐标系下观察到的绝对速度引起的迁移导数；式(6-20)的物理意义是相对旋转坐标系下观察到的相应导数。利用矢量随时间的偏导数关系式(6-18)，可得

$$\frac{\mathrm{D}^*\boldsymbol{A}}{\mathrm{D}t}=\frac{\partial^*\boldsymbol{A}}{\partial t}+\boldsymbol{W}\cdot\nabla\boldsymbol{A}=\frac{\partial\boldsymbol{A}}{\partial t}+(\boldsymbol{\omega}\times\boldsymbol{r})\cdot\nabla\boldsymbol{A}-\boldsymbol{\omega}\times\boldsymbol{A}+\boldsymbol{W}\cdot\nabla\boldsymbol{A}=\frac{\partial\boldsymbol{A}}{\partial t}+\boldsymbol{V}\cdot\nabla\boldsymbol{A}-\boldsymbol{\omega}\times\boldsymbol{A}$$

因此

$$\frac{\mathrm{D}^*\boldsymbol{A}}{\mathrm{D}t}=\frac{\mathrm{D}\boldsymbol{A}}{\mathrm{D}t}-\boldsymbol{\omega}\times\boldsymbol{A}\tag{6-21}$$

式中，右端第二项是由旋转及矢量方向性引起的。特别地，取 $\boldsymbol{A}=\boldsymbol{r}_P$ 为流体质点位置矢量，则

$$\boldsymbol{W}=\frac{\mathrm{D}^*\boldsymbol{r}_P}{\mathrm{D}t}=\frac{\mathrm{D}\boldsymbol{r}_P}{\mathrm{D}t}-\boldsymbol{\omega}\times\boldsymbol{r}_P=\boldsymbol{V}-\omega\boldsymbol{e}^z\times(r\boldsymbol{e}^r+z\boldsymbol{e}^z)=\boldsymbol{V}-\boldsymbol{\omega}\times\boldsymbol{r}$$

此式即为叶轮机械速度三角形公式(6-8)。

### 6.2.4 绝对加速度与相对加速度

在两类坐标系下，流动绝对加速度与相对加速度的定义分别为

$$\frac{\mathrm{D}\boldsymbol{V}}{\mathrm{D}t}=\frac{\partial\boldsymbol{V}}{\partial t}+\boldsymbol{V}\cdot\nabla\boldsymbol{V}\tag{6-22}$$

$$\frac{\mathrm{D}^*\boldsymbol{W}}{\mathrm{D}t}=\frac{\partial^*\boldsymbol{W}}{\partial t}+\boldsymbol{W}\cdot\nabla\boldsymbol{W}\tag{6-23}$$

利用矢量全导数的关系式，有

$$\begin{aligned}\frac{\mathrm{D}\boldsymbol{V}}{\mathrm{D}t}&=\frac{\mathrm{D}}{\mathrm{D}t}(\boldsymbol{W}+\boldsymbol{\omega}\times\boldsymbol{r})=\frac{\mathrm{D}^*}{\mathrm{D}t}(\boldsymbol{W}+\boldsymbol{\omega}\times\boldsymbol{r})+\boldsymbol{\omega}\times(\boldsymbol{W}+\boldsymbol{\omega}\times\boldsymbol{r})\\&=\frac{\mathrm{D}^*\boldsymbol{W}}{\mathrm{D}t}+\boldsymbol{\omega}\times\frac{\mathrm{D}^*\boldsymbol{r}}{\mathrm{D}t}+\boldsymbol{\omega}\times\boldsymbol{W}+\boldsymbol{\omega}\times(\boldsymbol{\omega}\times\boldsymbol{r})\end{aligned}$$

再利用关系式

$$\boldsymbol{\omega}\times\frac{\mathrm{D}^*\boldsymbol{r}}{\mathrm{D}t}=\omega\boldsymbol{e}_z\times\left(\frac{\mathrm{D}^*\boldsymbol{r}}{\mathrm{D}t}+W^z\boldsymbol{e}_z\right)=\boldsymbol{\omega}\times\frac{\mathrm{D}^*(\boldsymbol{r}+z\boldsymbol{e}_z)}{\mathrm{D}t}=\boldsymbol{\omega}\times\frac{\mathrm{D}^*\boldsymbol{r}_P}{\mathrm{D}t}=\boldsymbol{\omega}\times\boldsymbol{W}$$

可得

$$\frac{\mathrm{D}\boldsymbol{V}}{\mathrm{D}t}=\frac{\mathrm{D}^*\boldsymbol{W}}{\mathrm{D}t}+2\boldsymbol{\omega}\times\boldsymbol{W}+\boldsymbol{\omega}\times(\boldsymbol{\omega}\times\boldsymbol{r}) \tag{6-24}$$

式中，左端为流动绝对加速度；右端第一项为流动相对加速度；右端第二项为科氏加速度，与相对速度处处正交，不对相对运动做功；右端第三项为向心加速度 $\boldsymbol{\omega}\times(\boldsymbol{\omega}\times\boldsymbol{r})=-\omega^2 r\boldsymbol{e}_r$，方向处处指向轴心。右端多出来的两个附加项是由相对坐标系旋转而引起的惯性加速度。

式(6－24)中多出的两个惯性加速度数值很大，在计算流体力学中按源项处理时，大源项计算容易导致迭代过程不稳定，为此，利用式(6－21)，叶轮机械内流数值方法中常将绝对加速度写成

$$\frac{\mathrm{D}\boldsymbol{V}}{\mathrm{D}t}=\frac{\mathrm{D}^*\boldsymbol{V}}{\mathrm{D}t}+\boldsymbol{\omega}\times\boldsymbol{V} \tag{6-25}$$

式中，右端第一项为相对坐标系下观察到的绝对加速度，第二项为坐标系旋转和速度方向性引起的惯性加速度。

### 6.2.5 绝对变形率张量与相对变形率张量

本小节以例题形式，分析新、老坐标系下的流体运动情况。

**例 6－1** 推导绝对坐标系与相对坐标系下位移张量、变形率张量、速度散度、速度旋度的关系。

**解：** 流动绝对速度的梯度为$\nabla\boldsymbol{V}$，流动相对速度的梯度为$\nabla\boldsymbol{W}$，二者关系为

$$\nabla\boldsymbol{V}=\nabla(\boldsymbol{W}+\boldsymbol{\omega}\times\boldsymbol{r})=\nabla\boldsymbol{W}+\nabla(\omega\boldsymbol{e}_\theta)=\nabla\boldsymbol{W}+\omega\boldsymbol{e}^i\frac{\partial\boldsymbol{e}_\theta}{\partial x^i}=\nabla\boldsymbol{W}+\omega r\boldsymbol{e}^r\boldsymbol{e}^\theta-\omega r\boldsymbol{e}^\theta\boldsymbol{e}^r$$

位移张量之间的关系为

$$(\nabla\boldsymbol{V})^{\mathrm{T}}=(\nabla\boldsymbol{W})^{\mathrm{T}}-\omega r\boldsymbol{e}^r\boldsymbol{e}^\theta+\omega r\boldsymbol{e}^\theta\boldsymbol{e}^r$$

变形率张量之间的关系为

$$\boldsymbol{S}=\frac{1}{2}[\nabla\boldsymbol{V}+(\nabla\boldsymbol{V})^{\mathrm{T}}]=\frac{1}{2}[\nabla\boldsymbol{W}+(\nabla\boldsymbol{W})^{\mathrm{T}}]+\boldsymbol{0}=\boldsymbol{S}^*$$

即刚体旋转速度对变形无贡献。

速度散度之间的关系为

$$\nabla\cdot\boldsymbol{V}=\nabla\cdot\boldsymbol{W}+\nabla\cdot(\omega\boldsymbol{e}_\theta)=\nabla\cdot\boldsymbol{W}+\frac{1}{r}\frac{\partial r\omega}{\partial\theta}=\nabla\cdot\boldsymbol{W}$$

即刚体旋转速度对流动的可压缩性无贡献。

速度旋度之间的关系为

$$\begin{aligned}\nabla\times\boldsymbol{V}&=\nabla\times\boldsymbol{W}+\nabla\times(\omega r^2\boldsymbol{e}^\theta)\\&=\nabla\times\boldsymbol{W}+\frac{1}{r}\begin{vmatrix}\boldsymbol{e}_r&\boldsymbol{e}_\theta&\boldsymbol{e}_z\\\dfrac{\partial}{\partial r}&\dfrac{\partial}{\partial\theta}&\dfrac{\partial}{\partial z}\\0&\omega r^2&0\end{vmatrix}=\nabla\times\boldsymbol{W}+\frac{1}{r}\frac{\partial(\omega r^2)}{\partial r}\boldsymbol{e}_z=\nabla\times\boldsymbol{W}+2\omega\boldsymbol{e}_z=\nabla\times\boldsymbol{W}+2\boldsymbol{\omega}\end{aligned}$$

即刚体旋转速度的旋度为 $2\boldsymbol{\omega}$，绝对无旋流动必然是相对有旋流动。

解毕。

由该例题可知，刚体旋转运动对物质变形无贡献，但对旋转有贡献；绝对不可压缩流动必然为相对不可压缩流动，但绝对无旋流动必然为相对有旋流动。

# 6.3　相对流动的微分方程

## 6.3.1　张量实体形式

在叶轮机械气体动力学中，由于相对流动比绝对流动应用更广泛，且绝对流动是相对流动在坐标系旋转角速度 $\boldsymbol{\omega}=0$ 时的特例，因此，一般用角标 a 表示绝对流动，不带任何角标表示相对流动。这样，在第 5 章中已经得到的绝对流动方程，其张量实体表示形式为：

连续方程：

$$\frac{\mathrm{D_a}\rho}{\mathrm{D}t}+\rho\,\nabla\cdot\boldsymbol{V}=0$$

动量方程：

$$\rho\,\frac{\mathrm{D_a}\boldsymbol{V}}{\mathrm{D}t}=\rho\boldsymbol{f}+\nabla\cdot\boldsymbol{P}$$

能量方程：

$$\rho C_V\,\frac{\mathrm{D_a}T}{\mathrm{D}t}=\boldsymbol{P}:\boldsymbol{S}+\nabla\cdot k\,\nabla T+\rho\,\dot{q}$$

状态方程：

$$p=\rho RT$$

本构方程：

$$\boldsymbol{P}=-\left(p+\frac{2}{3}\mu\,\nabla\cdot\boldsymbol{V}\right)\boldsymbol{I}+2\mu\boldsymbol{S}$$

几何方程：

$$\boldsymbol{S}=\frac{1}{2}[\nabla\boldsymbol{V}+(\nabla\boldsymbol{V})^{\mathrm{T}}]$$

需要指出的是，在绝对及相对坐标系下，张量的空间导数相等，故对上述方程中空间梯度算子$\nabla$没有显式标出下标“a”。

利用 6.2 节得到的绝对流动与相对流动之间的关系式，由绝对流动方程直接写出相对流动方程为：

连续方程：

$$\frac{\mathrm{D}\rho}{\mathrm{D}t}+\rho\,\nabla\cdot\boldsymbol{W}=0 \tag{6-26}$$

动量方程：

$$\rho\,\frac{\mathrm{D}\boldsymbol{W}}{\mathrm{D}t}=-2\rho\boldsymbol{\omega}\times\boldsymbol{W}-\rho\boldsymbol{\omega}\times(\boldsymbol{\omega}\times\boldsymbol{r})+\rho\boldsymbol{f}+\nabla\cdot\boldsymbol{P} \tag{6-27}$$

能量方程：

$$\rho C_V\,\frac{\mathrm{D}T}{\mathrm{D}t}=\boldsymbol{P}:\boldsymbol{S}+\nabla\cdot k\,\nabla T+\rho\,\dot{q} \tag{6-28}$$

状态方程：

$$p=\rho RT \tag{6-29}$$

本构方程：

$$\boldsymbol{P}=-\left(p+\frac{2}{3}\mu\nabla\cdot\boldsymbol{W}\right)\boldsymbol{I}+2\mu\boldsymbol{S} \tag{6-30}$$

几何方程：

$$\boldsymbol{S}=\frac{1}{2}[\nabla\boldsymbol{W}+(\nabla\boldsymbol{W})^{\mathrm{T}}] \tag{6-31}$$

对比绝对流动方程与相对流动方程，发现二者形式的主要区别在于动量方程，在相对流动的动量方程式(6-27)中多出了两项惯性力：

$-2\rho\boldsymbol{\omega}\times\boldsymbol{W}$：科氏力，其方向与相对速度处处正交，因此科氏力对相对运动不做功，但会改变相对速度及压力分布。

$-\rho\boldsymbol{\omega}\times(\boldsymbol{\omega}\times\boldsymbol{r})=\rho\omega^2 r\boldsymbol{l}_r$：其大小与相对速度无关，方向与径向始终保持一致，故称为离心力。

利用张量实体形式和分量形式之间的关系式，很容易写出特定坐标系下的张量分量方程。下面直接给出笛卡儿坐标系及圆柱坐标系下叶轮机械气体动力学基本方程的分量形式。

### 6.3.2　笛卡儿分量形式

连续方程：

$$\frac{\partial\rho}{\partial t}+\frac{\partial\rho u}{\partial x}+\frac{\partial\rho v}{\partial y}+\frac{\partial\rho w}{\partial z}=0 \tag{6-32}$$

动量方程：

$$\begin{aligned}&\rho\frac{\partial u}{\partial t}+\rho u\frac{\partial u}{\partial x}+\rho v\frac{\partial u}{\partial y}+\rho w\frac{\partial u}{\partial z}\\&=2\rho\omega v+\rho\omega^2 x+\rho f_x-\frac{\partial p}{\partial x}-\frac{\partial}{\partial x}\left[\frac{2}{3}\mu\left(\frac{\partial u}{\partial x}+\frac{\partial v}{\partial y}+\frac{\partial w}{\partial z}\right)\right]+\\&\quad 2\frac{\partial}{\partial x}\mu\frac{\partial u}{\partial x}+\frac{\partial}{\partial y}\mu\left(\frac{\partial v}{\partial x}+\frac{\partial u}{\partial y}\right)+\frac{\partial}{\partial z}\mu\left(\frac{\partial w}{\partial x}+\frac{\partial u}{\partial z}\right)\end{aligned} \tag{6-33}$$

$$\begin{aligned}&\rho\frac{\partial v}{\partial t}+\rho u\frac{\partial v}{\partial x}+\rho v\frac{\partial v}{\partial y}+\rho w\frac{\partial v}{\partial z}\\&=-2\rho\omega u+\rho\omega^2 y+\rho f_y-\frac{\partial p}{\partial y}-\frac{\partial}{\partial y}\left[\frac{2}{3}\mu\left(\frac{\partial u}{\partial x}+\frac{\partial v}{\partial y}+\frac{\partial w}{\partial z}\right)\right]+\\&\quad\frac{\partial}{\partial x}\mu\left(\frac{\partial v}{\partial x}+\frac{\partial u}{\partial y}\right)+2\frac{\partial}{\partial y}\mu\frac{\partial v}{\partial y}+\frac{\partial}{\partial z}\mu\left(\frac{\partial w}{\partial y}+\frac{\partial v}{\partial z}\right)\end{aligned} \tag{6-34}$$

$$\begin{aligned}&\rho\frac{\partial w}{\partial t}+\rho u\frac{\partial w}{\partial x}+\rho v\frac{\partial w}{\partial y}+\rho w\frac{\partial w}{\partial z}\\&=\rho f_z-\frac{\partial p}{\partial z}-\frac{\partial}{\partial z}\left[\frac{2}{3}\mu\left(\frac{\partial u}{\partial x}+\frac{\partial v}{\partial y}+\frac{\partial w}{\partial z}\right)\right]+\\&\quad\frac{\partial}{\partial x}\mu\left(\frac{\partial w}{\partial x}+\frac{\partial u}{\partial z}\right)+\frac{\partial}{\partial y}\mu\left(\frac{\partial w}{\partial y}+\frac{\partial v}{\partial z}\right)+2\frac{\partial}{\partial z}\mu\frac{\partial w}{\partial z}\end{aligned} \tag{6-35}$$

能量方程：

$$\begin{aligned}
&\rho C_V \frac{\partial T}{\partial t}+\rho u C_V \frac{\partial T}{\partial x}+\rho v C_V \frac{\partial T}{\partial y}+\rho w C_V \frac{\partial T}{\partial z} \\
&=-p\left(\frac{\partial u}{\partial x}+\frac{\partial v}{\partial y}+\frac{\partial w}{\partial z}\right)-\frac{2}{3}\mu\left(\frac{\partial u}{\partial x}+\frac{\partial v}{\partial y}+\frac{\partial w}{\partial z}\right)^2+ \\
&\mu\left[2\left(\frac{\partial u}{\partial x}\right)^2+2\left(\frac{\partial v}{\partial y}\right)^2+2\left(\frac{\partial w}{\partial z}\right)^2\right]+ \\
&\mu\left[\left(\frac{\partial u}{\partial y}+\frac{\partial v}{\partial x}\right)^2+\left(\frac{\partial u}{\partial z}+\frac{\partial w}{\partial x}\right)^2+\left(\frac{\partial v}{\partial z}+\frac{\partial w}{\partial y}\right)^2\right]+ \\
&\frac{\partial}{\partial x}k\frac{\partial T}{\partial x}+\frac{\partial}{\partial y}k\frac{\partial T}{\partial y}+\frac{\partial}{\partial z}k\frac{\partial T}{\partial z}+\rho\dot{q}
\end{aligned} \tag{6-36}$$

### 6.3.3 圆柱坐标分量形式

连续方程：

$$\frac{\partial\rho}{\partial t}+\frac{\partial\rho r w_r}{r\,\partial r}+\frac{\partial\rho w_\theta}{r\,\partial\theta}+\frac{\partial\rho w_z}{\partial z}=0 \tag{6-37}$$

动量方程：

$$\begin{aligned}
&\rho\frac{\partial w_r}{\partial t}+\rho w_r\frac{\partial w_r}{\partial r}+\rho w_\theta\frac{\partial w_r}{r\,\partial\theta}+\rho w_z\frac{\partial w_r}{\partial z}-\rho\frac{w_\theta^2}{r} \\
&=2\rho\omega w_\theta+\rho\omega^2 r+\rho f_r-\frac{\partial p}{\partial r}+\frac{1}{r}\left(\frac{\partial r\tau_{rr}}{\partial r}+\frac{\partial\tau_{\theta r}}{\partial\theta}+\frac{\partial r\tau_{zr}}{\partial z}\right)-\frac{\tau_{\theta\theta}}{r}
\end{aligned} \tag{6-38}$$

$$\begin{aligned}
&\rho\frac{\partial w_\theta}{\partial t}+\rho w_r\frac{\partial w_\theta}{\partial r}+\rho w_\theta\frac{\partial w_\theta}{r\,\partial\theta}+\rho w_z\frac{\partial w_\theta}{\partial z}+\rho\frac{w_r w_\theta}{r} \\
&=-2\rho\omega w_r+\rho f_\theta-\frac{\partial p}{r\,\partial\theta}+\frac{1}{r}\left(\frac{\partial r\tau_{r\theta}}{\partial r}+\frac{\partial\tau_{\theta\theta}}{\partial\theta}+\frac{\partial r\tau_{z\theta}}{\partial z}\right)+\frac{\tau_{r\theta}}{r}
\end{aligned} \tag{6-39}$$

$$\begin{aligned}
&\rho\frac{\partial w_z}{\partial t}+\rho w_r\frac{\partial w_z}{\partial r}+\rho w_\theta\frac{\partial w_z}{r\,\partial\theta}+\rho w_z\frac{\partial w_z}{\partial z} \\
&=\rho f_z-\frac{\partial p}{\partial z}+\frac{1}{r}\left(\frac{\partial r\tau_{rz}}{\partial r}+\frac{\partial\tau_{\theta z}}{\partial\theta}+\frac{\partial r\tau_{zz}}{\partial z}\right)
\end{aligned} \tag{6-40}$$

式中，黏性应力的分量为

$$\tau_{rr}=-\frac{2}{3}\mu\frac{1}{r}\left(\frac{\partial r w_r}{\partial r}+\frac{\partial w_\theta}{\partial\theta}+\frac{\partial r w_z}{\partial z}\right)+2\mu\frac{\partial w_r}{\partial r}$$

$$\tau_{\theta\theta}=-\frac{2}{3}\mu\frac{1}{r}\left(\frac{\partial r w_r}{\partial r}+\frac{\partial w_\theta}{\partial\theta}+\frac{\partial r w_z}{\partial z}\right)+2\mu\left(\frac{\partial w_\theta}{r\,\partial\theta}+\frac{w_r}{r}\right)$$

$$\tau_{zz}=-\frac{2}{3}\mu\frac{1}{r}\left(\frac{\partial r w_r}{\partial r}+\frac{\partial w_\theta}{\partial\theta}+\frac{\partial r w_z}{\partial z}\right)+2\mu\frac{\partial w_z}{\partial z}$$

$$\tau_{r\theta}=\tau_{\theta r}=\mu\left(\frac{\partial w_\theta}{\partial r}+\frac{\partial w_r}{r\,\partial\theta}-\frac{w_\theta}{r}\right)$$

$$\tau_{rz}=\tau_{zr}=\mu\left(\frac{\partial w_z}{\partial r}+\frac{\partial w_r}{\partial z}\right)$$

$$\tau_{\theta z}=\tau_{z\theta}=\mu\left(\frac{\partial w_z}{r\,\partial\theta}+\frac{\partial w_\theta}{\partial z}\right)$$

能量方程：

$$\begin{aligned}
&\rho C_V \frac{\partial T}{\partial t}+\rho w_r C_V \frac{\partial T}{\partial r}+\rho w_\theta C_V \frac{\partial T}{r\,\partial \theta}+\rho w_z C_V \frac{\partial T}{\partial z}\\
&=-p\frac{1}{r}\left(\frac{\partial r w_r}{\partial r}+\frac{\partial w_\theta}{\partial \theta}+\frac{\partial r w_z}{\partial z}\right)-\frac{2}{3}\mu\left(\frac{\partial r w_r}{r\,\partial r}+\frac{\partial w_\theta}{r\,\partial \theta}+\frac{\partial w_z}{\partial z}\right)^2+\\
&\mu\left[2\left(\frac{\partial w_r}{\partial r}\right)^2+2\left(\frac{\partial w_\theta}{r\,\partial \theta}+\frac{w_r}{r}\right)^2+2\left(\frac{\partial w_z}{\partial z}\right)^2\right]+\\
&\mu\left[\left(\frac{\partial w_\theta}{\partial r}+\frac{\partial w_r}{r\,\partial \theta}-\frac{w_\theta}{r}\right)^2+\left(\frac{\partial w_z}{\partial r}+\frac{\partial w_r}{\partial z}\right)^2+\left(\frac{\partial w_z}{r\,\partial \theta}+\frac{\partial w_\theta}{\partial z}\right)^2\right]+\\
&\frac{1}{r}\frac{\partial}{\partial r}kr\frac{\partial T}{\partial r}+\frac{\partial}{r\,\partial \theta}k\frac{\partial T}{r\,\partial \theta}+\frac{\partial}{\partial z}k\frac{\partial T}{\partial z}+\rho\dot{q}
\end{aligned} \tag{6-41}$$

## 6.4 相对流动的代数方程式实例

上述相对流动方程是关于4个自变量($t$, $x^i$)、5个基本求解变量($\rho$, $\boldsymbol{W}$, $T$)的5个非线性偏微分方程，没有通解。为了便于工程分析设计的应用，需要引入合适的假设条件，对相对流动方程进行必要的简化处理，并求出其解。类似于绝对流动存在代数形式的方程，本节以例题形式，推导相对流动的三个代数方程式。

### 6.4.1 伯努利方程

**例 6-2** 推导无黏相对定常流动的伯努利方程。

**解：** 无黏流动的动量方程为

$$\frac{\mathrm{D}\boldsymbol{W}}{\mathrm{D}t}+2\boldsymbol{\omega}\times\boldsymbol{W}+\boldsymbol{\omega}\times(\boldsymbol{\omega}\times\boldsymbol{r})=\boldsymbol{f}-\frac{1}{\rho}\nabla p$$

不妨设体积力为有势力 $\boldsymbol{f}=-\nabla\varphi$，方程两端同时点乘 $\boldsymbol{W}$，得到如下机械能方程：

$$\frac{\mathrm{D}}{\mathrm{D}t}\frac{1}{2}\boldsymbol{W}^2+0-\omega^2 rW^r=-\boldsymbol{W}\cdot\nabla\varphi-\frac{1}{\rho}\boldsymbol{W}\cdot\nabla p$$

利用关系式

$$\omega^2 rW^r=\frac{\mathrm{D}}{\mathrm{D}t}\frac{1}{2}\omega^2 r^2,\quad \boldsymbol{W}\cdot\nabla\varphi=\frac{\mathrm{D}\varphi}{\mathrm{D}t}-\frac{\partial\varphi}{\partial t},\quad \boldsymbol{W}\cdot\nabla p=\frac{\mathrm{D}p}{\mathrm{D}t}-\frac{\partial p}{\partial t}$$

该机械能方程可写成

$$\frac{\mathrm{D}}{\mathrm{D}t}\left(\frac{1}{2}W^2-\frac{1}{2}\omega^2 r^2\right)+\frac{\mathrm{D}\varphi}{\mathrm{D}t}+\frac{1}{\rho}\frac{\mathrm{D}p}{\mathrm{D}t}=\frac{\partial\varphi}{\partial t}+\frac{1}{\rho}\frac{\partial p}{\partial t}$$

方程左端合并，得到

$$\frac{\mathrm{D}}{\mathrm{D}t}\left(\varphi+\int\frac{\mathrm{d}p}{\rho}+\frac{1}{2}\boldsymbol{W}^2-\frac{1}{2}\omega^2 r^2\right)=\frac{\partial\varphi}{\partial t}+\frac{1}{\rho}\frac{\partial p}{\partial t}$$

进一步在相对定常假设条件下，方程右端为0，则

$$\frac{\mathrm{D}}{\mathrm{D}t}\left(\varphi+\int\frac{\mathrm{d}p}{\rho}+\frac{1}{2}\boldsymbol{W}^2-\frac{1}{2}\omega^2 r^2\right)=0$$

上式括号项的物质导数为0，表明同一流体质点的括号项不随流体运动而变化，这样得

到沿着迹线(相对定常时为流线)代数形式的机械能方程，即伯努利方程：

$$\varphi+\int\frac{\mathrm{d}p}{\rho}+\frac{1}{2}\boldsymbol{W}^2-\frac{1}{2}\omega^2r^2=\text{const}(\text{常数}) \tag{6-42}$$

解毕。

从上述推导过程看，在相对定常和无黏的假设条件下，欧拉动量方程蜕化为沿着流线的伯努利机械能方程，前者是微分方程，后者是代数方程，这样便使方程的形式及求解方法得到了极大简化。

为了考虑黏性对机械能的影响，在上述推导中，引入体积力模型表示流体质点受到的黏性力 $\boldsymbol{f}_v=\nabla\cdot\boldsymbol{\tau}$，其与相对速度做内积，得到黏性力对相对运动的做功率为 $f_vW\cos\alpha$，沿流线积分，得到黏性力对相对流动的做功为$\int f_v\cos\alpha\mathrm{d}s$，其中 $\alpha$ 为相对速度与黏性力之间的夹角，$\mathrm{d}s$ 为沿着流线的微元长度。这样，考虑黏性力做功的相对流动伯努利方程为

$$\varphi+\int\frac{\mathrm{d}p}{\rho}+\frac{1}{2}\boldsymbol{W}^2-\frac{1}{2}\omega^2r^2-\int f_v\cos\alpha\mathrm{d}s=\text{const} \tag{6-43}$$

在体积力为重力情况下，重力势 $\varphi=gh$，其中 $g$ 为重力加速度，$h$ 为高度。在叶轮机械中，重力做功相对于其他力做功是小量，可以忽略不计，这样不考虑和考虑黏性力做功的相对流动伯努利方程分别为

$$\int\frac{\mathrm{d}p}{\rho}+\frac{1}{2}\boldsymbol{W}^2-\frac{1}{2}\omega^2r^2=\text{const} \tag{6-44}$$

$$\int\frac{\mathrm{d}p}{\rho}+\frac{1}{2}\boldsymbol{W}^2-\frac{1}{2}\omega^2r^2+h_{\text{hyd}}=\text{const} \tag{6-45}$$

式中，$h_{\text{hyd}}=-\int f_v\cos\alpha\mathrm{d}s$ 为流动损失，因 $\cos\alpha<0$，故流动损失 $h_{\text{hyd}}$ 为正。

### 6.4.2　欧拉方程

**例 6-3**　推导无黏相对定常流动的叶轮欧拉方程。

**解：** 由例题 6-2 可知，在无黏、相对定常、不考虑体积力情况下，相对流动的伯努利方程成立。进一步利用相对流动与绝对流动速度之间的关系，伯努利方程式(6-44)左端可写成

$$\int\frac{\mathrm{d}p}{\rho}+\frac{1}{2}\boldsymbol{W}^2-\frac{1}{2}\omega^2r^2=\int\frac{\mathrm{d}p}{\rho}+\frac{1}{2}(\boldsymbol{V}-\boldsymbol{\omega}\times\boldsymbol{r})^2-\frac{1}{2}\omega^2r^2=\int\frac{\mathrm{d}p}{\rho}+\frac{1}{2}\boldsymbol{V}^2-\boldsymbol{V}\cdot(\boldsymbol{\omega}\times\boldsymbol{r})$$

这样，伯努利方程转换为

$$\int\frac{\mathrm{d}p}{\rho}+\frac{1}{2}\boldsymbol{V}^2-v_\theta\omega r=\text{const} \tag{6-46}$$

该式沿流线成立。特别地，取流线的两个点分别位于叶轮进口截面 1 和出口截面 2 上，则

$$\int_1^2\frac{\mathrm{d}p}{\rho}+\frac{1}{2}(\boldsymbol{V}_2^2-\boldsymbol{V}_1^2)=v_{2\theta}\omega r_2-v_{1\theta}\omega r_1 \tag{6-47}$$

该式为叶轮欧拉方程，根据叶轮力矩与动量矩的分析可知，右端项为叶轮对流动做的理论功(不考虑叶轮克服的泄漏损失和轮阻损失)，称为欧拉理论功。上式说明，在无

黏、相对定常、体积力忽略不计的假设条件下，叶轮对流动做的理论功，全部用于提高压力能和动能。

解毕。

对于实际黏性问题，黏性力对相对流动做功，即存在流动损失。利用上述推导思路，可得考虑流动损失的叶轮欧拉方程为

$$\int_1^2 \frac{\mathrm{d}p}{\rho}+\frac{1}{2}(\boldsymbol{V}_2^2-\boldsymbol{V}_1^2)+h_{\mathrm{hyd}}=v_{2\theta}\omega r_2-v_{1\theta}\omega r_1 \tag{6-48}$$

式中，右端项仍然为欧拉理论功。叶轮对流动做的理论功，除了用于提高压力能和动能，还要克服流动损失。

### 6.4.3 相对转子焓方程

**例 6-4** 推导相对定常无黏绝热流动的能量守恒方程。

**解**：利用热力学关系式，在无黏流动、体积力忽略条件下的动量方程为

$$\frac{\mathrm{D}\boldsymbol{W}}{\mathrm{D}t}+2\boldsymbol{\omega}\times\boldsymbol{W}+\boldsymbol{\omega}\times(\boldsymbol{\omega}\times\boldsymbol{r})=T\,\nabla s-\nabla h$$

方程两端同时点乘相对速度 $\boldsymbol{W}$，得到动能方程为

$$\frac{\mathrm{D}}{\mathrm{D}t}\left(\frac{1}{2}\boldsymbol{W}^2-\frac{1}{2}\omega^2r^2\right)=T\left(\frac{\mathrm{D}s}{\mathrm{D}t}-\frac{\partial s}{\partial t}\right)-\left(\frac{\mathrm{D}h}{\mathrm{D}t}-\frac{\partial h}{\partial t}\right)$$

即

$$\frac{\mathrm{D}}{\mathrm{D}t}\left(h+\frac{1}{2}\boldsymbol{W}^2-\frac{1}{2}\omega^2r^2\right)=T\,\frac{\mathrm{D}s}{\mathrm{D}t}-T\,\frac{\partial s}{\partial t}+\frac{\partial h}{\partial t}$$

在无黏绝热流动假设条件下，能量方程简化为等熵方程，方程右端第一项为 0；在相对定常假设条件下右端第二、第三项为 0，则方程左端圆括号中的项沿着迹线(相对定常时是流线)不变化，这样得到沿着流线的能量方程代数形式为

$$h+\frac{1}{2}\boldsymbol{W}^2-\frac{1}{2}\omega^2r^2=\mathrm{const} \tag{6-49}$$

解毕。

上述方程曾经由我国叶轮机械气体动力学家吴仲华推导出的，其左端项被称为相对转子焓：

$$i=h+\frac{1}{2}\boldsymbol{W}^2-\frac{1}{2}\omega^2r^2 \tag{6-50}$$

其沿着流线相等的条件是无黏绝热、相对定常、体积力忽略不计。

上述三个代数方程式(6-45)、(6-48)、(6-49)是相对流动动量及能量方程沿着流线方向上的简化代数方程式，如取流线上的两点分别位于通流部件如吸气室、叶轮、扩压器、弯道、回流器、排气室的进口和出口截面上(静止部件旋转速度为 0，相对速度蜕化为绝对速度)，则与流体机械原理或叶轮机械原理课程中的伯努利方程、欧拉方程、能量方程完全一致，构成叶轮机械一维气体动力分析设计的基础(一维计算网格布置在通流部件进出口截面上)。

完整的叶轮机械一维气体动力学理论由上述三个代数方程式、流管质量守恒关系

式、热力学关系式及经验关联式等组成，抓住了叶轮机械气动热力学参数沿流线方向上变化的主要矛盾，但在实际应用中尚存两个主要不足：流线形状待定、经验模型过多。针对这些不足，需要发展叶轮机械二维、准三维、三维、三维非定常气体动力学理论研究，这些内容已超出本节范畴，读者可参考相关专业参考书。

# 习　题

6-1　试给出$\frac{\partial \boldsymbol{e}_i}{\partial t}$和$\frac{\partial^* \boldsymbol{e}_i}{\partial t}$之间的关系式，以及$\frac{\mathrm{D}\boldsymbol{e}_i}{\mathrm{D}t}$和$\frac{\mathrm{D}^* \boldsymbol{e}_i}{\mathrm{D}t}$之间的关系式。

6-2　给出理想相对定常流动的伯努利方程和相对转子焓的代数表达式，并给出守恒条件。

6-3　判断下列关系式是否成立。如不成立，给出相应的正确关系式。

(1)$\nabla \cdot \boldsymbol{V} = \nabla \cdot \boldsymbol{W}$；

(2)$\nabla \times \boldsymbol{V} = \nabla \times \boldsymbol{W}$；

(3)$\nabla \boldsymbol{V} = \nabla \boldsymbol{W}$；

(4)$\frac{1}{2}[\nabla \boldsymbol{V} + (\nabla \boldsymbol{V})^{\mathrm{T}}] = \frac{1}{2}[\nabla \boldsymbol{W} + (\nabla \boldsymbol{W})^{\mathrm{T}}]$；

(5)$\frac{\mathrm{D}\boldsymbol{V}}{\mathrm{D}t} = \frac{\mathrm{D}\boldsymbol{W}}{\mathrm{D}t}$。

6-4　理想相对流动的动量方程除了采用欧拉形式表示外，还经常表示成葛罗米柯形式

$$\frac{\partial \boldsymbol{W}}{\partial t} + \nabla \frac{\boldsymbol{W}^2}{2} - \boldsymbol{W} \times (\nabla \times \boldsymbol{V}) + \boldsymbol{\omega} \times (\boldsymbol{\omega} \times \boldsymbol{r}) = -\frac{1}{\rho} \nabla p$$

和克罗克形式

$$\frac{\partial \boldsymbol{W}}{\partial t} - \boldsymbol{W} \times (\nabla \times \boldsymbol{V}) = T\,\nabla s - \nabla i$$

试给出以上两种形式的推导过程。

# 第7章　张量分析在固体力学中的应用

固体力学是较早引入张量分析方法的一门学科。本章介绍任意曲线坐标系下张量分析在固体力学中的应用，主要内容包括：应力张量和应变张量，应力-应变本构关系，经典弹性理论方程，压缩机叶轮强度、固有频率与疲劳寿命计算实例。本章重点是应力张量、应变张量的概念、性质及应用，读者通过学习本章内容，可以解决实际工程中的弹性力学及其交叉学科的一些复杂力学问题，如离心叶轮叶片气动弹性力学问题。

## 7.1　固体力学概述

### 7.1.1　定义

固体力学是研究可变形固体在外加因素(载荷、变温等)作用下内部质点的位移、变形、应变、应力和破坏等规律的学科，其主要任务是对工程材料或结构的强度、刚度、稳定性进行分析，从而判断它们能否在要求载荷下正常工作，并为设计合理结构和发展新型结构提供理论和方法。

固体和流体同属于连续介质，描述它们运动和受力的基本物理量是变形和应力。其中，变形在固体力学和流体力学中的情况有很大不同。固体变形在外加载荷作用下一般为小变形或有限变形，利用应变来表示，物理意义为单位长度连续介质的变形大小，为无量纲参数；流体变形在切应力作用下为无限大变形，但其变化率为有限值，故利用变形率来表示，物理意义为单位长度连续介质的变形快慢，变形率也叫作应变率，单位为 $1/s$。应力在固体力学和流体力学中的物理意义和表示方法均相同，用来描述单位面积上连续介质的表面力，单位为 Pa。

按照变形属性，可变形固体的变形种类有如下分法：①按照外加载荷卸载后变形恢复情况，可分为弹性变形、塑性变形、黏性变形，以及它们的组合，如弹塑性变形、黏弹性变形、黏塑性变形及黏弹塑性变形(见图 7-1)；②按照变形大小或控制方程类型，可分为小变形、有限变形，前者的控制方程是线性的，后者的控制方程是非线性的；③按照变形维度，可分为一维杆梁轴变形、二维板壳膜变形、各个方向上变形大小相当的三维体变形，以及它们的组合，如飞机外形是细杆和薄壁板壳的组合。

按照力载荷属性及平衡条件，可变形固体的受力主要有：动力、气动力、弹性力，分别与动力学、气体动力学、弹性力学相关。按照三种受力的不同组合及平衡条件，可细分为结构动力、飞行力、静气弹性力、气动弹性力等(见图 7-2)。

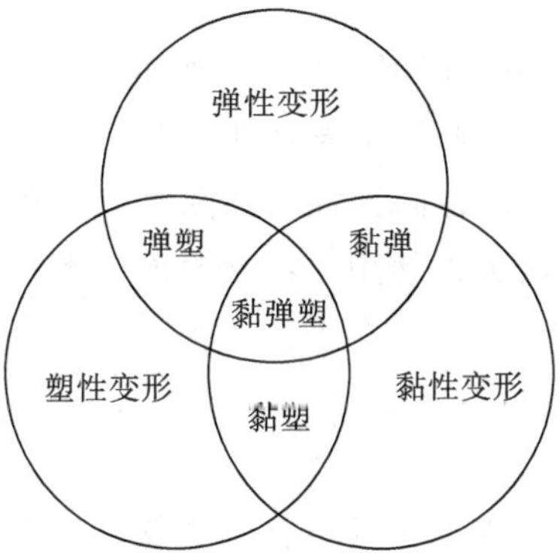


图 7－1　变形分类

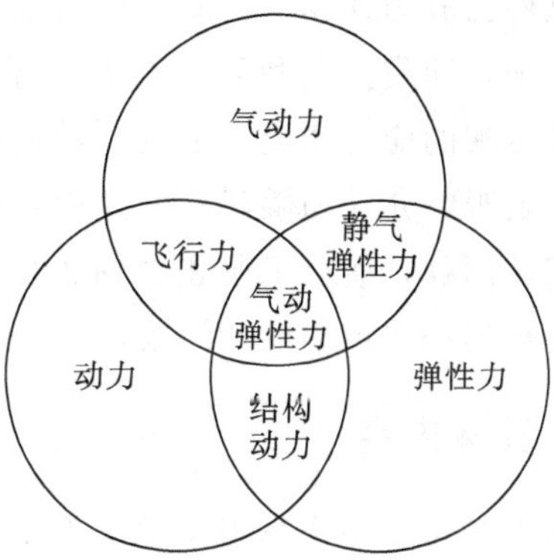


图 7－2　受力分类

### 7.1.2　历史

固体力学的首要问题是断裂强度，其历史可以追溯到文艺复兴时期，在现存的达·芬奇笔记中发现了一个可能是金属丝拉伸强度测试的绘画。其后，1638 年，伽利略在断裂载荷实验的基础上首次提出梁的强度计算公式，并得出载荷与长度无关、与横截面面积成正比的结论，这是迈向应力概念的第一步，一般被认为是固体力学的开端。1678 年，胡克发表"力与变形成正比"的线性弹性关系，后来被称为胡克定律。1680 年，马里奥特也发表了类似的发现。

18 世纪，人们进一步研究弹性杆的挠度曲线、侧向振动和受压稳定性等问题，发展了弹性杆梁轴的力学理论。如伯努利在 1705 年提出单位面积上的受力(应力)是单位长度变形(应变)的函数；欧拉在 1744 年提出应力和应变之间的线性关系式，其中的线性系数后来被称为杨氏模量(杨在 1807 年提出过类似的关系)。目前，欧拉-伯努利梁、铁摩辛柯梁仍然是固体力学中非常重要的理论模型，一部分原因是它们的简单性，另一部分原因是它们的工程应用的广泛性。

19 世纪初，由于工业的发展，出现了大规模的工程结构，结构力学应运而生。19 世纪 30 年代，出现了金属桁架结构，人们发展了桁架理论及计算方法。

在二维弹性体方面，欧拉迈出薄壳理论的第一步，他对弹性钟形模型的振动问题进行了简化分析；伯努利进一步发展了该模型，并将之模化为二维弹性线条网络。在欧拉研究的一个世纪后，薄壳理论再次引起人们的注意，如阿隆在 1873 年提出适用于一般小变形的薄壳理论，随后洛夫等人进一步发展了薄壳理论。目前，薄壳理论仍然是固体力学中的研究热点，一部分原因是非线性有限变形壳体理论尚不完善，另一部分原因是航空航天工业对轻质化薄壳体情有独钟。

在三维弹性体方面，1821 年，纳维发表了弹性力学基本方程。1822 年，柯西给出应力和应变的严格定义，以及三维应力-应变本构方程及应变-位移几何方程，并于次年推导出了弹性体的平衡微分方程，对弹性力学乃至整个固体力学的发展产生了深远的影响。1855 年，圣维南利用半逆方法求解柱体的扭转和弯曲问题，并提出著名的圣维南原理。随后，诺伊曼建立了三维弹性理论。目前，三维弹性力学及结构动力学商业计算软件已成为计算机辅助工程的重要组成模块。

近年来，断裂力学和复合材料力学取得了一些进展。材料和结构总是存在裂纹，探讨裂纹尖端的应力和应变场及裂纹的扩展规律是断裂力学的主要任务。复合材料力学研究有宏观、介观和微观三个方向，非均匀性、各向异性、层间剥离等是复合材料力学的特殊问题，航空工业和生物医疗器械中已大量使用了复合材料，解决了传统材料难以胜任的一些结构设计问题。

### 7.1.3 基本内容

固体力学作为一类学科体系，其分支学科众多，包括：材料力学、结构力学、弹性力学、塑性力学、结构稳定性、振动力学、疲劳与断裂、复合材料力学、黏弹性理论、黏弹塑性理论等，分别从不同角度(如变形、应力和断裂)来研究可变形固体的运动与受力情况。

在本科学习阶段，受限于所掌握的数学工具的不足，相关固体力学课程，如工程材料力学、结构力学，主要从一维角度介绍材料及其结构体的固体力学行为和分析方法。读者经过学习本书前面各章的张量分析方法，有条件将固体力学一维理论上升到三维非定常理论，即弹性力学的学习，为后续进一步学习更复杂、更精细化的固体力学分支提供方法和知识的储备。可见，弹性力学与张量分析在固体力学领域处于承上启下的作用。

描述固体力学运动和受力的核心物理量是二阶应变张量、二阶应力张量，张量分析使得固体力学及其众多分支学科如虎添翼，学科体系及基础也日趋完善；反过来，固体力学又推广普及了张量分析在众多自然和技术科学中的应用，二者相辅相成、相得益彰。可以讲，在众多学科领域中，固体力学是应用张量分析方法最早、最成功的学科之一。

## 7.2 应力张量

应力张量和应变张量是固体力学中的两个最重要的张量，分别用来描述可变形固体中任意点处的表面力状态和变形状态。本节首先介绍应力张量的概念、性质和应用。

### 7.2.1 应力张量与应力矢量

本节通过分析连续介质的力平衡条件引出应力张量和应力矢量，为此，在可变形固体中任意取一点 $O$，在该点邻域内沿着任意曲线坐标线 $x^1$，$x^2$，$x^3$ 方向上取三点 $A$，$B$，$C$，以三条微元有向线段

$$OA = \mathrm{d}x^1 \boldsymbol{e}_1, \quad OB = \mathrm{d}x^2 \boldsymbol{e}_2, \quad OC = \mathrm{d}x^3 \boldsymbol{e}_3$$

为棱边组成微元四面体 $OABC$，如图 7-3 所示，现在分析该微元四面体上的受力情况。

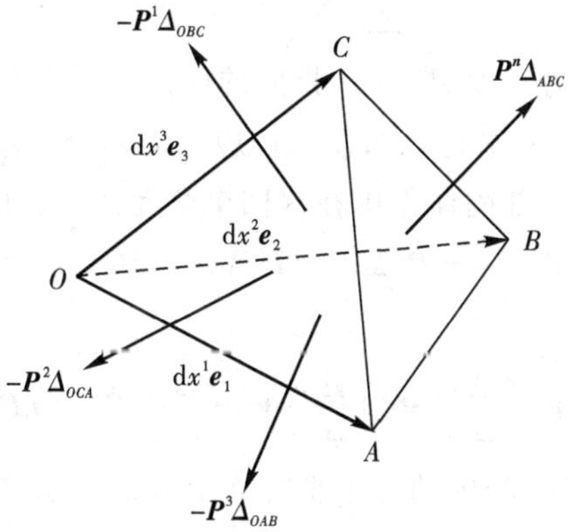


**图 7-3　微元四面体受力分析**

首先分析微元四面体 $OABC$ 的几何关系。微元四面体由三个微元坐标面 $OBC$，$OCA$，$OAB$ 和一个微元斜面 $ABC$ 围成，其有向面积的分量分别记为 $\Delta_{OBC}$，$\Delta_{OCA}$，$\Delta_{OAB}$，$\Delta_{ABC}$，方向分别与 $\boldsymbol{e}^1$，$\boldsymbol{e}^2$，$\boldsymbol{e}^3$，$\boldsymbol{n}$ 一致，利用三角形有向面积与有向线段矢量叉乘之间的关系，将微元斜面 $ABC$ 写成有向面积形式：

$$\begin{aligned}\Delta_{ABC}\boldsymbol{n} &= \frac{1}{2}\overrightarrow{AB}\times\overrightarrow{AC}=\frac{1}{2}(\overrightarrow{OB}-\overrightarrow{OA})\times(\overrightarrow{OC}-\overrightarrow{OA})\\ &=\frac{1}{2}\overrightarrow{OB}\times\overrightarrow{OC}+\frac{1}{2}\overrightarrow{OC}\times\overrightarrow{OA}+\frac{1}{2}\overrightarrow{OA}\times\overrightarrow{OB}\\ &=\frac{1}{2}\mathrm{d}x^2\boldsymbol{e}_2\times\mathrm{d}x^3\boldsymbol{e}_3+\frac{1}{2}\mathrm{d}x^3\boldsymbol{e}_3\times\mathrm{d}x^1\boldsymbol{e}_1+\frac{1}{2}\mathrm{d}x^1\boldsymbol{e}_1\times\mathrm{d}x^2\boldsymbol{e}_2\\ &=\frac{1}{2}\sqrt{g}\,\mathrm{d}x^2\mathrm{d}x^3\boldsymbol{e}^1+\frac{1}{2}\sqrt{g}\,\mathrm{d}x^3\mathrm{d}x^1\boldsymbol{e}^2+\frac{1}{2}\sqrt{g}\,\mathrm{d}x^1\mathrm{d}x^2\boldsymbol{e}^3\end{aligned}$$

同理，三个微元坐标面的有向面积形式为

$$\Delta_{OBC}\boldsymbol{e}^1=\frac{1}{2}\overrightarrow{OB}\times\overrightarrow{OC}=\frac{1}{2}\mathrm{d}x^2\boldsymbol{e}_2\times\mathrm{d}x^3\boldsymbol{e}_3=\frac{1}{2}\sqrt{g}\,\mathrm{d}x^2\mathrm{d}x^3\boldsymbol{e}^1$$

$$\Delta_{OCA}\boldsymbol{e}^2=\frac{1}{2}\sqrt{g}\,\mathrm{d}x^3\mathrm{d}x^1\boldsymbol{e}^2$$

$$\Delta_{OAB}\boldsymbol{e}^3=\frac{1}{2}\sqrt{g}\,\mathrm{d}x^1\mathrm{d}x^2\boldsymbol{e}^3$$

因此

$$\Delta_{ABC}\boldsymbol{n}=\Delta_{OBC}\boldsymbol{e}^1+\Delta_{OCA}\boldsymbol{e}^2+\Delta_{OAB}\boldsymbol{e}^3$$

即

$$\boldsymbol{n}=\frac{\Delta_{OBC}}{\Delta_{ABC}}\boldsymbol{e}^1+\frac{\Delta_{OCA}}{\Delta_{ABC}}\boldsymbol{e}^2+\frac{\Delta_{OAB}}{\Delta_{ABC}}\boldsymbol{e}^3=n_i\boldsymbol{e}^i \tag{7-1}$$

可见，微元斜面方向 $\boldsymbol{n}$ 的协变分量 $n_i$ 就是相应的微元坐标面与微元斜面的面积比。

下来分析微元四面体 $OABC$ 的受力情况。受力分成两大类：体积力和表面力，其中体积力为三阶小量，表面力为二阶小量，则体积力可暂且忽略不计，这样，力平衡条件就简化为

$$\sum 表面力 = \mathbf{0} \tag{7-2}$$

微元四面体共受四个表面力，设 $\boldsymbol{P}^i$ 为 $\boldsymbol{e}^i$ 指向的固体作用在相应坐标面单位面积上的表面力(注意表面力不一定与 $\boldsymbol{e}^i$ 平行，如存在切应力时)，$\boldsymbol{P}^n$ 为 $\boldsymbol{n}$ 指向的固体作用在斜面单位面积上的表面力，则外部固体作用在这四个微元面的表面力满足如下力平衡条件：

$$\boldsymbol{P}^n \Delta_{ABC} - \boldsymbol{P}^1 \Delta_{OBC} - \boldsymbol{P}^2 \Delta_{OCA} - \boldsymbol{P}^3 \Delta_{OAB} = \mathbf{0} \tag{7-3}$$

即

$$\boldsymbol{P}^n = \frac{\Delta_{OBC}}{\Delta_{ABC}} \boldsymbol{P}^1 + \frac{\Delta_{OCA}}{\Delta_{ABC}} \boldsymbol{P}^1 + \frac{\Delta_{OAB}}{\Delta_{ABC}} \boldsymbol{P}^3 = n_i \boldsymbol{P}^i \tag{7-4}$$

注意在图 7-3 及式(7-3)中的三个坐标面上表面力出现负号，表示外部固体与内部固体作用在微元坐标面上的表面力是作用力与反作用力，大小相等但方向相反。

从式(7-4)看出，单位有向面积上的表面力 $\boldsymbol{P}^n$，它不仅有大小、有方向，而且还与作用面的方向有关。例如，坐标逆变基矢量 $\boldsymbol{e}^i$ 方向上 $\boldsymbol{P}^i$ 的逆变分量形式为

$$\boldsymbol{P}^i = P^{ij} \boldsymbol{e}_j \tag{7-5}$$

这样式(7-4)就可写为

$$\boldsymbol{P}^n = n_i P^{ij} \boldsymbol{e}_j = \boldsymbol{n} \cdot \boldsymbol{e}_i P^{ij} \boldsymbol{e}_j \tag{7-6}$$

记

$$\boldsymbol{P} = \boldsymbol{e}_i P^{ij} \boldsymbol{e}_j \tag{7-7}$$

则

$$\boldsymbol{P}^n = \boldsymbol{n} \cdot \boldsymbol{P} \tag{7-8}$$

我们称式(7-7)定义的 $\boldsymbol{P} = \boldsymbol{e}_i P^{ij} \boldsymbol{e}_j$ 为应力张量，其为二阶张量，共有 9 个分量 $P^{ij}$，其中第一个指标 $i$ 表示作用面的法向为 $\boldsymbol{e}^i$，第二个指标 $j$ 表示 $\boldsymbol{P}^i$ 在 $\boldsymbol{e}^j$ 上的投影分量；称式(7-8)定义的 $\boldsymbol{P}^n = \boldsymbol{n} \cdot \boldsymbol{P}$ 为应力矢量，其为一阶张量即矢量，有 3 个分量。

式(7-8)表明：如果知道了某一点处的二阶应力张量[见式(7-7)]，则该点处任意方向上的应力矢量，即单位面积上的表面力就可以利用式(7-8)求出，即二阶应力张量可以完全描述可变形固体的表面力状态。式(7-7)还可以写成

$$\boldsymbol{P} = \boldsymbol{e}_i \boldsymbol{P}^i \tag{7-9}$$

即，二阶应力张量其实就是三个坐标基矢量及其上应力矢量的并矢。

上面通过力平衡条件的分析，得出了任意方向上表面力的计算公式。现在分析应力张量在不同曲线坐标系下的变换关系，不妨取老坐标系为 $x^i$，应力张量的分量为 $P^{ij}$，新坐标系为 $x^{*m}$，应力张量的分量为 $P^{*mn}$。利用公式(7-8)，在法向为 $\boldsymbol{e}^{*m}$ 作用面上的应力矢量 $\boldsymbol{P}^{*m}$ 在 $\boldsymbol{e}^{*n}$ 方向上投影分量的计算公式为

$$P^{*mn} = \boldsymbol{P}^{*m} \cdot \boldsymbol{e}^{*n} = \boldsymbol{e}^{*m} \cdot \boldsymbol{P} \cdot \boldsymbol{e}^{*n} = \boldsymbol{e}^{*m} \cdot \boldsymbol{e}_i P^{ij} \boldsymbol{e}_j \cdot \boldsymbol{e}^{*n}$$

利用坐标基矢量变换式，可得应力张量的分量满足如下变换关系：

$$P^{*mn} = \frac{\partial x^{*m}}{\partial x^i} \frac{\partial x^{*n}}{\partial x^j} P^{ij} \tag{7-10}$$

可见，应力张量为二阶绝对张量。利用绝对张量的性质，如果已知某一个坐标系下的应力分量，很容易求出其他坐标系下的应力分量。

### 7.2.2　二阶应力张量的对称性

现在通过分析连续介质的力矩平衡条件，推导应力张量是二阶对称张量。为此，以 $O$ 点为顶点，以 $OA$，$OB$，$OC$ 为棱边围成微元六面体(见图 7-4)，分析该微元六面体上的力矩平衡情况。

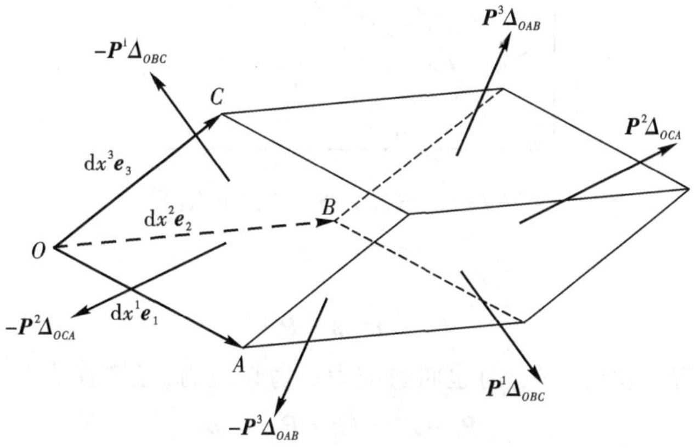


**图 7-4　微元六面体力矩分析**

作用在六个微元面上的表面力，在忽略高阶小量的假设条件下，为大小相等、方向相反的三对力偶，按照力矩平衡条件，要求这三对力矩(作用矩与力的叉乘)之和为 $\mathbf{0}$，即

$$\overrightarrow{OA}\times\boldsymbol{P}^1\Delta_{OBC}+\overrightarrow{OB}\times\boldsymbol{P}^2\Delta_{OCA}+\overrightarrow{OC}\times\boldsymbol{P}^3\Delta_{OAB}=\mathbf{0} \tag{7-11}$$

式中，$\Delta_{OBC}$ 表示以微元有向线段 $\overrightarrow{OB}$ 和 $\overrightarrow{OC}$ 为棱边的三角形面积的大小，其他依此类推。利用矢量叉乘关系式，上式为

$$\mathrm{d}x^1\boldsymbol{e}_1\times P^{1j}\sqrt{g}\,\mathrm{d}x^2\mathrm{d}x^3\boldsymbol{e}_j+\mathrm{d}x^2\boldsymbol{e}_2\times P^{2j}\sqrt{g}\,\mathrm{d}x^1\mathrm{d}x^3\boldsymbol{e}_j+\mathrm{d}x^3\boldsymbol{e}_3\times P^{3j}\sqrt{g}\,\mathrm{d}x^1\mathrm{d}x^2\boldsymbol{e}_j$$
$$=P^{ij}\sqrt{g}\,\mathrm{d}x^1\mathrm{d}x^2\mathrm{d}x^3\boldsymbol{e}_i\times\boldsymbol{e}_j=\varepsilon_{ijk}P^{ij}g\,\mathrm{d}x^1\mathrm{d}x^2\mathrm{d}x^3\boldsymbol{e}^k$$
$$=(P^{23}-P^{32})g\mathrm{d}x^1\mathrm{d}x^2\mathrm{d}x^3\boldsymbol{e}^1+(P^{31}-P^{13})g\mathrm{d}x^1\mathrm{d}x^2\mathrm{d}x^3\boldsymbol{e}^2+(P^{12}-P^{21})g\mathrm{d}x^1\mathrm{d}x^2\mathrm{d}x^3\boldsymbol{e}^3=\mathbf{0}$$

可见

$$P^{23}=P^{32},\quad P^{31}=P^{13},\quad P^{12}=P^{21} \tag{7-12}$$

也即

$$P^{ji}=P^{ij} \tag{7-13}$$

因此，应力张量为二阶对称张量。

利用应力张量是二阶对称张量的性质，描述一点处的应力或者表面力状态需六个独立量。

### 7.2.3　法应力与切应力

从式(7-8)看出，如果知道了一点处的应力张量，则可求出任意法向为 $\boldsymbol{n}$ 的作用面上的应力矢量 $\boldsymbol{P}^n$，应力矢量不一定与作用面法向 $\boldsymbol{n}$ 平行，但其总可以分解为两个方向的力：法应力和切应力，如图 7 - 5 所示。

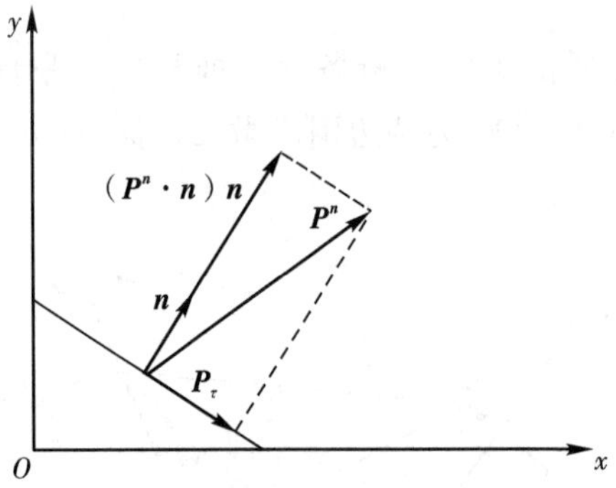


**图 7 - 5　法应力与切应力示意图**

法应力的大小为

$$\boldsymbol{P}^n \cdot \boldsymbol{n}=\boldsymbol{n} \cdot \boldsymbol{P} \cdot \boldsymbol{n} \tag{7-14}$$

方向与法向 $\boldsymbol{n}$ 平行，切应力(有时也叫剪应力、剪切应力)是表面力与法应力矢量之差：

$$\boldsymbol{P}_\tau=\boldsymbol{P}^n-(\boldsymbol{n} \cdot \boldsymbol{P} \cdot \boldsymbol{n})\boldsymbol{n} \tag{7-15}$$

特别地，如取 $\boldsymbol{n}=\boldsymbol{e}^1$，则其法应力大小为 $\boldsymbol{P}^1$ 的逆变分量[见式(7 - 14)]为

$$\boldsymbol{e}^1 \cdot \boldsymbol{P} \cdot \boldsymbol{e}^1=P^{11}$$

其切应力为

$$\boldsymbol{P}^1-P^{11}\boldsymbol{e}_1=\boldsymbol{P}^{1j}\boldsymbol{e}_j-P^{11}\boldsymbol{e}_1=P^{12}\boldsymbol{e}_2+P^{13}\boldsymbol{e}_3$$

同理可以写出法向为另外两个坐标基矢量的法应力和切应力。如将应力张量写成矩阵形式：

$$(P^{ij})=\begin{pmatrix} P^{11} & P^{12} & P^{13} \\ P^{21} & P^{22} & P^{23} \\ P^{31} & P^{32} & P^{33} \end{pmatrix} \tag{7-16}$$

则其对角元为法应力分量，非对角元为切应力分量；每一行的元素是应力矢量的三个分量。

### 7.2.4　应力张量的主方向、主应力与不变量

应力张量是二阶对称张量，需要有 6 个独立分量来描述。在强度分析的后处理中，如果在每一点处直接用所求得的应力张量来描述强度会显得很不方便，数据量大且并不直观；此外，由第 7.2.3 节可知，在坐标微元面上，应力矢量既有法应力分量，又有切应力分量。这里自然有一个疑问：能否找到一个新的单位正交曲线坐标系，使得在新坐标系的 3 个坐标面上，应力矢量只有法应力、没有切应力？幸好应力张量是二阶对称张量，相应的矩阵为对称矩阵，根据线性代数知识，对称矩阵具有一系列好的性质，这为我们分析和后处理应力张量提供了极大便利。

现在将问题归结为：假设在已知的任意曲线坐标系 $x^i$ 下任意点处计算得到的应力张量为

$$\boldsymbol{P}=\boldsymbol{e}_i P^{ij} \boldsymbol{e}_j \tag{7-17}$$

如果在法向为 $\boldsymbol{n}$ 的有向面积上，应力矢量 $\boldsymbol{P}^n$ 与该法向平行，即 $\boldsymbol{P}^n=\lambda\boldsymbol{n}$，则该方向 $\boldsymbol{n}$ 为应力张量的主方向，$\lambda$ 为该主方向上的主应力，现在求 $\boldsymbol{n}$ 和 $\lambda$。

根据主方向和主应力的定义有

$$\boldsymbol{P}^n=\boldsymbol{n}\cdot\boldsymbol{P}=\lambda\boldsymbol{n} \tag{7-18}$$

后一个等式即为

$$\boldsymbol{n}\cdot(\boldsymbol{P}-\lambda\boldsymbol{I})=\boldsymbol{0} \tag{7-19}$$

式中，$\boldsymbol{I}$ 为二阶单位张量。利用张量代数运算，上式的分量形式可写成

$$n_i(P^i_j-\lambda\delta^i_j)=0 \tag{7-20}$$

式中，$n_i$ 为 $\boldsymbol{n}$ 的协变分量；$P^i_j$ 为应力张量的混合分量；$\delta^i_j$ 为克罗内克符号。该式是关于 $n_1$，$n_2$，$n_3$ 的三元齐次线性代数方程组，有非 0 解的条件是当且仅当系数行列式为 0，即

$$\det(P^i_j-\lambda\delta^i_j)=\begin{vmatrix} P^1_1-\lambda & P^1_2 & P^1_3 \\ P^2_1 & P^2_2-\lambda & P^2_3 \\ P^3_1 & P^3_2 & P^3_3-\lambda \end{vmatrix}=0 \tag{7-21}$$

该方程是关于 $\lambda$ 的三次方程，将行列式展开，得到

$$\lambda^3-I_1\lambda^2+I_2\lambda-I_3=0 \tag{7-22}$$

式中，

$$I_1=P^i_i \tag{7-23}$$

$$I_2=\frac{1}{2}(P^i_iP^j_j-P^i_jP^j_i) \tag{7-24}$$

$$I_3=\det(P^i_j) \tag{7-25}$$

可见，应力张量的主应力就是相应矩阵的特征值，主方向是相应矩阵的特征矢量。根据线性代数知识，对称矩阵的特征值均为实数，且可以根据这些特征值构造出 3 个单位正交特征矢量。不妨设方程式(7-22)的 3 个实特征根为 $\lambda_1$，$\lambda_2$，$\lambda_3$，则该方程还可以写成

$$(\lambda-\lambda_1)(\lambda-\lambda_2)(\lambda-\lambda_3)=0 \tag{7-26}$$

展开该方程并与式(7-22)对比，可得

$$I_1=\lambda_1+\lambda_2+\lambda_3 \tag{7-27}$$

$$I_2=\lambda_1\lambda_2+\lambda_1\lambda_3+\lambda_2\lambda_3 \tag{7-28}$$

$$I_3=\lambda_1\lambda_2\lambda_3 \tag{7-29}$$

矩阵的特征根并不随着坐标系变换而改变，因此式(7-23)～(7-25)给出的 $I_1$，$I_2$，$I_3$ 也不随坐标系变换而改变，分别叫作应力张量的第一、第二、第三不变量。

根据所求出的 3 个特征值 $\lambda_1$，$\lambda_2$，$\lambda_3$，分别求解代数方程组(7-20)，可得到相应的 3 个单位正交特征矢量 $\boldsymbol{n}_1$，$\boldsymbol{n}_2$，$\boldsymbol{n}_3$，以该组矢量为坐标基矢量构造出的新坐标系下，有

$$\boldsymbol{e}^*_i=\boldsymbol{n}_i \tag{7-30}$$

应力张量的矩阵形式为

$$(P^{*ij})=\begin{pmatrix}\lambda_1 & & \\ & \lambda_2 & \\ & & \lambda_3\end{pmatrix} \tag{7-31}$$

在老的坐标系 $x^i$ 下应力张量[见式(7-16)]有 6 个独立分量，而在新的坐标系 $x^{*i}$下应力张量[见式(7-31)]只需 3 个主应力就可以描述了。后处理求出主应力、主方向，对材料强度、疲劳、屈服、断裂的分析及其应用相当便利。

### 7.2.5 最大法应力与最大切应力

在强度破坏理论中，需要知道材料的最大法应力、最大切应力，现在解决该问题。

首先证明应力张量的最大法应力就是最大主应力，这个问题可以表达为一个最优控制问题：

目标函数：法向 $\boldsymbol{n}=n_i\boldsymbol{e}^i=n^i\boldsymbol{e}_i$ 上法应力最大化，即

$$N=\boldsymbol{n}\cdot\boldsymbol{P}\cdot\boldsymbol{n}=\boldsymbol{n}\cdot\boldsymbol{e}_iP^i_j\boldsymbol{e}^j\cdot\boldsymbol{n}=n_iP^i_jn^j \tag{7-32}$$

约束条件：法向 $\boldsymbol{n}$ 为单位矢量，即

$$n_in^i=1 \tag{7-33}$$

控制变量：$n_1$，$n_2$，$n_3$。

为求解该最优控制问题，引入新的目标函数 $f$ 及拉格朗日乘子 $\lambda$：

$$f(n_1,\ n_2,\ n_3,\ \lambda)=N-\lambda(n_in^i-1)=n_iP^i_jn^j-\lambda(n_in^i-1) \tag{7-34}$$

极值问题要求其关于 $n_i$ 的偏导数为 0，即

$$\frac{\partial f}{\partial n_i}=P^i_jn^j+n_kP^k_jg^{ij}-\lambda\ (n^i+n_kg^{ik})=2n^j(P^i_j-\lambda\delta^i_j)=0 \tag{7-35}$$

该式是关于 $n^j$ 的三元齐次线性代数方程组，有非 0 解的条件是当且仅当系数矩阵行列式为 0，即式(7-20)=0。可见，满足法应力极值化的法向等同于主应力极值化对应的主方向，对应的主应力等同于拉格朗日乘子。不妨设 $\lambda_1\geqslant\lambda_2\geqslant\lambda_3$，则最大法应力为 $\lambda_1$，对应的法向为 $\boldsymbol{n}_1$；最小法应力为 $\lambda_3$，对应的法向为 $\boldsymbol{n}_3$。

再求应力张量的最大切应力，同样可以归结为一个最优控制问题。设应力张量的 3 个主应力 $\lambda_1$，$\lambda_2$，$\lambda_3$ 对应的主方向分别为 $\boldsymbol{n}_1$，$\boldsymbol{n}_2$，$\boldsymbol{n}_3$，则以该组主方向为坐标基矢量 $\boldsymbol{e}_i^*=\boldsymbol{n}_i$，形成新的坐标系，其应力张量为

$$\boldsymbol{P}=\boldsymbol{n}_1\lambda_1\boldsymbol{n}_1+\boldsymbol{n}_2\lambda_2\boldsymbol{n}_2+\boldsymbol{n}_3\lambda_3\boldsymbol{n}_3 \tag{7-36}$$

在任意单位法向 $\boldsymbol{n}=n_i\boldsymbol{n}_i$ 的面元上(这里 $\boldsymbol{n}_i$ 为单位正交基矢量，可不区分协变与逆变分量)，应力矢量、法应力矢量分别为

$$\boldsymbol{P}^n=\boldsymbol{n}\cdot\boldsymbol{P}=n_1\lambda_1\boldsymbol{n}_1+n_2\lambda_2\boldsymbol{n}_2+n_3\lambda_3\boldsymbol{n}_3 \tag{7-37}$$

$$\boldsymbol{N}=(\boldsymbol{P}^n\cdot\boldsymbol{n})\boldsymbol{n}=(\boldsymbol{n}\cdot\boldsymbol{P}\cdot\boldsymbol{n})\boldsymbol{n}=(n_1^2\lambda_1+n_2^2\lambda_2+n_3^2\lambda_3)(n_1\boldsymbol{n}_1+n_2\boldsymbol{n}_2+n_3\boldsymbol{n}_3) \tag{7-38}$$

切应力为二者之差，其大小的平方为

$$\begin{aligned}\tau^2&=|\boldsymbol{P}^n|^2-|\boldsymbol{N}|^2=(n_1\lambda_1)^2+(n_2\lambda_2)^2+(n_3\lambda_3)^2-(n_1^2\lambda_1+n_2^2\lambda_2+n_3^2\lambda_3)^2\\&=[n_1n_2(\lambda_1-\lambda_2)]^2+[n_1n_3(\lambda_1-\lambda_3)]^2+[n_2n_3(\lambda_2-\lambda_3)]^2\end{aligned} \tag{7-39}$$

该最优控制问题可表达为：

目标函数：切应力 $\tau^2$ 最大化；

约束条件：法向 $\boldsymbol{n}$ 为单位矢量，即

$$n_1^2+n_2^2+n_3^2=1 \tag{7-40}$$

控制变量：$n_1$，$n_2$，$n_3$。

为求 $\tau^2$ 的极值，求其对 $n_i$ 的偏导数，并令之等于 0，则得

$$\begin{cases}2n_1\{[n_2(\lambda_1-\lambda_2)]^2+n_3(\lambda_1-\lambda_3)]^2\}=0\\2n_2\{[n_1(\lambda_1-\lambda_2)]^2+n_3(\lambda_2-\lambda_3)]^2\}=0\\2n_3\{[n_1(\lambda_1-\lambda_3)]^2+n_2(\lambda_2-\lambda_3)]^2\}=0\end{cases} \tag{7-41}$$

该式为三元二次齐次代数方程组，有无穷多个解，如($n_1$，$n_2$，$n_3$)是其解，则任意数字乘以该解也是方程解。利用约束条件式(7-40)，可获得表 7-1 所列的极值解。

**表 7-1　切应力极值解**

| $n_i$ 及 $\tau^2$ | 极值解 | | | | | |
|---|---|---|---|---|---|---|
| $n_1$ | $\pm1$ | 0 | 0 | $\pm1/\sqrt{2}$ | $\pm1/\sqrt{2}$ | 0 |
| $n_2$ | 0 | $\pm1$ | 0 | $\pm1/\sqrt{2}$ | 0 | $\pm1/\sqrt{2}$ |
| $n_3$ | 0 | 0 | $\pm1$ | 0 | $\pm1/\sqrt{2}$ | $\pm1/\sqrt{2}$ |
| $\tau^2$ | 0 | 0 | 0 | $\left(\frac{\lambda_1-\lambda_2}{2}\right)^2$ | $\left(\frac{\lambda_1-\lambda_3}{2}\right)^2$ | $\left(\frac{\lambda_2-\lambda_3}{2}\right)^2$ |

可见，$\tau^2$ 的极值解分成六组，其中前三组为极小值解，对应主方向，其上切应力为 0；后三组为极大值解。不妨设 $\lambda_1\geqslant\lambda_2\geqslant\lambda_3$，则切应力最大解为第五组解，此时

$$\boldsymbol{n}=\pm(\boldsymbol{n}_1\pm\boldsymbol{n}_3)/\sqrt{2}，\tau_{\max}=(\lambda_1-\lambda_3)/2 \tag{7-42}$$

因此，最大切应力所在的面元法向等分最大主应力方向与最小主应力方向，如图 7-6所列出的第一象限情况。实际上，式(7-42)包含有 4 个方向，但最大切应力均为 $(\lambda_1-\lambda_3)/2$。

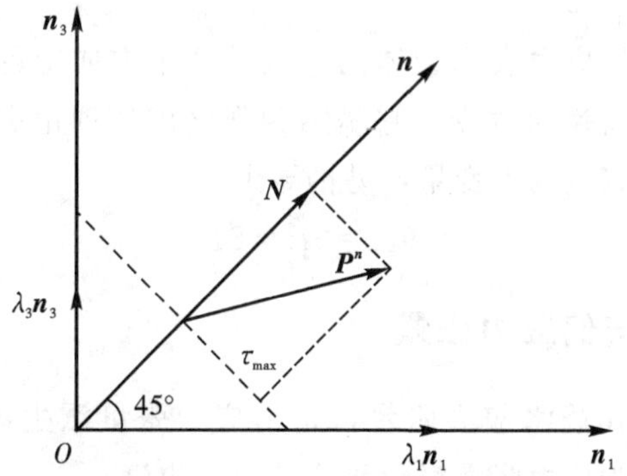


**图 7-6　最大切应力及方向示意图**

### 7.2.6 八面体切应力

八面体切应力是第四强度破坏理论中的一个重要物理量。设物体内任意一点 $O$ 处的主应力为 $\lambda_1$，$\lambda_2$，$\lambda_3$，对应的主方向为 $\boldsymbol{n}_1$，$\boldsymbol{n}_2$，$\boldsymbol{n}_3$，以这 3 个主方向组成单位正交坐标系，在 $O$ 点邻域沿着 3 条坐标线的正反方向上各取一个点，使得这 6 个点与 $O$ 点之间距离相等。以此 6 个点为顶点构成一个正八面体，如图 7－7 所示(为清晰起见，只画出了该正八面体在 $\boldsymbol{n}_1$ 正方向的部分)，现在分析这个八个面体上的切应力。

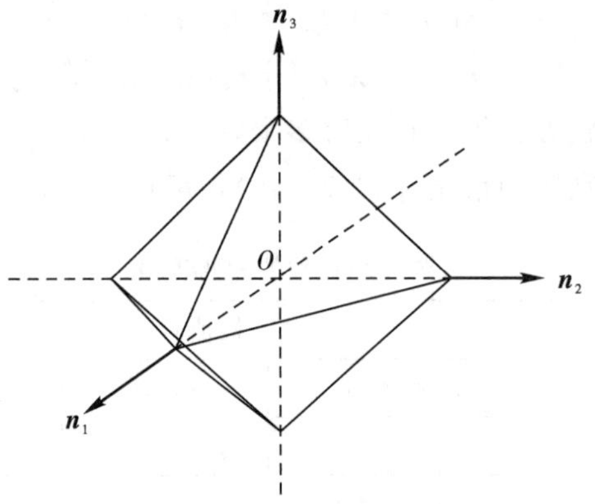


图 7－7　八面体切应力示意图

易知，这八个面上的单位外法向的分量为

$$n_1 = \pm 1/\sqrt{3}, \quad n_2 = \pm 1/\sqrt{3}, \quad n_3 = \pm 1/\sqrt{3}$$

根据式(7－39)，八个面上的切应力大小相等，叫作八面体切应力，记为 $\tau_0$，其二次方为

$$\tau_0^2 = \frac{1}{9}[(\lambda_1 - \lambda_2)^2 + (\lambda_1 - \lambda_3)^2 + (\lambda_2 - \lambda_3)^2]$$

即八面体切应力为

$$\tau_0 = \frac{1}{3}[(\lambda_1 - \lambda_2)^2 + (\lambda_1 - \lambda_3)^2 + (\lambda_2 - \lambda_3)^2]^{1/2} \tag{7-43}$$

由上可知，八面体切应力表示物体内一点处 8 个方向上的切应力大小，是一个不变量，即不随着坐标系变换而改变，它是第四强度破坏理论中非常重要的一个量，详见第 7.6 节。根据应力张量的不变量，易推导出

$$9\tau_0^2 = 2I_1^2 - 6I_2 \tag{7-44}$$

### 7.2.7 球应力张量与偏应力张量

球应力张量，也叫作静水应力张量，是由应力张量派生出的一个各向同性张量，其对角元分量相等，且为应力张量对角元分量的平均值：

$$p = \frac{1}{3}P_k^k \tag{7-45}$$

非对角元分量均为 0，即球应力张量为

$$p\delta_j^i=\frac{1}{3}P_k^k\delta_j^i \tag{7-46}$$

偏应力张量的定义为

$$S_j^i=P_j^i-p\delta_j^i \tag{7-47}$$

球应力张量使物体只产生体积变形，而偏应力张量使物体产生无体积变化的形状变化。材料的屈服是由于偏应力张量的作用，因此它是材料破坏理论的一个重要物理量。

由于偏应力张量是二阶对称张量，因此关于应力张量的主方向、主应力、不变量等概念(见 7.2.4 节)对偏应力张量都适用。从而易知，偏应力张量的主方向与应力张量的主方向一致；偏应力张量的 3 个主应力是 $\lambda_i-p$；偏应力张量的 3 个不变量分别为

$$D_1=S_i^i=0 \tag{7-48}$$

$$D_2=\frac{1}{2}(S_i^iS_j^j-S_j^iS_i^j)=-I_2+\frac{1}{3}I_1^2=\frac{3}{2}\tau_0^2 \tag{7-49}$$

$$D_3=\det(S_j^i)=I_3-\frac{1}{3}I_1I_2+\frac{2}{27}I_1^3=(\lambda_1-p)(\lambda_2-p)(\lambda_3-p) \tag{7-50}$$

**例 7-1**　设在一点处的应力张量为

$$(P_{ij})=\begin{pmatrix}2 & -1 & 1\\ -1 & 2 & -1\\ 1 & -1 & 2\end{pmatrix}$$

求作用面单位法向 $\boldsymbol{n}=\frac{1}{3}(2\boldsymbol{u}_1+\boldsymbol{u}_2+2\boldsymbol{u}_3)$上的应力矢量、法应力和切应力。

**解：** 应力矢量为

$$\begin{aligned}\boldsymbol{p}^n&=\boldsymbol{n}\cdot\boldsymbol{P}=n_k\boldsymbol{u}_k\cdot\boldsymbol{u}_iP_{ij}\boldsymbol{u}_j=n_iP_{ij}\boldsymbol{u}_j\\&=\frac{1}{3}(2,\ 1,\ 2)\begin{pmatrix}2 & -1 & 1\\ -1 & 2 & -1\\ 1 & -1 & 2\end{pmatrix}\begin{pmatrix}\boldsymbol{u}_1\\ \boldsymbol{u}_2\\ \boldsymbol{u}_3\end{pmatrix}=\frac{1}{3}(5\boldsymbol{u}_1-2\boldsymbol{u}_2+5\boldsymbol{u}_3)\end{aligned}$$

法应力是应力矢量沿着单位法向的力，其大小为 $p^n=\boldsymbol{p}^n\cdot\boldsymbol{n}=\boldsymbol{n}\cdot\boldsymbol{P}\cdot\boldsymbol{n}=n_iP_{ij}n_j=2$，方向与 $\boldsymbol{n}$ 平行，故法应力为 $p^n\boldsymbol{n}=\frac{2}{3}(2\boldsymbol{u}_1+\boldsymbol{u}_2+2\boldsymbol{u}_3)$。

切应力是应力矢量减去法应力矢量 $\boldsymbol{p}^n-p^n\boldsymbol{n}=\frac{1}{3}(\boldsymbol{u}_1-4\boldsymbol{u}_2+\boldsymbol{u}_3)$，其大小为$\sqrt{2}$，方向与 $\boldsymbol{n}$ 垂直。

解毕。

本节介绍了应力张量的概念、性质和应用，为便于读者梳理应力张量知识点，现小结如下：

(1)利用力平衡条件，推导出了应力张量是二阶绝对张量，其物理意义为完全描述了一点处的表面力状态，数学表达为坐标基矢量及其上应力矢量的并矢 $\boldsymbol{P}=\boldsymbol{e}_i\boldsymbol{P}^i$，即，二阶应力张量的分量为应力矢量。

(2)利用力矩平衡条件，推导出了应力张量是二阶对称张量，进一步利用线性代数

中对称矩阵特征值为实数的性质，推导出了一点处的表面力状态用 3 个主应力及其 3 个主方向就可以完全描述。

(3)利用主应力，很容易求出材料强度破环理论中的一些物理量，如最大法应力、最大切应力、八面体切应力、球应力及偏应力等。

# 7.3　应变张量

应变张量是描述固体变形状态的二阶对称绝对张量，本节主要介绍有限变形应变张量和小变形应变张量。

## 7.3.1　有限变形应变张量

首先通过连续介质运动学分析，引出应变张量。如图 7-8 所示，设物体在初态占据的区域为 $B$，其内任意质点 $P$ 的位置由曲线坐标 $X^I$ 描述，在 $P$ 点邻域再取任意质点 $Q$，该物体经过有限位移场 $\boldsymbol{u}$ 后运动到终态区域 $b$，$P$ 点运动到 $p$ 点，$Q$ 点运动到 $q$ 点，线元 $\delta \boldsymbol{r}_P=\overrightarrow{PQ}$运动到线元 $\delta \boldsymbol{r}_p=\overrightarrow{pq}$，曲线坐标系($X^1$，$X^2$，$X^3$)运动到新的曲线坐标系($x^1$，$x^2$，$x^3$)。需要注意的是，初态用大写字母表示，终态用小写字母表示；新、老坐标系可不相同，如立方体 $B$ 经过变形运动到球体 $b$ 时可将老坐标系取为笛卡儿坐标系，新坐标系取为球坐标系；老坐标系的坐标基矢量取为 $\boldsymbol{E}_1$，$\boldsymbol{E}_2$，$\boldsymbol{E}_3$，新坐标系的坐标基矢量取为 $\boldsymbol{e}_1$，$\boldsymbol{e}_2$，$\boldsymbol{e}_3$，两类坐标系是一一对应的关系。

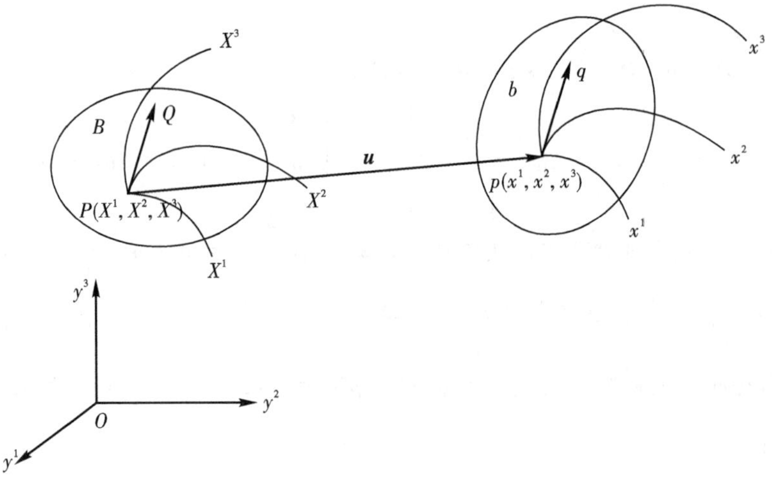


图 7-8　有限变形分析

$$X^I=X^I(x^1,\ x^2,\ x^3) \tag{7-51}$$

$$x^i=x^i(X^1,\ X^2,\ X^3) \tag{7-52}$$

$$\boldsymbol{E}_I=\frac{\partial \boldsymbol{r}_P}{\partial X^I} \tag{7-53}$$

$$\boldsymbol{e}_i=\frac{\partial \boldsymbol{r}_p}{\partial x^i} \tag{7-54}$$

$$\boldsymbol{E}_I=\frac{\partial x^i}{\partial X^I}\boldsymbol{e}_i \tag{7-55}$$

$$\boldsymbol{e}_i=\frac{\partial X^I}{\partial x^i}\boldsymbol{E}_I \tag{7-56}$$

现在分析线元$\overrightarrow{PQ}$的运动情况。运动可分解为两种形式：刚性运动(包括平移和旋转)、变形运动，其中，描述变形运动的基本物理量是线元长度的变化量，可写为

$$\delta s^2\quad \delta S^2=\delta \boldsymbol{r}_p^2-\delta \boldsymbol{r}_P^2 \tag{7-57}$$

式中，$\delta S$，$\delta s$ 分别是运动前后线元 $\delta \boldsymbol{r}_P$，$\delta \boldsymbol{r}_p$ 的长度；$\delta$ 表示空间位置改变所引起的变化量。

$$\delta \boldsymbol{r}_P=\overrightarrow{OQ}-\overrightarrow{OP}=\overrightarrow{PQ}=\delta X^I\boldsymbol{E}_I$$

$$\delta \boldsymbol{r}_p=\overrightarrow{Oq}-\overrightarrow{Op}=\overrightarrow{pq}=\delta x^i\boldsymbol{e}_i$$

显然，当运动前后线元长度的变化量 $\delta s^2-\delta S^2$ 处处为0，则只发生刚性运动，反之则必然发生变形运动。现在计算 $\delta s^2-\delta S^2$，矢量长度、度量张量、矢量分量之间的关系为

$$\delta S^2=\delta \boldsymbol{r}_P^2=G_{IJ}\,\delta X^I\delta X^J \tag{7-58}$$

$$\delta s^2=\delta \boldsymbol{r}_p^2=g_{ij}\,\delta x^i\delta x^j \tag{7-59}$$

为了在同一套坐标系下进行计算，利用式(7-55)～(7-56)，上两式可变换成

$$\delta S^2=c_{ij}\,\delta x^i\delta x^j \tag{7-60}$$

$$\delta s^2=C_{IJ}\,\delta X^I\delta X^J \tag{7-61}$$

式中，

$$c_{ij}=G_{IJ}\frac{\partial X^I}{\partial x^i}\frac{\partial X^J}{\partial x^j} \tag{7-62}$$

$$C_{IJ}=g_{ij}\frac{\partial x^i}{\partial X^I}\frac{\partial x^j}{\partial X^J} \tag{7-63}$$

事实上，式(7-60)是用变形后坐标系计算变形前长度，式(7-61)是用变形前坐标系计算变形后长度。式(7-61)减去式(7-58)，式(7-59)减去式(7-60)，得到老、新坐标系下的线元长度二次方变化量分别为

$$\delta s^2-\delta S^2=2E_{IJ}\,\delta X^I\delta X^J \tag{7-64}$$

$$\delta s^2-\delta S^2=2e_{ij}\,\delta x^i\delta x^j \tag{7-65}$$

式中，

$$E_{IJ}=\frac{1}{2}\left(g_{ij}\frac{\partial x^i}{\partial X^I}\frac{\partial x^j}{\partial X^J}-G_{IJ}\right) \tag{7-66}$$

$$e_{ij}=\frac{1}{2}\left(g_{ij}-G_{IJ}\frac{\partial X^I}{\partial x^i}\frac{\partial X^J}{\partial x^j}\right) \tag{7-67}$$

现在给出应变张量和变形张量的几个概念：$E_{IJ}$ 为拉格朗日有限应变张量或者格林有限应变张量，$e_{ij}$ 为欧拉有限应变张量或者阿尔曼西有限应变张量；$C_{IJ}$ 为格林有限变形张量，$c_{ij}$ 为柯西有限变形张量，显然，它们都是二阶对称张量(为简便起见，本书中分量形式有时可直接表示为张量)。类似于流体力学中的参考系，$E_{IJ}$ 和 $C_{IJ}$ 采用拉格朗日法描述，用初态坐标系 $X^I$ 作为空间自变量；$e_{ij}$ 和 $c_{ij}$ 采用欧拉法描述，用终态坐标系

$x^i$ 作为空间自变量。

由以上关于应变张量的讨论可知，物体内各点的应变张量 $E_{IJ}$ 或者 $e_{ij}$ 的全部分量都为 0 是物体只发生刚性运动而无变形运动的充要条件。

在工程应用中利用位移计算应变张量更方便，二者的关系在固体力学中叫作几何方程。为此，利用位移矢量的分解式

$$\boldsymbol{u}=\overrightarrow{Pp}=U^I\boldsymbol{E}_I=U_I\boldsymbol{E}^I=u^i\boldsymbol{e}_i=u_i\boldsymbol{e}^i$$

以及

$$\boldsymbol{r}_p=\boldsymbol{r}_P+\boldsymbol{u}$$

将式(7－66)改写成

$$\begin{aligned}2E_{IJ}&=g_{ij}\frac{\partial x^i}{\partial X^I}\frac{\partial x^j}{\partial X^J}-G_{IJ}=\frac{\partial \boldsymbol{r}_p}{\partial x^i}\frac{\partial x^i}{\partial X^I}\cdot\frac{\partial \boldsymbol{r}_p}{\partial x^j}\frac{\partial x^j}{\partial X^J}-G_{IJ}\\&=\frac{\partial \boldsymbol{r}_p}{\partial X^I}\cdot\frac{\partial \boldsymbol{r}_p}{\partial X^J}-G_{IJ}=\left(\frac{\partial \boldsymbol{r}_P}{\partial X^I}+\frac{\partial \boldsymbol{u}}{\partial X^I}\right)\cdot\left(\frac{\partial \boldsymbol{r}_P}{\partial X^J}+\frac{\partial u}{\partial X^J}\right)-G_{IJ}\\&=G_{IJ}+\frac{\partial \boldsymbol{u}}{\partial X^I}\cdot\boldsymbol{E}_J+\frac{\partial \boldsymbol{u}}{\partial X^J}\cdot\boldsymbol{E}_I+\frac{\partial \boldsymbol{u}}{\partial X^I}\cdot\frac{\partial \boldsymbol{u}}{\partial X^J}-G_{IJ}\\&=\nabla_I U_J+\nabla_J U_I+\nabla_I U^K\ \nabla_J U_K\end{aligned}$$

注意上式推导中，大写 $P$ 表示初态质点，小写 $p$ 表示终态质点，这样，描述拉格朗日有限应变张量-位移矢量之间关系的几何方程为

$$E_{IJ}=\frac{1}{2}(\nabla_I U_J+\nabla_J U_I+\nabla_I U^K\ \nabla_J U_K)\tag{7-68}$$

同理可得欧拉有限应变张量-位移矢量的几何方程为

$$e_{ij}=\frac{1}{2}(\nabla_i u_j+\nabla_j u_i-\nabla_i u^k\ \nabla_j u_k)\tag{7-69}$$

与流体力学中的变形率张量的形式相比，有限应变张量多出了一个非线性项。

格林有限变形张量 $C_{IJ}$、柯西有限变形张量 $c_{ij}$ 也可利用位移场 $\boldsymbol{u}$ 来计算，这里不再赘述。

### 7.3.2 小变形应变张量

在小变形假设条件下，有限应变张量式(7－68)～(7－69)中的非线性项是二阶小量，可忽略不计，此外，新、老坐标系重合，位移分量在新老坐标系下的分量相同，这样，拉格朗日和欧拉有限应变张量的差别也就消失了，二者均蜕化为小变形应变张量，其分量表达形式为

$$\varepsilon_{ij}=\frac{1}{2}(\nabla_i u_j+\nabla_j u_i)\tag{7-70}$$

其实体表达形式为

$$\boldsymbol{\varepsilon}=\frac{1}{2}[\nabla\boldsymbol{u}+(\nabla\boldsymbol{u})^{\mathrm{T}}]\tag{7-71}$$

利用矢量协变导数与分量偏导数之间的关系式，式(7－70)表示为

$$\varepsilon_{ij}=\frac{1}{2}\left(\frac{\partial u_j}{\partial x^i}+\frac{\partial u_i}{\partial x^j}\right)-u_k\Gamma_{ij}^k \tag{7-72}$$

可见，应变张量为二阶对称张量，可用二阶对称矩阵来表示。

在笛卡儿坐标系下，$(x^1, x^2, x^3)=(x, y, z)$，位移物理分量$(u^1, u^2, u^3)=(u, v, w)$，$\boldsymbol{u}=u\boldsymbol{i}+v\boldsymbol{j}+w\boldsymbol{k}$，小变形应变张量-位移矢量之间的关系式，即几何方程为

$$\varepsilon_{xx}=\frac{\partial u}{\partial x}$$

$$\varepsilon_{yy}=\frac{\partial v}{\partial y}$$

$$\varepsilon_{zz}=\frac{\partial w}{\partial z}$$

$$\varepsilon_{xy}=\varepsilon_{yx}=\frac{1}{2}\left(\frac{\partial u}{\partial y}+\frac{\partial v}{\partial x}\right)$$

$$\varepsilon_{xz}=\varepsilon_{zx}=\frac{1}{2}\left(\frac{\partial u}{\partial z}+\frac{\partial w}{\partial x}\right)$$

$$\varepsilon_{yz}=\varepsilon_{zy}=\frac{1}{2}\left(\frac{\partial v}{\partial z}+\frac{\partial w}{\partial y}\right)$$

在圆柱坐标系下，$(x^1, x^2, x^3)=(r, \theta, z)$，位移矢量$\boldsymbol{u}=u^r\boldsymbol{l}_r+u^\theta\boldsymbol{l}_\theta+u^z\boldsymbol{l}_z=u_r\boldsymbol{l}^r+u_\theta\boldsymbol{l}^\theta+u_z\boldsymbol{l}^z$，位移物理分量$(u^r, u^\theta, u^z)=(u_r, u_\theta, u_z)$，小变形应变张量-位移矢量之间的几何方程为

$$\varepsilon_{rr}=\frac{\partial u_r}{\partial r}$$

$$\varepsilon_{\theta\theta}=\frac{\partial u_\theta}{r\,\partial\theta}+\frac{u_r}{r}$$

$$\varepsilon_{zz}=\frac{\partial u_z}{\partial z}$$

$$\varepsilon_{r\theta}=\varepsilon_{\theta r}=\frac{1}{2}\left(\frac{\partial u_r}{r\,\partial\theta}+\frac{\partial u_\theta}{\partial r}-\frac{u_\theta}{r}\right)$$

$$\varepsilon_{rz}=\varepsilon_{zr}=\frac{1}{2}\left(\frac{\partial u_r}{\partial z}+\frac{\partial u_z}{\partial r}\right)$$

$$\varepsilon_{\theta z}=\varepsilon_{z\theta}=\frac{1}{2}\left(\frac{\partial u_\theta}{\partial z}+\frac{\partial u_z}{r\,\partial\theta}\right)$$

在球坐标系下，$(x^1, x^2, x^3)=(R, \theta, \varphi)$，小变形应变张量-位移矢量之间的几何方程为

$$\varepsilon_{RR}=\frac{\partial u_R}{\partial R}$$

$$\varepsilon_{\theta\theta}=\frac{\partial u_\theta}{R\,\partial\theta}+\frac{u_R}{R}$$

$$\varepsilon_{\varphi\varphi}=\frac{\partial u_\varphi}{R\sin\theta\,\partial\varphi}+\frac{u_R}{R}+\frac{u_\theta\cot\theta}{R}$$

$$\varepsilon_{R\theta}=\varepsilon_{\theta R}=\frac{1}{2}\left(\frac{\partial u_R}{R\,\partial\theta}+\frac{\partial u_\theta}{\partial R}-\frac{u_\theta}{R}\right)$$

$$\varepsilon_{R\varphi}=\varepsilon_{\varphi R}=\frac{1}{2}\left(\frac{\partial u_R}{R\sin\theta\,\partial\varphi}+\frac{\partial u_\varphi}{\partial R}-\frac{u_\varphi}{R}\right)$$

$$\varepsilon_{\theta\varphi}=\varepsilon_{\varphi\theta}=\frac{1}{2}\left(\frac{\partial u_\theta}{R\sin\theta\,\partial\varphi}+\frac{\partial u_\varphi}{R\,\partial\theta}-\frac{u_\varphi\cot\theta}{R}\right)$$

### 7.3.3　应变张量的物理意义

为了直观起见，以笛卡儿坐标系为例，说明应变张量的物理意义。用 $Y^I$，$y^i$ 分别表示变形前后的笛卡儿坐标，拉格朗日有限应变张量、欧拉有限应变张量、小变形应变张量的笛卡儿分量分别为

$$E_{IJ}=\frac{1}{2}\left(\frac{\partial U_J}{\partial Y^I}+\frac{\partial U_I}{\partial Y^J}+\frac{\partial U_K}{\partial Y^I}\frac{\partial U_K}{\partial Y^J}\right)\tag{7-73}$$

$$e_{ij}=\frac{1}{2}\left(\frac{\partial u_j}{\partial y^i}+\frac{\partial u_i}{\partial y^j}-\frac{\partial u_k}{\partial y^i}\frac{\partial u_k}{\partial y^j}\right)\tag{7-74}$$

$$\varepsilon_{ij}=\frac{1}{2}\left(\frac{\partial u_j}{\partial y^i}+\frac{\partial u_i}{\partial y^j}\right)\tag{7-75}$$

其矩阵形式为(注：在笛卡儿坐标系下，拉格朗日和欧拉有限应变张量矩阵形式的公式过长，读者可自行写出，这里只给出小变形应变张量形式)

$$(\varepsilon_{ij})=\begin{bmatrix}\dfrac{\partial u_1}{\partial y^1} & \dfrac{1}{2}\left(\dfrac{\partial u_2}{\partial y^1}+\dfrac{\partial u_1}{\partial y^2}\right) & \dfrac{1}{2}\left(\dfrac{\partial u_3}{\partial y^1}+\dfrac{\partial u_1}{\partial y^3}\right)\\ \dfrac{1}{2}\left(\dfrac{\partial u_1}{\partial y^2}+\dfrac{\partial u_2}{\partial y^1}\right) & \dfrac{\partial u_2}{\partial y^2} & \dfrac{1}{2}\left(\dfrac{\partial u_3}{\partial y^2}+\dfrac{\partial u_2}{\partial y^3}\right)\\ \dfrac{1}{2}\left(\dfrac{\partial u_1}{\partial y^3}+\dfrac{\partial u_3}{\partial y^1}\right) & \dfrac{1}{2}\left(\dfrac{\partial u_2}{\partial y^3}+\dfrac{\partial u_3}{\partial y^2}\right) & \dfrac{\partial u_3}{\partial y^3}\end{bmatrix}\tag{7-76}$$

位移量纲为长度量纲，应变张量为无量纲。需要强调的是，拉格朗日有限应变张量是在初态坐标系 $Y^I$ 下计算的，欧拉有限应变张量是在终态坐标系 $y^i$ 下计算的，小变形应变张量无需区分两类坐标系。

首先考察拉格朗日有限应变的对角元分量。不妨以 $E_{11}$ 为例，根据定义

$$E_{11}=\frac{\partial U_1}{\partial Y^1}+\frac{1}{2}\left[\left(\frac{\partial U_1}{\partial Y^1}\right)^2+\left(\frac{\partial U_2}{\partial Y^1}\right)^2+\left(\frac{\partial U_3}{\partial Y^1}\right)^2\right]\tag{7-77}$$

考察在初态沿着 $Y^1$ 方向上的线元 $\delta\boldsymbol{S}$，其分量是

$$\delta Y^1=\delta S,\quad \delta Y^2=0,\quad \delta Y^3=0$$

根据式(7-64)，有

$$\delta s^2-\delta S^2=2E_{IJ}\,\delta Y^I\delta Y^J=2E_{11}\,\delta Y^1\delta Y^1=2E_{11}\,\delta S^2$$

定义线元的伸长率为 $E_1$：

$$E_1=\frac{\delta s-\delta S}{\delta S}$$

则

$$\delta s=\delta S(1+E_1)$$

代入式(7-77)得

$$E_{11}=\frac{1}{2}[(1+E_1)^2-1]$$

再考察欧拉有限应变张量的对角元分量。不妨以 $e_{11}$ 为例，根据定义

$$e_{11}=\frac{\partial u_1}{\partial y^1}+\frac{1}{2}\left[\left(\frac{\partial u_1}{\partial y^1}\right)^2+\left(\frac{\partial u_2}{\partial y^1}\right)^2+\left(\frac{\partial u_3}{\partial y^1}\right)^2\right] \tag{7-78}$$

考察在终态沿着 $y^1$ 方向上的线元 $\delta \boldsymbol{s}$，其分量是

$$\delta y^1=\delta s,\quad \delta y^2=0,\quad \delta y^3=0$$

根据式(7-65)，有

$$\delta s^2-\delta S^2=2e_{ij}\delta y^i\,\delta y^j=2e_{11}\delta y^1\,\delta y^1=2e_{11}\delta s^2$$

定义线元的伸长率为 $e_1$：

$$e_1=\frac{\delta s-\delta S}{\delta s}$$

则

$$\delta S=\delta s(1-e_1)$$

代入式(7-78)得

$$e_{11}=\frac{1}{2}[1-(1-e_1)^2]$$

对于 $E_{22}$，$e_{22}$ 和 $E_{33}$，$e_{33}$，也可得到类似的公式。由此可见，应变张量对角元分量与线元的伸长率有关，但二者并不相等。在小变形情况下，通过泰勒级数展开并忽略高阶小量，得

$$E_{11}=E_1=e_{11}=e_1=\varepsilon_{11} \tag{7-79}$$

此时，小变形应变张量对角元分量就是相应线元的伸长率。

下来考察应变张量的非对角元分量。不妨以拉格朗日有限应变分量 $E_{12}$ 为例，根据定义

$$E_{12}=\frac{1}{2}\left(\frac{\partial U_2}{\partial Y^1}+\frac{\partial U_1}{\partial Y^2}+\frac{\partial U_1}{\partial Y^1}\frac{\partial U_1}{\partial Y^2}+\frac{\partial U_2}{\partial Y^1}\frac{\partial U_2}{\partial Y^2}+\frac{\partial U_3}{\partial Y^1}\frac{\partial U_3}{\partial Y^2}\right) \tag{7-80}$$

在初态沿着 $Y^1$ 方向上取线元 $\delta\boldsymbol{S}$，沿着 $Y^2$ 方向上取线元 $\delta\bar{\boldsymbol{S}}$，它们的分量分别是

$$\delta Y^1=\delta S,\ \delta Y^2=0,\ \delta Y^3=0$$

$$\delta Y^1-0,\ \delta\bar{Y}^2=\delta\bar{S},\ \delta\bar{Y}^3=0$$

上述线元变形后记为元 $\delta\boldsymbol{s}$，$\delta\bar{\boldsymbol{s}}$，它们之间的夹角为 $\theta$，根据内积公式及式(7-64)，有

$$\delta\boldsymbol{s}\cdot\delta\bar{\boldsymbol{s}}=\delta s\delta\bar{s}\cos\theta=\delta_{ij}\delta y^i\,\delta\bar{y}^j=\delta_{ij}\frac{\partial y^i}{\partial Y^I}\frac{\partial\bar{y}^i}{\partial\bar{y}^J}\delta Y^I\delta\bar{Y}^I=(\delta_{IJ}+2E_{IJ})\delta Y^I\delta\bar{Y}^I=2E_{12}\delta S\delta\bar{S}$$

可得

$$\cos\theta=2E_{12}\frac{\delta S}{\delta s}\frac{\delta\bar{S}}{\delta\bar{s}} \tag{7-81}$$

再利用关系式

$$\delta s=\delta S\sqrt{1+2E_{11}}$$

$$\delta\bar{s}=\delta\bar{S}\sqrt{1+2E_{22}}$$

并将它们代入式(7-81)，可得

$$\cos\theta=\frac{2E_{12}}{\sqrt{1+2E_{11}}\sqrt{1+2E_{22}}} \tag{7-82}$$

若以 $\alpha_{12}$ 表示线元 $\delta\boldsymbol{S}$ 与 $\delta\bar{\boldsymbol{S}}$ 间夹角的改变，则

$$\alpha_{12}=\frac{\pi}{2}-\theta$$

这样

$$\sin\alpha_{12}=\frac{2E_{12}}{\sqrt{1+2E_{11}}\sqrt{1+2E_{22}}} \tag{7-83}$$

同理，对欧拉有限应变分量 $e_{12}$ 进行分析，若记变形后相互正交的两个线元在变形前的夹角为 $\pi/2-\beta_{12}$，则有

$$\sin\beta_{12}=\frac{2e_{12}}{\sqrt{1-2e_{11}}\sqrt{1-2e_{22}}} \tag{7-84}$$

对于小变形情况，有

$$\alpha_{12}=\beta_{12}=2E_{12}=2e_{12}=2\varepsilon_{12} \tag{7-85}$$

由此可知，应变张量的非对角元可描述相应两个正交线元之间的夹角在变形前后的改变，在小变形情况下，应变张量的非对角元分量就是夹角改变量的一半。

### 7.3.4 应变张量的主方向、主应变与不变量

与应力张量一样，应变张量也是二阶对称张量，同样有主方向、主应变与不变量，推导过程与 7.2.4 小节完全相同。这里仅给出小变形应变张量在任意曲线坐标下的相应计算公式，读者可自行推出其他应变张量的计算公式。

应变张量的特征方程为

$$n_i(\varepsilon_j^i-\lambda\delta_j^i)=0 \tag{7-86}$$

该式特征值即主应变满足的方程为

$$\det(\varepsilon_j^i-\lambda\delta_j^i)=\begin{vmatrix}\varepsilon_1^1-\lambda & \varepsilon_2^1 & \varepsilon_3^1\\ \varepsilon_1^2 & \varepsilon_2^2-\lambda & \varepsilon_3^2\\ \varepsilon_1^3 & \varepsilon_2^3 & \varepsilon_3^3-\lambda\end{vmatrix}=0$$

即

$$\lambda^3-J_1\lambda^2+J_2\lambda-J_3=0 \tag{7-87}$$

式中，$J_1$，$J_2$，$J_3$ 为应变张量的第一、第二、第三不变量，有

$$J_1=\varepsilon_i^i=\lambda_1+\lambda_2+\lambda_3$$

$$J_2=\frac{1}{2}(\varepsilon_i^i\varepsilon_j^j-\varepsilon_j^i\varepsilon_i^j)=\lambda_1\lambda_2+\lambda_1\lambda_3+\lambda_2\lambda_3$$

$$J_3=\det(\varepsilon_j^i)=\lambda_1\lambda_2\lambda_3$$

方程式(7-87)的解就是应变张量的主应变 $\lambda_1$，$\lambda_2$，$\lambda_3$，代入式(7-86)即可得相应的三个单位正交的主方向。

根据所求出的三个特征值 $\lambda_1$，$\lambda_2$，$\lambda_3$，以及相应的三个单位正交特征矢量 $\boldsymbol{n}_1$，$\boldsymbol{n}_2$，

$\boldsymbol{n}_3$，以该组矢量为坐标基矢量构造出的新坐标系及其应变张量为

$$\boldsymbol{e}_i^* = \boldsymbol{n}_i \tag{7-88}$$

$$(\varepsilon^{*ij}) = \begin{bmatrix} \lambda_1 & & \\ & \lambda_2 & \\ & & \lambda_3 \end{bmatrix} \tag{7-89}$$

在老的坐标系 $x^i$ 下应变张量[见式(7-72)]有 6 个独立量，而在新的坐标系 $x^{*i}$ 下应变张量[见式(7-89)]只需 3 个主方向上的 3 个主应变就可以进行完全的描述。

### 7.3.5　最大法应变与切应变

设主应变 $\lambda_1 \geqslant \lambda_2 \geqslant \lambda_3$，则最大法应变为 $\lambda_1$，对应的方向为 $\boldsymbol{n}_1$；最小法应变为 $\lambda_3$，对应的方向为 $\boldsymbol{n}_3$；最大切应变为 $(\lambda_1-\lambda_3)/2$，对应的方向为 $\pm(\boldsymbol{n}_1 \pm \boldsymbol{n}_3)/\sqrt{2}$；最小切应变为 $(\lambda_2-\lambda_3)/2$，对应的方向为 $\pm(\boldsymbol{n}_2 \pm \boldsymbol{n}_3)/\sqrt{2}$。

### 7.3.6　其他应变

八面体切应变为

$$\varepsilon_0 = \frac{1}{3}[(\lambda_1-\lambda_2)^2+(\lambda_1-\lambda_3)^2+(\lambda_2-\lambda_3)^2]^{\frac{1}{2}} \tag{7-90}$$

对应的八个面元法向为 $(\pm 1/\sqrt{3}, \pm 1/\sqrt{3}, \pm 1/\sqrt{3})$。

球应变张量为 $\frac{1}{3}\varepsilon_k^k \delta_j^i$，偏应变张量为 $\varepsilon_j^i - \frac{1}{3}\varepsilon_k^k \delta_j^i$。

偏应变张量的第一、第二、第三不变量分别为

$$J_1' = 0$$

$$J_2' = -J_2 + \frac{1}{3}J_1^2 = \frac{3}{2}\varepsilon_0^2$$

$$J_3' = \det\left(\varepsilon_j^i - \frac{1}{3}\varepsilon_k^k \delta_j^i\right) = J_3 - \frac{1}{3}J_1 J_2 + \frac{2}{27}J_1^3$$

**例 7-2**　在笛卡儿坐标系下一弹性杆在拉伸作用下达到平衡状态，其位移场为 $u=0.01x$，$v=-0.003y$，$w=-0.003z$，求拉格朗日有限应变张量、欧拉有限应变张量、小变形应变张量。

**解：** 变形前坐标系为笛卡儿坐标系，表示为 $(X^1, X^2, X^3)=(x, y, z)$，变形前坐标系下的位移分量为 $(U^1, U^2, U^3)=(0.01X^1, -0.003X^2, -0.003X^3)$。

变形后坐标系仍取为笛卡儿坐标系 $(x^1, x^2, x^3)=(x, y, z)$，变形后坐标系下的位移分量为 $(u^1, u^2, u^3)=(0.01x^1, -0.003x^2, -0.003x^3)$。

拉格朗日有限应变张量为

$$(E_{IJ}) = \frac{1}{2}(\nabla_I U_J + \nabla_J U_I + \nabla_I U^K \nabla_J U_K) = \begin{bmatrix} 0.01005 & 0 & 0 \\ 0 & -0.0029955 & 0 \\ 0 & 0 & -0.0029955 \end{bmatrix}$$

欧拉有限应变张量为

$$(e_{ij})=\frac{1}{2}(\nabla_i u_j+\nabla_j u_i-\nabla_i u^k\ \nabla_j u_k)=\begin{pmatrix}0.00995 & 0 & 0\\ 0 & -0.0030045 & 0\\ 0 & 0 & -0.0030045\end{pmatrix}$$

小变形应变张量为

$$(\varepsilon_{ij})=\frac{1}{2}(\nabla_i u_j+\nabla_j u_i)=\begin{pmatrix}0.01 & 0 & 0\\ 0 & -0.003 & 0\\ 0 & 0 & -0.003\end{pmatrix}$$

解毕。

本节介绍了应变张量的概念、性质和应用，为帮助读者梳理相关知识点，现小结如下：

(1)与流体力学中的变形率张量对应，固体力学中的应变张量也是描述物体变形运动的物理量，只是前者表示变形的快慢，后者表示变形的大小。

(2)与应力张量对应，应变张量也是二阶绝对张量、二阶对称张量，同样存在主应变、主方向、不变量，物体一点处的变形运动状态用 3 个主应变及其 3 个主方向就可以完全描述。

(3)根据变形的相对大小，应变张量分为有限变形应变张量和小变形应变张量，在小变形情况下，有限变形应变张量蜕化为小变形应变张量。

## 7.4　应力-应变本构关系

应力-应变本构关系是固体力学性质的数学描述，也叫作物理方程。从更广的意义上看，本构关系不仅出现在固体力学，还出现在流体力学中，都是用来描述物体应力与变形之间关系的物理方程，只是流体应力与变形的快慢或变形率张量有关，而固体应力与变形的大小或应变张量有关。对于黏弹性体、非牛顿流体、力学性质介于固体和流体之间的复杂物体，应力张量一般是变形率张量、应变张量和时间等的经验关系式，其本构关系在目前还没有得到彻底解决。

在流体力学中引入牛顿-斯托克斯流体假设条件后，流体的本构关系得到了彻底解决。同样地，在固体力学中也需要对固体的力学性质做出适当假设和简化。本节重点是在经典弹性理论框架下介绍固体应力-应变本构关系。

### 7.4.1　经典弹性理论的假设条件

弹性力学，也称弹性理论，是研究弹性固体在外部载荷作用下所产生的应力和应变的学科，是固体力学的一个分支。

经典弹性理论引入的假设条件包括：

(1)连续介质假设。物体占据的空间都被质点所充满，且任意质点的力学量(如应力、应变、位移)都是质点坐标的单值连续函数，不考虑物质微观粒子的大小和结构。在数学上，利用该假设条件就可以引入场的概念，如应力场、应变场、位移场，并且都是空间位置的函数，可求出它们的空间偏导数。

(2)完全弹性假设。物体在外部载荷作用下产生变形，并在卸载后物体能够完全恢复到初态，没有残余变形。

(3)线性体假设。应力张量与应变张量之间满足线性关系，即任意一个应力分量是 9 个应变分量的线性组合，共有 81 个线性系数，这些系数是四阶弹性张量的分量。

(4)各向同性弹性体假设。四阶弹性张量是各向同性张量，根据第 2 章和第 3 章知识，可以用 3 个独立系数表示之，进一步利用二阶应力张量、二阶应变张量的对称性，四阶弹性张量也是各向同性对称张量，只需 2 个独立系数就可以描述了。

(5)小变形假设。应变张量中的非线性项忽略不计，拉格朗日有限应变张量[见式(7-68)]和欧拉有限应变张量[见式(7-69)]均蜕化为小变形应变张量[见式(7-70)]。

(6)无初应力假设。物体没有应变时应力为 0。

在这些假设条件下，应力-应变本构关系就可以用很简单的线性代数方程组描述了。

### 7.4.2　广义胡克定律与弹性张量

广义胡克定律是弹簧胡克定律向三维线性弹性体的推广，前者的数学关系表达为

$$F=-kx$$

式中，$F$ 为弹性力；$k$ 为弹性系数；$x$ 为相对于平衡点的位移大小；负号表示弹性力与位移方向相反，并指向平衡点。三维线性弹性体的本构方程为

$$P^{ij}=E^{ijkl}\varepsilon_{kl} \tag{7-91}$$

式(7-91)描述的是一般线性、各向异性弹性体的本构关系，式中 $P^{ij}$，$E^{ijkl}$，$\varepsilon_{kl}$ 分别表示二阶应力张量的逆变分量、四阶弹性张量的逆变分量、小变形应变张量的协变分量。上式实际上利用了经典弹性理论的假设条件(1)、(2)、(3)、(5)、(6)，进一步利用假设条件(4)，即弹性张量是四阶各向同性对称张量：

$$E^{ijkl}=\lambda g^{ij}g^{kl}+\mu(g^{ik}g^{jl}+g^{il}g^{jk}) \tag{7-92}$$

式中，$\lambda$ 和 $\mu$ 都是弹性张量 $\boldsymbol{E}$ 的拉梅系数，单位为 $Pa$。式(7-91)可写为

$$P^{ij}=E^{ijkl}\varepsilon_{kl}=[\lambda g^{ij}g^{kl}+\mu(g^{ik}g^{jl}+g^{il}g^{jk})]\varepsilon_{kl}=\lambda\varepsilon_k^k g^{ij}+\mu(\varepsilon^{ij}+\varepsilon^{ji})$$

即

$$P^{ij}=\lambda\varepsilon_k^k g^{ij}+2\mu\varepsilon^{ij} \tag{7-93}$$

上式为广义胡克定律的逆变分量表达形式，同理可以写出其协变分量、混合分量表达形式：

$$P_{ij}=\lambda\varepsilon_k^k g_{ij}+2\mu\varepsilon_{ij} \tag{7-94}$$

$$P_j^i=\lambda\varepsilon_k^k\delta_j^i+2\mu\varepsilon_j^i \tag{7-95}$$

其实体表示形式为

$$\boldsymbol{P}=\lambda(\nabla\cdot\boldsymbol{u})\boldsymbol{I}+2\mu\boldsymbol{\varepsilon} \tag{7-96}$$

式中，$\boldsymbol{u}$ 为位移矢量。上式利用了位移矢量的散度是应变张量混合分量对角元之和的张量关系式。

在弹性力学中还经常需要用应力张量计算应变张量，如给定载荷条件下求变形情况。下面推导应变-应力本构关系式。

对式(7－95)做缩并运算，得到

$$\varepsilon_k^k=\frac{1}{3\lambda+2\mu}P_k^k \tag{7-97}$$

将之带入式(7－93)～(7－95)，并经简单运算，得到

$$2\mu\varepsilon^{ij}=P^{ij}-\frac{\lambda}{3\lambda+2\mu}P_k^k g^{ij} \tag{7-98}$$

$$2\mu\varepsilon_{ij}=P_{ij}-\frac{\lambda}{3\lambda+2\mu}P_k^k g_{ij} \tag{7-99}$$

$$2\mu\varepsilon_j^i=P_j^i-\frac{\lambda}{3\lambda+2\mu}P_k^k \delta_j^i \tag{7-100}$$

## 7.4.3　弹性系数的物理意义

在工程应用中，经常会出现六个弹性系数，其中只有两个独立，另外四个可用之求出。现在结合实际弹性问题介绍这些弹性系数的物理意义。

**1. 单向拉伸**

设弹性杆沿轴向方向做单向拉伸(见图 7－9)，此时利用笛卡儿坐标系描述最方便，取 $y^1$ 坐标线与拉伸方向平行，则应力张量分量只有 $P_1^1\neq 0$，其余为 0。由式(7－100)可得，切应变为 0，下面分析法应变。

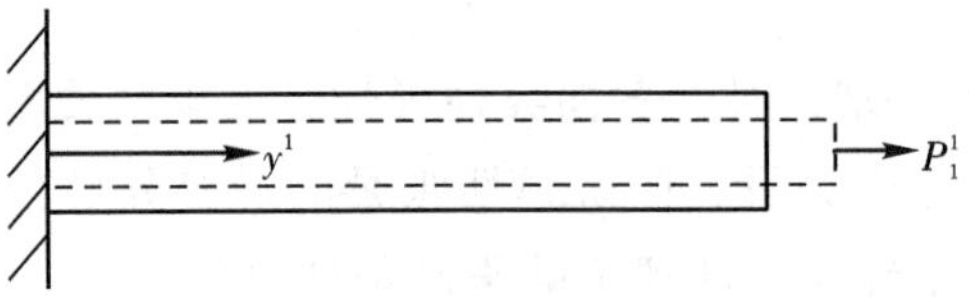


**图 7－9　单向拉伸示意图**

$$2\mu\varepsilon_1^1=P_1^1-\frac{\lambda}{3\lambda+2\mu}P_1^1$$

这样，

$$\frac{P_1^1}{\varepsilon_1^1}=\frac{\mu(3\lambda+2\mu)}{\lambda+\mu}=E \tag{7-101}$$

$E$ 称为杨氏模量，也叫弹性模量、拉伸弹性模量，$E>0$，单位为 Pa。杨氏模量表示材料在拉伸或压缩时所受到的应力与应变之比，杨氏模量越大，材料的刚度越大，即材料越难被拉伸或压缩。

由式(7－100)～(7－101)可得

$$2\mu\varepsilon_2^2=-\frac{\lambda}{3\lambda+2\mu}P_1^1=-\frac{\lambda\mu}{\lambda+\mu}\varepsilon_1^1$$

这样，

$$-\frac{\varepsilon_2^2}{\varepsilon_1^1}=\frac{\lambda}{2(\lambda+\mu)}=\sigma \tag{7-102}$$

同理有

$$-\frac{\varepsilon_3^3}{\varepsilon_1^1}=\sigma \tag{7-103}$$

式中，$\sigma$ 称为泊松比，为无量纲量。泊松比表示材料在拉伸时，侧向收缩应变大小与轴向拉伸应变大小之比，因此泊松比也叫作侧向变形系数。

自然界几乎所有的材料都为正泊松比材料，泊松比取值范围为 0～0.5，当泊松比为 0 时，表示材料在受到外力作用时，只会沿一个方向发生变形，而在侧向上不会发生变形；当泊松比为 0.5 时，表示材料在受到外力作用时，在一个方向上的拉伸或收缩与两个侧向的收缩或膨胀大小之和相等，方向相反，材料体积不变，即 $\nabla\cdot\boldsymbol{u}=\varepsilon_1^1+\varepsilon_2^2+\varepsilon_3^3=0$。如金属铝和铜的泊松比分别为 0.133 和 0.127，典型的聚合物泡沫泊松比为 0.11～0.14，不可压缩材料(橡胶类材料)泊松比为 0.5，说明常见金属材料如铝和铜等都是可压缩材料。

自然界中负泊松比材料比较罕见，其在一个方向上发生拉伸时，将在侧向发生膨胀。相关的负泊松比材料大多通过 3D 打印等方法制造，在航空航天、医疗卫生等领域的应用已崭露头角，例如，在航空航天领域，负泊松比材料可以用于制作新型的减震器、振动控制器、弹性座椅等设备，以提高设备性能和效率；在医疗卫生领域中，研究人员发现一些聚合物材料具有负泊松比的特性，可以用于制作心脏支架和人工耳蜗等医疗器械，以提高设备适应性和耐用性。对于负泊松比材料的更多知识，感兴趣的读者可参阅相关文献。

**2. 纯切**

设弹性杆自由端受剪切力作用(见图 7-10)，应力分量只有 $P_1^2=P_2^1\neq0$，其余分量为 0，则由式(7-95)得

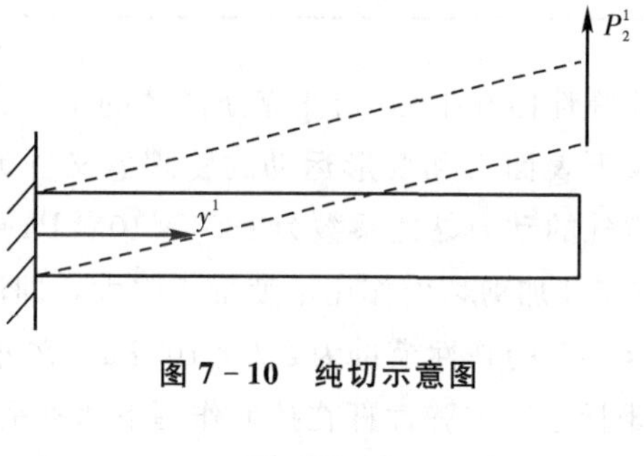


**图 7-10　纯切示意图**

$$P_2^1=2\mu\varepsilon_2^1$$

即

$$\frac{P_2^1}{2\varepsilon_2^1}=\mu=\frac{\text{切应力}}{\text{角度的改变}}=G \tag{7-104}$$

式中，$G$ 称为剪切模量，$G>0$，表示切应力与对应两线元间角度的改变之比，其与弹性模量、泊松比之间的关系为

$$G=\mu=\frac{E}{2(1+\sigma)} \tag{7-105}$$

### 3. 静水应力状态

静水应力状态是指物体各方向均匀受力的状态，此时应力张量对角元相等，$P_1^1=P_2^2=P_3^3=p$，非对角元分量为 0，则由式(7－95)得

$$p=\frac{1}{3}P_i^i=\frac{3\lambda+2\mu}{3}\varepsilon_i^i=K\varepsilon_i^i \tag{7-106}$$

式中，$K$ 称为体积模量；$\varepsilon_i^i$ 表示单位体积物体体积的变化量。因此上式称为体积应变定律。

可见，6 个弹性系数中只有 2 个独立，其余都可利用这 2 个独立系数算出。工程上应用最广的 2 个弹性系数是试验较易直接测定的弹性模量 $E$ 和泊松比 $\sigma$，表 7－2 列出了其他弹性系数的计算公式。

表 7－2　弹性系数的物理意义和计算公式(正泊松比材料)

| 弹性系数 | 单位 | 物理意义 | 计算公式 |
|---|---|---|---|
| $\lambda$ | Pa | 拉梅系数>0 | $\lambda=\frac{E\sigma}{(1+\sigma)(1-2\sigma)}$ |
| $\mu$ | Pa | 拉梅系数>0 | $\mu=\frac{E}{2(1+\sigma)}$ |
| $E$ | Pa | 杨氏模量>0 | — |
| $\sigma$ | — | 泊松比 0～0.5 | — |
| $G$ | Pa | 剪切模量>0 | $G=\frac{E}{2(1+\sigma)}$ |
| $K$ | Pa | 体积模量>0 | $K=\frac{E}{3(1-2\sigma)}$ |

由上分析可知，经典弹性体和牛顿-斯托克斯流体的本构方程形式类似，这主要是因为在连续介质力学框架下表面力和变形运动的物理意义并无大异，只是流体黏性系数比较小。如在常温下空气的动力黏性系数为 $18.1\times10^{-6}$ Pa·s，水的动力黏性系数为 $1.01\times10^{-3}$ Pa·s，流体在外加剪切力作用下变形无限大，即流体“不经搓”；工程材料的弹性模量比较大，如合金钢的弹性模量为 $210\times10^9$ Pa，在外力作用下变形相对较小。

**例 7－3**　在笛卡儿坐标系下一弹性杆在拉伸作用下达到平衡状态，其位移场为 $u=0.01x$，$v=-0.003y$，$w=-0.003z$，杨氏模量 $E=2.1\times10^5$ MPa，泊松比 $\sigma=0.3$，求应力张量。

**解**：拉梅系数为

$$\lambda=\frac{E\sigma}{(1+\sigma)(1-2\sigma)}=1.212\times10^5\ \text{MPa}$$

$$\mu=\frac{E}{2(1+\sigma)}=0.808\times10^5\ \text{MPa}$$

应变张量为

$$(\varepsilon_{ij})=\frac{1}{2}(\nabla_i u_j+\nabla_j u_i)=\begin{pmatrix}0.01 & 0 & 0\\ 0 & -0.003 & 0\\ 0 & 0 & -0.003\end{pmatrix}$$

应力张量为

$$(P_{ij})=\lambda\varepsilon_k^k g_{ij}+2\mu\varepsilon_{ij}=\begin{pmatrix}0.021008 & 0 & 0\\ 0 & 0 & 0\\ 0 & 0 & 0\end{pmatrix}\times 10^5\ \text{MPa}$$

可见，该拉伸问题只有轴向法应力不为 0，其他应力分量为 0。

解毕。

## 7.5　经典弹性理论方程

弹性力学方程包括动力方程、物理方程和几何方程，分别是关于牛顿第二定律、应力-应变本构关系、应变-位移关系的数学方程。本节只介绍经典弹性理论框架的弹性力学方程，关于有限变形、各向异性弹性力学方程可参阅相关专业书籍。

### 7.5.1　张量形式

在经典弹性理论的 6 个假设条件下，弹性力学方程的张量形式为：

动力方程：

$$\rho\frac{\partial^2 \boldsymbol{u}}{\partial t^2}=\nabla\cdot\boldsymbol{P}+\rho\boldsymbol{f} \tag{7-107}$$

物理方程：

$$\boldsymbol{P}=\lambda(\nabla\cdot\boldsymbol{u})\boldsymbol{I}+2\mu\boldsymbol{\varepsilon} \tag{7-108}$$

几何方程：

$$\boldsymbol{\varepsilon}=\frac{1}{2}[\nabla\boldsymbol{u}+(\nabla\boldsymbol{u})^{\mathrm{T}}] \tag{7-109}$$

上式中，$\rho$，$\boldsymbol{f}$ 分别为物体密度、单位质量物体受到的体积力(如离心力等，而物体表面力如非定常气动力以边界条件给出)。式(7－107)是动力学方程，反映三项力的平衡(单位体积物体受到的惯性力即动力、表面力、体积力)，当左端加速度项为 0 时，该方程是静力平衡方程，其中包括两项：单位体积物体受到的表面力、体积力。

式(7－107)～(7－109)共有 15 个方程，求解变量也有 15 个，包括 3 个位移分量、6 个应力分量、6 个应变分量，方程组封闭。

上述方程组看似方程和未知变量数目众多，但它们本质上都是线性方程，从数学上早已给出解的存在性、唯一性、稳定性的三性证明。具体解法有两类：解析解和数值解，前者适合于简单几何、简单载荷条件下的简单弹性力学问题，后者适合于复杂几何、复杂载荷条件下的实际工程问题。弹性力学的主流数值方法是有限元法。

选择基本求解变量有两种方法。一种方法是以位移场 $\boldsymbol{u}$ 作为基本求解变量，其思路是将几何方程代入物理方程，再将物理方程代入动力方程，这样，动力方程就转化为关于 3 个位移分量 $u^i$ 的 3 个偏微分方程，将所求得位移场的解析解或数值解代入几何方程、物理方程，就可以求得应变张量、应力张量。另外一种方法是以应力张量场 $\boldsymbol{P}$ 或者应变张量场 $\boldsymbol{\varepsilon}$ 作为基本求解变量，但由于应变张量的 6 个分量本质上由 3 个位移分量计算而来[见式(7-109)]，彼此之间存在关联，需要补充并求解关联方程即相容性方程，比较麻烦。故一般选择第一种方法，对位移场 $\boldsymbol{u}$ 直接求解。

为了求出唯一解，需要给出定解条件。式(7-107)为二阶双曲型方程组，定解条件包括初始条件和边界条件。

初始条件：

$$\boldsymbol{u}(t_0,\ x^i)=\boldsymbol{u}_0(x^i),\qquad \frac{\partial \boldsymbol{u}}{\partial t}(t_0,\ x^i)=\dot{\boldsymbol{u}}_0(x^i) \tag{7-110}$$

边界条件：

$$\boldsymbol{u}(t,\ x^i)_{\Gamma_1}=\boldsymbol{u}_{\Gamma_1}(t),\qquad \boldsymbol{P}^n(t,\ x^i)_{\Gamma_2}=\boldsymbol{P}^n_{\Gamma_2}(t) \tag{7-111}$$

上式中，$t_0$ 为初始时刻，给定初始时刻的位移和速度分布；$\Gamma_1$ 为第一类边界，$\Gamma_2$ 为第二类边界，给定 $\Gamma_1$ 上的位移、$\Gamma_2$ 上的应力矢量(如非定常气动力)随时间的变化规律。

### 7.5.2 分量形式

利用前面各章中张量的实体和分量表示形式之间的关系，以及张量的代数、微分运算关系式，可在特定的坐标系下，将弹性力学方程的实体形式展开为分量形式。

**1. 任意曲线坐标**

动力方程：

$$\rho\frac{\partial^2 u^j}{\partial t^2}=\nabla_i P^{ij}+\rho f^j \tag{7-112}$$

物理方程：

$$P^{ij}=\lambda\varepsilon^k_k g^{ij}+2\mu\varepsilon^{ij} \tag{7-113}$$

几何方程：

$$\varepsilon^{ij}=\frac{1}{2}(\nabla^i u^j+\nabla^j u^i) \tag{7-114}$$

将几何方程、物理方程代入动力方程，不妨假设弹性系数为常数，就可以得到以位移分量为基本求解变量的弹性力学方程式。

位移方程：

$$\rho\frac{\partial^2 u^j}{\partial t^2}=\mu\,\nabla_i(\nabla^i u^j+\nabla^j u^i)+\lambda\,\nabla_i(\nabla_k u^k g^{ij})+\rho f^j \tag{7-115}$$

对任意坐标系都成立，以下各部分将直接写出其在特定坐标系下的分量形式。

**2. 笛卡儿坐标系**

在笛卡儿坐标系下，$(x^1,\ x^2,\ x^3)=(x,\ y,\ z)$，位移矢量 $\boldsymbol{u}=u\boldsymbol{i}+v\boldsymbol{j}+w\boldsymbol{k}$，位移分量 $(u^1,\ u^2,\ u^3)=(u,\ v,\ w)$，以位移分量为基本求解变量的弹性力学方程式是

$$\rho\frac{\partial^2 u}{\partial t^2}=\frac{E}{2(1+\sigma)}\left(\nabla^2 u+\frac{1}{1-2\sigma}\frac{\partial e}{\partial x}\right)+f_x \tag{7-116}$$

$$\rho\frac{\partial^2 v}{\partial t^2}=\frac{E}{2(1+\sigma)}\left(\nabla^2 v+\frac{1}{1-2\sigma}\frac{\partial e}{\partial y}\right)+f_y \tag{7-117}$$

$$\rho\frac{\partial^2 w}{\partial t^2}=\frac{E}{2(1+\sigma)}\left(\nabla^2 w+\frac{1}{1-2\sigma}\frac{\partial e}{\partial z}\right)+f_z \tag{7-118}$$

式中，

$$\nabla^2=\frac{\partial^2}{\partial x^2}+\frac{\partial^2}{\partial y^2}+\frac{\partial^2}{\partial z^2} \tag{7-119}$$

$$e=\frac{\partial u}{\partial x}+\frac{\partial v}{\partial y}+\frac{\partial w}{\partial z} \tag{7-120}$$

上两式分别为笛卡儿坐标系下的拉普拉斯算子和位移矢量的散度。

**3. 圆柱坐标系**

在圆柱坐标系下，$(x^1, x^2, x^3)=(r, \theta, z)$，位移矢量 $\boldsymbol{u}=u^r\boldsymbol{l}_r+u^\theta\boldsymbol{l}_\theta+u^z\boldsymbol{l}_z=u_r\boldsymbol{l}^r+u_\theta\boldsymbol{l}^\theta+u_z\boldsymbol{l}^z$，位移物理分量 $(u^r, u^\theta, u^z)=(u_r, u_\theta, u_z)$，以位移物理分量为基本求解变量的弹性力学方程式是

$$\rho\frac{\partial^2 u^r}{\partial t^2}=\frac{E}{2(1+\sigma)}\left(\nabla^2 u^r-\frac{2}{r^2}\frac{\partial u^\theta}{\partial\theta}-\frac{u^r}{r^2}+\frac{1}{1-2\sigma}\frac{\partial e}{\partial r}\right)+f^r \tag{7-121}$$

$$\rho\frac{\partial^2 u^\theta}{\partial t^2}=\frac{E}{2(1+\sigma)}\left(\nabla^2 u^\theta+\frac{2}{r^2}\frac{\partial u^r}{\partial\theta}-\frac{u^\theta}{r^2}+\frac{1}{1-2\sigma r}\frac{\partial e}{\partial\theta}\right)+f^\theta \tag{7-122}$$

$$\rho\frac{\partial^2 u^z}{\partial t^2}=\frac{E}{2(1+\sigma)}\left(\nabla^2 u^z+\frac{1}{1-2\sigma}\frac{\partial e}{\partial z}\right)+f^z \tag{7-123}$$

式中，

$$\nabla^2=\frac{\partial^2}{\partial r^2}+\frac{1}{r}\frac{\partial}{\partial r}+\frac{\partial^2}{r^2\partial\theta^2}+\frac{\partial^2}{\partial z^2} \tag{7-124}$$

$$e=\frac{\partial u^r}{\partial r}+\frac{u^r}{r}+\frac{\partial u^\theta}{r\,\partial\theta}+\frac{\partial u^z}{\partial z} \tag{7-125}$$

上两式分别为圆柱坐标系下的拉普拉斯算子和位移矢量的散度。

**4. 球坐标系**

在球坐标系下，$(x^1, x^2, x^3)=(R, \theta, \varphi)$，位移矢量 $\boldsymbol{u}=u^R\boldsymbol{l}_R+u^\theta\boldsymbol{l}_\theta+u^\varphi\boldsymbol{l}_\varphi=u_R\boldsymbol{l}^R+u_\theta\boldsymbol{l}^\theta+u_\varphi\boldsymbol{l}^\varphi$，位移物理分量 $(u^R, u^\theta, u^\varphi)=(u_R, u_\theta, u_\varphi)$，以位移物理分量为基本求解变量的弹性力学方程式是

$$\rho\frac{\partial^2 u^R}{\partial t^2}=\frac{E}{2(1+\sigma)}\left(\nabla^2 u^R-\frac{2}{R^2}\frac{\partial u^\theta}{\partial\theta}-\frac{2}{R^2\sin\theta}\frac{\partial u^\varphi}{\partial\varphi}-\frac{2u^R}{R^2}-\frac{2\cos\theta}{R^2\sin\theta}u^\theta+\frac{1}{1-2\sigma}\frac{\partial e}{\partial R}\right)+f^R \tag{7-126}$$

$$\rho\frac{\partial^2 u^\theta}{\partial t^2}=\frac{E}{2(1+\sigma)}\left(\nabla^2 u^\theta-\frac{2\cos\theta}{R^2\sin^2\theta}\frac{\partial u^\varphi}{\partial\varphi}+\frac{2}{R^2}\frac{\partial u^R}{\partial\theta}-\frac{u^\theta}{R^2\sin^2\theta}+\frac{1}{1-2\sigma R}\frac{\partial e}{\partial\theta}\right)+f^\theta \tag{7-127}$$

$$\rho\frac{\partial^2 u^\varphi}{\partial t^2}=\frac{E}{2(1+\sigma)}\left(\nabla^2 u^\varphi+\frac{2}{R^2\sin\theta}\frac{\partial u^R}{\partial\varphi}+\frac{2\cos\theta}{R^2\sin^2\theta}\frac{\partial u^\theta}{\partial\varphi}-\frac{u^\varphi}{R^2\sin^2\theta}+\frac{1}{1-2\sigma R\sin\theta}\frac{\partial e}{\partial\varphi}\right)+f^\varphi \tag{7-128}$$

式中，

$$\nabla^2=\frac{\partial^2}{\partial R^2}+\frac{2}{R}\frac{\partial}{\partial R}+\frac{\partial^2}{R^2\,\partial\theta}+\frac{\cot\theta}{R^2}\frac{\partial}{\partial\theta}+\frac{1}{R^2\,\sin^2\theta}\frac{\partial^2}{\partial\varphi^2} \tag{7-129}$$

$$e=\frac{\partial u^R}{\partial R}+\frac{2u^R}{R}+\frac{\partial u^\theta}{R\,\partial\theta}+\frac{\cot\theta u^\theta}{R}+\frac{1}{R\sin\theta}\frac{\partial u^\varphi}{\partial\varphi} \tag{7-130}$$

上两式分别为球坐标系下的拉普拉斯算子和位移矢量的散度。

**例 7-4** 内外压力作用下的圆柱壳静弹性问题(见图7-11)：设圆柱壳内外半径分别为 $a$ 和 $b$，其在内外圆柱面上均匀分布法向应力 $p_a$ 和 $p_b$ 的作用下发生变形，假设体积力忽略不计、圆柱足够长、轴向位移忽略不计，求平衡后的位移场、应变场和应力场。

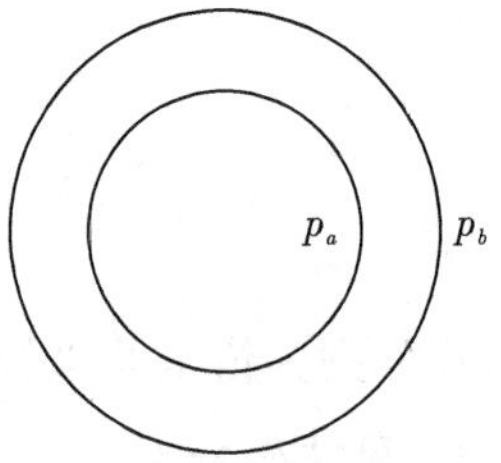


**图 7-11 圆柱壳静弹性问题示意图**

**解：** 取圆柱坐标系$(r,\ \theta,\ z)$，由问题的假设条件知

$$\frac{\partial}{\partial t}=\frac{\partial}{\partial\theta}=\frac{\partial}{\partial z}=0$$

即求解量只是 $r$ 的函数。

按照动力方程，位移分量简化为

$$u_r=u_r(r),\qquad u_\theta=u_z=0$$

按照几何方程，应变分量简化为

$$\varepsilon_{rr}=\frac{\mathrm{d}u_r}{\mathrm{d}r},\qquad \varepsilon_{\theta\theta}=\frac{u_r}{r},\qquad \varepsilon_{zz}=0$$

$$\varepsilon_{r\theta}=\varepsilon_{rz}=\varepsilon_{\theta z}=0$$

按照本构方程，应力分量简化为

$$P_{rr}=(\lambda+2\mu)\varepsilon_{rr}+\lambda\varepsilon_{\theta\theta}=(\lambda+2\mu)\frac{\mathrm{d}u_r}{\mathrm{d}r}+\lambda\frac{u_r}{r}$$

$$P_{\theta\theta}=(\lambda+2\mu)\varepsilon_{\theta\theta}+\lambda\varepsilon_{rr}=(\lambda+2\mu)\frac{u_r}{r}+\lambda\frac{\mathrm{d}u_r}{\mathrm{d}r}$$

$$P_{zz}=\lambda\left(\frac{\mathrm{d}u_r}{\mathrm{d}r}+\frac{u_r}{r}\right)$$

$$P_{r\theta}=P_{rz}=P_{\theta z}=0$$

将上式代入动力平衡方程，并按题意动力和体积力均为 0，可知 $r$ 方向力平衡方程简化为关于 $u_r$ 的二阶常微分方程：

$$\frac{\mathrm{d}^2u_r}{\mathrm{d}r^2}+\frac{1}{r}\frac{\mathrm{d}u_r}{\mathrm{d}r}-\frac{1}{r^2}u_r=0$$

其通解为

$$u_r=c_1r+c_2r^{-1}$$

利用边界条件

$$P_{rr}(a)=p_a,\ P_{rr}(b)=p_b$$

可得积分常数满足的两个方程分别为

$$2(\lambda+\mu)c_1-2\mu c_2a^{-2}=p_a$$

$$2(\lambda+\mu)c_1-2\mu c_2 b^{-2}=p_b$$

即积分常数为

$$c_1=\frac{1}{2(\lambda+\mu)}\frac{p_a a^2-p_b b^2}{a^2-b^2}$$

$$c_2=\frac{1}{2\mu}\frac{(p_a-p_b)a^2b^2}{a^2-b^2}$$

求得径向位移 $u_r$ 的特解为

$$u_r=\frac{1}{2(\lambda+\mu)}\frac{p_a a^2-p_b b^2}{a^2-b^2}r+\frac{1}{2\mu}\frac{(p_a-p_b)a^2b^2}{a^2-b^2}r^{-1}$$

其他位移分量为 0。

应变分量为

$$\varepsilon_{rr}=\frac{1}{2(\lambda+\mu)}\frac{p_a a^2-p_b b^2}{a^2-b^2}-\frac{1}{2\mu}\frac{(p_a-p_b)a^2b^2}{a^2-b^2}r^{-2}$$

$$\varepsilon_{\theta\theta}=\frac{1}{2(\lambda+\mu)}\frac{p_a a^2-p_b b^2}{a^2-b^2}+\frac{1}{2\mu}\frac{(p_a-p_b)a^2b^2}{a^2-b^2}r^{-2}$$

其他应变分量为 0。

应力分量为

$$P_{rr}=\frac{p_a a^2-p_b b^2}{a^2-b^2}-\frac{(p_a-p_b)a^2b^2}{a^2-b^2}r^{-2}$$

$$P_{\theta\theta}=\frac{p_a a^2-p_b b^2}{a^2-b^2}+\frac{(p_a-p_b)a^2b^2}{a^2-b^2}r^{-2}$$

$$P_{zz}=\frac{\lambda}{\lambda+\mu}\frac{p_a a^2-p_b b^2}{a^2-b^2}$$

其他应力分量均为 0。

解毕。

**例 7-5**　内外压力作用下的球壳静弹性问题：设球壳内外半径分别为 $a$ 和 $b$，其在内外球面上均匀分布法向应力 $p_a$ 和 $p_b$ 的作用下发生变形，体积力忽略不计，求平衡后的位移场、应变场和应力场。

**解**：取球坐标系$(R,\ \theta,\ \varphi)$，由问题的假设条件知

$$\frac{\partial}{\partial t}=\frac{\partial}{\partial\theta}=\frac{\partial}{\partial\varphi}=0$$

即求解量只是 $R$ 的函数。

按照动力方程，位移分量简化为

$$u_R=u_R(R),\qquad u_\theta=u_\varphi=0$$

按照几何方程，法应变分量简化为

$$\varepsilon_{RR}=\frac{\mathrm{d}u_R}{\mathrm{d}R},\qquad \varepsilon_{\theta\theta}=\varepsilon_{\varphi\varphi}=\frac{u_R}{R}$$

切应变分量为 0：

$$\varepsilon_{R\theta}=\varepsilon_{R\varphi}=\varepsilon_{\theta\varphi}=0$$

按照本构方程，法应力分量简化为

$$P_{RR}=(\lambda+2\mu)\varepsilon_{RR}+\lambda(\varepsilon_{\theta\theta}+\varepsilon_{\varphi\varphi})=(\lambda+2\mu)\frac{\mathrm{d}u_R}{\mathrm{d}R}+2\lambda\frac{u_R}{R}$$

$$P_{\theta\theta}=P_{\varphi\varphi}=(\lambda+2\mu)\frac{u_R}{R}+\lambda\left(\frac{\mathrm{d}u_R}{\mathrm{d}R}+\frac{u_R}{R}\right)$$

切应力分量为0：

$$P_{R\theta}=P_{R\varphi}=P_{\theta\varphi}=0$$

按动力平衡方程，以及动力和体积力均为0，可知 $R$ 方向力平衡方程简化为关于 $u_R$ 的二阶常微分方程：

$$\frac{\mathrm{d}^2u_R}{\mathrm{d}R^2}+\frac{2}{R}\frac{\mathrm{d}u_R}{\mathrm{d}R}-\frac{2}{R^2}u_R=0$$

其存在通解

$$u_R=c_1R+c_2R^{-2}$$

利用边界条件

$$P_{RR}(a)=p_a,\quad P_{RR}(b)=p_b$$

可得积分常数满足的两个方程分别为

$$(3\lambda+2\mu)c_1-4\mu c_2a^{-3}=p_a$$
$$(3\lambda+2\mu)c_1-4\mu c_2b^{-3}=p_b$$

即积分常数为

$$c_1=\frac{1}{(3\lambda+2\mu)}\frac{p_aa^3-p_bb^3}{a^3-b^3}$$
$$c_2=\frac{1}{4\mu}\frac{(p_a-p_b)a^3b^3}{a^3-b^3}$$

求得径向位移 $u_R$ 的特解为

$$u_R=\frac{1}{(3\lambda+2\mu)}\frac{p_aa^3-p_bb^3}{a^3-b^3}R+\frac{1}{4\mu}\frac{(p_a-p_b)a^3b^3}{a^3-b^3}R^{-2}$$

其他位移分量为0。

法应变分量为

$$\varepsilon_{RR}=\frac{1}{(3\lambda+2\mu)}\frac{p_aa^3-p_bb^3}{a^3-b^3}-\frac{1}{2\mu}\frac{(p_a-p_b)a^3b^3}{a^3-b^3}R^{-3}$$
$$\varepsilon_{\theta\theta}=\varepsilon_{\varphi\varphi}=\frac{1}{(3\lambda+2\mu)}\frac{p_aa^3-p_bb^3}{a^3-b^3}+\frac{1}{4\mu}\frac{(p_a-p_b)a^3b^3}{a^3-b^3}R^{-3}$$

切应变分量均为0。

法应力分量为

$$P_{RR}=\frac{p_aa^3-p_bb^3}{a^3-b^3}-\frac{(p_a-p_b)a^3b^3}{a^3-b^3}R^{-3}$$
$$P_{\theta\theta}=P_{\varphi\varphi}=\frac{p_aa^3-p_bb^3}{a^3-b^3}+\frac{1}{2}\frac{(p_a-p_b)a^3b^3}{a^3-b^3}R^{-3}$$

切应力分量均为0。

解毕。

## 7.6　压缩机叶轮强度、固有频率与疲劳寿命计算实例

本节将利用上述理论知识，求解某长距离天然气输送管线加压站的三级离心压缩机叶轮强度、固有频率与疲劳寿命，具体求解问题如下：

(1)叶轮强度计算：利用有限元法数值求解弹性力学基本方程式(7 - 115)，忽略该方程左端的动力项，保留该方程中的表面力项及体积力项，并取体积力为旋转引起的离心力，计算各级叶轮的应力分布，即静强度分析。

(2)固有频率计算：利用有限元法数值求解弹性力学基本方程式(7 - 115)，保留该方程中的动力项、表面力项及体积力项，并取体积力为旋转引起的离心力，计算各级叶轮的固有频率及模态分布。

(3)疲劳寿命计算：利用计算流体力学方法数值求解非定常流动方程式(6 - 26)～(6 - 31)，获得叶片表面上的非定常气动力，并将之以应力矢量边界条件[见式(7 - 111)]加载到叶片表面上，再利用有限元法数值求解弹性力学基本方程式(7 - 115)，计算在非定常气动力和离心力共同作用下的叶轮强度及疲劳寿命。

上述内容涉及弹性力学、流体力学、叶轮机械气体动力学等理论知识，前面各章节介绍过相关数学方程，此外还涉及流固耦合模型、有限元法、计算流体力学等求解方法，关于后三方面的具体细节已超出本书研究范围，读者可参考相关书籍，下面主要介绍前述理论知识的应用。

### 7.6.1　三级离心压缩机模型

研究对象为实际运行的天然气输送管线加压站上的三级离心压缩机，型号为 PCL503，其中，P 表示管线，CL 表示无叶扩压器，5 表示叶轮名义直径接近 500 mm，03 表示三级。各级均采用了闭式离心叶轮结构，叶轮叶片数均为 18，第一、第二、第三级叶轮外径分别为 480 mm、470 mm、475 mm；各级均采用了无叶扩压器结构，回流器叶片数均为 16。压缩机的设计转速为 8600 r/min。叶轮材料采用 FV520B 高强度不锈钢，其材料属性见表 7 - 3。

**表 7 - 3　叶轮材料属性**

| 弹性模量 $E$/MPa | 泊松比 $\sigma$ | 密度 $\rho$/(kg·m$^{-3}$) | 屈服应力 $\sigma_s$/MPa | 强度极限 $\sigma_b$/MPa |
|---|---|---|---|---|
| $2.1\times10^5$ | 0.3 | 7850 | 1029 | 1078 |

图 7 - 12 给出了三级离心压缩机转子结构及通流区，图 7 - 13 为各级叶轮弹性计算的有限元网格和通流区的计算流体力学网格，固体区布置四面体非结构化网格，流体区布置六面体分块结构化网格，参数变化剧烈的区域内加密网格。由于叶轮的旋转周期性特点，为降低计算工作量，在有限元和计算流体力学计算中，计算区域每排均取一个叶道，周向边界满足旋转周期性边界条件。

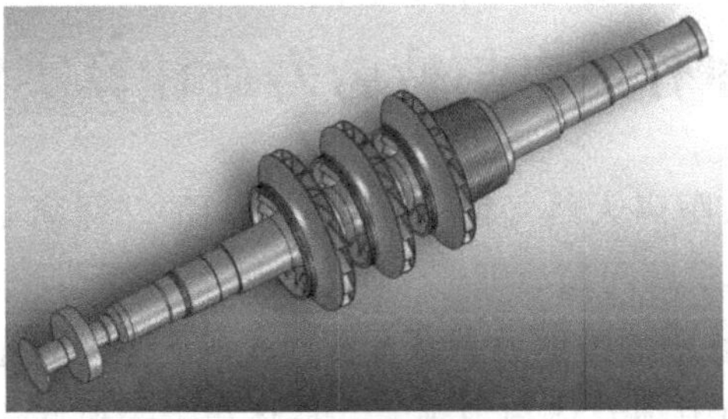

（a）转子结构

（b）通流区

**图 7－12　三级离心压缩机几何模型**

（a）第一级叶轮

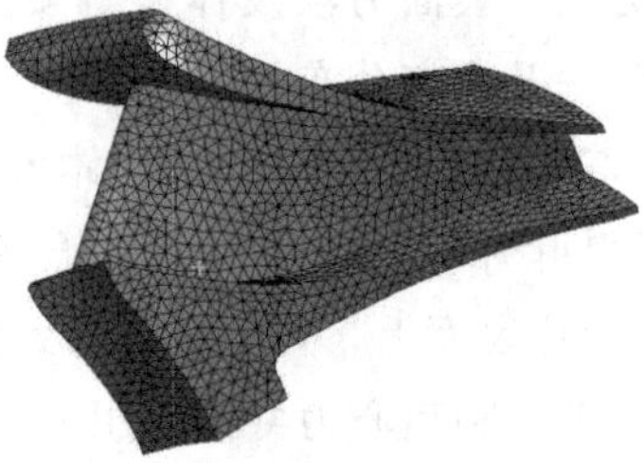

（b）第二级叶轮

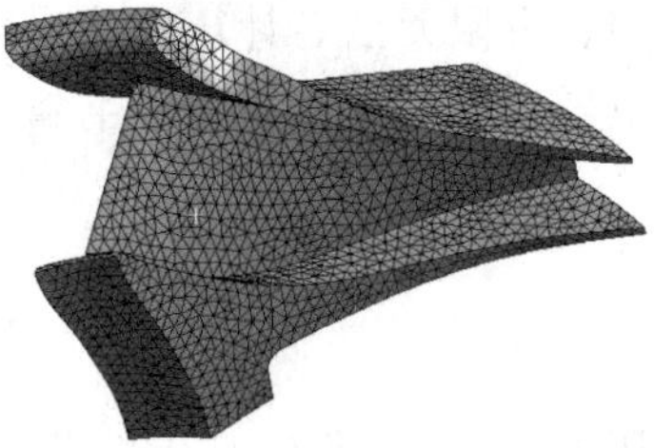

（c）第三级叶轮

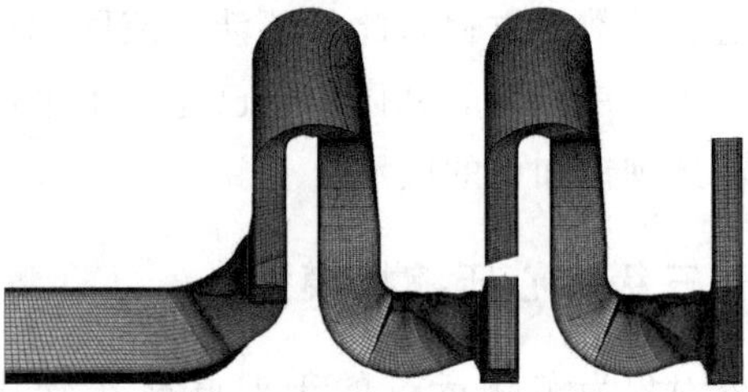

（d）通流区

**图 7－13　有限元和计算流体力学网格**

## 7.6.2　静强度计算

叶轮静强度计算的边界条件设置为：叶轮后端面凸台施加零位移约束，叶轮轴孔面施加径向和切向的零位移约束，叶轮其他表面施加零法向应力约束，离心力以体积力形式出现在弹性力学方程式中，由给定的叶轮转速计算。

通过三级叶轮位移的有限元计算，得出各级叶轮在离心力作用下的变形、第四强度等效应力[见式(7－43)]、第四强度等效应变[见式(7－90)]。各级叶轮的最大变形、最大第四强度等效应力、最大第四强度等效应变、安全系数见表 7－4，可以看出，三级叶轮的最大变形发生在第一级叶轮中，为 0.4924 mm；最大第四强度等效应力发生在第三级叶轮，为 410.8 MPa；三级叶轮的安全系数均超出 2.5，应力均满足静强度要求。

**表 7－4　叶轮静强度分析结果**

| 参数 | 第一级叶轮 | 第二级叶轮 | 第三级叶轮 |
|---|---|---|---|
| 最大变形/m | $4.924\times10^{-4}$ | $4.459\times10^{-4}$ | $4.412\times10^{-4}$ |
| 最大第四强度等效应力/MPa | $4.016\times10^{2}$ | $4.056\times10^{2}$ | $4.108\times10^{2}$ |
| 最大第四强度等效应变 | $2.010\times10^{-3}$ | $1.947\times10^{-3}$ | $1.966\times10^{-3}$ |
| 安全系数 | 2.562 | 2.537 | 2.505 |

各级叶轮的变形、第四强度等效应力分布情况相似。图 7－14 给出第一级叶轮在离心力作用下的变形分布、第四强度等效应力分布，可以看出，变形沿叶高方向总体上逐渐增大；在轮盖上，变形沿半径方向逐渐增大；叶轮的最大变形发生在轮盖靠近叶轮出口位置；在叶根和叶顶部位存在较大的应力；最大应力发生在叶根处。

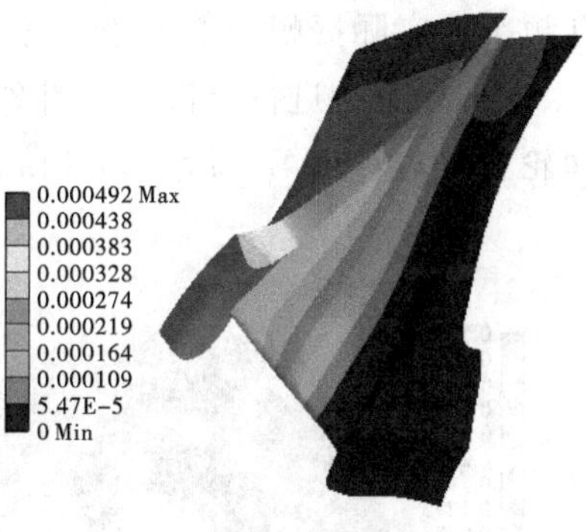


（a）变形分布（单位为m）

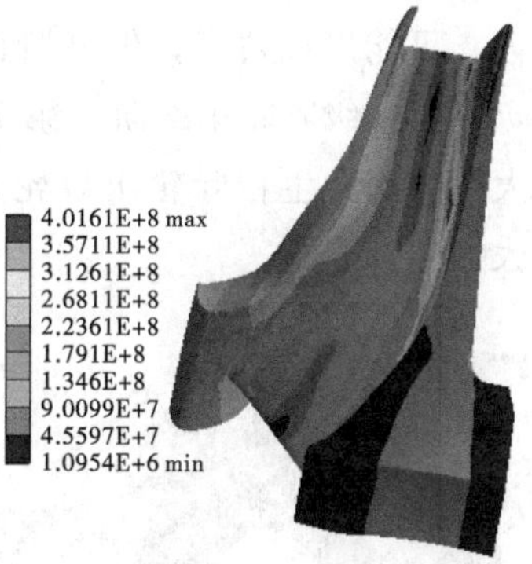


（b）应力分布（单位为Pa）

**图 7－14　第一级叶轮静强度分析结果**

## 7.6.3　固有频率与模态计算

将离心力作为体积力，利用有限元法对各级叶轮进行模态分析，表 7－5 给出了三级叶轮的前 12 阶固有频率，以及各阶固有频率与叶片通过频率即非定常气动力主频(2580 Hz)之间的频率余量。

**表 7－5　三级叶轮固有频率及频率余量**

| 阶次 | 第一级叶轮 | | 第二级叶轮 | | 第三级叶轮 | |
|---|---|---|---|---|---|---|
| | 频率/Hz | 余量/% | 频率/Hz | 余量/% | 频率/Hz | 余量/% |
| 1 | 1524.6 | 69.2 | 1581.4 | 63.1 | 1691.7 | 59.3 |
| 2 | 1527.7 | 68.9 | 1584.6 | 62.8 | 1623.8 | 58.9 |
| 3 | 1549.3 | 66.5 | 1645.3 | 56.8 | 1671.4 | 54.4 |
| 4 | 1797.2 | 43.6 | 1836.0 | 40.5 | 1912.0 | 34.9 |
| 5 | 1801.1 | 43.2 | 1839.4 | 40.3 | 1914.8 | 34.7 |

**续表**

| 阶次 | 第一级叶轮 | | 第二级叶轮 | | 第三级叶轮 | |
|---|---|---|---|---|---|---|
| | 频率/Hz | 余量/% | 频率/Hz | 余量/% | 频率/Hz | 余量/% |
| 6 | 2506.7 | 2.9 | 2502.0 | 3.1 | 2451.2 | 5.3 |
| 7 | 2680.4 | 3.7 | 2743.2 | 5.9 | 2807.5 | 8.1 |
| 8 | 2683.7 | 3.9 | 2745.1 | 6.0 | 2808.4 | 8.1 |
| 9 | 3399.8 | 24.1 | 3454.7 | 25.3 | 3429.8 | 24.8 |
| 10 | 3403.2 | 24.2 | 3457.5 | 25.4 | 3433.6 | 24.9 |
| 11 | 3585.4 | 28.0 | 3678.2 | 29.9 | 3671.5 | 29.7 |
| 12 | 3590.0 | 28.1 | 3683.8 | 30.0 | 3679.7 | 30.0 |

由表 7-5 可以看出，各级叶轮的第 6 阶、第 7 阶、第 8 阶固有频率与非定常气动力主频较接近，可能出现共振，但高阶固有频率的实际振幅一般较小。各级叶轮的同阶振型类似，以第一级叶轮第 6 阶、第 7 阶、第 8 阶为例进行分析，见图 7-15，这三阶振型的最大振幅均发生在叶轮出口轮盘和轮盖处；对于第 7 阶、第 8 阶振型，叶片前缘存在较大振幅。

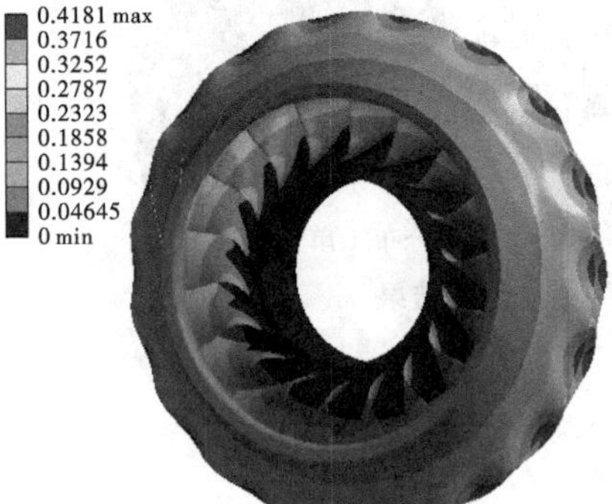


（a）第6阶振型

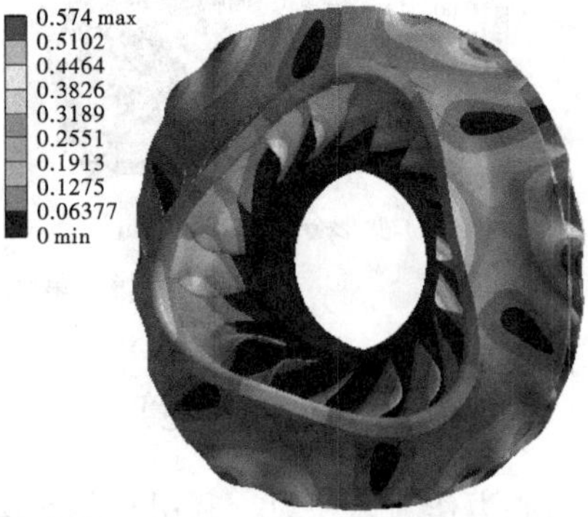


（b）第7阶振型

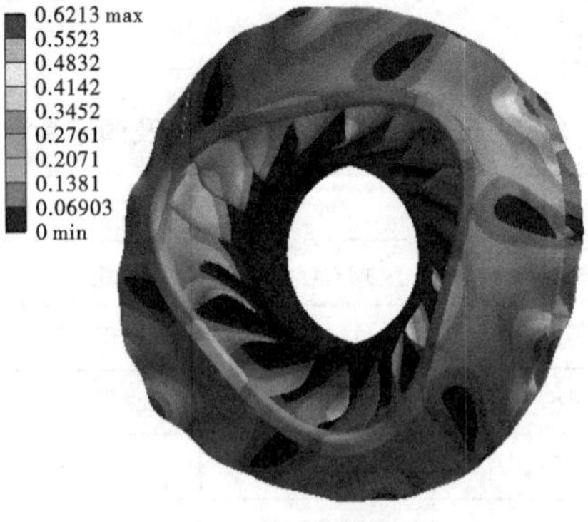


（c）第8阶振型

**图 7-15　第一级叶轮的模态分析结果**

（图中单位为 mm）

### 7.6.4　动强度与疲劳寿命计算

利用计算流体力学方法数值求解三维非定常雷诺时均纳维-斯托克斯方程，获取该压缩机变工况气动性能曲线，流场计算的边界条件设置为：进口给定总压 5274469 Pa、总温 282.53 K、轴向进气，出口给定质量流量，壁面满足绝热无滑移条件，周向边界满足旋转周期性条件，动静交接面按照滑移网格法处理。工质为天然气，按照体积分数计算该混合气体的热物性参数。

针对最大流量和最小流量工况，考虑流固耦合效应，采用单向流固耦合模型，即只考虑非定常气动力作用引起的结构变形，忽略叶轮变形对流场的影响，将每一时刻的气动压力加载到叶片表面，计算非定常气动力、离心力共同作用下叶轮叶片的变形、应变和应力。值得说明的是，在叶片表面上加载非定常气动力时，由于流体域和固体域在交界面上的网格并不重叠，故需要采用加权方法将每一时刻气动力载荷插值到固体界面网格节点上。

经流固耦合计算，获得不同时刻叶轮上的应力分布，提取不同时刻各节点的第四强度理论等效应力，计算一个周期内的平均应力 $\sigma_m$ 和应力脉动幅值 $\sigma_a$。表 7-6、7-7 分别给出了最大、最小流量工况下，平均应力最大点和应力脉动幅值最大点的平均应力和应力脉动幅值，可以看出，非定常气动力作用下，叶片最大应力脉动幅值逐级增大，各级叶轮最大流量工况的最大应力脉动幅值均大于最小流量工况的最大应力脉动幅值。

**表 7-6　最大流量工况下动强度分析结果**

| 叶轮 | 平均应力最大点 | | 应力脉动幅值最大点 | |
|---|---|---|---|---|
| | $\sigma_m$/MPa | $\sigma_a$/MPa | $\sigma_m$/MPa | $\sigma_a$/MPa |
| 第一级 | 434.30 | 0.47 | 74.79 | 0.88 |
| 第二级 | 403.95 | 0.42 | 87.85 | 5.69 |
| 第三级 | 403.30 | 1.47 | 100.57 | 17.99 |

**表 7-7　最小流量工况下动强度分析结果**

| 叶轮 | 平均应力最大点 | | 应力脉动幅值最大点 | |
|---|---|---|---|---|
| | $\sigma_m$/MPa | $\sigma_a$/MPa | $\sigma_m$/MPa | $\sigma_a$/MPa |
| 第一级 | 413.74 | 0.04 | 65.74 | 0.06 |
| 第二级 | 397.76 | 0.12 | 33.06 | 1.73 |
| 第三级 | 397.73 | 0.10 | 52.39 | 3.31 |

非定常气动力使得叶轮叶片上的应力发生周期性脉动，引起叶轮疲劳破坏。在上述流固耦合分析的基础上，对各级叶轮叶片的疲劳寿命进行计算，主要步骤如下：

(1)确定危险点。对于给定材料的结构，其疲劳寿命会受到应力脉动幅值和平均应力水平的影响。因此，将表 7-6、7-7 中的应力脉动幅值最大点和平均应力最大点均作为危险点进行考虑。

(2)疲劳载荷谱分析。分析各危险点的应力谱，发现危险点的应力基本为单谱循环，应力循环周期等于非定常气动力基频周期。以第一级叶轮叶片最大流量工况为例，如图 7-16 所示，$P_1$ 为应力脉动幅值最大点，$P_2$ 为平均应力最大点，显然，$P_1$、$P_2$ 点的应力在一个周期内只存在一次起落。

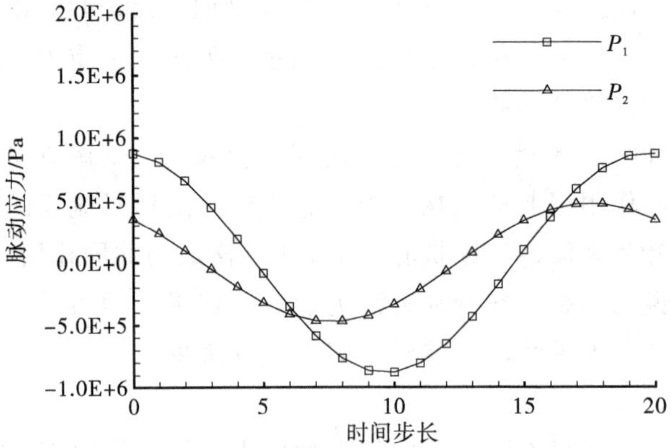


**图 7-16 最大流量工况下第一级叶轮危险点脉动应力分布**

(3)危险点交变应力幅值修正。由于各危险点的平均应力不为 0，不能直接采用由平均应力为 0 的疲劳试验条件下所得到的应力脉动幅值-循环次数($S-N$)曲线，需要利用平均应力对交变应力幅值进行修正。采用古德曼模型修正各危险点的交变应力幅值，其数学表达式为

$$\sigma_{-1}=\sigma_a/(1-\sigma_m/\sigma_b) \tag{7-131}$$

式中，$\sigma_{-1}$是修正后的交变应力幅值；$\sigma_a$ 为原始的交变应力脉动幅值；$\sigma_m$ 为平均应力；$\sigma_b$ 为材料强度极限。危险点的修正结果见表 7-8、7-9，可以看出，应力脉动幅值最大点的修正交变应力幅值均大于平均应力最大点的相应值，故疲劳破坏首先发生在应力脉动幅值最大点处。

**表 7-8 最大流量工况危险点交变应力幅值修正结果**

| 叶轮 | 平均应力最大点 | 应力脉动幅值最大点 |
|---|---|---|
| | $\sigma_{-1}$/MPa | $\sigma_{-1}$/MPa |
| 第一级 | 0.78 | 0.94 |
| 第二级 | 0.67 | 6.20 |
| 第三级 | 2.34 | 19.84 |

**表 7-9 最小流量工况危险点交变应力幅值修正结果**

| 叶轮 | 平均应力最大点 | 应力脉动幅值最大点 |
|---|---|---|
| | $\sigma_{-1}$/MPa | $\sigma_{-1}$/MPa |
| 第一级 | 0.059 | 0.061 |
| 第二级 | 0.19 | 1.79 |
| 第三级 | 0.16 | 3.47 |

(4)拟合 $S-N$ 曲线。根据 FV520B 材料的疲劳试验数据，拟合出指数形式的 $S-N$ 曲线，其数学表达式为

$$\lg N = 9.3340 - 1.7711S \tag{7-131}$$

(5)计算叶轮叶片疲劳寿命。由于疲劳失效是在循环载荷的反复作用下，经过一定时间的累积后而产生的，为此，需要建立疲劳损伤累积的理论，来解决三个问题：①一个载荷循环对结构造成的疲劳损伤；②多个载荷循环造成疲劳损伤的累积方式；③发生疲劳失效时的临界值。这里采用线性疲劳累积损伤理论，该理论假设：一个载荷循环对结构造成的疲劳损伤为 $1/N$，$N$ 为当前应力水平下的疲劳寿命；多个载荷循环造成的疲劳损伤是各载荷循环造成疲劳损伤的线性叠加；发生疲劳失效时的临界值为 1，即多个载荷循环造成的疲劳损伤累积达到 1 时，发生疲劳失效。

根据交变应力幅值和材料 $S-N$ 曲线，采用上述线性疲劳累积损伤理论，计算各级叶轮在最大流量和最小流量工况下的疲劳寿命。结合非定常气动力基频周期，得出发生疲劳破坏前各级叶轮运行的时间，结果见表 7-10。可见，各级叶轮在最大流量工况的疲劳寿命均小于最小流量工况的疲劳寿命，且两个工况下叶轮的疲劳寿命均逐级降低，其中，最大流量工况下的第三级叶轮的疲劳寿命为 102.7 h，而最小流量工况下的第三级叶轮的疲劳寿命为 200.2 h。此外，各级叶轮危险点均位于叶片前缘或其附近区域，说明该处存在较大的非定常气动力，分析原因，主要可归结为两方面：一是叶轮进口处气体流动方向发生较大的改变；二是第二级叶轮和第三级叶轮进口前有回流器叶片，动、静干涉现象较为显著。

**表 7-10　叶轮疲劳寿命预测结果**

| 工况 | 叶轮 | 疲劳寿命/h | 危险点位置 |
|---|---|---|---|
| 最大流量 | 第一级 | 223.6 | 1/4 展向，2/3 叶高处 |
| | 第二级 | 179.2 | 叶片前缘叶根处 |
| | 第三级 | 102.7 | 叶片前缘叶顶处 |
| 最小流量 | 第一级 | 230.1 | 叶片前缘叶顶处 |
| | 第二级 | 214.5 | 叶片前缘叶顶处 |
| | 第三级 | 200.2 | 叶片前缘叶顶处 |

综上，本节基于前述各章张量分析在流体力学、叶轮机械气体动力学、固体力学中的应用知识，采用有限元法、计算流体力学方法、流固耦合方法，通过材料变形、应变、应力分析，计算了三级离心压缩机各级叶轮的静强度、固有频率、模态振型、动强度、疲劳寿命。本节内容为理解并应用张量分析方法，解决实际复杂工程问题提供了理论参考和直观认识。

# 习　题

7-1　已知二维斜交直线坐标系($x^1$，$x^2$)的坐标基矢量($\boldsymbol{e}_1$，$\boldsymbol{e}_2$)，见图 7-17，画

出应力张量各分量 $P^{ij}$，$P^i_j$，$P_{ij}$ 所在的面元法向及应力矢量方向(注：取 $x^3$ 坐标系垂直于($x^1$，$x^2$)坐标面，$i$，$j=1$，2)。

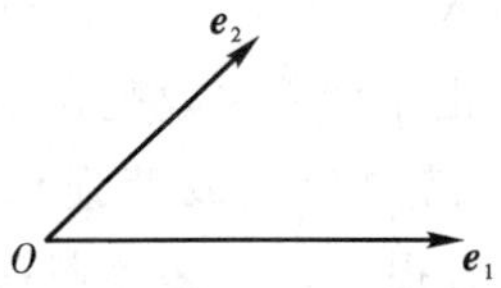


图 7-17　二维斜交直线坐标系

7-2　物体内一点的应力张量在笛卡儿坐标系下的分量为

$$(P^{ij})=\begin{pmatrix}1 & 0 & -4\\ 0 & 3 & 0\\ -4 & 0 & 5\end{pmatrix}$$

过该点取单位矢量 $\boldsymbol{n}=\dfrac{1}{2}\boldsymbol{u}_1-\dfrac{1}{2}\boldsymbol{u}_2+\dfrac{1}{\sqrt{2}}\boldsymbol{u}_1$，则

(1)计算法向为 $\boldsymbol{n}$ 的面元上的应力矢量 $\boldsymbol{P}^n$；

(2)计算上述应力矢量的法应力矢量 $\boldsymbol{N}$ 和切应力矢量 $\boldsymbol{\tau}$；

(3)计算该应力张量的主应力、主方向，第一、第二、第三应力张量不变量；

(4)计算最大法应力、最大切应力及其面元法向；

(5)计算该应力张量的静水应力、偏应力、八面体切应力。

7-3　证明：在任意曲线坐标系下，各向同性应力张量在任意面元上的切应力为 $\mathbf{0}$。

7-4　在圆柱坐标系下，利用位移物理分量写出拉格朗日有限应变张量、欧拉有限应变张量、小变形应变张量的物理分量。

7-5　在球坐标系下，利用位移物理分量写出拉格朗日有限应变张量、欧拉有限应变张量、小变形应变张量的物理分量。

7-6　一钢件内某点 $P$ 处的应力张量为

$$(P^{ij})=\begin{pmatrix}100 & 75 & 80\\ 75 & 56 & 150\\ 80 & 150 & 120\end{pmatrix}\text{MPa}$$

计算 $P$ 点处的应变张量分量 $\varepsilon^{ij}$，其中弹性模量 $E=200$ GPa，泊松比 $\sigma=0.3$。

7-7　证明经典弹性理论中，应变张量的主方向与应力张量的主方向一致。

7-8　物体处于静力平衡状态，若在笛卡儿坐标系下的应力场分量为

$$P^{11}=10(y^1)^3+(y^2)^2,\quad P^{12}=(y^3)^2,\quad P^{13}=(y^1)^2$$

$$P^{22}=20(y^1)^3+100,\quad P^{23}=y^2,\quad P^{33}=30(y^2)^2+10(y^3)^2$$

求点($y^1$，$y^2$，$y^3$)=(1，1，1)处的体积力 $\boldsymbol{f}$。

7-9　一弹性杆在拉伸作用下达到平衡状态，其位移场分量为

$$u^1=cx^1,\quad u^2=-c\sigma x^2,\quad u^3=-c\sigma x^3$$

式中，$c$ 为拉伸率；$\sigma$ 为泊松比；$E$ 为弹性模量。推导应变场、应力场、体积力场。

7-10　在任意曲线坐标系下，推导出以逆变位移分量表示的动力学平衡方程。

7-11　某天然气长距离输运管线设计参数：介质天然气(组分为99%甲烷，1%氢气)，管内压力为 10 MPa，管外压力一个标准大气压，温度 15 ℃，年运行时间 8000 h，年产量 120 亿标准立方米，材料为不锈钢 FV520B，安全系数(强度极限/应力)为 3。求圆柱壳壁厚。

7-12　某球型储罐设计参数：介质氢气，罐内压力 1.5 MPa，罐外压力一个标准大气压，温度 15 ℃，容量 2000 $m^3$，材料为不锈钢 FV520B，安全系数(强度极限/应力)为 3。求球罐壁厚。

7-13　某大尺寸超声速风洞用球型真空罐设计参数：介质空气，罐内压力 10 Pa，罐外压力一个标准大气压，温度 15 ℃，容量 10000 $m^3$，材料为不锈钢 FV520B，安全系数(强度极限/应力)为 3。求球罐壁厚。

# 第 8 章　张量分析在电动力学中的应用

电磁场是一种普遍存在的物质运动形式，电磁场问题广泛出现在人类生产生活和科学技术领域中，在学习了张量分析理论方法后，有条件将本科低年级期间学习的电磁理论、电子电路基础等知识，上升到电动力学范畴，研究电磁场随三个空间坐标和一个时间坐标的变化情况。本章介绍经典电动力学方程及应用，主要内容包括：电磁场实验定律、真空及介质中的麦克斯韦方程、电磁波、磁流体力学方程等。本章重点是麦克斯韦方程及磁流体力学方程。通过本章内容的学习，可掌握张量分析在经典电动力学中的理论建模方法及应用，为下一章学习张量分析在相对论中的应用打下基础。

## 8.1　电动力学概述

### 8.1.1　定义

电动力学是研究电磁场基本属性、运动规律及其和带电物质之间相互作用的一门学科，理论力学、统计力学、电动力学、量子力学共同构成理论物理学的“四大力学”。

电磁场是物质的重要存在形式，广泛出现在生产实践和科学技术领域中，如电力系统、粒子加速器、等离子体、光波导与光子晶体、天体物理、凝聚态物理、相对论、量子力学等。在时变情况下，电磁场运动形式表现为电磁波，其应用领域更广，如无线电波、雷达、热辐射、光波、X 射线、$\gamma$ 射线等都是不同波长范围内的电磁波，遵循着共同的运动规律。在非真空介质中，电磁波与由大量带电粒子组成的系统，如导体、半导体、电介质、磁介质之间的相互作用，是质谱仪、速度选择器、粒子加速器、电子显微镜、磁镜装置、霍尔器件、电视显像管、磁流体发电机、电磁流量计等装置中的核心问题。因此，学习电动力学对于生产实践和科学研究都具有重要意义。

### 8.1.2　历史

电动力学是人类对电磁现象的长期观测和在生产实践的基础上逐步发展起来的。18 世纪中叶以后，在工业生产发展的推动下，研究人员开展了电磁学的实验探索，研究了静电、静磁、稳态电流等现象。1785 年，库仑根据实验总结了静止点电荷之间相互作用力的规律；1820 年，奥斯特发现了电流的静磁效应，毕奥-萨伐尔根据实验总结了稳态电流激发磁场的规律；1831 年，法拉第根据实验总结了电磁感应规律，并提出场的概念，至此，电现象和磁现象不再孤立，而是作为统一的物质被人们所接受，从而在理论上为总结电磁场普遍规律提供了条件。

在上述基础上，1864 年，麦克斯韦把电磁场运动规律总结为麦克斯韦方程，并从理论上预言了电磁波的存在。1896 年，洛伦茨在电子论推导中提出运动电荷在磁场中受力形式的假说，该假说不是理论推论，而是由多次重复实验所证实的实验定律。19 世纪末至 20 世纪初，人们发现旧有的经典时空观理论与电磁现象新的实验事实发生了矛盾。1905 年，爱因斯坦建立新的时空观理论，提出狭义相对论；几乎同时，闵可夫斯基将常规认识中独立的时间和空间结合在一个四维的时空结构中，并建立闵可夫斯基四维张量方法来表达洛伦茨和爱因斯坦的成果。1915 年，爱因斯坦提出广义相对论方程，电动力学只有在新时空观的基础上才能发展成为完整的、适用于任何参考系的理论。

自从 20 世纪 70 年代以来，以有限元法为主要数值求解手段的计算电动力学取得了重要发展，已成为电子设计自动化(electronic design automation，EDA)软件的核心模块。目前，以计算流体力学、计算固体力学为主要模块的计算机辅助工程(CAE)软件产品，正在融合并购于 EDA 软件产品中，已经出现 Synopsys - Ansys、Cadence-Numeca、Siemens - Star C C M 等大型计算物理学软件，将在“机、电、动”产品的多物理分析与设计中发挥更大作用。

### 8.1.3　基本内容

要了解电磁场，就是要知道电场强度 $\boldsymbol{E}(t, x^i)$和磁感应强度 $\boldsymbol{B}(t, x^i)$随时间坐标 $t$ 和空间坐标 $x^i$ 的变化情况，有了它们就可以知道电磁场的分布和变化规律，就可以算出电磁场对带电物质的作用力，以及电磁场动量和能量。因此，电动力学的内容，粗略地概况起来为：

(1)根据电磁场的基本属性，建立麦克斯韦方程，这是电动力学的基本方程及一般框架。

(2)针对各种具体问题，对麦克斯韦方程作各种简化或推广，求得其解，并进行相应的物理解释。

## 8.2　电磁场实验定律

麦克斯韦方程是在静电场、静磁场、电磁感应等实验规律的基础上总结升华出来的，本节先介绍有关实验定律，给出相应的张量形式。下节将在此基础上介绍麦克斯韦方程的推导过程。

### 8.2.1　库伦定律

库伦定律是一个实验定律，是整个静电学的基础，其基本内容是：设在真空中有两个带电量分别为 $q$ 和 $q_1$ 的静止点电荷，记 $\boldsymbol{r}_1$ 为由点电荷 $q_1$ 所在的位置到点电荷 $q$ 所在的位置的矢量(矢径)，其距离为 $r_1 = |\boldsymbol{r}_1|$，则静止点电荷 $q_1$ 作用在静止点电荷 $q$ 上的静电力，即库仑力为[见图 8 - 1(a)]

$$\boldsymbol{F}=\frac{1}{4\pi\varepsilon_0}\frac{qq_1\boldsymbol{r}_1}{r_1^3} \tag{8-1}$$

式中，$\boldsymbol{F}$ 为库仑力；$\varepsilon_0>0$ 为真空中的介电常数，其大小与选用的单位有关。本书采用国际单位制，此时力的单位为牛顿(N)，距离的单位为米(m)，电荷的单位为库伦(C)，这样，$\varepsilon_0$ 的大小和单位为

$$\varepsilon_0=8.85419\times10^{-2}\ \mathrm{C}^2/(\mathrm{N}\cdot\mathrm{m}^2) \tag{8-2}$$

这里需要注意的是，库伦定律成立的条件限于真空中静止的点电荷。

如果一个点电荷 $q$ 同时受到几个点电荷 $q_i(i=1,\ \cdots,\ n)$的作用，则根据力的叠加原理，得到 $q$ 所受到的库伦力为[见图 8-1(b)]

$$\boldsymbol{F}=\frac{1}{4\pi\varepsilon_0}\sum_{i=1}^{n}\frac{qq_i\boldsymbol{r}_i}{r_i^3} \tag{8-3}$$

式中，$\boldsymbol{r}_i$ 为点电荷 $q_i$ 到 $q$ 的矢径。

类似地，如果一个点电荷受到的连续分布在空间区域 $\Omega$ 中的电荷的作用，电荷分布的体积密度为 $\rho(x,\ y,\ z)$，则由力的叠加原理，$q$ 受到的库伦力为[见图 8-1(c)]

$$\boldsymbol{F}=\frac{1}{4\pi\varepsilon_0}\int_{\Omega}\frac{q\rho\boldsymbol{r}}{r^3}\mathrm{d}V \tag{8-4}$$

式中，$\boldsymbol{r}$ 为体元 dV 到 $q$ 的矢径。

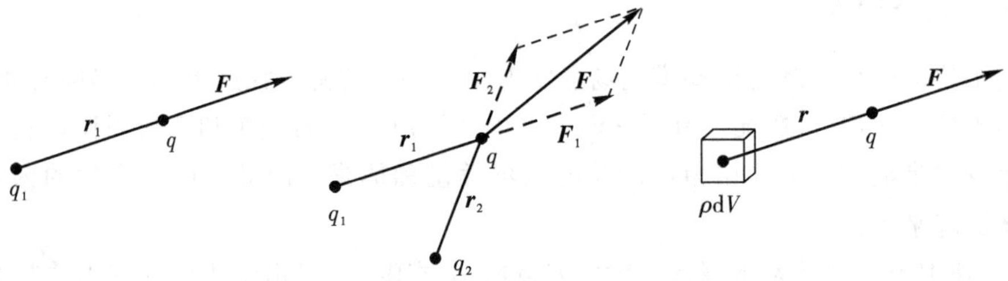


(a) 一个点电荷　　(b) 两个点电荷　　(c) 体分布电荷

**图 8-1　$q$ 点电荷的库仑力示意图**

下面介绍从库伦定律引出的几个概念、推论和定理，这些结果将在麦克斯韦方程推导中应用到。

**1. 电场强度**

由库伦定律，电荷附近的空间有着一种特殊的物质，使得该空间上的电荷受到力的作用，具有这种性质的物质，称为电场，它在数学上可通过反映电荷受力情况的矢量场来描述。这里，电场是由于电荷的存在而产生的，但后面还会知道，电场这种物质还可以脱离电荷而存在，如变化的磁场产生电场。我们把由静止电荷产生的电场称为静电场。

在电场中的不同位置，电荷所受的力是不相同的。为了描述电荷在电场中各点的受力情况，用一个静止的足够小的正电荷 $q$ 在该点所受的力来衡量电场在该点的强度，其定义为

$$\boldsymbol{E}=\frac{\boldsymbol{F}}{q} \tag{8-5}$$

式中，$\boldsymbol{E}$ 称为电场强度，单位为 N/C，在静电场中它只是空间坐标 $x^i$ 的函数，在随时

间变化的电场中它是空间坐标 $x^i$ 和时间 $t$ 的函数，但仍可以用静止的足够小的正电荷来定义它。这里足够小的含义是在实际测定电场强度时，引入的测试电荷 $q$ 不影响原先的电场分布。

由库伦定律和电场强度定义，点电荷 $q_1$ 产生的电场强度为

$$\boldsymbol{E}=\frac{1}{4\pi\varepsilon_0}\frac{q_1\boldsymbol{r}_1}{r_1^3} \tag{8-6}$$

类似地，几个点电荷 $q_i(i=1, \cdots, n)$产生的电场强度为

$$\boldsymbol{E}=\frac{1}{4\pi\varepsilon_0}\sum_{i=1}^{n}\frac{q_i\boldsymbol{r}_i}{r_i^3} \tag{8-7}$$

而体积密度为 $\rho$、在 $\Omega$ 中连续分布的电荷产生的电场强度为

$$\boldsymbol{E}=\frac{1}{4\pi\varepsilon_0}\int_\Omega\frac{\rho\boldsymbol{r}}{r^3}\mathrm{d}V \tag{8-8}$$

以上公式只适用于由静止点电荷在真空中产生的电场强度的计算。

**2. 高斯定理**

首先引入电通量的概念。类似流场，有了流动速度 $\boldsymbol{u}$，我们就可以定义流线，流动速度越大，则流线越密，通过单位面积的流量或流线数目就越多。同样，有了电场强度，我们就可以定义电场线，电场强度 $\boldsymbol{E}$ 越大，则电场线越密，通过单位面积的电场线数目就越多。对一般的面元 $\mathrm{d}S$，设其单位法向量为 $\boldsymbol{n}$，则其上沿着 $\boldsymbol{n}$ 方向通过 $\mathrm{d}S$ 的电场线数目为 $\boldsymbol{E}\cdot\boldsymbol{n}\mathrm{d}S$，这称为沿着 $\boldsymbol{n}$ 方向通过 $\mathrm{d}S$ 的电通量。电通量满足如下定理：

高斯定理：在静电场中，通过任一封闭曲面 $\Gamma$ 向外的电通量，等于此曲面内部所包含的电荷的代数和除以 $\varepsilon_0$。

证明：由叠加原理，只需对 $\Gamma$ 内为一个电荷 $q$ 且其位于坐标原点进行证明，此时，电场强度为

$$\boldsymbol{E}=\frac{1}{4\pi\varepsilon_0}\frac{q\boldsymbol{r}}{r^3}$$

因此，电通量为

$$\oint_\Gamma\boldsymbol{E}\cdot\boldsymbol{n}\mathrm{d}S=\frac{q}{4\pi\varepsilon_0}\oint_\Gamma\frac{\cos\theta}{r^2}\mathrm{d}S=\frac{q}{4\pi\varepsilon_0}\oint_\Gamma\mathrm{d}\omega$$

式中，$\theta$ 为 $\mathrm{d}S$ 的单位外法向 $\boldsymbol{n}$ 和矢径 $\boldsymbol{r}$ 的夹角；$\mathrm{d}\omega$ 为面元 $\mathrm{d}S$ 对原点所张的立体角(见图 8-2)。

根据立体几何知识，对于封闭曲面，其内部任一点的立体角为 $4\pi$，故电通量为

$$\oint_\Gamma\boldsymbol{E}\cdot\boldsymbol{n}\mathrm{d}S=\frac{q}{\varepsilon_0} \tag{8-9}$$

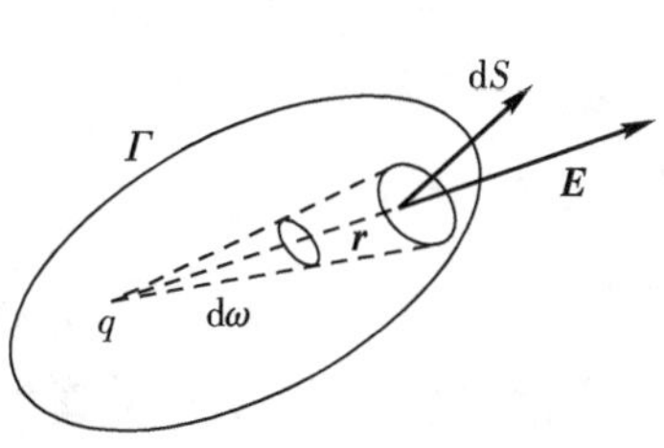

图 8-2　立体角示意图

证毕。

由高斯定理，如 $\Gamma$ 内部有点电荷，其电量的代数和为 $Q$，则电通量为

$$\oint_\Gamma\boldsymbol{E}\cdot\boldsymbol{n}\mathrm{d}S=\frac{Q}{\varepsilon_0} \tag{8-10}$$

如 $\Gamma$ 内部有体积密度为 $\rho$、连续分布的电荷，则电通量为

$$\oint_{\Gamma} \boldsymbol{E} \cdot \boldsymbol{n} \mathrm{d}S = \frac{1}{\varepsilon_0} \int_{\Omega} \rho \mathrm{d}V \tag{8-11}$$

式中，$\Omega$ 为封闭曲面 $\Gamma$ 所围的区域。

这样，通过一封闭曲面的电通量只与其内部电荷的总量有关，与电荷的分布无关，也与外界的电荷无关。这一基本物理事实只有在静电场力与距离呈反平方关系的情况下才成立，这也是前人从实验观测结果中归纳库伦力、牛顿万有引力等公式时选择作用力与距离反平方关系式的物理直觉和数学依据。

式(8－11)为高斯定理的积分形式，为了得到场的局部分布，需要推导其微分形式。利用高等数学中的高斯公式

$$\oint_{\Gamma} \boldsymbol{E} \cdot \boldsymbol{n} \mathrm{d}S = \int_{\Omega} \nabla \cdot \boldsymbol{E} \mathrm{d}V \tag{8-12}$$

结合式(8－11)～(8－12)，得

$$\int_{\Omega} \nabla \cdot \boldsymbol{E} \mathrm{d}V = \frac{1}{\varepsilon_0} \int_{\Omega} \rho \mathrm{d}V \tag{8-13}$$

上式对任意区域 $\Omega$ 均成立，故得到高斯定理的微分形式：

$$\nabla \cdot \boldsymbol{E} = \frac{\rho}{\varepsilon_0} \tag{8-14}$$

这表明静电场是有源的，其源就是电荷体积密度除以介电常数。

**3. 静电场是无旋场**

现在证明静电场是无旋场。对静电场中任一封闭曲线 $l$(见图 8－3)，式(8－15)成立：

$$\oint_{l} \boldsymbol{E} \cdot \mathrm{d}\boldsymbol{l} = 0 \tag{8-15}$$

事实上，将电场强度公式(8－6)代入上式左端，有

$$\oint_{l} \boldsymbol{E} \cdot \mathrm{d}\boldsymbol{l} = \frac{1}{4\pi\varepsilon_0} \oint_{l} \frac{q\boldsymbol{r}}{r^3} \cdot \mathrm{d}\boldsymbol{l} = \frac{1}{4\pi\varepsilon_0} \oint_{l} \frac{q\boldsymbol{r}}{r^3} \cdot \mathrm{d}\boldsymbol{r} = \frac{1}{4\pi\varepsilon_0} \oint_{l} \frac{q}{r^3} \cdot \frac{1}{2} \mathrm{d}r^2 = -\frac{1}{4\pi\varepsilon_0} \oint_{l} \mathrm{d} \frac{1}{r} = 0$$

从而式(8－15)成立，表明静电场中电场强度 $\boldsymbol{E}$ 沿着任意封闭曲线 $l$ 的环量为 0，即静电场力沿着任一封闭环路所做的功为零。

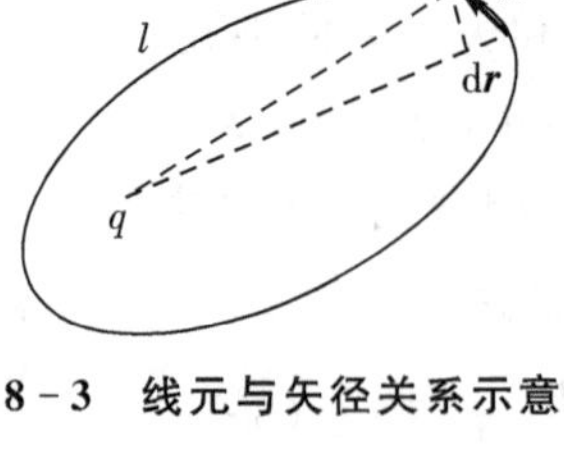


**图 8－3　线元与矢径关系示意图**

式(8－15)为静电场的积分形式，为了得到场的局部分布，讨论其微分形式。利用高等数学中的斯托克斯公式

$$\oint_{l} \boldsymbol{E} \cdot \mathrm{d}\boldsymbol{l} = \int_{S} (\nabla \times \boldsymbol{E}) \cdot \boldsymbol{n} \mathrm{d}S = 0 \tag{8-16}$$

式中，$S$ 为以 $l$ 为边缘的任意曲面，由 $l$ 和 $S$ 的任意性，得

$$\nabla\times\boldsymbol{E}=\boldsymbol{0} \tag{8-17}$$

这表明静电场是无旋场，因此存在标势函数 $\phi$，使得

$$\boldsymbol{E}=-\nabla\phi \tag{8-18}$$

在国际单位制下，电势函数的单位为伏特(V)，相应地，电场强度的单位为伏特每米(V/m)。在获得式(8-18)时利用了如下张量恒等式：

$$\nabla\times\nabla\phi=\boldsymbol{0}$$

该式对任意标量场 $\phi$ 均成立。

概括起来，我们得到：静电场是一个有源无旋场，其散度为电荷体积密度除以介电常数，其旋度为零，这是库伦定律的推论。

**例 8-1**　真空中电荷 $q$ 均匀分布在半径为 $a$ 的球体内，求各点的电场强度及散度。

**解**：在半径为 $r$ 的球面(与电荷球体同心)，由对称性，在球面上各点的电场强度有相同的数值 $E$，并沿着径向。

当 $r\geqslant a$ 时，球面内的总电荷为 $q$，由高斯定理得

$$\oint_S \boldsymbol{E}\cdot\boldsymbol{n}\mathrm{d}S=4\pi r^2E=\frac{q}{\varepsilon_0}$$

因此

$$E=\frac{q}{4\pi\varepsilon_0 r^2}$$

写成矢量形式为

$$\boldsymbol{E}=\frac{q\boldsymbol{r}}{4\pi\varepsilon_0 r^3}(r\geqslant a)$$

当 $r<a$ 时，球面内的总电荷为

$$\frac{4}{3}\pi r^3\rho=\frac{4}{3}\pi r^3\ \frac{q}{\frac{4}{3}\pi a^3}=\frac{qr^3}{a^3}$$

应用高斯定理得

$$\oint_S \boldsymbol{E}\cdot\boldsymbol{n}\mathrm{d}S=4\pi r^2E=\frac{qr^3}{a^3}$$

因此

$$\boldsymbol{E}=\frac{q\boldsymbol{r}}{4\pi\varepsilon_0 a^3}(r<a)$$

直接求得散度为

$$\nabla\cdot\boldsymbol{E}=0(r\geqslant a)$$

$$\nabla\cdot\boldsymbol{E}=\frac{3q}{4\pi\varepsilon_0 a^3}=\frac{\rho}{\varepsilon_0}(r<a)$$

解毕。

这个例子说明，虽然任意包围着电荷的曲面上都有电通量，但散度只存在于有电荷分布的区域内，在没有电荷分布的区域内散度为零。

### 8.2.2 电荷守恒定律

电荷守恒定律是一个实验定律，是电流分析的基础。电荷如果不是静止的，电荷的定向流动就形成电流。为了描述电流，引入电流密度矢量 $\boldsymbol{j}$ 的概念，其方向为电流流动方向，大小表示单位时间通过垂直于电流方向的单位面积上的电荷量，因此，对单位法向为 $\boldsymbol{n}$ 的面元 $\mathrm{d}S$，沿着 $\boldsymbol{n}$ 方向在单位时间内流过 $\mathrm{d}S$ 的电荷量(即电流 $\mathrm{d}I$)为

$$\mathrm{d}I=\boldsymbol{j}\cdot\boldsymbol{n}\mathrm{d}S \tag{8-19}$$

在国际单位下，电流的单位为安培(A)，1A=1 库伦每秒=1 C/s。

电荷守恒定律内容是：电荷是守恒的，于是单位时间内任意封闭曲面 $\Gamma$ 内电荷的增加量，等于这段时间内经过 $\Gamma$ 净流入的电荷总和，即

$$\frac{\partial}{\partial t}\int_{\Omega}\rho\mathrm{d}V+\oint_{\Gamma}\boldsymbol{j}\cdot\boldsymbol{n}\mathrm{d}S=0 \tag{8-20}$$

式中，$\Omega$ 为 $\Gamma$ 所包围的区域；$\boldsymbol{n}$ 是 $\Gamma$ 上的单位外法向，利用高斯公式，可得

$$\int_{\Omega}\frac{\partial\rho}{\partial t}\mathrm{d}V+\int_{\Omega}\nabla\cdot\boldsymbol{j}\mathrm{d}V=0 \tag{8-21}$$

由 $\Omega$ 的任意性，得到电荷守恒定律的微分方程，即电流的连续方程为

$$\frac{\partial\rho}{\partial t}+\nabla\cdot\boldsymbol{j}=0 \tag{8-22}$$

如记电荷的宏观运动速度为 $\boldsymbol{v}$，则 $\boldsymbol{j}=\rho\boldsymbol{v}$，上式写成

$$\frac{\partial\rho}{\partial t}+\nabla\cdot\rho\boldsymbol{v}=0$$

与流体力学中的连续方程式完全一样。

在稳态电流的情况下，尽管有电荷流动，但各处电荷分布及电流分布均不随时间而变化，因此

$$\nabla\cdot\boldsymbol{j}=0 \tag{8-23}$$

这说明稳态电流是无源的。实验表明，稳态电流形成的电场仍服从库伦定律，故可按静电场来处理，此时，$\boldsymbol{E}$ 仍然是有源无旋场。总之，稳态电流形成的电场仍服从静电场的规律。

### 8.2.3 毕奥-萨伐尔定律

毕奥-萨伐尔定律是一个关于静磁场的实验定律。人们发现，在有电流通过的导线附近，另一通电导线将受到作用力。如电流方向相同，二者相吸；否则，二者相斥。具有这种性质的物理现象，称为磁场。以后还会看到，磁场的引入不只是一个处理问题的手段，而是反映了客观的物质存在；磁场不一定由电流产生，变化的电场也能产生磁场。

考察一个真空中稳态的电流分布 $\boldsymbol{j}(x,\ y,\ z)$，实验结果表明，此分布中在 $P$ 点电流元 $\boldsymbol{j}(P)\mathrm{d}V_P$ 受到 $P'$ 点电流元 $\boldsymbol{j}(P')\mathrm{d}V_{P'}$ 的作用力为(见图 8-4)

$$\frac{\mu_0}{4\pi}\boldsymbol{j}(P)\mathrm{d}V_P\times\left(\frac{\boldsymbol{j}(P')\mathrm{d}V_{P'}\times\boldsymbol{r}_{P'P}}{r_{P'P}^3}\right)$$

式中，$\mu_0$ 为真空中的磁导率：

$$\mu_0 = 4\pi \times 10^{-7}\ \mathrm{H/m}$$

从而 $P$ 点电流元 $\boldsymbol{j}(P)\mathrm{d}V_P$ 受到的总作用力为

$$\mathrm{d}\boldsymbol{F}(P) = \frac{\mu_0}{4\pi}\boldsymbol{j}(P)\mathrm{d}V_P \times \int_\Omega \frac{\boldsymbol{j}(P')\mathrm{d}V_{P'} \times \boldsymbol{r}_{P'P}}{r_{P'P}^3} \tag{8-24}$$

式中，$\Omega$ 为电流分布的空间。式(8-24)即为毕奥-萨伐尔定律。

令

$$\boldsymbol{B}(P) = \frac{\mu_0}{4\pi}\int_\Omega \frac{\boldsymbol{j}(P')\mathrm{d}V_{P'} \times \boldsymbol{r}_{P'P}}{r_{P'P}^3} \tag{8-25}$$

式(8-24)可写为

$$\mathrm{d}\boldsymbol{F}(P) = \boldsymbol{j}(P)\mathrm{d}V_P \times \boldsymbol{B}(P) \tag{8-26}$$

这里 $\boldsymbol{B}(P)$ 称为 $P$ 点的磁感应强度，其单位为特斯拉(T)，1 T=1 N/(A·m)。

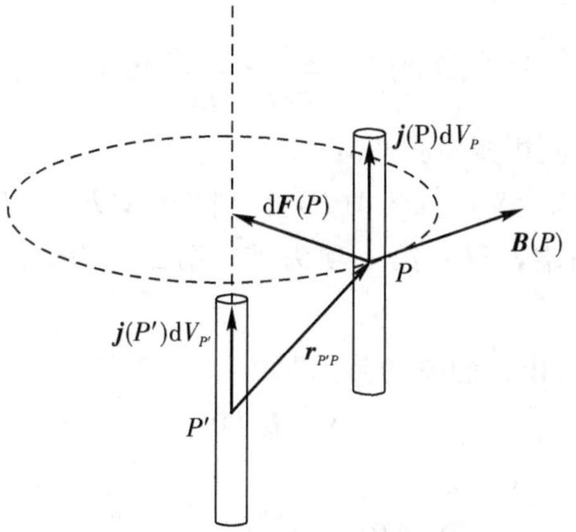


**图 8-4　毕奥-萨伐尔定律示意图**

由稳态电流产生的磁场 $\boldsymbol{B}$ 只是空间坐标的函数，而与时间无关，称为静磁场。下面介绍毕奥-萨伐尔定律的两个推论。

安培定理：对任意的封闭曲线 $l$，静磁场的磁感应强度 $\boldsymbol{B}$ 满足

$$\oint_l \boldsymbol{B} \cdot \mathrm{d}\boldsymbol{l} = \mu_0 \int_S \boldsymbol{j} \cdot \boldsymbol{n}\mathrm{d}S \tag{8-27}$$

式中，$S$ 为以 $l$ 为边缘的任意曲面，其单位外法向 $\boldsymbol{n}$ 的去向与 $l$ 的回转方向构成右手系。

事实上，式(8-27)右端的曲面积分与曲面 $S$ 的选取无关，这是稳态电流的连续方程的推论。

式(8-27)为安培定理的积分形式，为推导其微分形式，由斯托克斯公式，可知其左端为

$$\oint_l \boldsymbol{B} \cdot \mathrm{d}\boldsymbol{l} = \int_S (\nabla \times \boldsymbol{B}) \cdot \boldsymbol{n}\mathrm{d}S \tag{8-28}$$

代入式(8-27)，并注意到 $S$ 的任意性，得

$$\nabla \times \boldsymbol{B} = \mu_0 \boldsymbol{j} \tag{8-29}$$

这是安培定理的微分形式，上式说明静磁场是有旋场，其旋度为 $\mu_0 \boldsymbol{j}$。

安培定理的证明比较繁琐，这里给出其微分形式的证明思路。注意

$$\frac{\boldsymbol{r}_{P'P}}{r_{P'P}^3}=-\nabla\frac{1}{r_{P'P}}$$

并利用张量恒等式

$$\nabla\times(\phi\boldsymbol{A})=\nabla\phi\times\boldsymbol{A}+\phi\,\nabla\times\boldsymbol{A}$$

式(8-25)给出的 $\boldsymbol{B}$ 可写为

$$\begin{aligned}\boldsymbol{B}(P)&=\frac{\mu_0}{4\pi}\int_\Omega\nabla\frac{1}{r_{P'P}}\times\boldsymbol{j}(P')\mathrm{d}V_{P'}\\&=\frac{\mu_0}{4\pi}\int_\Omega\left(\nabla\times\frac{\boldsymbol{j}(P')}{r_{P'P}}-\frac{1}{r_{P'P}}\,\nabla\times\boldsymbol{j}(P')\right)\mathrm{d}V_{P'}\\&=\nabla\times\boldsymbol{A}(P)\end{aligned}\tag{8-30}$$

式中，

$$\boldsymbol{A}(P)=\frac{\mu_0}{4\pi}\int_\Omega\frac{\boldsymbol{j}(P')}{r_{P'P}}\mathrm{d}V_{P'}\tag{8-31}$$

对式(8-30)求旋度，并利用张量恒等式

$$\nabla\times\boldsymbol{B}(P)=\nabla\times[\nabla\times\boldsymbol{A}(P)]=\nabla[\nabla\cdot\boldsymbol{A}(P)]-\nabla\cdot\boldsymbol{A}(P)$$

将式(8-31)代入上式右端，得到第一项为零，第二项为 $-\mu_0\boldsymbol{j}$，这样得到式(8-29)，得证。

从上面推导还可以看出，静磁场是无源场：

$$\nabla\cdot\boldsymbol{B}=0\tag{8-32}$$

事实上，利用 $\boldsymbol{B}=\nabla\times\boldsymbol{A}$，得

$$\nabla\cdot\boldsymbol{B}=\nabla\cdot(\nabla\times A)=0\tag{8-33}$$

式(8-32)的积分形式为

$$\oint_S\boldsymbol{B}\cdot\boldsymbol{n}\mathrm{d}S=0\tag{8-34}$$

式中，$S$ 为所考察区域中的任意封闭曲面。这说明任意封闭曲面的磁感通量恒为 0。

磁场的无源性是与电场不同的特点，这说明磁力线永远是封闭的曲线，正负磁荷必将成对存在。从磁与电的对称性，人们猜测有可能存在磁单极，但目前的实验还未证实存在磁单极。

概括起来，我们得到：稳态电场(静磁场)是一个无源有旋场，其散度为零，旋度为磁导率乘以电流密度，这是毕奥-萨伐尔定律的推论。

**例 8-2** 真空中电流 $I$ 均匀地分布在半径为 $a$ 的无限长直导线内，求各点的磁感应强度及旋度。

**解：** 在与导线垂直的平面上作半径为 $r$ 的圆(与直导线同心)，由对称性，在圆周上各点的磁感应强度有相同的数值 $B$，并沿着圆周环绕方向。

当 $r\geqslant a$ 时，圆内的总电流为 $I$，由安培定理，得

$$\oint_L\boldsymbol{B}\cdot\mathrm{d}\boldsymbol{l}=2\pi rB=\mu_0 I$$

故

$$B=\frac{\mu_0 I}{2\pi r}$$

写成矢量形式为

$$\boldsymbol{B}=\frac{\mu_0 I}{2\pi r}\boldsymbol{l}_\theta(r\geqslant a)$$

当 $r<a$ 时，圆内的总电流为

$$\pi r^2 j=\pi r^2\ \frac{I}{\pi a^2}=\frac{Ir^2}{a^2}$$

应用安培定理得

$$\oint_L \boldsymbol{B}\cdot \mathrm{d}\boldsymbol{l}=2\pi rB=\frac{\mu_0 Ir^2}{a^2}$$

故

$$\boldsymbol{B}=\frac{\mu_0 Ir}{2\pi a^2}\boldsymbol{l}_\theta(r<a)$$

直接求得旋度为

$$\nabla\times\boldsymbol{B}=\boldsymbol{0}(r\geqslant a)$$

$$\nabla\times\boldsymbol{B}=\frac{\mu_0 I}{\pi a^2}\boldsymbol{l}_z=\mu_0\boldsymbol{j}(r<a)$$

解毕。

这个例子说明，虽然对任意包围着导线的回路上都有磁场环量，但旋度只存在于有电流分布的导线内，在周围空间上的磁场是无旋的。

### 8.2.4　法拉第电磁感应定律

法拉第电磁感应定律是一个关于时变（即非定常、瞬态、交变）电磁场的实验定律。由前述内容可知，静电场（即由静止电荷产生的电场）和由稳态电流（电流分布不随时间发生变化）产生的电场，电场强度 $\boldsymbol{E}$ 对其中任意闭环路 $l$ 有

$$\oint_l \boldsymbol{E}\cdot \mathrm{d}\boldsymbol{l}=0 \tag{8-35}$$

即电场沿任意闭环路所做的功为零。但是，产生电场不一定要有电荷，变化的磁场也会产生电场，即产生感应电动势，此时式(8－35)就不再成立。对于变化的磁场，法拉第从实验中总结出如下电磁感应定律。

法拉第电磁感应定律：沿任意封闭曲线 $l$ 的电场环量 $\oint_l \boldsymbol{E}\cdot \mathrm{d}\boldsymbol{l}$ 等于通过以此曲线为边缘的任意曲面 $S$ 上的磁通量 $\int_S \boldsymbol{B}\cdot \boldsymbol{n}\mathrm{d}S$ 的减少率，即

$$\oint_l \boldsymbol{E}\cdot \mathrm{d}\boldsymbol{l}=-\int_S \frac{\partial \boldsymbol{B}}{\partial t}\cdot \boldsymbol{n}\mathrm{d}S \tag{8-36}$$

这里单位法向 $\boldsymbol{n}$ 的走向使其与封闭曲线 $l$ 的走向满足右手系。

式(8－36)右端中负号的意义是：如沿着 $\boldsymbol{n}$ 方向的磁感通量增加，即右端为负，此

时产生的感应电动势应抑制这一磁通量增加的趋势，故感应电流的方向总是使其产生的磁场阻碍引起感应电流的磁通量的变化，这就是楞次定律。

式(8-36)左端中$\boldsymbol{E}$既包含了由变化的磁场产生的电场,又包含了由静电荷或稳态电流产生的电场,因对后两者总成立$\oint_l \boldsymbol{E}\cdot \mathrm{d}\boldsymbol{l}=0$。

利用斯托克斯公式，并注意到$l$和$S$的任意性，法拉第电磁感应定律的微分形式为

$$\nabla\times\boldsymbol{E}=-\frac{\partial\boldsymbol{B}}{\partial t} \tag{8-37}$$

这说明变化的磁场产生电场。

由法拉第电磁感应定律可以看出，在静电场或由稳态电流产生的电场中，无旋性$\nabla\times\boldsymbol{E}=\boldsymbol{0}$，在一般情况下不再成立，需要按式(8-37)进行修正。

概括起来看，电流产生磁场，变化的磁场产生电场，后面还会看到变化的电场也能够产生磁场，这样，电场和磁场就更紧密地联系在一起了，并由此推导出完整的麦克斯韦方程。

# 8.3 真空中的麦克斯韦方程

在上节中，我们概述了电磁现象的四个实验定律及数学表达式，它们各有不同的适用范围。本节目的是建立有关电磁现象的普遍规律及适合一切可能情形的数学方程，这就需要从已知的实验事实出发，进行由特殊到一般的理论抽象及推广，这一抽象及推广过程又将引入一些假设，这些假设及相应的结论的正确性需要通过实践观测的检验来加以证实，而一旦被实践证实以后，就会反过来推动理论指导实践，发挥更大的作用。沿生产实践、实验定律、理论抽象、实践观测、生产实践，学术思想最终形成闭环，该闭环是重大理论形成、发展、突破的科学途径。

关于电磁场的普遍规律及数学方程是由麦克斯韦首先总结出来的，故该方程称为麦克斯韦方程。

## 8.3.1 麦克斯韦方程

为了得到麦克斯韦方程，首先将已有的定律罗列如下，然后再看如何向一般情形推广，这些定律是：

库伦定律：

$$\nabla\cdot\boldsymbol{E}=\frac{\rho}{\varepsilon_0}\text{或}\oint_\Gamma\boldsymbol{E}\cdot\boldsymbol{n}\mathrm{d}S=\frac{1}{\varepsilon_0}\int_\Omega\rho\mathrm{d}V \tag{8-38}$$

法拉第电磁感应定律：

$$\nabla\times\boldsymbol{E}=-\frac{\partial\boldsymbol{B}}{\partial t}\text{或}\oint_l\boldsymbol{E}\cdot\mathrm{d}\boldsymbol{l}=-\int_S\frac{\partial\boldsymbol{B}}{\partial t}\cdot\boldsymbol{n}\mathrm{d}S \tag{8-39}$$

无磁单极定律：

$$\nabla\cdot\boldsymbol{B}=0\text{ 或}\oint_S\boldsymbol{B}\cdot\boldsymbol{n}\mathrm{d}S=0 \tag{8-40}$$

毕奥-萨伐尔定律：

$$\nabla\times \boldsymbol{B} = \mu_0 \boldsymbol{j} \text{ 或} \oint_l \boldsymbol{B} \cdot \mathrm{d}\boldsymbol{l} = \mu_0 \int_S \boldsymbol{j} \cdot \boldsymbol{n}\mathrm{d}S \tag{8-41}$$

电荷守恒定律：

$$\frac{\partial \rho}{\partial t} + \nabla\cdot \boldsymbol{j} = 0 \text{ 或} \frac{\partial}{\partial t}\int_\Omega \rho \mathrm{d}V = -\oint_\Gamma \boldsymbol{j} \cdot \boldsymbol{n}\mathrm{d}S \tag{8-42}$$

上述五个方程的适用范围各不相同，式(8-38)是从库伦定律得来的，适用于静电场及稳态电流产生的电场；式(8-39)从时变情况总结中得来，但当时的实验还只限于慢变的范围，在迅变情况下是否成立还有待观测；式(8-40)表示磁场无源，尽管有报告分析宇宙射线中可能包含磁单极，但至今仍无可信实验验证，被认为是一个合理假设；式(8-41)从毕奥-萨伐尔定律得来，适用于静磁场；而式(8-42)则在一般情况下成立。

现在考虑如何将上述结果推广到一般情况，用于描述电磁场的一般规律。

式(8-38)虽是从静电场的库伦定律中推导出来的，但未发现其与实验相冲突，可以认为它适用于一般情况，即尽管库伦定律在普遍情况下不成立[见后面的洛伦茨力，即式(8-84)]，但每个单位正电荷发出$\frac{1}{\varepsilon_0}$电通量仍然正确。

式(8-39)是从法拉第电磁感应定律中推导出来的，假设其在迅变情况下也成立，即其对一般情况也正确。式(8-40)亦如此。

以上这些都是不必修正的，在一般情况下认为正确。但式(8-41)不适合于时变情况，与电荷守恒定律(8-42)矛盾，下面说明这一点。

由式(8-41)有

$$\nabla \cdot \boldsymbol{j} = \frac{1}{\mu_0}\nabla \cdot \nabla\times \boldsymbol{B} = 0 \tag{8-43}$$

再利用式(8-42)，立即有$\frac{\partial \rho}{\partial t}=0$，即$\rho$和$\boldsymbol{j}$均与$t$无关，这就转化为稳态电磁感应场，也就是说毕奥-萨伐尔定律只能适合于稳态情况。

为了解决这个矛盾，且考虑到电荷守恒定律式(8-42)是由实验证实的普遍规律，因此，只能修正毕奥-萨伐尔定律，即式(8-41)。为此，将式(8-38)对$t$求偏导：

$$\frac{\partial \rho}{\partial t} = \varepsilon_0 \nabla \cdot \frac{\partial \boldsymbol{E}}{\partial t} \tag{8-44}$$

如将式(8-41)改写成

$$\nabla\times \boldsymbol{B} = \mu_0 \varepsilon_0 \frac{\partial \boldsymbol{E}}{\partial t} + \mu_0 \boldsymbol{j} \tag{8-45}$$

再对上式求散度：

$$0 = \nabla \cdot \left(\varepsilon_0 \frac{\partial \boldsymbol{E}}{\partial t} + \boldsymbol{j}\right) \tag{8-46}$$

式(8-46)减式(8-44)，得

$$\frac{\partial \rho}{\partial t} + \nabla \cdot \boldsymbol{j} = 0 \tag{8-47}$$

此即为电荷守恒定律，于是矛盾得到解决。

式(8-45)是麦克斯韦假说，该假说告诉我们，不仅电流能激发磁场，而且时变电场也能激发磁场，正如变化的磁场也能激发电场一样。这是麦克斯韦敏锐的物理直觉。

将式(8-38)～(8-40)及式(8-45)联立起来就得到真空中的麦克斯韦方程，其微分形式分别为

$$\nabla \cdot \boldsymbol{E}=\frac{\rho}{\varepsilon_0} \tag{8-48}$$

$$\nabla \times \boldsymbol{E}=-\frac{\partial \boldsymbol{B}}{\partial t} \tag{8-49}$$

$$\nabla \cdot \boldsymbol{B}=0 \tag{8-50}$$

$$\nabla \times \boldsymbol{B}=\mu_0\left(\varepsilon_0 \frac{\partial \boldsymbol{E}}{\partial t}+\boldsymbol{j}\right) \tag{8-51}$$

麦克斯韦方程的积分形式分别为

$$\oint_{\Gamma} \boldsymbol{E} \cdot \boldsymbol{n} \mathrm{d}S = \frac{1}{\varepsilon_0}\int_{\Omega} \rho \mathrm{d}V \tag{8-52}$$

$$\oint_{l} \boldsymbol{E} \cdot \mathrm{d}\boldsymbol{l} = -\int_{S} \frac{\partial \boldsymbol{B}}{\partial t} \cdot \boldsymbol{n} \mathrm{d}S \tag{8-53}$$

$$\oint_{S} \boldsymbol{B} \cdot \boldsymbol{n} \mathrm{d}S = 0 \tag{8-54}$$

$$\oint_{l} \boldsymbol{B} \cdot \mathrm{d}\boldsymbol{l}=\mu_0 \int_{S}\left(\varepsilon_0 \frac{\partial \boldsymbol{E}}{\partial t}+\boldsymbol{j}\right) \cdot \boldsymbol{n} \mathrm{d}S \tag{8-55}$$

对式(8-48)求时间 $t$ 的导数，并利用式(8-51)，可得相伴的电荷守恒方程

$$\frac{\partial \rho}{\partial t}+\nabla \cdot \boldsymbol{j}=0 \tag{8-56}$$

即，麦克斯韦方程自动满足电荷守恒方程，故麦克斯韦方程只有四个式子，前两式决定了电场的散度和旋度，后两式决定了磁场的散度和旋度，并通过第二、四式把电场和磁场联系起来。

上面得到的麦克斯韦方程，在最初当然只是一个假定，其正确性是由后来的实践来检验的。如 1862 年麦克斯韦从该方程推论中预言了电磁波的存在性，并指出其传播速度为光速，光波是一种电磁波。20 年后赫兹用实验方法证实了电磁波的存在，从而证实了麦克斯韦理论的合理性。

从上述的麦克斯韦方程的推导过程中，我们可以看出，作为物理学的基本方程，除了必须要求在数学上是一个无矛盾的体系(相容性)，还应要求和实验及实践结果相一致。因此，本书一再强调工科学生应具备物理概念清楚、数学推导严密、形式表达简洁的科学素养。从第 9 章相对论模型的建立过程中，我们还会发现只具备这些素养还是不够的，提出一种新的理论体系还应该具备物理直觉敏锐、数学功底深厚的科学能力。

### 8.3.2 基本方程

麦克斯韦方程是关于 4 个自变量($t$，$x$，$y$，$z$)(以笛卡儿坐标系为例)、10 个求解

变量[电荷密度 $\rho$、电流密度($j_x$，$j_y$，$j_z$)、电场强度($E_x$，$E_y$，$E_z$)、磁感应强度($B_x$，$B_y$，$B_z$)]的 8 个分量方程，需要补充其他学科的方程，如磁流体力学方程(见 8.6 节)，方程才能封闭。

另一方面，如果已知电荷密度 $\rho$ 和电流密度 $\boldsymbol{j}$ 的分布(如通过磁流体力学方程求解获得)，则麦克斯韦方程是关于 6 个求解变量[电场强度($E_x$，$E_y$，$E_z$)、磁感应强度($B_x$，$B_y$，$B_z$)]的 8 个分量方程，方程个数比求解变量个数多了 2 个。

但我们可以指出，麦克斯韦方程中最具本质上重要性的方程是第二、四式(电磁场的旋度方程)，即

$$\frac{\partial \boldsymbol{B}}{\partial t}+\nabla\times\boldsymbol{E}=0 \tag{8-57}$$

$$\varepsilon_0\,\frac{\partial \boldsymbol{E}}{\partial t}-\frac{1}{\mu_0}\nabla\times\boldsymbol{B}=-\boldsymbol{j} \tag{8-58}$$

是关于 4 个自变量($t$，$x$，$y$，$z$)、6 个基本求解变量[($E_x$，$E_y$，$E_z$)和($B_x$，$B_y$，$B_z$)]的 6 个分量方程，方程组封闭，这组方程是麦克斯韦基本方程。

读者自然存疑：麦克斯韦方程第一、三式即关于电场、磁场的散度方程该如何使用？事实上，这两式可作为初值约束条件。事实上，只要 $t=0$ 时 $\nabla\cdot\boldsymbol{B}=0$ 成立，则它对一切 $t$ 必成立，这只要在麦克斯韦方程第四式两端作用散度，即可获得。同样地，只要 $t=0$ 时 $\nabla\cdot\boldsymbol{E}=\frac{\rho}{\varepsilon_0}$ 成立，则它对一切 $t$ 必成立。因此，在电动力学中，重点研究麦克斯韦基本方程，即式(8-57)～(8-58)的解法。

### 8.3.3　电磁波

现在从麦克斯韦基本方程出发，揭示电磁场的波动性。这种以波动形式传播的电磁场称为电磁波，是电磁场作为物质的主要运动形式。这一认识标志着物理学发展到一个新的阶段，一方面在此基础上把光和电磁场统一起来，随后这种统一又扩展到热射线、X 射线和 $\gamma$ 射线，从而在揭示物质的微观结构，以及催生量子力学中起到了积极作用；另一方面在解释电磁波实验结果时提出的新的四维时空观理论及相对论中起到了重大作用。量子力学及相对论是 20 世纪理论物理学的两大突破，与电动力学密不可分。

将方程式(8-57)两端对 $t$ 求偏导，并利用方程式(8-58)消去 $\boldsymbol{B}$，得到

$$\frac{1}{c^2}\frac{\partial^2 \boldsymbol{E}}{\partial t^2}+\nabla\times\nabla\times\boldsymbol{E}=-\mu_0\,\frac{\partial \boldsymbol{j}}{\partial t} \tag{8-59}$$

其中利用了真空中的光速 $c$ 公式：

$$c=\frac{1}{\sqrt{\varepsilon_0\mu_0}}=3\times10^8\ \mathrm{m/s} \tag{8-60}$$

由张量恒等式

$$\nabla\times(\nabla\times\boldsymbol{E})=\nabla(\nabla\cdot\boldsymbol{E})-\Delta\boldsymbol{E} \tag{8-61}$$

并利用式(8-48)，式(8-59)改写为

$$\frac{1}{c^2}\frac{\partial^2 \boldsymbol{E}}{\partial t^2}-\Delta \boldsymbol{E}=-\left(\frac{1}{\varepsilon_0}\nabla\rho+\mu_0\frac{\partial \boldsymbol{j}}{\partial t}\right) \tag{8-62}$$

上式说明，在电荷密度 $\rho$ 和电流密度 $\boldsymbol{j}$ 给定时，电场强度满足非齐次波动方程，其波速为光速，源项为电荷和电流。

类似地，消去 $\boldsymbol{E}$，可得 $\boldsymbol{B}$ 满足相应的非齐次波动方程

$$\frac{1}{c^2}\frac{\partial^2 \boldsymbol{B}}{\partial t^2}-\Delta \boldsymbol{B}=\mu_0\nabla\times \boldsymbol{j} \tag{8-63}$$

这样，$\boldsymbol{E}$ 及 $\boldsymbol{B}$ 满足波动方程所描述的性质。这说明 $\boldsymbol{E}$ 及 $\boldsymbol{B}$ 以波的形式运动变化(见图 8-5)，而电荷和电流作为非齐次项成为它们的源项，可以激发或吸收电磁波。根据波动性质，已经激发并传播出去的电磁波，即使当激发它们的源项消失以后，仍将继续存在并传播。此外，从波动方程可知，在真空中电磁波的传播速度为光速 $c$，这是光的电磁理论的重要依据之一。

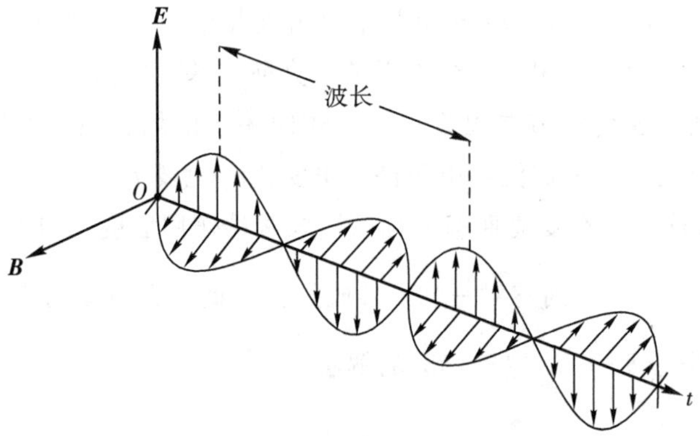


**图 8-5　电磁波示意图**

由上可知，即使没有电荷及电流，也可能有电磁波存在，这种电磁波称为自由电磁波，此时满足齐次波动方程

$$\frac{1}{c^2}\frac{\partial^2 \boldsymbol{E}}{\partial t^2}-\Delta \boldsymbol{E}=\boldsymbol{0} \tag{8-64}$$

$$\frac{1}{c^2}\frac{\partial^2 \boldsymbol{B}}{\partial t^2}-\Delta \boldsymbol{B}=\boldsymbol{0} \tag{8-65}$$

关于齐次及非齐次波动方程的各种数学性质、求解技巧、数值方法，已超出本书研究范围，不再赘述，可参阅数学物理方程及计算方法。

### 8.3.4　电磁场的标势与矢势

在静电场中，可用静电势 $\phi$ 函数来描述静电场，这样，原来的电场强度矢量 $\boldsymbol{E}$ 用 $-\nabla\phi$ 代替，为静电场研究带来很大的方便。当然，静电势 $\phi$ 不是唯一的，可以相差任意常数，但这对最终的电场分布没有影响。本节利用麦克斯韦方程的数学性质，引入标量势(标势)、矢量势(矢势)来描述电磁场，并推导相关的等价方程。

对于磁感应强度 $\boldsymbol{B}$，利用麦克斯韦方程第三式(8-50)

$$\nabla\cdot\boldsymbol{B}=0$$

一定存在某个矢量场 $\boldsymbol{A}$，使得

$$\boldsymbol{B}=\nabla\times\boldsymbol{A} \tag{8-66}$$

对于电场强度 $\boldsymbol{E}$，已不能像静电场那样引入静电势，因 $\nabla\times\boldsymbol{E}=-\frac{\partial\boldsymbol{B}}{\partial t}$ 一般不为零。但由麦克斯韦方程第二式及式(8-66)有

$$\nabla\times\left(\boldsymbol{E}+\frac{\partial\boldsymbol{A}}{\partial t}\right)=\boldsymbol{0} \tag{8-67}$$

因此，必存在标量势函数 $\phi$，使得

$$\boldsymbol{E}+\frac{\partial\boldsymbol{A}}{\partial t}=-\nabla\phi \tag{8-68}$$

于是

$$\boldsymbol{B}=\nabla\times\boldsymbol{A} \tag{8-69}$$

$$\boldsymbol{E}=-\nabla\phi-\frac{\partial\boldsymbol{A}}{\partial t} \tag{8-70}$$

式中，$\phi$ 和 $\boldsymbol{A}$ 称为电磁场的标量势(标势)和矢量势(矢势)。磁感应强度只与矢势有关，电场强度不仅与标势有关，而且与矢势有关。需要注意的是，标势和矢势都不唯一，对任意给定的函数 $\psi=\psi(t, x, y, z)$，下面两个函数也是矢势和标势：

$$\boldsymbol{A}'=\boldsymbol{A}+\nabla\psi \tag{8-71}$$

$$\phi'=\phi-\frac{\partial\psi}{\partial t} \tag{8-72}$$

将上述两式代入式(8-69)～(8-70)即可得知。

由式(8-71)～(8-72)给定的变换称为规范变换，$\psi$ 决定了所给的变换。选取不同的 $\psi$，就决定了不同的规范；适当选择特殊的 $\psi$，可使问题得到简化。当 $\boldsymbol{A}$ 和 $\phi$ 作规范变换时，尽管标势和矢势改变了，但 $\boldsymbol{E}$ 和 $\boldsymbol{B}$ 保持不变，这种不变性称为规范不变性。电磁场的势有规范不定性，而场有规范不变性。实际上，电磁场是最简单的规范场，现代物理学研究的规范场是它的推广。

现在用标势 $\phi$ 和矢势 $\boldsymbol{A}$ 来表示麦克斯韦方程。将式(8-70)代入麦克斯韦方程第一式，得

$$\frac{1}{c^2}\frac{\partial^2\phi}{\partial t^2}-\Delta\phi-\frac{\partial}{\partial t}\left(\nabla\cdot\boldsymbol{A}+\frac{1}{c^2}\frac{\partial\phi}{\partial t}\right)=\frac{\rho}{\varepsilon_0} \tag{8-73}$$

将式(8-69)代入麦克斯韦方程第四式，得

$$\frac{1}{c^2}\frac{\partial^2\boldsymbol{A}}{\partial t^2}-\Delta\boldsymbol{A}+\nabla\left(\nabla\cdot\boldsymbol{A}+\frac{1}{c^2}\frac{\partial\phi}{\partial t}\right)=\mu_0\boldsymbol{j} \tag{8-74}$$

式中，$c=\frac{1}{\sqrt{\varepsilon_0\mu_0}}$ 为真空中的光速。至于麦克斯韦方程另两式，本来就是用来定义标势和矢势的，自动满足。这样得到的方程式(8-73)～(8-74)与麦克斯韦方程等价，但它们仍然需要联立求解。

如果选择 $\boldsymbol{A}$ 和 $\phi$，使这两式括号中的项为零：

$$\nabla\cdot\boldsymbol{A}+\frac{1}{c^2}\frac{\partial\phi}{\partial t}=0 \tag{8-75}$$

那么式(8－73)～(8－74)解耦：

$$\frac{1}{c^2}\frac{\partial^2\phi}{\partial t^2}-\Delta\phi=\frac{\rho}{\varepsilon_0} \tag{8-76}$$

$$\frac{1}{c^2}\frac{\partial^2\boldsymbol{A}}{\partial t^2}-\Delta\boldsymbol{A}=\mu_0\boldsymbol{j} \tag{8-77}$$

即标势 $\phi$ 和矢势 $\boldsymbol{A}$ 满足波速为光速、源项分别为$\frac{\rho}{\varepsilon_0}$和 $\mu_0\boldsymbol{j}$ 的波动方程。

式(8－75)称为洛伦茨条件。在一般情况下，总可以通过适当的规范变换使得洛伦茨条件得到满足，即可找到 $\psi$，使得在规范变换式(8－71)～(8－72)下

$$\nabla\cdot\boldsymbol{A}'+\frac{1}{c^2}\frac{\partial\phi'}{\partial t}=0 \tag{8-78}$$

成立。事实上，将式(8－71)～(8－72)代入上式，得

$$\frac{1}{c^2}\frac{\partial^2\psi}{\partial t^2}-\Delta\psi=\nabla\cdot\boldsymbol{A}+\frac{1}{c^2}\frac{\partial\phi}{\partial t} \tag{8-79}$$

该式为波速为光速、源项为$\nabla\cdot\boldsymbol{A}+\frac{1}{c^2}\frac{\partial\phi}{\partial t}$的波动方程，通过求解该方程的解 $\psi$，并代入式(8－71)～(8－72)，得到的 $A'$和 $\phi'$满足式(8－78)，这样的 $\psi$ 总是存在的。

满足洛伦茨条件的 $\boldsymbol{A}$ 和 $\phi$ 称为洛伦茨规范下的 $\boldsymbol{A}$ 和 $\phi$。在近代物理学中，通常更多地采用 $\boldsymbol{A}$ 和 $\phi$，而不是采用 $\boldsymbol{B}$ 和 $\boldsymbol{E}$ 来描述电磁场，而且它们通常满足洛伦茨规范。

概括来说，麦克斯韦方程的四式(8－48)～(8－51)，通过求解洛伦茨规范 $\psi$[见式(8－79)]，可转换为两个相互独立的、等价的，关于标势和矢势的方程式(8－76)、(8－77)。

## 8.4 电磁力、能量与动量

如果电荷密度和电流密度分布未知，为了决定电磁场，必须将麦克斯韦方程和带电体的运动方程联立起来求解。为此，我们需要讨论电磁场对电荷及电流的电磁力，以及电磁场具有的电磁能量和电磁动量。

### 8.4.1 电磁力

洛伦茨在总结电场力和磁场力的实验事实基础上，建立了电磁力计算公式。先将我们已知的事实归纳如下：首先，静止点电荷在静电场中会受到库伦力的作用，这时单位体积的电荷所受力，即力的体积密度(力密度)为

$$\boldsymbol{f}=\rho\boldsymbol{E} \tag{8-80}$$

其次，稳态电流在静磁场中会受到力的作用，此时，单位体积的电流所受到的力，即力密度为

$$\boldsymbol{f}=\boldsymbol{j}\times\boldsymbol{B} \tag{8-81}$$

洛伦茨将上述力的公式推广到真空中运动的带电体在电磁场中的一般情况。对于运动的带电体，由于电荷及电流同时存在，故同时受到电场力和磁场力的作用。洛伦

茨基于实验事实假定，不论带电体的运动状态如何，对一般的电磁场，力密度是上两式之和：

$$\boldsymbol{f}=\rho\boldsymbol{E}+\boldsymbol{j}\times\boldsymbol{B} \tag{8-82}$$

或

$$\boldsymbol{f}=\rho\boldsymbol{E}+\rho\boldsymbol{v}\times\boldsymbol{B} \tag{8-83}$$

式中，$\boldsymbol{v}$ 为电荷流动的宏观速度。上式称为洛伦茨力公式，需要注意的是，式中 $\boldsymbol{E}$ 和 $\boldsymbol{B}$ 表示该单位体积处的总的电场和磁场，包括带电体本身所激发的电场和磁场在内。

洛伦茨力公式已在生产实践中得到证实。下面两小节中利用电磁场的洛伦茨力公式，分别引出电磁能量和电磁动量等概念及计算公式。

### 8.4.2　电磁能量

现在我们利用麦克斯韦方程和洛伦茨力公式来解释电磁能量和电磁动量的存在，并给出其定量表达式。对于新物质的能量形态和动量形态的认识，总是通过它们与已知的能量形态和动量形态之间的相互转化并在总体上保持守恒的关系来达到的。下面通过研究电磁场中带电体机械能量和机械动量的变化来认识电磁能量和电磁动量。

现研究在真空中运动的带电体受电磁场作用而引起机械能量 $U_{\mathrm{m}}$ 的变化率$\dfrac{\mathrm{d}U_{\mathrm{m}}}{\mathrm{d}t}$。在不考虑其他形式能量输入的情况下，利用洛伦茨力公式(8－83)，有

$$\frac{\mathrm{d}U_{\mathrm{m}}}{\mathrm{d}t}=\int_{\Omega}\boldsymbol{f}\cdot\boldsymbol{v}\mathrm{d}V=\int_{\Omega}(\rho\boldsymbol{E}+\rho\boldsymbol{v}\times\boldsymbol{B})\cdot\boldsymbol{v}\mathrm{d}V=\int_{\Omega}\rho\boldsymbol{E}\cdot\boldsymbol{v}\mathrm{d}V=\int_{\Omega}\boldsymbol{j}\cdot\boldsymbol{E}\mathrm{d}V \tag{8-84}$$

由麦克斯韦方程第四式，有

$$\boldsymbol{j}\cdot\boldsymbol{E}=\frac{1}{\mu_0}\boldsymbol{E}\cdot\nabla\times\boldsymbol{B}-\frac{\varepsilon_0}{2}\frac{\partial E^2}{\partial t} \tag{8-85}$$

注意到张量恒等式

$$\nabla\cdot(\boldsymbol{E}\times\boldsymbol{B})=(\nabla\times\boldsymbol{E})\cdot\boldsymbol{B}-\boldsymbol{E}\cdot(\nabla\times\boldsymbol{B}) \tag{8-86}$$

可将式(8－85)改写为

$$\boldsymbol{j}\cdot\boldsymbol{E}=\frac{1}{\mu_0}[(\nabla\times\boldsymbol{E})\cdot\boldsymbol{B}-\nabla\cdot(\boldsymbol{E}\times\boldsymbol{B})]-\frac{\varepsilon_0}{2}\frac{\partial E^2}{\partial t} \tag{8-87}$$

再利用麦克斯韦方程第二式，得

$$\boldsymbol{j}\cdot\boldsymbol{E}=-\frac{1}{2}\frac{\partial}{\partial t}\left(\varepsilon_0E^2+\frac{1}{\mu_0}B^2\right)-\nabla\cdot\boldsymbol{S} \tag{8-88}$$

式中，$\boldsymbol{S}$ 称为坡印亭矢量：

$$\boldsymbol{S}=\frac{1}{\mu_0}\boldsymbol{E}\times\boldsymbol{B} \tag{8-89}$$

这样，式(8－84)转化为

$$\frac{\mathrm{d}U_{\mathrm{m}}}{\mathrm{d}t}=\int_{\Omega}\boldsymbol{j}\cdot\boldsymbol{E}\mathrm{d}V=-\frac{1}{2}\frac{\mathrm{d}}{\mathrm{d}t}\int_{\Omega}\left(\varepsilon_0E^2+\frac{1}{\mu_0}B^2\right)\mathrm{d}V-\oint_{\partial\Omega}\boldsymbol{S}\cdot\boldsymbol{n}\mathrm{d}S \tag{8-90}$$

若取积分区域包括整个电磁场空间，则上式右端边界积分为零，于是

$$\frac{\mathrm{d}U_{m}}{\mathrm{d}t}=-\frac{1}{2}\frac{\mathrm{d}}{\mathrm{d}t}\int_{\Omega}\left(\varepsilon_0E^2+\frac{1}{\mu_0}B^2\right)\mathrm{d}V \tag{8-91}$$

这说明，电磁场变化时，带电体的机械能量将随之发生变化；当电磁场恢复原状时，此能量也恢复原来的数值。这表明能量 $U_m$ 的变化并不意味着它被消灭或创生，而是转化为另外一种能量即电磁能量。由式(8-91)知，$U_m$ 的增加量等于

$$U_{e,m}=\frac{1}{2}\int_{\Omega}\left(\varepsilon_0 E^2+\frac{1}{\mu_0}B^2\right)\mathrm{d}V \tag{8-92}$$

的减小量，因此 $U_{e,m}$ 应是电磁能量的表达式，而式(8-90)代表着电磁能量的守恒与转化定律。

现在进一步考察式(8-88)，在任意区域 $\Omega$ 上积分该式，得到

$$\int_{\Omega}\boldsymbol{j}\cdot\boldsymbol{E}\mathrm{d}V+\frac{1}{2}\frac{\mathrm{d}}{\mathrm{d}t}\int_{\Omega}\left(\varepsilon_0 E^2+\frac{1}{\mu_0}B^2\right)\mathrm{d}V=-\oint_{\partial\Omega}\boldsymbol{S}\cdot\boldsymbol{n}\mathrm{d}S \tag{8-93}$$

由式(8-91)知，上式左端第一项为 $\Omega$ 中带电体的机械能量的变化率 $\frac{\mathrm{d}U_m}{\mathrm{d}t}$，这样，上式左端为单位时间内在 $\Omega$ 中的总能量(机械能量与电磁能量之和)的增加量，右端为矢量 $\boldsymbol{S}$ 通过 $\partial\Omega$ 流入的通量，二者相等。于是将

$$U_m+\frac{1}{2}\left(\varepsilon_0 E^2+\frac{1}{\mu_0}B^2\right) \tag{8-94}$$

$$\frac{1}{2}\left(\varepsilon_0 E^2+\frac{1}{\mu_0}B^2\right) \tag{8-95}$$

$$\boldsymbol{S}=\frac{1}{\mu_0}\boldsymbol{E}\times\boldsymbol{B} \tag{8-96}$$

分别称为总能量密度、电磁能量密度、电磁能量密度流矢量，前两者为标量，第三者为矢量。

### 8.4.3 电磁动量

对于电磁动量，可通过上述电磁能量类似分析方法得到，这里只给出主要推导结果。

在没有其他形式的外力作用下，根据洛伦茨力公式(8-83)，带电体的机械动量的变化率为

$$\frac{\mathrm{d}\boldsymbol{G}_m}{\mathrm{d}t}=\int_{\Omega}\boldsymbol{f}\,\mathrm{d}V=\int_{\Omega}(\rho\boldsymbol{E}+\rho\boldsymbol{v}\times\boldsymbol{B})\mathrm{d}V \tag{8-97}$$

可以证明

$$\frac{\mathrm{d}\boldsymbol{G}_m}{\mathrm{d}t}=-\frac{\mathrm{d}}{\mathrm{d}t}\int_{\Omega}\frac{1}{c^2}\boldsymbol{S}\mathrm{d}V-\oint_{\partial\Omega}\boldsymbol{\Phi}\cdot\boldsymbol{n}\mathrm{d}S \tag{8-98}$$

式中，$\boldsymbol{S}$ 为坡印亭矢量。该式表明电磁场的变化将带来带电体机械动量的变化；当电磁场恢复原状时，带电体的动量亦恢复原值。因此动量的变化并不意味着它被消灭或创生，而是转化为另外一种形式的动量即电磁动量，其定量表达为式(8-98)右端的时间导数项

$$\int_{\Omega}\boldsymbol{G}_{e,m}\mathrm{d}\boldsymbol{V}=\int_{\Omega}\frac{1}{c^2}\boldsymbol{S}\mathrm{d}V \tag{8-99}$$

式(8-98)代表电磁动量守恒与转化定律。

现在进一步考察式(8-97)～(8-98)，在任意区域 $\Omega$ 上，得到

$$\int_{\Omega} \boldsymbol{f} \mathrm{d}V + \frac{\mathrm{d}}{\mathrm{d}t}\int_{\Omega} \frac{1}{c^2}\boldsymbol{S}\mathrm{d}V = -\oint_{\partial\Omega} \boldsymbol{\Phi} \cdot \boldsymbol{n}\mathrm{d}S \tag{8-100}$$

由式(8-98)知，上式左端第一项为 $\Omega$ 中带电体的机械动量的变化率$\frac{\mathrm{d}\boldsymbol{G}_{\mathrm{m}}}{\mathrm{d}t}$，这样，上式左端为单位时间内在 $\Omega$ 中的总动量(机械动量与电磁动量之和)的增加量，右端为二阶张量 $\boldsymbol{\Phi}$ 通过 $\partial\Omega$ 流入的通量，二者相等。于是将 $\boldsymbol{G}_{\mathrm{m}}+\frac{1}{c^2}\boldsymbol{S}$、$\frac{1}{c^2}\boldsymbol{S}$、$\boldsymbol{\Phi}$ 分别称为总动量密度、电磁动量密度、电磁动量密度流张量，前两者为矢量，第三者为二阶电磁应力张量，其表达式为

$$\boldsymbol{\Phi} = \frac{1}{2}\left(\varepsilon_0 E^2 + \frac{1}{\mu_0}B^2\right)\boldsymbol{I} - \varepsilon_0 \boldsymbol{E}\boldsymbol{E} - \frac{1}{\mu_0}\boldsymbol{B}\boldsymbol{B} \tag{8-101}$$

该式推导过程详见附录 2。

# 8.5　介质中的麦克斯韦方程

前面讨论了真空中的电磁场及麦克斯韦方程。但在电磁场问题中，经常会出现有介质存在的问题，这时介质中的麦克斯韦方程及电磁物理量在形式上都需要适当地加以改变。本节我们主要讨论这些问题。

## 8.5.1　介质

介质可以是不导电的(绝缘体)，也可以是导电的(导体)。介质在电磁场中会出现三种现象：极化、磁化、传导电流。

**1. 极化**

所有介质都是由原子组成的，而原子又是由带正电的原子核和带负电的电子组成的。在通常情况下，由于正、负电荷相等，故表现为电中性，如介质是绝缘体，则全部正、负电荷都束缚在原来的位置；如介质是导体，将有一部分电荷束缚在原来的位置上，这部分电荷称为束缚电荷，另外一部分电荷称为自由电荷。当介质处于电磁场中时，束缚电荷在电场力作用下会发生微小运动，产生微小位移，位移的大小与方向取决于该处的电场强度的大小和方向，也和束缚电荷的电性有关，这样，正、负电荷之间的相对位移产生了一个电偶极矩，这种现象称为介质的极化，它会产生一个附加的电场，改变了原来的电场分布(见图 8-6)。

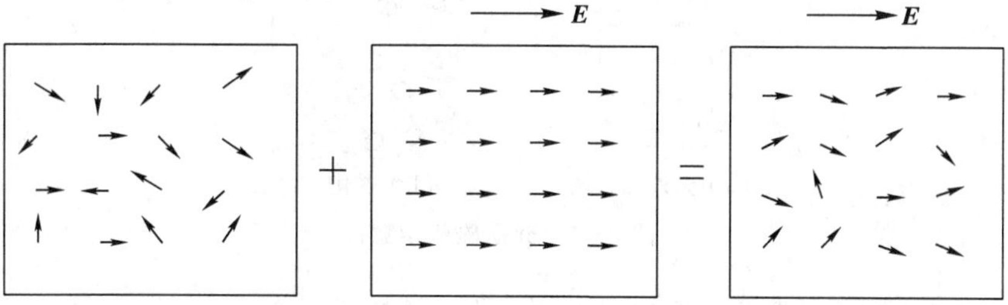


(a) 无外加电场　　(b) 外加电场　　(c) 极化电场

**图 8-6　介质极化示意图**

设在介质中产生的电极化强度为 $\boldsymbol{P}$(单位体积内的电偶极矩)，束缚电荷体密度为 $\rho'$，由高斯定理，有

$$\nabla\cdot\boldsymbol{E}=\frac{1}{\varepsilon_0}(\rho_f+\rho') \tag{8-102}$$

式中，$\rho_f$ 为自由电荷密度。根据电偶极矩特性，写出 $\rho'$的类似关系式为

$$\rho'=-\nabla\cdot\boldsymbol{P}$$

将其代入式(8-102)，得到

$$\nabla\cdot\boldsymbol{D}=\rho_f \tag{8-103}$$

式中，

$$\boldsymbol{D}=\varepsilon_0\boldsymbol{E}+\boldsymbol{P}$$

$\boldsymbol{D}$ 称为电通密度或电位移矢量。

实验表明，在场强不是很大时，$\boldsymbol{P}$ 和 $\boldsymbol{E}$ 之间存在线性关系，特别地，当介质是各向同性时，有

$$\boldsymbol{P}=\chi_e\varepsilon_0\boldsymbol{E}$$

式中，$\chi_e$ 称为介质的电极化率，此时，

$$\boldsymbol{D}=\varepsilon\boldsymbol{E} \tag{8-104}$$

式中，$\varepsilon=\varepsilon_r\varepsilon_0$ 称为介质的介电常数，$\varepsilon_r=1+\chi_e$ 称为相对介电常数。对非均匀介质，$\varepsilon$ 可以是场函数。

**2. 磁化**

当介质处于电磁场中时，还会发生磁化现象。因为原子中的电子不断地绕着原子核运动，此外电子还有自旋运动，这些都会形成电流，称为分子电流(局限在分子内部的电流)，分子电流会激发出一个个小磁针。当介质(铁磁性介质除外)中没有外加磁场时，从宏观看这些分子电流及其所产生的磁场相互抵消，因而在介质中并不显示有宏观的电流及相应的宏观磁场；但当介质处于外加磁场中，在磁场力作用下这些磁针会出现一定程度上的规则排列，从而产生一个附加的宏观磁场(见图 8-7)，这种现象称为介质的磁化。

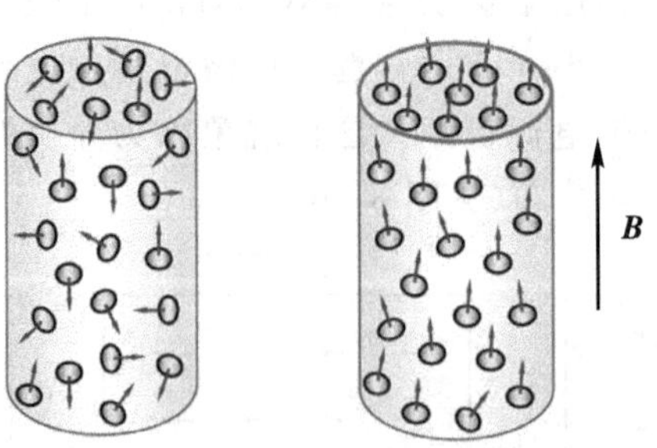


(a) 无外加磁场　　(b) 磁化

**图 8-7　介质磁化示意图**

设在介质中产生的磁化电流密度为 $\boldsymbol{j}'$，由安培定理，有

$$\nabla\times\boldsymbol{B}=\mu_0(\boldsymbol{j}_f+\boldsymbol{j}') \tag{8-105}$$

式中，$\boldsymbol{j}_{\mathrm{f}}$ 为传导电流密度。可以写出 $\boldsymbol{j}'$ 的类似公式：

$$\boldsymbol{j}'=\nabla\times\boldsymbol{M}$$

式中，$\boldsymbol{M}$ 为介质中产生的磁化强度(即单位体积内的磁偶极矩)，将其代入式(8-105)，得到

$$\nabla\times\boldsymbol{H}=\boldsymbol{j}_{\mathrm{f}} \tag{8-106}$$

式中，

$$\boldsymbol{H}=\frac{1}{\mu_0}\boldsymbol{B}-\boldsymbol{M} \tag{8-107}$$

称为磁场强度。实验表明在场强不是很大时，$\boldsymbol{M}$ 和 $\boldsymbol{H}$ 之间存在线性关系，特别地，当介质是各向同性时，有

$$\boldsymbol{M}=\chi_{\mathrm{m}}\mu_0\boldsymbol{H}$$

式中，$\chi_{\mathrm{m}}$ 称为介质的磁化率。此时，式(8-107)写成

$$\boldsymbol{B}=\mu\boldsymbol{H} \tag{8-108}$$

式中，$\mu=\mu_{\mathrm{r}}\mu_0$ 称为介质的磁导率，$\mu_{\mathrm{r}}=1+\chi_{\mathrm{m}}$ 称为相对磁导率。对非均匀介质，$\mu$ 可以是场函数。

类似于真空中的电磁场，对于交变情况，式(8-106)应该修改为

$$\nabla\times\boldsymbol{H}=\frac{\partial\boldsymbol{D}}{\partial t}+\boldsymbol{j}_{\mathrm{f}} \tag{8-109}$$

容易验证，式(8-109)与电荷守恒定律

$$\frac{\partial\rho_{\mathrm{f}}}{\partial t}+\nabla\cdot\boldsymbol{j}_{\mathrm{f}}=0 \tag{8-110}$$

相容。

**3. 传导电流**

当介质是导体时，还可能出现传导电流。它是自由电荷(电子或离子)在电磁场作用下发生运动的结果，遵循欧姆定律：

$$\boldsymbol{j}_{\mathrm{f}}=\sigma\boldsymbol{E} \tag{8-111}$$

式中，$\sigma$ 为电导率。欧姆定律也是实验定律。

从物理本质上看，$\boldsymbol{E}$ 和 $\boldsymbol{B}$ 是电磁场的基本物理量，而 $\boldsymbol{D}$ 和 $\boldsymbol{H}$ 是辅助物理量。$\boldsymbol{D}$ 和 $\boldsymbol{H}$ 的引入是为了将介质极化、磁化的效果包括在内，而使方程中只包含自由电荷密度 $\rho_{\mathrm{f}}$ 和传导电流密度 $\boldsymbol{j}_{\mathrm{f}}$，这样做有很大的便利，因为极化和磁化的情况可由该处的电场和磁场直接决定，从而束缚电荷及诱导电流，而自由电荷和传导电流可能是外来的。此外，传导电流可以用一般的电流计加以测量，而诱导电流则不能。

上面我们列举了介质电磁性质的最简单的实验定律：

$$\boldsymbol{D}=\varepsilon\boldsymbol{E}$$

$$\boldsymbol{B}=\mu\boldsymbol{H}$$

$$\boldsymbol{j}_{\mathrm{f}}=\sigma\boldsymbol{E}$$

这些关系称为介质的电磁性质方程，即电磁场的本构方程，它们反映了线性、各向同性介质的宏观电磁性质。必须指出，实验发现了许多不同类型的介质，如非线性介质(非线性光学和铁磁性物质)、各向异性介质，这些新的电磁性物质需要从微观结果着手研究，已超出本书研究范围，不再详述。

### 8.5.2　麦克斯韦方程

由上可知，介质中的电荷在外加电磁场的作用下，出现极化、磁化和传导电流三种运动形式，这会改变原来的电磁场，并使得相关方程改变其形式。在引入电通密度 $\boldsymbol{D}$ 及磁场强度 $\boldsymbol{H}$ 后，线性各向同性介质中的麦克斯韦方程具有如下形式：

$$\nabla\cdot\boldsymbol{D}=\rho_{\mathrm{f}} \tag{8-112}$$

$$\nabla\times\boldsymbol{E}=-\frac{\partial\boldsymbol{B}}{\partial t} \tag{8-113}$$

$$\nabla\cdot\boldsymbol{B}=0 \tag{8-114}$$

$$\nabla\times\boldsymbol{H}=\frac{\partial\boldsymbol{D}}{\partial t}+\boldsymbol{j}_{\mathrm{f}} \tag{8-115}$$

式中，$\rho_{\mathrm{f}}$ 和 $\boldsymbol{j}_{\mathrm{f}}$ 满足电荷守恒定律[式(8－110)]。最后一个方程右端中的第一项

$$\boldsymbol{j}_{\mathrm{d}}=\frac{\partial\boldsymbol{D}}{\partial t} \tag{8-116}$$

称为位移电流。

介质中的麦克斯韦方程的积分形式为

$$\oint_{\Gamma}\boldsymbol{D}\cdot\boldsymbol{n}\mathrm{d}S=\int_{\Omega}\rho_{\mathrm{f}}\mathrm{d}V \tag{8-117}$$

$$\oint_{l}\boldsymbol{E}\cdot\mathrm{d}\boldsymbol{l}=-\int_{S}\frac{\partial\boldsymbol{B}}{\partial t}\cdot\boldsymbol{n}\mathrm{d}S \tag{8-118}$$

$$\oint_{\Gamma}\boldsymbol{B}\cdot\boldsymbol{n}\mathrm{d}S=0 \tag{8-119}$$

$$\oint_{l}\boldsymbol{H}\cdot\mathrm{d}\boldsymbol{l}=\int_{S}\left(\frac{\partial\boldsymbol{D}}{\partial t}+\boldsymbol{j}_{\mathrm{f}}\right)\cdot\boldsymbol{n}\mathrm{d}S \tag{8-120}$$

### 8.5.3　电磁能量与动量

首先推导介质中的电磁能量。同样地，介质中的麦克斯韦基本方程是第二式和第四式，可写成

$$\boldsymbol{0}=\nabla\times\boldsymbol{E}+\frac{\partial\boldsymbol{B}}{\partial t} \tag{8-121}$$

$$-\boldsymbol{j}_{\mathrm{f}}=\frac{\partial\boldsymbol{D}}{\partial t}-\nabla\times\boldsymbol{H} \tag{8-122}$$

用 $\boldsymbol{H}$ 点乘式(8－121)，用 $\boldsymbol{E}$ 点乘式(8－122)，并相加所得结果，注意到 $\boldsymbol{D}=\varepsilon\boldsymbol{E}$，$\boldsymbol{B}=\mu\boldsymbol{H}$，我们得到

$$-\boldsymbol{j}_{\mathrm{f}}\cdot\boldsymbol{E}=\frac{1}{2}\frac{\partial}{\partial t}(\boldsymbol{E}\cdot\boldsymbol{D}+\boldsymbol{B}\cdot\boldsymbol{H})+(\nabla\times\boldsymbol{E})\cdot\boldsymbol{H}-(\nabla\times\boldsymbol{H})\cdot\boldsymbol{E} \tag{8-123}$$

注意到张量恒等式

$$\nabla \cdot (\boldsymbol{E}\times\boldsymbol{H})=(\nabla\times\boldsymbol{E})\cdot\boldsymbol{H}-(\nabla\times\boldsymbol{H})\cdot\boldsymbol{E}$$

式(8-123)可改写成

$$-\boldsymbol{j}_{\mathrm{f}}\cdot\boldsymbol{E}=\frac{1}{2}\frac{\partial}{\partial t}(\boldsymbol{E}\cdot\boldsymbol{D}+\boldsymbol{B}\cdot\boldsymbol{H})+\nabla\cdot(\boldsymbol{E}\times\boldsymbol{H}) \tag{8-124}$$

这样，可以类似地定义介质的电磁能量密度为

$$U_{\mathrm{e,m}}=\frac{1}{2}(\boldsymbol{E}\cdot\boldsymbol{D}+\boldsymbol{B}\cdot\boldsymbol{H}) \tag{8-125}$$

介质的电磁能量密度流矢量为

$$\boldsymbol{S}=\boldsymbol{E}\times\boldsymbol{H} \tag{8-126}$$

它仍被称为坡印亭矢量。式(8-124)为介质中的电磁能量守恒与转化定律的微分方程式。

类似地，介质中的电磁动量密度矢量、电磁动量密度流张量分别为

$$\boldsymbol{G}_{\mathrm{e,m}}=\frac{\boldsymbol{S}}{c^2} \tag{8-127}$$

$$\boldsymbol{\Phi}=\frac{1}{2}(\varepsilon E^2+\mu H^2)\boldsymbol{I}-\varepsilon\boldsymbol{E}\boldsymbol{E}-\mu\boldsymbol{H}\boldsymbol{H} \tag{8-128}$$

推导过程从略。

## 8.6　电磁流体力学方程

电磁流体力学是研究等离子体这种特殊导电流体在电磁场中的运动的学科，我们在第 5 章中推导了流体力学方程，在第 8.5 节中推导了介质电动力学方程，本节将介绍等离子体概念、流体运动对电磁场的影响、电磁场对流体运动的影响，最后总结归纳磁流体力学方程。

### 8.6.1　等离子体

**1. 定义**

等离子体是物质的第四态。我们知道，任何物质由于温度、压力等条件的不同可以处于固态、液态或气态等不同的物理状态，这是我们日常见到的物质的三种聚集态，它们可以在一定条件下相互转化。如果温度继续升高，物质的状态还可能发生变化，在几万度甚至几十万度的高温条件下，物质的分子与原子的运动十分剧烈，不仅彼此之间难以相互束缚，而且原子中的外层电子因为具有相当大的动能，可以部分或者全部摆脱原子核对它们的束缚，称为自由电子，而原子由于失去自由电子则成为带正电的离子，这样，物质就变成了由自由电子、离子及中性粒子三者组合而成的混合物，它既不同于固体和液体，也和普通气体的性质有许多本质上的区别，它是物质的第四种全新的聚集态，称为等离子体。

等离子体作为部分或完全电离的气体，虽然在某些方面跟普通气体有相似之处，

例如描述普通气体的宏观物理量如密度、温度、压力、流动速度等对等离子体(即电离气体)同样适用，但它的主要性质发生了本质变化。等离子体作为一种导电率很高的导电流体，受电磁场的影响十分显著，只要气体中的电离组分超过千分之一，它的行为就主要由离子和电子之间的库仑力支配，而中性粒子之间的相互作用则退居其次。鉴于这种聚集态中电子的负电荷数与离子的正电荷数在数值上是相等的，宏观上呈现电中性，因而有了等离子体的命名。

在日常条件下，物质热运动的能量不大，不会自发电离，因此物质以固、液、气三态存在，而不以等离子态存在。然而，在茫茫的宇宙中却有99%以上的物质是等离子体。事实上，在太阳中心温度高达几千万度，那里的物质都是等离子体，类似于太阳的许多恒星、星系、星际的物质都是等离子体，像我们人类居住的地球这样的“冷星球”在宇宙中实属另类。

**2. 历史**

这里简单回顾一下等离子体历史。1879 年，克鲁克斯在研究真空放电管时第一次指出物质第四态的存在。1929 年，朗缪尔和汤克斯第一次引入了等离子体这个名称。从 20 世纪 30 年代开始的一段时期内，国际上开展了大气中的电离层的研究，40 年代阿尔文建立了磁流体力学，并应用于银河系、星云和太阳的研究，由于研究问题尺度极大、温度极高，等离子体不管如何稀薄，在大尺度星系研究中总可以按连续介质来处理。

**3. 基本特性**

在推导磁流体力学方程之前，我们先给出等离子体的三个基本特性。

(1)电离气体。等离子体是部分或全部电离的气体，满足连续介质假说。且等离子体电子的负电荷数与离子的正电荷数相等，在宏观上为电中性，不仅如此，等离子体在任意微元上也为电中性，这是因为等离子体对电中性的破坏非常敏感，如果等离子体内某处一旦出现电荷分离，立即会产生巨大的电场，促使电中性的恢复。故在磁流体力学中不再细究电子、离子、中性粒子的组分方程，只关注混合物的连续方程。

(2)良导体。在等离子体内难以建立强的电场 $\boldsymbol{E}$，因为有了强电场，会立刻引起带电离子及电子的运动和重新分布，这就抵消了电场。因此，相对于 $\boldsymbol{H}$ 而言，$\boldsymbol{E}$ 是个小量。在今后，$\boldsymbol{H}$ 将是讨论的重点，所以，这种电磁流体力学称为磁流体力学。

(3)良磁体。对等离子体，由于温度极高，磁化率 $\chi_m \approx 0$，$\mu_r \approx 1$，为简单起见，本节假设相对磁导率为 1，即 $\mu_r = 1$，于是

$$\boldsymbol{B} = \mu_0 \boldsymbol{H} \tag{8-129}$$

## 8.6.2 磁流体力学方程

由于等离子体兼具电离气体、良导体、良磁体特性，大量的带电粒子在电磁场中运动产生电流，从而在其内部感应出电磁场，引起原来电磁场的改变；另一方面，电磁场的存在又对运动着的等离子体产生作用力(洛伦茨力)，引起原来流体运动的改变。

因此，等离子体电动力学方程和流体力学方程是耦合的，这样联立起来的方程组称为磁流体力学方程。

**1. 流体流动对麦克斯韦方程的修正**

介质中的麦克斯韦方程(8-112)～(8-115)为

$$\nabla\cdot\boldsymbol{D}=\rho_{\mathrm{f}}$$

$$\nabla\times\boldsymbol{E}=-\frac{\partial\boldsymbol{B}}{\partial t}$$

$$\nabla\cdot\boldsymbol{B}=0$$

$$\nabla\times\boldsymbol{H}=\frac{\partial\boldsymbol{D}}{\partial t}+\boldsymbol{j}_{\mathrm{f}}$$

式中，$\boldsymbol{D}=\varepsilon\boldsymbol{E}$，$\boldsymbol{B}=\mu\boldsymbol{H}$。注意到等离子体式(8-129)成立，因此式(8-113)～(8-114)可分别写成

$$\nabla\times\boldsymbol{E}=-\mu_0\frac{\partial\boldsymbol{H}}{\partial t}\tag{8-130}$$

$$\nabla\cdot\boldsymbol{H}=0\tag{8-131}$$

在静止介质中，我们有欧姆定律

$$\boldsymbol{j}_{\mathrm{f}}=\sigma\boldsymbol{E}$$

式中，$\sigma$ 为介质电导率，对于等离子体为良导体，$\sigma\gg1$；$\boldsymbol{E}$ 是单位正电荷在该点所受到的力，它决定了相应的自由电流(传导电流)密度矢量 $\boldsymbol{j}_{\mathrm{f}}$。现在导电介质本身在运动，其速度为 $\boldsymbol{u}$，由洛伦茨力公式，附着于此运动介质上的单位正电荷所受到的电磁力为

$$\boldsymbol{E}+\boldsymbol{u}\times\boldsymbol{B}=\boldsymbol{E}+\mu_0\boldsymbol{u}\times\boldsymbol{H}\tag{8-132}$$

设

$$\boldsymbol{j}_{\mathrm{f}}=\sigma(\boldsymbol{E}+\mu_0\boldsymbol{u}\times\boldsymbol{H})\tag{8-133}$$

现在考察式(8-115)，将式(8-133)代入可得

$$\nabla\times\boldsymbol{H}=\frac{\partial\boldsymbol{D}}{\partial t}+\sigma(\boldsymbol{E}+\mu_0\boldsymbol{u}\times\boldsymbol{H})\tag{8-134}$$

取振荡形式的电场 $\boldsymbol{E}=\mathrm{e}^{-\mathrm{i}\omega t}\boldsymbol{E}_0$，其中 $\boldsymbol{E}_0$ 不依赖于时间 $t$，此时位移电流项(设 $\varepsilon$ 为常数)

$$\frac{\partial\boldsymbol{D}}{\partial t}=\mathrm{i}\varepsilon\omega\mathrm{e}^{-\mathrm{i}\omega t}\boldsymbol{E}_0$$

而

$$\sigma\boldsymbol{E}=\sigma e^{-\mathrm{i}\omega t}\boldsymbol{E}_0$$

对比上两式，如 $\sigma\gg\varepsilon\omega$，即 $\dfrac{\sigma}{\varepsilon}\gg\omega$，位移电流项可忽略不计。由于 $\sigma\gg1$，除非极高频振荡，上述假设总是合理的。因此在方程式(8-134)中可以忽略位移电流项，即

$$\nabla\times\boldsymbol{H}=\sigma(\boldsymbol{E}+\mu_0\boldsymbol{u}\times\boldsymbol{H})\tag{8-135}$$

由电动力学中导出麦克斯韦方程的过程知，引入位移电流项是为了和电荷守恒方程

$$\frac{\partial\rho_{\mathrm{f}}}{\partial t}+\nabla\cdot\boldsymbol{j}_{\mathrm{f}}=0$$

相匹配，现在这一假设条件意味着要求 $\nabla\cdot\boldsymbol{j}_{\mathrm{f}}=0$，这意味着电荷不可堆积，即使在交

变情况下，这与等离子体在任意微元中的电中性特性是一致的。

下面讨论的目的是消去方程组中的 $\boldsymbol{E}$，只保留 $\boldsymbol{H}$。为此，由式(8－135)知

$$\boldsymbol{E}=\frac{1}{\sigma}\nabla\times\boldsymbol{H}-\mu_0\boldsymbol{u}\times\boldsymbol{H} \tag{8-136}$$

将其代入式(8－130)，得到

$$\frac{\partial\boldsymbol{H}}{\partial t}=-\frac{1}{\sigma\mu_0}\nabla\times(\nabla\times\boldsymbol{H})+\nabla\times(\boldsymbol{u}\times\boldsymbol{H}) \tag{8-137}$$

按照张量恒等式

$$\nabla\times(\nabla\times\boldsymbol{H})=\nabla(\nabla\cdot\boldsymbol{H})-\Delta\boldsymbol{H}$$

并注意式(8－131)，有

$$\frac{\partial\boldsymbol{H}}{\partial t}-\nabla\times(\boldsymbol{u}\times\boldsymbol{H})=\frac{1}{\sigma\mu_0}\Delta\boldsymbol{H} \tag{8-138}$$

$$\nabla\cdot\boldsymbol{H}=0$$

这就是磁场强度 $\boldsymbol{H}$ 所应满足的方程，其中包含了介质运动速度 $\boldsymbol{u}$，它不能单独求解，须和流体力学方程联立起来求解。

**2. 电磁场对流体力学方程的修正**

对于等离子体，密度、温度、压力、流动速度等物理量仍有意义，质量守恒定律仍写成连续方程

$$\frac{\partial\rho}{\partial t}+\nabla\cdot\rho\boldsymbol{u}=0 \tag{8-139}$$

但在考虑动量及能量守恒定律时，为了计及电磁场对流场的影响效果，须将电磁动量及能量，以及相应的电磁动量密度流张量及电磁能量密度流矢量加入流体的动量和能量方程中。

由等离子体的良磁体，即 $\mu_r=1$ 的特性，知

电磁动量密度矢量为$\frac{1}{c^2}\boldsymbol{S}=\frac{1}{c^2}\boldsymbol{E}\times\boldsymbol{H}$

电磁动量密度流张量为$\frac{1}{2}(\varepsilon E^2+\mu_0H^2)\boldsymbol{I}-\varepsilon\boldsymbol{E}\boldsymbol{E}-\mu_0\boldsymbol{H}\boldsymbol{H}$

电磁能量密度为$\frac{1}{2}(\varepsilon E^2+\mu_0H^2)$

电磁能量密度流矢量为 $\boldsymbol{S}=\boldsymbol{E}\times\boldsymbol{H}$

结合等离子体特性，正如对麦克斯韦方程已经进行了必要的简化一样(并和这种简化相适应)，须对上述电磁场物理量也要进行一定的简化。

由于等离子体是良导体，因此电场 $\boldsymbol{E}$ 相对于磁场 $\boldsymbol{H}$ 而言是个小量，从而 $E^2$ 相对于 $H^2$ 而言可以忽略不计；电磁动量密度矢量中有 $\boldsymbol{E}$，分母中有 $c^2$，其数量级很小，可忽略不计，这样，由等离子体的良导体，我们有

电磁动量密度矢量为 $\boldsymbol{0}$

电磁动量密度流张量为$\frac{1}{2}\mu_0H^2\boldsymbol{I}-\mu_0\boldsymbol{H}\boldsymbol{H}$

电磁能量密度为$\frac{1}{2}\mu_0 H^2$

电磁能量密度流矢量为 $\boldsymbol{S}=\boldsymbol{E}\times\boldsymbol{H}$

现在建立动量守恒方程。由上述分析，只须在单纯流体力学的动量守恒方程中加入由电磁动量密度流带来的流入所考察的区域中的动量项，于是方程可写为

$$\frac{\partial\rho\boldsymbol{u}}{\partial t}+\nabla\cdot\rho\boldsymbol{uu}=\nabla\cdot\boldsymbol{P}+\mu_0\nabla\cdot\left(\boldsymbol{HH}-\frac{1}{2}H^2\boldsymbol{I}\right)+\rho\boldsymbol{f} \tag{8-140}$$

式中，$\boldsymbol{P}$ 为流体的二阶应力张量，$\boldsymbol{f}$ 是体积力。利用张量恒等式

$$\nabla\cdot\left(\boldsymbol{HH}-\frac{1}{2}H^2\boldsymbol{I}\right)=(\nabla\times\boldsymbol{H})\times\boldsymbol{H}$$

得到动量守恒方程为

$$\frac{\partial\rho\boldsymbol{u}}{\partial t}+\nabla\cdot\rho\boldsymbol{uu}=\nabla\cdot\boldsymbol{P}+\mu_0(\nabla\times\boldsymbol{H})\times\boldsymbol{H}+\rho\boldsymbol{f} \tag{8-141}$$

现在建立能量守恒方程。这里只需在单纯流体力学的能量守恒方程中加入由电磁能量密度流带来的流入所考察的区域中的能量项，并利用式(8-136)，有

$$\boldsymbol{S}=\boldsymbol{E}\times\boldsymbol{H}=\frac{1}{\sigma}(\nabla\times\boldsymbol{H})\times\boldsymbol{H}-\mu_0(\boldsymbol{u}\times\boldsymbol{H})\times\boldsymbol{H} \tag{8-142}$$

于是能量守恒方程可写为

$$\begin{aligned}&\frac{\partial}{\partial t}\left(\rho e+\frac{1}{2}\rho u^2+\frac{1}{2}\mu_0 H^2\right)+\nabla\cdot\rho\boldsymbol{u}\left(e+\frac{1}{2}u^2\right)\\=&\nabla\cdot(\boldsymbol{P}\cdot\boldsymbol{u})-\nabla\cdot\left[\frac{1}{\sigma}(\nabla\times\boldsymbol{H})\times\boldsymbol{H}-\mu_0(\boldsymbol{u}\times\boldsymbol{H})\times\boldsymbol{H}\right]+\nabla\cdot(\kappa\nabla T)+\rho\boldsymbol{f}\cdot\boldsymbol{u}+\rho\dot{q}\end{aligned} \tag{8-143}$$

利用连续方程，经过张量运算，从上式中推导出的内能守恒方程为

$$\frac{\partial\rho e}{\partial t}+\nabla\cdot\rho\boldsymbol{u}e=-p\nabla\cdot\boldsymbol{u}+\Phi+\frac{1}{\sigma}(\nabla\times\boldsymbol{H})^2+\nabla\cdot(\kappa\nabla T)+\rho\dot{q} \tag{8-144}$$

式中，$e$ 为比内能；$p$ 为压力；$\Phi$ 为耗散函数；$\kappa$ 为导热系数；$T$ 为温度；$\dot{q}$为单位质量其他内热源。

**3. 磁流体力学方程**

将上述两段推导的结果结合起来，即结合磁场方程式(8-131)、(8-138)，流场方程式(8-139)、(8-141)和(8-144)，即可得到磁流体力学方程：

$$\frac{\partial\boldsymbol{H}}{\partial t}-\nabla\times(\boldsymbol{u}\times\boldsymbol{H})=\frac{1}{\sigma\mu_0}\Delta\boldsymbol{H} \tag{8-145}$$

$$\nabla\cdot\boldsymbol{H}=0$$

$$\frac{\partial\rho}{\partial t}+\nabla\cdot\rho\boldsymbol{u}=0 \tag{8-146}$$

$$\frac{\partial\rho\boldsymbol{u}}{\partial t}+\nabla\cdot\rho\boldsymbol{uu}=\nabla\cdot\boldsymbol{P}+\mu_0(\nabla\times\boldsymbol{H})\times\boldsymbol{H}+\rho\boldsymbol{f} \tag{8-147}$$

$$\frac{\partial\rho e}{\partial t}+\nabla\cdot\rho\boldsymbol{u}e=-p\nabla\cdot\boldsymbol{u}+\Phi+\frac{1}{\sigma}(\nabla\times\boldsymbol{H})^2+\nabla\cdot(\kappa\nabla T)+\rho\dot{q} \tag{8-148}$$

上述方程组封闭，包含有 9 个分量方程，求解变量可取 $\boldsymbol{H}$，$\rho$，$\boldsymbol{u}$，$T$，有 8 个未知量，但如前分析，第二个方程为初场约束条件，如初始时刻满足，则以后任何时刻均满足。

# 习　题

8-1　设有无限长直线上均匀分布着电荷，其电荷线密度(即单位长度上的电荷量)为 $\lambda$，求该直线所激发的电场强度及电势。

8-2　设有半径为 $R$ 的球面上均匀分布着电荷，其电荷面密度(即单位面积上的电荷量)为 $\sigma$，求该球面所激发的电场强度及电势。

8-3　设有半径为 $R$ 的球里均匀分布着电荷，其电荷体密度(即单位体积上的电荷量)为 $\rho$，求该球所激发的电场强度及电势。

8-4　设有电偶极子在 $P_0$ 和 $P_1$ 点分别放置 $+q$ 和 $-q$ 的点电荷，其偶极矩 $\boldsymbol{m}=q\boldsymbol{l}$，$\boldsymbol{l}=\overrightarrow{P_0P_1}$，试证明当 $l$ 趋于 0、$q$ 趋于正无穷大、但 $m=ql$ 保持不变时，此偶极子的电势为

$$\phi=-\frac{1}{4\pi\varepsilon_0}\boldsymbol{m}\cdot\nabla\frac{1}{r}$$

并计算其电场强度。

8-5　设有电流强度为 $I$ 的无限长直导线，求该导线所激发的磁感应强度。

8-6　设有半径为 $R$、电流强度为 $I$ 的圆周电路，求通过圆心垂直于圆周所在平面的直线上的磁感应强度。

8-7　设在真空中有一圆柱体磁场，其大小为

$$B=\begin{cases}\dfrac{2I}{Cr}，当\ r\geqslant R\ 时\\[2ex]\dfrac{2I}{CR^2}r，当\ r<R\ 时\end{cases}$$

方向与当地绕对称轴旋转的方向相同，$I$、$C$ 和 $R$ 为常数，求激发该磁场的电流分布。

8-8　给出真空中静电场、静磁场、自由电磁场的麦克斯韦方程、标势方程及矢势方程。

8-9　对于自由电磁场，证明：在保持洛伦茨规范下，可使标势恒为零。

8-10　对于自由电磁场，给出洛伦茨条件、电磁场标势 $\varphi$ 及矢势 $\boldsymbol{A}$。

8-11　推导真空中电磁动量密度、电磁二阶应力张量表达式。

8-12　试推导磁流体力学内能守恒方程式

$$\frac{\partial\rho e}{\partial t}+\nabla\cdot\rho\boldsymbol{u}e=-p\,\nabla\cdot\boldsymbol{u}+\Phi+\frac{1}{\sigma}(\nabla\times\boldsymbol{H})^2+\nabla\cdot(\kappa\,\nabla T)+\rho\,\dot{q}$$

8-13　设磁场 $\boldsymbol{H}$ 只有一个非零分量，证明

$$\boldsymbol{H}\cdot\nabla\boldsymbol{H}=0$$

8-14　设等离子体流动满足定常、不可压缩、理想、体积力仅有重力 $g$、磁场 $\boldsymbol{H}\cdot\nabla\boldsymbol{H}=0$ 的假设条件，证明其沿流线成立如下能量方程的代数形式：

$$\frac{1}{2}\rho u^2+p+\frac{1}{2}\mu_0H^2+\rho gz=\text{const}$$

# 第9章　张量分析在相对论中的应用

爱因斯坦在1938年出版的《物理学的进化》合著中回顾了他本人在1905年发表相对论的背景：

“相对论的兴起……是由于旧理论中严重的深刻的矛盾已经无法避免了。”

在19世纪末、20世纪初，随着电动力学和天体物理学研究的不断深入，人们发现了牛顿力学难以解释的一些电磁和天体运动观测现象，特别是在运动物体上观察到的光速是否变化的基本问题，以牛顿力学为根基的经典理论物理学出现了重大危机。在新旧物理学的根基发生转变的关键节点，相对论应运而生，其和量子力学一起被认为是20世纪现代理论物理学的两个重大突破，前者颠覆了人们长期以来习以为常的时空观念，后者使人们对物质的认识真正深入到微观结构及其运动形式。有人用统一理论的观点，将物理学的进化总结如下：牛顿力学统一了“天”与“地”，电动力学统一了“电”与“磁”，相对论统一了“时”与“空”，量子力学统一了“波”与“粒”，由此可见时空观在相对论中的重要位置。

在此，有必要回顾一下本书第6章中的坐标变换，在那里引入了叶轮机械相对旋转坐标系和相对流动的概念，我们发现：一方面，从静止坐标系变换到相对旋转坐标系时，出现了关于四个坐标(一个时间坐标和三个空间坐标)的变换式：

$$\begin{cases} t^{*}=t \\ x^{*1}=x^{1} \\ x^{*2}=x^{2}-\omega t \\ x^{*3}=x^{3} \end{cases} \quad 即 \quad \begin{cases} t=t \\ r=r \\ \theta=\varphi+\omega t \\ z=z \end{cases} \tag{9-1}$$

式中，时间坐标还出现在空间坐标变换第三式中，说明两类坐标系的时间和空间是有联系的；另一方面，相对流动为相对旋转坐标系下观测到的流动，绝对流动为静止坐标系下观测到的流动，二者本质上是同一客观流动在不同坐标系下观测到的主观反映，显然二者既有区别，又有联系，通过静止坐标系下质量、动量和能量守恒物理定律的数学推导，以及两类坐标系下的张量变换，可将绝对流动方程转化为相对流动方程，这样就极大地降低了叶轮机械气体动力学的研究和求解难度。第6章中的相对流动研究方法对理解本章的相对论时空观及方程具有重要的启发价值。

本章介绍张量分析在相对论中的应用，主要内容包括：洛伦茨变换，闵可夫斯基四维时空张量，以及相对论框架下的质点力学、流体力学、电动力学、磁流体力学的数学方程等，重点介绍狭义相对论体系，简单介绍广义相对论思想。工科学生学习相对论知识，不仅能够深刻体会到张量分析方法在现代理论物理学表达中的“简洁美”，而且还能拓展本科生期间所掌握的理论力学(牛顿力学或古典力学)知识范畴。

# 9.1 相对论概述

## 9.1.1 定义

“相对论”已经是一个被众多人所知的术语，关于相对论的基本思想是什么？有两个非常有名且通俗浪漫的解释：一根棒的长短和一座钟的快慢是相对的，不同运动状态的观测者感受到的同一根棒的长短和同一座钟的快慢是不一样的；青年小伙和心爱的姑娘一起坐上两个小时，感到好像只坐了一分钟，但要是在炽热的火炉边，哪怕只坐一分钟，却感到好像坐了两个小时。

这些朴素的回答反映出相对论所关注的深刻物理事实：物理规律是普遍的、客观的，不随参考系的不同选择而变化，但参考系的选择确实是人为的、主观的，在不同参考系下观测的物理分量可以不同。从张量分析的角度来看，相对论要表达的物理事实是：物理定律中出现的量是绝对张量，其分量(如上述棒的空间长度、时钟的时间间隔)在不同坐标系下可以不同，但须满足绝对张量(如后面介绍的四维时空间隔，其分量为三个空间长度和一个时间间隔)的分量变换关系式。这里将物理规律、参考系的数学表示分别称为物理定律、坐标系，有时不加以区分，将物理规律等同于物理定律，参考系等同于坐标系，也不会引起歧义。

相对论是研究物理定律在时空坐标变换下的不变性的理论，不变性有时称为协变性、绝对性。狭义相对论研究物理定律在惯性坐标系变换下的不变性，而广义相对论研究物理定律在任意坐标系变换下的不变性。显然，相对论与时空坐标系下的张量分析密不可分。需要指出的是，惯性坐标系并不唯一，相对于某一惯性坐标系做相对静止或者做匀速直线运动的坐标系均为惯性坐标系。

相对论在科学研究、尖端武器和生产生活中应用广阔、影响深远，其魅力不仅在于能够合理解释已有的实验观测结果、化解牛顿力学遇到的理论危机，而且还能够从相对论方程的解中预测出从前未被发现、而后被实验观测到的物理现象，如质能转化、黑洞、虫洞、引力波等。

爱因斯坦在 1905 年发表的关于质能转化论文中，预测到未来可利用原子核实验来验证质能转化关系式

$$E=mc^2 \tag{9-2}$$

的正确性，后来，该式在德国、英国和美国几乎同时开展的原子核实验中获得验证和应用。

在日常生活中，全球定位系统(global positioning system，GPS)导航是相对论时间膨胀的一个很好的例子，这是因为每颗 GPS 卫星在地球上空高达 20300 km，尽管卫星移动速度(大约 10000 km/h)远低于光速，但每天有狭义相对论时间膨胀约 4 $\mu$s、广义相对论时间膨胀约 3 $\mu$s，而为了使卫星发送到地面站的信号能够满足汽车导航的米级精度，卫星使用的时钟须精确到纳秒级，因此卫星信号发送和接收必须考虑相对论时

间膨胀效应，否则导航误差将达到数百米量级！可见，相对论直接影响到人类认识自然、改造自然的进程等。

### 9.1.2　历史

相对论是在 19 世纪末、20 世纪初牛顿力学难以解释电磁学和光学观测现象中诞生的。

1864 年，麦克斯韦在多年研究的基础上，建立起电动力学基本方程，并预言电磁波的存在，但认为在空间上存在着可穿透任何物体的、弹性模量很大但密度很小的、绝对静止的“以太”，且以太是电磁波传播的载体。1888 年，赫兹从实验上验证了电磁波的存在，且波速为光速，但赫兹及同期其他电磁实验学家如迈克耳孙和莫雷等人都未测量出地球在以太中的运动速度。事实上截至目前为止，所有以寻找以太为目的的实验尝试均未获得成功。

1904 年，洛伦茨发表著名论文“速度小于光速运动系统中的电磁现象”，正式提出了一种时空坐标变换，并证明麦克斯韦方程在该变换下具有不变性。同年，数学家庞加莱在其著名的演讲“数学物理原理”中极为推崇该变换，并将之命名为“洛伦茨变换”，同时正式提出“相对性原理”。洛伦茨和庞加莱的工作离相对论仅差“临门一脚”，但二人均假设了以太的存在。

1905 年，爱因斯坦发表了五篇均具有诺贝尔奖水平的划时代论文，其中的两篇论文与狭义相对论有关。第一篇“论运动物体的电动力学”是狭义相对论诞生的标志，该文快刀斩乱麻地否定了以太的存在，并提出两条基本“公设”，即狭义相对性原理和光速不变原理，根据这两条原理，该文第一部分建立了狭义相对论时空观和运动学的理论体系，第二部分应用新的运动学结论，成功地解答了困惑物理学界许多年的运动物体上观察的光速不变现象。第二篇“物体的惯性是否与它所含的能量有关?”，认为物体的质量与能量是统一的、能够互相转化的，即式(9 - 2)。1905 年被誉为“爱因斯坦奇迹年”。

1905—1906 年，庞加莱连续发表两篇论文，将洛伦茨变换推广到洛伦茨变换群，并建立庞加莱变换群，他认为所有的惯性坐标系都具有同等地位，都是洛伦茨变换群中的元素。1906 年，量子力学的重要奠基人之一普朗克发文支持年轻的爱因斯坦的相对论，并提出相对论动量、速度关系式和动量的洛伦茨变换式。1908 年，闵可夫斯基在其著名的演讲“空间与时间”中将三维空间和一维时间组合为四维闵可夫斯基时空，为发展和推广相对论提供了优美的几何图像和严谨的数学工具。

1915 年，数学家希尔伯特和物理学家爱因斯坦几乎同时发表相对论引力场形式，并将惯性坐标系推广到任意坐标系，标志着广义相对论的诞生。1955 年 4 月 18 日，爱因斯坦在美国逝世，标志着物理学一个时代的结束。

从以上相对论的简史可以看出，相对论乃至一切物理定律与时空坐标系变换和张量分析密切相关，为了使物理定律在任意四维时空坐标系下成立，物理定律中出现的量应该为四维绝对张量。因此，在深入学习相对论之前，有必要学习四维时空坐标系及四维张量分析方法。

### 9.1.3 牛顿力学的危机

在正式介绍建立在洛伦茨时空变换基础上的爱因斯坦相对论之前，有必要回顾建立在伽利略时空变换基础上的牛顿力学的基本原理、成就，以及在19世纪末、20世纪初的理论物理学危机。

**1. 基本原理**

牛顿在其划时代巨著《自然哲学的数学原理》中，开宗明义地提出如下经典时空观：

“绝对的、真正的数学的时间，由其特性决定，自身均匀地流逝，与一切外界事物无关……。绝对空间：其自身特性与一切外界事物无关，处处均匀，永不移动。”

可见，牛顿的经典时空观认为：时间和空间彼此独立无关；时间和空间都是绝对的，与观测者运动状态无关。我国大诗人李白的《春夜宴从弟桃花园序》一文中提到的“夫天地者万物之逆旅也；光阴者百代之过客也”，就是诗人仰望浩瀚的时空，对绝对永恒的空间和时间的浪漫表白。

牛顿力学的基本原理是伽利略相对性原理：所有物理规律在惯性参考系下具有相同的形式，其数学表述是：将一个惯性坐标系变换为另一个惯性坐标系，物理定律的形式保持不变。这里，惯性坐标系是牛顿第一定律(惯性定律)成立的坐标系，一切相对于某惯性坐标系保持相对静止或者做匀速直线运动的坐标系都是惯性坐标系，满足经典时空观(时间和空间彼此无关)的惯性坐标系变换称为伽利略时空变换。

设 $x^i$ 和 $x^{*i}$ 为任意两个惯性坐标系，其时空坐标分别记为($t$，$x^1$，$x^2$，$x^3$)和($t^*$，$x^{*1}$，$x^{*2}$，$x^{*3}$)，在刘辽的书中将两个惯性坐标系 $x^i$ 和 $x^{*i}$ 分别记为 $S$ 和 $S'$，将($t$，$x^1$，$x^2$，$x^3$)和($t^*$，$x^{*1}$，$x^{*2}$，$x^{*3}$)分别记为($t$，$x$，$y$，$z$)和($t'$，$x'$，$y'$，$z'$)，在李大潜的书中分别记为 $K$ 和 $\bar{K}$，即($t$，$x_1$，$x_2$，$x_3$)和($\bar{t}$，$\bar{x}_1$，$\bar{x}_2$，$\bar{x}_3$)。本章为了与先前的张量记号保持一致，采用 $x^i$ 和 $x^{*i}$ 的记法，且由于狭义相对论只关注惯性坐标系，为了简化数学推导，取 $x^i$ 和 $x^{*i}$ 坐标系均为笛卡儿坐标系，不需要区分协变和逆变指标，假设 $x^{*i}$ 以常速度 $\mathbf{V}$ 相对于 $x^i$ 做匀速直线运动，坐标轴的方向一致，初始时刻的坐标原点重合，这样，伽利略时空变换式总结为

$$\begin{cases} t^* = t \\ \boldsymbol{x}^* = \boldsymbol{x} - \boldsymbol{V}t \end{cases} \tag{9-3}$$

其为线性变换，变换矩阵为

$$(a_{\alpha\beta})_{4\times4} = \begin{pmatrix} 1 & 0 & 0 & 0 \\ -v_1 & 1 & 0 & 0 \\ -v_2 & 0 & 1 & 0 \\ -v_3 & 0 & 0 & 1 \end{pmatrix} \tag{9-4}$$

式中，$t$ 和 $t^*$ 为时间坐标；$\boldsymbol{x}=(x_1, x_2, x_3)$ 和 $\boldsymbol{x}^*=(x_1^*, x_2^*, x_3^*)$ 为空间坐标；$\mathbf{V}=(v_1, v_2, v_3)$ 为常速度；$a_{ij}$ 为线性变换矩阵的系数。

牛顿力学认定物理定律在伽利略时空变换式(9－3)下满足伽利略相对性原理，为了说明这一点，以牛顿第二定律为例：

$$m\frac{\mathrm{d}^2\boldsymbol{x}}{\mathrm{d}t^2}=\boldsymbol{f} \tag{9-5}$$

式中，$m$ 为质点质量；$\boldsymbol{x}$ 为质点位置矢量；$t$ 为时间；$\boldsymbol{f}$ 为外力。在伽利略时空变换式(9－3)下，经过简单矩阵运算，并注意到常速度 $\boldsymbol{V}$ 的时间导数为 0，得

$$\frac{\mathrm{d}^2\boldsymbol{x}^*}{\mathrm{d}t^{*2}}=\frac{\mathrm{d}^2\boldsymbol{x}}{\mathrm{d}t^2} \tag{9-6}$$

说明加速度为绝对矢量。在牛顿力学中，质点质量与坐标系无关，即为绝对标量：

$$m^*=m \tag{9-7}$$

至于作用在质点上的外力 $\boldsymbol{f}$，一般是绝对标量或绝对矢量如时间(周期性外力)、相对距离(万有引力)、相对速度(内摩擦力)的张量函数，因此，在伽利略时空变换下，$\boldsymbol{f}$ 是绝对矢量：

$$\boldsymbol{f}^*=\boldsymbol{f} \tag{9-8}$$

将式(9－6)～(9－8)代入式(9－5)，有

$$m^*\frac{\mathrm{d}^2\boldsymbol{x}^*}{\mathrm{d}t^{*2}}=\boldsymbol{f}^* \tag{9-9}$$

这表明牛顿第二定律符合伽利略相对性原理，在伽利略时空变换下具有同样形式。利用坐标变换式(9－3)～(9－4)及张量运算，同样可以推导出其他经典力学方程式及物理量在伽利略时空变换下保持不变。

**2. 成就**

实际上，牛顿力学是在低速状态(相对于光速)下的实验总结和理论升华，其物理定律及推论得到了大量实践检验，如第 5～7 章中介绍的流动、气动和弹性等物理过程均满足牛顿力学定律。换言之，任何对牛顿力学的修正，包括相对论，其在低速状态下必须能够蜕化为牛顿力学，否则违背物理规律。

**3. 危机**

牛顿力学的理论危机主要表现在无法解释一些光学和电磁观测现象上。对于前者，按照牛顿第二定律式(9－5)，质点在恒定外力作用下产生恒定加速度，当时间趋于无穷大时，质点速度亦趋于无穷大，而物质运动速度超过光速的推论还没有任何实验证据，说明在接近光速情况下，牛顿第二定律不再成立。对于后者，考察自由电磁场(没有自由电荷和电流)，真空中的电磁强度 $\boldsymbol{E}$ 和磁感应强度 $\boldsymbol{B}$ 满足齐次波动方程(见第 8 章)：

$$\frac{1}{c^2}\frac{\partial^2\boldsymbol{E}}{\partial t^2}-\Delta\boldsymbol{E}=\boldsymbol{0} \tag{9-10}$$

$$\frac{1}{c^2}\frac{\partial^2\boldsymbol{B}}{\partial t^2}-\Delta\boldsymbol{B}=\boldsymbol{0} \tag{9-11}$$

式(9－10)、(9－11)告诉我们，电磁场在真空中以波的形式运动，其传播速度为光速 $c=3\times10^8$ m/s，设电磁场方程在惯性坐标系 $x^i$ 下具有上述形式，经过一些常规的伽利略坐标变换及张量运算，在另一惯性坐标系 $x^{*i}$ 下不再有上述形式。实际上也可以从

物理上得出同样结论，设在惯性坐标系 $x^i$ 下电磁波运动满足式(9-10)和式(9-11)，其以相同的速度 $c$ 向各个方向传播，而在惯性坐标系 $x^{*i}$ 下电磁波沿不同方向上的传播速度不同，如沿 $\mathbf{V}$ 的方向上传播速度为 $c-|\mathbf{V}|$，沿 $\mathbf{V}$ 的相反方向上传播速度为 $c+|\mathbf{V}|$)，即在 $x^{*i}$ 下电磁波方程不再保持式(9-10)和(9-11)。这说明麦克斯韦方程不满足伽利略时空变换下的伽利略相对性原理，错误出在哪儿了？我们只有下面三个可能的选择：

(a)麦克斯韦方程错了；

(b)伽利略相对性原理错了；

(c)伽利略时空变换错了。

自 1864 年麦克斯韦建立电动力学方程以后，到 19 世纪末，由于赫兹、洛伦茨等人的努力，电动力学获得了极大的成功，已被大家所普遍接受，且其推论没有与实验结果相违背，故(a)被排除。

在爱因斯坦提出相对论之前，大多数物理学家认为伽利略相对性原理错了，即麦克斯韦方程[如式(9-9)和(9-10)]只在一种特殊优越的惯性系即“以太”中成立，而在其他与之有相对运动的惯性系中不再成立，按此观点，在相对于以太运动的物体如地球上电磁波的传播速度应该与 $c$ 有差别，据此推断出地球相对于以太的运动速度，但实际测量的结果大出人们的预料，如 1877 年迈克耳孙和莫雷的零差别实验结果。(b)同样被排除。

这样一来，(c)成了唯一的选择。这就是说伽利略时空变换只能适合于经典牛顿力学体系，在电动力学和光学中需要修正，而这正是爱因斯坦狭义相对论的出发点。

### 9.1.4 狭义相对论的两个基本原理

爱因斯坦在其发表的划时代论文“论运动物体的电动力学”中，开宗明义地提出如下论断：

> “在力学方程成立的一切坐标系中，对于电动力学和光学的定律都同样适用，我们要把这个猜想提升为公设，并且还要引入另一条在表面上看起来同它不相容的公设：光在空虚空间里总是以一确定的速度传播着，这个速度与发射体的运动状态无关。”

上述论断构成了狭义相对论的物理学基础，可概括为如下两条基本原理：

(1)狭义相对性原理：所有物理定律在惯性坐标系下具有相同的形式。这一条形式上和伽利略相对性原理并没有什么不同，只是强调不仅力学方程，而且电动力学及光学方程也不随惯性坐标系的选择而变化。

(2)光速不变原理：对所有惯性系，光在真空中沿一切方向上的传播速度都是 $c$。这一条是爱因斯坦狭义相对论的精髓，看起来与牛顿力学“不相容”，实际上是解决牛顿力学中光速依赖于光源体运动速度的理论危机的唯一选择。从下一节我们可知，该条原理是构造惯性坐标系变换，即洛伦茨变换的约束条件。

爱因斯坦提出的这两条狭义相对论基本原理看似平淡，实则博大精深。一方面，从根本上动摇了牛顿力学的经典时空观，在经典时空观中，时间间隔和空间长度都是绝对的，与惯性坐标系运动速度无关，但在相对论时空观中，二者都是相对的，只有其组合参数，即时空间隔才是绝对的。另一方面，断然否定了以太的存在，所有的惯性坐标系都是平等的，不存在什么优越的、绝对静止的以太坐标系，也就是说，狭义相对论肯定了“一群惯性坐标系”，否定了“一个优越的以太坐标系”，这是爱因斯坦比当时的洛伦茨和庞加莱的高明之处。还需要强调，既然是原理，其在数学上无法直接证明，在物理学上是假设条件。迄今为止，尚无实验观测结果否定这两条原理及其推论。

近代及现代科学的历次重大理论突破均表明，在人类有限认知水平的约束条件下，基于原理、公理思想的在数学上不能直接证明、物理上只能假设成立、实践中无法否定的科学方法论，依然是有效的、成功的，在科学探索和生产实践中发挥着不可替代的作用。同样，在工科中亦存在众多的未知现象，他山之石，可以攻玉，大胆假设、小心求证依然是合理可行的理论建模方法。

现在，问题便归结为如何将上述两条基本原理表述为相对论方程？这需要利用到惯性坐标系变换及四维时空上的绝对张量知识。

## 9.2　洛伦茨变换

洛伦茨时空变换是狭义相对论的核心数学方法，是荷兰物理学家、数学家洛伦茨于 1904 年正式提出的惯性坐标系变换式。

### 9.2.1　时空间隔不变量

首先，我们分析狭义相对论的第二条基本原理的数学表达(本章 9.4 节及以后将介绍第一条基本原理在各种物理学问题中的数学表达)。为此，定义一个重要的概念：事件，它是指在 $t$ 时刻、($x_1$，$x_2$，$x_3$)空间位置处发生的某件事，记为 $P(t, x_1, x_2, x_3)$。这个概念是从生活中使用的同一名字提炼而来的，我们描述生活中事件的六要素为时间、地点、人物、起因、经过、结果，在时空观中，我们重点关注其中的时间和地点要素，说起某月某日在某地发生一起事件，就必须连带指出它的时刻和空间位置，即时空坐标。

对于任意的两个事件 $P_0(t_0, x_{01}, x_{02}, x_{03})$ 和 $P(t, x_1, x_2, x_3)$，其时间和空间间隔分别为

$$\Delta t = t - t_0$$

$$\Delta x = [(x_1 - x_{01})^2 + (x_2 - x_{02})^2 + (x_3 - x_{03})^2]^{1/2}$$

在绝对时空观中，这两个间隔都是绝对标量，即在满足伽利略时空变换式(9-3)的两个惯性坐标系 $x^i$ 和 $x^{*i}$ 下，以下两式成立：

$$\Delta t^* = \Delta t$$

$$\Delta x^* = \Delta x$$

但在相对论时空观中，时间和空间是相关的，上两式不再成立。为了说明这一点，我们构造两个事件是惯性坐标系 $x^i$ 下的点光源，以及另外一个惯性坐标系 $x^{*i}$下的点光源，按照狭义相对论的第二条基本原理即光速不变原理，有

$$\Delta s^2=c^2\Delta t^2-\Delta x^2=0$$

$$\Delta s^{*2}=c^2\Delta t^{*2}-\Delta x^{*2}=0$$

式中，$\Delta x$ 为点光源经过 $\Delta t$ 时间间隔后的空间改变量即空间间隔。可见在狭义相对论中，$\Delta s$ 为惯性坐标系不变量，称为时空间隔：

$$\Delta s^*=\Delta s \tag{9-12}$$

$\Delta s^2$ 和 $\Delta s^{*2}$的完整形式为

$$\Delta s^2=c^2\Delta t^2-(\Delta x_1^2+\Delta x_2^2+\Delta x_3^2) \tag{9-13}$$

$$\Delta s^{*2}=c^2\Delta t^{*2}-(\Delta x_1^{*2}+\Delta x_2^{*2}+\Delta x_3^{*2}) \tag{9-14}$$

不失一般性，将点光源取在时空原点，即 $(t_0, x_{01}, x_{02}, x_{03})=(0, 0, 0, 0)$，$(t_0^*, x_{01}^*, x_{02}^*, x_{03}^*)=(0, 0, 0, 0)$，则式(9-12)～(9-14)简化为

$$s^*=s \tag{9-15}$$

$$s^2=c^2t^2-(x_1^2+x_2^2+x_3^2) \tag{9-16}$$

$$s^{*2}=c^2t^{*2}-(x_1^{*2}+x_2^{*2}+x_3^{*2}) \tag{9-17}$$

可见，$s$ 也是不变量，称为(相对原点)时空间隔，是光速不变原理的数学形式，也是构造洛伦茨时空变换式的约束条件。

换言之，在经典时空观中，时间间隔 $\Delta t$ 和空间间隔 $\Delta x$ 是绝对量；在相对论时空观中，时空间隔 $\Delta s$ 才是绝对量，这是牛顿力学时空观和爱因斯坦相对论时空观的根本区别。

## 9.2.2 洛伦茨时空变换

### 1. 特殊变换

先求图 9-1 所示的两个惯性坐标系 $x^i$ 和 $x^{*i}$之间的特殊坐标变换：$x^{*i}$相对于 $x^i$ 以平行于 $x_1$ 轴的速度 **V** 做匀速直线运动，在 0 时刻时两个坐标系重合。

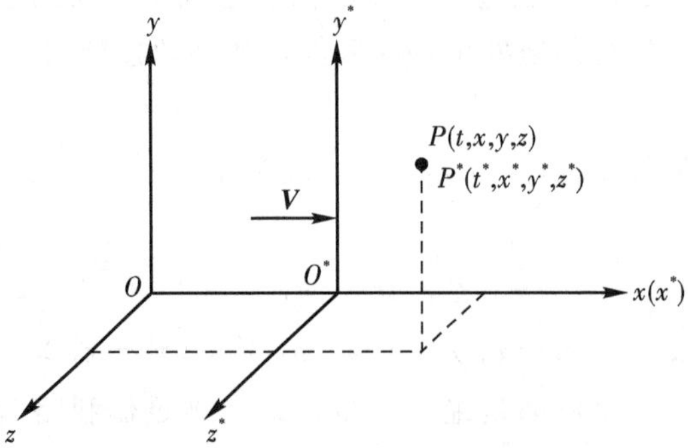


**图 9-1 洛伦茨特殊变换示意图**

首先研究 $x_2$ 即笛卡儿系 $y$ 坐标的变换，由空间的均匀性，知道 $x^i$ 系下的平面在

$x^{*i}$系下仍为平面，且 $x_2^*=x_2$。同理可得 $x_3^*=x_3$。

下来研究 $x_1$ 即笛卡儿系 $x$ 坐标的变换。根据时空间隔不变性式(9-15)～(9-17)，有

$$c^2t^{*2}-x_1^{*2}=c^2t^2-x_1^2 \tag{9-18}$$

因为齐次线性变换保持齐次二次式不变，反之亦然，因此，$t^*$ 和 $x_1^*$ 只能是 $t$ 和 $x_1$ 的齐次线性变换：

$$t^*=a_{00}t+a_{01}x_1$$

$$x_1^*=a_{10}t+a_{11}x_1$$

其中，$a_{00}$，$a_{01}$，$a_{10}$，$a_{11}$ 为四个待定变换系数。将上两式代入式(9-18)，得

$$c^2\ (a_{00}t+a_{01}x_1)^2-(a_{10}t+a_{11}x_1)^2=c^2t^2-x_1^2$$

将上式展开，并利用 $t$ 和 $x_1$ 的任意性，对比二次方项和交叉乘积项系数，得

$$c^2a_{01}^2+a_{11}^2=-1 \tag{9-19}$$

$$a_{10}a_{11}-c^2a_{00}a_{01}=0 \tag{9-20}$$

$$a_{10}^2-c^2a_{00}^2=-c^2 \tag{9-21}$$

再利用 $x^{*i}$的原点 $x_1^*=0$ 以水平速度 $\mathbf{V}$ 相对于 $x^i$ 沿 $x_1$ 轴做匀速直线运动，有

$$0=a_{10}t+a_{11}Vt$$

即

$$a_{10}=-a_{11}V \tag{9-22}$$

式(9-19)～(9-22)是关于四个待定系数的四个方程。不妨将式(9-22)代入式(9-20)～(9-21)消去 $a_{10}$，并引入符号

$$\beta=\frac{V}{c} \tag{9-23}$$

可得

$$\beta a_{11}^2-ca_{01}a_{01}=0 \tag{9-24}$$

$$\beta^2a_{11}^2-a_{00}^2=-1 \tag{9-25}$$

由式(9-19)、(9-24)、(9-25)即可求出

$$a_{00}=a_{11}=\pm\frac{1}{\sqrt{1-\beta^2}}$$

$$a_{01}=\pm\frac{1}{c^2}a_{10}$$

不妨要求变换不改变时间的流向，则 $a_{00}>0$，变换不改变 $x_1$ 轴的走向，则 $a_{11}>0$，并引入符号

$$\gamma=\frac{1}{\sqrt{1-\beta^2}} \tag{9-26}$$

可最终解出四个变换系数为

$$a_{00}=\gamma$$

$$a_{01}=-\frac{\gamma V}{c^2}$$

$$a_{10} = -\gamma V$$

$$a_{11} = \gamma$$

这样，图 9-1 的满足光速不变原理的惯性坐标变换为

$$\begin{cases} t^* = \gamma\left(t - \dfrac{V}{c^2}x_1\right) \\ x_1^* = \gamma(x_1 - Vt) \\ x_2^* = x_2 \\ x_3^* = x_3 \end{cases} \tag{9-27}$$

式(9-27)称为洛伦茨特殊变换，其为线性变换，变换矩阵为

$$\frac{\partial x_\alpha^*}{\partial x_\beta} = (a_{\alpha\beta})_{4\times4} = \begin{pmatrix} \gamma & -\dfrac{\gamma V}{c^2} & 0 & 0 \\ -\gamma V & \gamma & 0 & 0 \\ 0 & 0 & 1 & 0 \\ 0 & 0 & 0 & 1 \end{pmatrix} \tag{9-28}$$

其逆变换及线性变换矩阵为

$$\begin{cases} t = \gamma\left(t^* + \dfrac{V}{c^2}x_1^*\right) \\ x_1 = \gamma(x_1^* + Vt^*) \\ x_2 = x_2^* \\ x_3 = x_3^* \end{cases} \tag{9-29}$$

$$\frac{\partial x_\alpha}{\partial x_\beta^*} = (a_{\alpha\beta})_{4\times4}^{-1} = \begin{pmatrix} \gamma & \dfrac{\gamma V}{c^2} & 0 & 0 \\ \gamma V & \gamma & 0 & 0 \\ 0 & 0 & 1 & 0 \\ 0 & 0 & 0 & 1 \end{pmatrix} \tag{9-30}$$

$\alpha$、$\beta$ 取值范围均为 0～3，第 0 指标表示时间坐标 $x_0 = t$。对比式(9-28)和式(9-30)，发现只有非对角元相差负号，说明洛伦茨逆变换是运动速度相反($-\mathbf{V}$)的惯性坐标系。

洛伦茨变换最重要的物理意义是否定了绝对时间和绝对空间的观念，表明时间和空间彼此相关，不再是彼此无关，它们通过变换关系式(9-27)、(9-29)紧密联系着，并且和惯性坐标系的具体速度有关。

比较洛伦茨特殊变换式(9-27)和伽利略时空变换式(9-3)，可看出它们的形式差别很大，但当惯性坐标系间相对运动速度远小于光速，即 $\beta \to 0$ 时，$\gamma \to 1$，洛伦茨特殊变换蜕化为伽利略时空变换，从这个意义上讲，洛伦茨特殊变换是伽利略时空变换的推广，后面介绍的相对论方程在运动速度远低于光速时的极限是牛顿力学方程。读者不妨思考洛伦茨特殊变换式(9-27)和叶轮机械气动力学中时空变换式(9-1)的区别与联系。

**2. 一般变换**

现在考察图 9-2 所示的两个惯性坐标系 $x^i$ 和 $x^{*i}$ 之间的一般坐标变换：$x^{*i}$ 相对于 $x^i$ 以速度 $\mathbf{V}(V_1, V_2, V_3)$ 做匀速直线运动，在 0 时刻时两个坐标系重合。

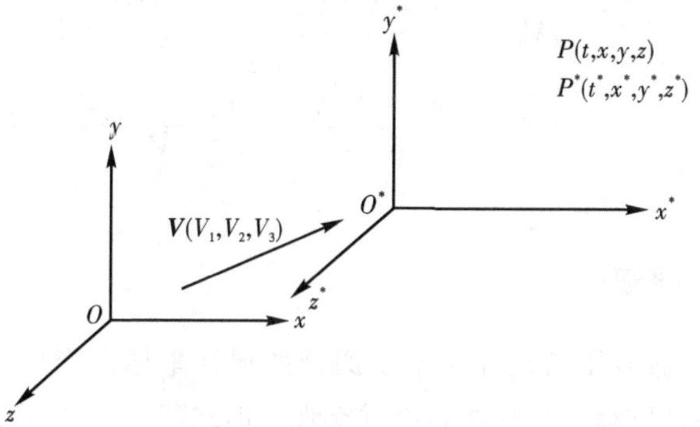


**图 9-2　洛伦茨一般变换示意图**

利用附录 3 中的推导方法，可以证明如下数学定理：设在某时刻(如 $x_0=t_0$)，惯性系 $x^i$ 和 $x^{*i}$ 的时空坐标系重合，然后 $x^{*i}$ 以速度 $\mathbf{V}(V_1, V_2, V_3)$ 相对于 $x^i$ 做匀速直线运动，以($x_0$，$x_1$，$x_2$，$x_3$)和($x_0^*$，$x_1^*$，$x_2^*$，$x_3^*$)分别表示 $x^i$ 和 $x^{*i}$ 下的时空坐标，则它们之间的关系由如下洛伦茨一般变换给出：

$$\begin{cases} x_0^* = \gamma\left(x_0 - \dfrac{V_1}{c^2}x_1 - \dfrac{V_2}{c^2}x_2 - \dfrac{V_3}{c^2}x_3\right) \\ x_i^* = -\gamma V_i x_0 + \left(\dfrac{\gamma-1}{V^2}V_iV_j + \delta_{ij}\right)x_j \end{cases} \tag{9-31}$$

式中，$\gamma = \dfrac{1}{\sqrt{1-\left(\dfrac{V}{c}\right)^2}}$；$V=|\mathbf{V}|$；$\delta_{ij}$ 为克罗内克符号；$i$，$j$ 分别为自由指标和求和指标，取值范围均为 1～3。

注意在本章中，希腊字母 $\alpha$，$\beta$ 等表示时空指标，取值范围为 0～3，且 $x_0=t$；拉丁字母 $i$，$j$ 等表示空间坐标，取值范围均为 1～3。

根据该定理，当 $V_1=V$，$V_2=0$，$V_3=0$ 时，洛伦茨一般变换式(9-31)蜕化为洛伦茨特殊变换式(9-27)；当 $\dfrac{|\mathbf{V}|}{c}\to 0$ 时，蜕化为伽利略变换式(9-3)。

洛伦茨一般变换及其逆变换的线性矩阵为

$$\left(\frac{\partial x_\alpha^*}{\partial x_\beta}\right) = (a_{\alpha\beta})_{4\times4} = \begin{pmatrix} \gamma & -\dfrac{\gamma V_1}{c^2} & -\dfrac{\gamma V_2}{c^2} & -\dfrac{\gamma V_3}{c^2} \\ -\gamma V_1 & \dfrac{(\gamma-1)V_1^2}{V^2}+1 & \dfrac{(\gamma-1)V_1V_2}{V^2} & \dfrac{(\gamma-1)V_1V_3}{V^2} \\ -\gamma V_2 & \dfrac{(\gamma-1)V_2V_1}{V^2} & \dfrac{(\gamma-1)V_2^2}{V^2}+1 & \dfrac{(\gamma-1)V_2V_3}{V^2} \\ -\gamma V_3 & \dfrac{(\gamma-1)V_3V_1}{V^2} & \dfrac{(\gamma-1)V_3V_2}{V^2} & \dfrac{(\gamma-1)V_3^2}{V^2}+1 \end{pmatrix} \tag{9-32}$$

$$\left(\frac{\partial x_\alpha}{\partial x_\beta^*}\right)=(a_{\alpha\beta})_{4\times 4}^{-1}=\begin{pmatrix}\gamma & \dfrac{\gamma V_1}{c^2} & \dfrac{\gamma V_2}{c^2} & \dfrac{\gamma V_3}{c^2}\\ \gamma V_1 & \dfrac{(\gamma-1)V_1^2}{V^2}+1 & \dfrac{(\gamma-1)V_1V_2}{V^2} & \dfrac{(\gamma-1)V_1V_3}{V^2}\\ \gamma V_2 & \dfrac{(\gamma-1)V_2V_1}{V^2} & \dfrac{(\gamma-1)V_2^2}{V^2}+1 & \dfrac{(\gamma-1)V_2V_3}{V^2}\\ \gamma V_3 & \dfrac{(\gamma-1)V_3V_1}{V^2} & \dfrac{(\gamma-1)V_3V_2}{V^2} & \dfrac{(\gamma-1)V_3^2}{V^2}+1\end{pmatrix}\tag{9-33}$$

### 9.2.3　相对论时空观

上小节从数学上推导了满足光速不变原理的惯性坐标系变换式，即洛伦茨变换式(9-27)。本小节将从物理上解释相对论时空观，即式(9-27)的物理意义。

在经典牛顿力学和伽利略时空观中，时间和空间被认为是绝对的，与惯性系运动速度无关。在相对论中，时间和空间不再是绝对的，二者是相互关联的、相对的，只有时空是绝对的，换言之，谈到相对论时间和空间，必须指定在哪个惯性系下的时间和空间，而脱离惯性系谈时间和空间是没意义的。

下面从洛伦茨时空变换式(9-27)出发，分析同时的相对性、运动时间的膨胀、空间长度的收缩等现象。

**1. 同时的相对性**

先考察事件的同时性。设有一列火车以恒定速度沿路轨行驶，一个惯性系 $x^i$ 固接在路轨上，另外一个惯性系 $x^{*i}$ 固接在火车上，$x$ 轴与行驶速度 $\mathbf{V}$ 方向一致，初始时刻两个惯性系重合，这样的火车运动模型称为爱因斯坦火车(见图 9-3)。此时，两个惯性系的洛伦茨变换式(9-27)写成

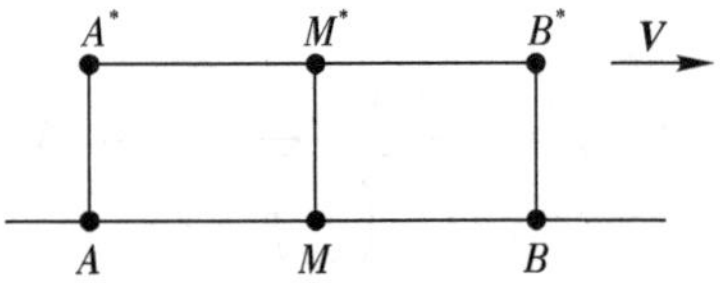

**图 9-3　爱因斯坦火车示意图**

$$t^*=\gamma\left(t-\frac{V}{c^2}x\right)\tag{9-34}$$

$$x^*=\gamma(-Vt+x)\tag{9-35}$$

其他两个空间坐标不改变，不再列出。现在问：对路轨来说同时发生的两个事件，如 $A$、$B$ 两点同时发出的光脉冲，对火车来说是否也是同时发生呢？回答是否定的。

首先从相对运动角度分析上述现象。事实上，我们说路轨 $A$、$B$ 两点发出的光脉冲是同时的，意味着在 $A$、$B$ 两点发出的光脉冲在路轨 $AB$ 段的中点 $M$ 点相遇，但相对火车而言，由于火车 $A^*B^*$ 段的中点 $M^*$ 点以速度 $\mathbf{V}$ 向右行驶，发自 $B$ 点的光脉冲首先到 $M^*$ 点，而发自 $A$ 点的光脉冲稍晚一点到 $M^*$ 点。换言之，路轨和火车上的两个事件的同时性是相对的，若在一个惯性系下两个事件是同时的，在另外一个惯性系下这两个事件必然是有延迟的。

然后从洛伦茨变换角度分析上述现象。在路轨惯性系上两个事件时空坐标记为($t_A$，

$x_A$)和($t_B$，$x_B$)，在火车惯性系上两个事件坐标记为($t_A^*$，$x_A^*$)和($t_B^*$，$x_B^*$)，根据洛伦茨变换式(9-34)，有

$$t_A^* = \gamma\left(t_A - \frac{V}{c^2}x_A\right) \tag{9-36}$$

$$t_B^* = \gamma\left(t_B - \frac{V}{c^2}x_B\right) \tag{9-37}$$

二者相减，得

$$t_B^* - t_A^* = \gamma\left[t_B - t_A - \frac{V}{c^2}(x_B - x_A)\right] \tag{9-38}$$

若 $A$、$B$ 两个事件在路轨惯性系下是同时的，即 $t_B = t_A$，就有

$$t_B^* - t_A^* = -\gamma\frac{V}{c^2}(x_B - x_A) \tag{9-39}$$

设 $V>0$，若 $x_B > x_A$，则 $t_B^* < t_A^*$，于是对火车而言事件 $B$ 发生在前，事件 $A$ 发生在后，反之亦然。

我们进一步问：假设在一个惯性系 $x^i$ 下事件 $A$ 先于 $B$ 发生，在另外一个惯性系 $x^{*i}$ 下事件 $B$ 能否早于 $A$ 发生？回答是否定的，这就是因果律，即先有因、后有果，且不随惯性系选择的不同而变化。例如，事件 $A$ 为妈妈出生，事件 $B$ 为女儿出生，在另外一个星球看来，妈妈和女儿的代沟缩短，但女儿不可能比妈妈先出生！

下面利用反证法证明因果律。由于事件 $A$ 先于 $B$，则 $t_A < t_B$，假设可以打破因果律，即 $t_B^* < t_A^*$，利用式(9-38)，得

$$t_B - t_A < \frac{V}{c^2}(x_B - x_A) \tag{9-40}$$

即

$$\frac{x_B - x_A}{t_B - t_A}V > c^2 \tag{9-41}$$

我们知道所有物质作用或影响的传输速度都不超过光速，那么具有因果律的两个事件 $A$ 和 $B$，必有

$$\left|\frac{x_B - x_A}{t_B - t_A}\right| < c \tag{9-42}$$

立即得

$$|\mathbf{V}| > c \tag{9-43}$$

所以 $t_B^* < t_A^*$ 不可能成立，即事件 $B$ 不可能先于事件 $A$。从上面的证明过程看出，因果律与物质速度不超过光速是等价的。

**2. 钟慢尺缩**

先考察钟慢效应，即运动对时间间隔的影响。同样以爱因斯坦火车为例，路轨坐标系记为 $x^i$，火车坐标系记为 $x^{*i}$，$x$ 轴与行驶速度 $\mathbf{V}$ 方向一致，初始时刻两个惯性系重合，现在考察火车上的一个晶体弹性振动的事件。现在问：路轨和火车上测量到的晶体振动周期是否相等？回答是否定的。

事实上，我们将晶体相邻两次振幅达到最大值的事件在路轨上记为($t_A$，$x_A$)，($t_B$，

$x_B$)，在火车上记为($t_A^*$，$x_A^*$)、($t_B^*$，$x_B^*$)，由洛伦茨变换得

$$t=\gamma\left(t^*+\frac{V}{c^2}x^*\right) \tag{9-44}$$

因为晶体相对火车静止，故

$$x_A^*=x_B^* \tag{9-45}$$

再将如下两式相减

$$t_A=\gamma\left(t_A^*+\frac{V}{c^2}x_A^*\right) \tag{9-46}$$

$$t_B=\gamma\left(t_B^*+\frac{V}{c^2}x_B^*\right) \tag{9-47}$$

并注意到式(9-45)，可得

$$t_B-t_A=\gamma(t_B^*-t_A^*) \tag{9-48}$$

晶体相对火车静止，其振动周期为 $t_B^*-t_A^*=T_0$，晶体相对路轨运动，其振动周期 $t_B-t_A=T$，二者关系为

$$T=\gamma T_0 \tag{9-49}$$

因为 $\gamma>1$，因此晶体运动时的振动周期比静止时延长了，此现象称为钟慢效应，它在基本粒子物理中已得到了大量实验的证明。如果有朝一日，人类能造出速度接近光速的飞船，即 $\gamma$ 很大，那么“船中方数日，世上已千年”这一驻颜愿望就将变成现实。

再考察尺缩效应，即运动对空间长度的影响。同样以爱因斯坦火车为例，路轨坐标系记为 $x^i$，火车坐标系记为 $x^{*i}$，$x$ 轴与行驶速度 $\mathbf{V}$ 方向一致，初始时刻两个惯性系重合，现在考察火车上的一个刚性杆长度测量的事件。现在问：路轨和火车上测量到的刚性杆的长度是否相等？回答是否定的。

不妨设刚性杆的长度方向与 $x$ 轴一致，我们将刚性杆长度测量的事件在路轨上记为($t_A$，$x_A$)，($t_B$，$x_B$)，在火车上记为($t_A^*$，$x_A^*$)，($t_B^*$，$x_B^*$)，由洛伦茨变换得

$$x^*=\gamma(-Vt+x) \tag{9-50}$$

我们有

$$x_A^*=\gamma(-Vt_A+x_A) \tag{9-51}$$

$$x_B^*=\gamma(-Vt_B+x_B) \tag{9-52}$$

上两式相减，并注意到

$$t_A=t_B \tag{9-53}$$

得

$$x_B^*-x_A^*=\gamma(x_B-x_A) \tag{9-54}$$

刚性杆相对火车静止，其长度为 $x_B^*-x_A^*=l_0$，刚性杆相对路轨运动，其长度为 $x_B-x_A=l$，二者关系为

$$l=\gamma^{-1}l_0 \tag{9-55}$$

因为 $\gamma>1$，因此刚性杆运动时的长度比静止时缩短了，此现象称为尺缩效应，或者通俗地讲，运动使尺子变短，这是基本的时空属性。

## 9.3　闵可夫斯基时空上的张量分析

在爱因斯坦提出狭义相对论之后，爱因斯坦在瑞士苏黎世联邦理工学院上学时期的数学老师闵可夫斯基批评其学生的理论表述是“粗糙的”，并于 1907 年在其著名演讲“空间和时间”中断言：

“时间和空间将自然地隐退为纯粹的阴影，只有它们的结合才得以幸免。”

闵可夫斯基将爱因斯坦的狭义相对论和洛伦茨的时空变换上升为四维时空理论，其中光速在各个惯性坐标系皆为不变量，这样的时空即以其为名，称为闵可夫斯基四维时空、闵可夫斯基空间、闵氏空间。

爱因斯坦一开始不认为这样的数学表述有何重要性，认为这是“数学家的故弄玄虚”，后来，当爱因斯坦转往广义相对论的建立时，发现闵可夫斯基时空正是其所要建立的理论架构的基础，转而对这样的表述采取高的评价，并向其大学同学、时任瑞士联邦理工学院数学教授的格罗斯曼学习张量分析知识。1954 年诺贝尔奖得主波恩曾说，他在闵可夫斯基的数学工作中找到了“相对论的整个武器库”。

### 9.3.1　四维时空

在四维实线性空间 $V=\{\boldsymbol{x}=(x^0, x^1, x^2, x^3)\in\mathbb{R}^4\}$ 中定义如下内积：

$$(\boldsymbol{x}, \boldsymbol{y})=x^0y^0-x^1y^1-x^2y^2-x^3y^3 \tag{9-56}$$

其中，$\boldsymbol{x}$，$\boldsymbol{y}$ 为 $V$ 中的元素，则称该线性空间为闵可夫斯基四维时空，记为 $M$。

对于 $\boldsymbol{x}$，$\boldsymbol{y}\in M$，若

$$(\boldsymbol{x}, \boldsymbol{y})=0 \tag{9-57}$$

则称 $\boldsymbol{x}$ 与 $\boldsymbol{y}$ 正交，若 $\boldsymbol{x}\in M$ 且

$$(\boldsymbol{x}, \boldsymbol{x})=\pm 1 \tag{9-58}$$

则称 $\boldsymbol{x}$ 为单位矢量。需要注意的是式(9-56)并不是正定的。

下面一组矢量

$$\boldsymbol{e}_0=\begin{pmatrix}1\\0\\0\\0\end{pmatrix},\quad \boldsymbol{e}_1=\begin{pmatrix}0\\1\\0\\0\end{pmatrix},\quad \boldsymbol{e}_2=\begin{pmatrix}0\\0\\1\\0\end{pmatrix},\quad \boldsymbol{e}_3=\begin{pmatrix}0\\0\\0\\1\end{pmatrix} \tag{9-59}$$

显然是 $M$ 的一个基，且满足

$$(\boldsymbol{e}_\alpha, \boldsymbol{e}_\beta)=g_{\alpha\beta}\quad (\alpha, \beta=0, 1, 2, 3) \tag{9-60}$$

其中，

$$g_{\alpha\beta}=\begin{cases}1, & 当\ \alpha=\beta=0\\ -1, & 当\ \alpha=\beta=1, 2, 3\\ 0, & 当\ \alpha\neq\beta\end{cases} \tag{9-61}$$

$M$ 中满足式(9-60)的基称为标准正交基。

### 9.3.2 正交变换

设 $\boldsymbol{L}$：$M\to M$ 是一个线性变换，如果在该变换下，$M$ 中的任意两个矢量的内积保持不变：

$$(\boldsymbol{Lx},\ \boldsymbol{Lx})=(\boldsymbol{x},\ \boldsymbol{y}),\qquad \boldsymbol{x},\ \boldsymbol{y}\in M \tag{9-62}$$

则称 $\boldsymbol{L}$ 为 $M$ 中的正交变换。容易验证，闵可夫斯基四维时空的正交变换就是前面介绍的洛伦茨变换，它将 $M$ 中的标准正交基变换为标准正交基。

设$\{\boldsymbol{e}_0,\ \boldsymbol{e}_1,\ \boldsymbol{e}_2,\ \boldsymbol{e}_3\}$为 $M$ 的一个标准正交基，$\boldsymbol{L}$ 为洛伦茨变换，记

$$\boldsymbol{e}_\alpha^*=\boldsymbol{L}\boldsymbol{e}_\alpha \tag{9-63}$$

或者

$$\boldsymbol{e}_\alpha^*=a_\alpha^\gamma\boldsymbol{e}_\gamma \tag{9-64}$$

式中，$a_\alpha^\gamma$ 为实数，指标取值范围均为 0～3。由于$\{\boldsymbol{e}_0,\ \boldsymbol{e}_1,\ \boldsymbol{e}_2,\ \boldsymbol{e}_3\}$为 $M$ 中的一个标准正交基，由式(9－60)、(9－64)得

$$(\boldsymbol{e}_\alpha^*,\ \boldsymbol{e}_\beta^*)=a_\alpha^\gamma a_\beta^\delta(\boldsymbol{e}_\gamma,\ \boldsymbol{e}_\delta)=a_\alpha^\gamma a_\beta^\delta g_{\gamma\delta} \tag{9-65}$$

再注意到$\{\boldsymbol{e}_0^*,\ \boldsymbol{e}_1^*,\ \boldsymbol{e}_2^*,\ \boldsymbol{e}_3^*\}$也为 $M$ 中的一个标准正交基，立即得到

$$a_\alpha^\gamma a_\beta^\delta g_{\gamma\delta}=g_{\alpha\beta} \tag{9-66}$$

记洛伦茨变换的矩阵形式为

$$\boldsymbol{A}=(a_\alpha^\beta)_{4\times4}=\begin{pmatrix} a_0^0 & a_0^1 & a_0^2 & a_0^3\\ a_1^0 & a_1^1 & a_1^2 & a_1^3\\ a_2^0 & a_2^1 & a_2^2 & a_2^3\\ a_3^0 & a_3^1 & a_3^2 & a_3^3 \end{pmatrix} \tag{9-67}$$

注意到 $g_{\alpha\beta}$ 的定义式(9－61)，由式(9－66)不难看出：由式(9－63)给出的线性变换 $\boldsymbol{L}$ 为洛伦茨变换的充要条件是变换矩阵 $\boldsymbol{A}$[见式(9－67)]的行矢量构成 $M$ 的标准正交基。

式(9－66)的逆变形式为

$$a_\alpha^\gamma a_\beta^\delta g^{\alpha\beta}=g^{\gamma\delta} \tag{9-68}$$

这里 $g^{\alpha\beta}=g_{\alpha\beta}$，这说明，由式(9－63)给出的线性变换 $\boldsymbol{L}$ 为洛伦茨变换的充要条件是变换矩阵 $\boldsymbol{A}$[见式(9－67)]的列矢量构成 $M$ 的标准正交基。式(9－66)可等价写成如下矩阵形式：

$$\boldsymbol{A}^{\mathrm{T}}\begin{pmatrix} 1 & & & \\ & -1 & & \\ & & -1 & \\ & & & -1 \end{pmatrix}\boldsymbol{A}=\begin{pmatrix} 1 & & & \\ & -1 & & \\ & & -1 & \\ & & & -1 \end{pmatrix} \tag{9-69}$$

式中，$\boldsymbol{A}^{\mathrm{T}}$ 为 $\boldsymbol{A}$ 的转置。

由式(9－69)，得

$$A^{-1}=\begin{pmatrix}1&&&\\&-1&&\\&&-1&\\&&&-1\end{pmatrix}A^{\mathrm T}\begin{pmatrix}1&&&\\&-1&&\\&&-1&\\&&&-1\end{pmatrix}=\begin{pmatrix}a_0^0&-a_1^0&-a_2^0&-a_3^0\\-a_0^1&a_1^1&a_2^1&a_3^1\\-a_0^2&a_1^2&a_2^2&a_3^2\\-a_0^3&a_1^3&a_2^3&a_3^3\end{pmatrix}\tag{9-70}$$

记 $\boldsymbol{B}=\boldsymbol{A}^{-1}$ 的元素为 $b_\alpha^\beta$，则由式(9－64)给定的标准正交基 $\{\boldsymbol{e}_0, \boldsymbol{e}_1, \boldsymbol{e}_2, \boldsymbol{e}_3\}$ 用 $\{\boldsymbol{e}_0^*, \boldsymbol{e}_1^*, \boldsymbol{e}_2^*, \boldsymbol{e}_3^*\}$ 表示的形式为

$$\boldsymbol{e}_\alpha=b_\alpha^\beta\boldsymbol{e}_\beta^*\tag{9-71}$$

### 9.3.3　绝对张量

首先考察 $M$ 中的元素(即矢量)在洛伦茨变换下的变换情况。设 $\{\boldsymbol{e}_0, \boldsymbol{e}_1, \boldsymbol{e}_2, \boldsymbol{e}_3\}$ 为 $M$ 的一个标准正交基，$M$ 中的任一矢量 $\boldsymbol{x}$ 均可由这个基来线性表示：

$$\boldsymbol{x}=x^\alpha\boldsymbol{e}_\alpha\tag{9-72}$$

设 $\boldsymbol{L}$ 为由式(9－63)给出的洛伦茨变换，且在新的标准正交基 $\{\boldsymbol{e}_0^*, \boldsymbol{e}_1^*, \boldsymbol{e}_2^*, \boldsymbol{e}_3^*\}$ 下，$\boldsymbol{x}$ 表示为

$$\boldsymbol{x}=x^{*\beta}\boldsymbol{e}_\beta^*\tag{9-73}$$

将式(9－71)代入式(9－72)，得

$$\boldsymbol{x}=b_\alpha^\beta x^\alpha\boldsymbol{e}_\beta^*\tag{9-74}$$

将之与式(9－73)对比，得到

$$x^{*\beta}=b_\alpha^\beta x^\alpha\tag{9-75}$$

现在给出绝对矢量的定义。设一个量 $\boldsymbol{x}$ 在闵可夫斯基四维时空 $M$ 的一个标准正交基 $\boldsymbol{e}_\alpha$ 下，由 4 个实数表示为 $x^\alpha\boldsymbol{e}_\alpha$，而在经洛伦茨变换的新的标准正交基 $\boldsymbol{e}_\alpha^*$ 下，它由 4 个实数表示为 $x^{*\alpha}\boldsymbol{e}_\alpha^*$，如果满足下面关系式：

$$x^{*\beta}=b_\alpha^\beta x^\alpha\tag{9-76}$$

则称 $\boldsymbol{x}=x^\alpha\boldsymbol{e}_\alpha$ 为绝对矢量。

类似地，可给出二阶绝对张量的定义。设一个量 $\boldsymbol{T}$ 在闵可夫斯基四维时空 $M$ 的一个标准正交基 $\boldsymbol{e}_\alpha$ 下，由 16 个实数表示为 $T^{\alpha\beta}\boldsymbol{e}_\alpha\boldsymbol{e}_\beta$，而在经洛伦茨变换的新的标准正交基 $\boldsymbol{e}_\alpha^*$ 下，它由 16 个实数表示为 $T^{*\alpha\beta}\boldsymbol{e}_\alpha^*\boldsymbol{e}_\beta^*$，如果满足下面关系式：

$$T^{*\alpha\beta}=b_\gamma^\alpha b_\delta^\beta T^{\gamma\delta}\tag{9-77}$$

则称 $\boldsymbol{T}=T^{\alpha\beta}\boldsymbol{e}_\alpha\boldsymbol{e}_\beta$ 为二阶绝对张量。

闵可夫斯基时空中的更高阶绝对张量可利用类似方法定义，不再赘述。至于绝对标量，是不随标准正交基变换而改变的量。

上面利用逆变分量定义了绝对张量，类似欧氏空间，闵氏空间的绝对张量也可以用协变分量来定义。实际上，矢量 $\boldsymbol{x}$ 也可以用如下分量来表示：

$$x_\alpha=(\boldsymbol{x}, \boldsymbol{e}_\alpha)\tag{9-78}$$

经洛伦茨变换[见式(9－64)]，新标准正交基 $\boldsymbol{e}_\alpha^*$ 下的矢量分量变为

$$x_\alpha^*=(\boldsymbol{x}, \boldsymbol{e}_\alpha^*)\tag{9-79}$$

将式(9-64)代入上式，即得

$$x_\alpha^* = a_\alpha^\gamma(\boldsymbol{x},\ \boldsymbol{e}_\gamma) = a_\alpha^\gamma x_\gamma \tag{9-80}$$

这说明，绝对矢量的协变分量 $x_\alpha$ 在洛伦茨变换下的变换关系式与标准正交基的变换关系式一致。

类似地，直接写出二阶绝对张量的协变分量和混合分量的变换关系式：

$$T_{\alpha\beta}^* = a_\alpha^\gamma a_\beta^\delta T_{\gamma\delta} \tag{9-81}$$

$$T_\alpha^{*\beta} = a_\alpha^\gamma a_\delta^\beta T_\gamma^\delta \tag{9-82}$$

容易验证

$$(g_{\alpha\beta}) = (g^{\alpha\beta}) = \begin{pmatrix} 1 & & & \\ & -1 & & \\ & & -1 & \\ & & & -1 \end{pmatrix} \tag{9-83}$$

既是二阶绝对张量，又是二阶逆变张量，在一切洛伦茨变换下均保持不变。

### 9.3.4 张量运算

闵氏空间上的张量运算(线性运算和微分运算)规则与欧氏空间基本相同，下面只列出张量并积、缩并和求偏导运算公式。

**1. 张量并积**

设 $\boldsymbol{x}$ 为绝对矢量，$\boldsymbol{T}$ 为二阶绝对张量，则 $\boldsymbol{S}=\boldsymbol{x}\boldsymbol{T}$ 为三阶绝对张量。这从下式可以看出：

$$S_\beta^{*\alpha\gamma} = x^{*\alpha} T_\beta^{*\gamma} = b_\lambda^\alpha x^\lambda a_\beta^\mu b_\nu^\gamma T_\mu^\nu = b_\lambda^\alpha a_\beta^\mu b_\nu^\gamma S_\mu^{\lambda\nu} \tag{9-84}$$

**2. 张量缩并**

缩并运算后张量阶次下降 2，如$(S_\beta^{\alpha\gamma})$为三阶绝对矢量，缩并运算后$(S_\beta^{\alpha\beta})$为一阶绝对张量即绝对矢量。这从下式可以看出：

$$S_\beta^{*\alpha\beta} = b_\lambda^\alpha b_\mu^\beta a_\beta^\nu S_\mu^{\lambda\nu} = b_\lambda^\alpha S_\mu^{\lambda\mu} \tag{9-85}$$

上式利用了 $\boldsymbol{B}$ 为 $\boldsymbol{A}$ 的逆阵性质。

**3. 协变导数**

协变导数后张量阶次提高 1，如$(T^{\alpha\beta})$为二阶绝对矢量，则

$$S_\gamma^{\alpha\beta} = \frac{\partial t^{\alpha\beta}}{\partial x^\gamma}$$

为三阶绝对张量，具体为二阶逆变分量表示的一阶协变导数。这从下式可以看出：

$$S_\gamma^{*\alpha\beta} = \frac{\partial t^{*\alpha\beta}}{\partial x^{*\gamma}} = \frac{\partial x^\delta}{\partial x^{*\gamma}} \frac{\partial}{\partial x^\delta}(b_\lambda^\alpha b_\mu^\beta T^{\lambda\mu}) = a_\gamma^\delta b_\lambda^\alpha b_\mu^\beta \frac{\partial T^{\lambda\mu}}{\partial x^\delta} \tag{9-86}$$

## 9.4 相对论力学

我们在 9.1 节中已经证明牛顿力学方程具有伽利略变换下的绝对性，故不可能具

有洛伦茨变换下的绝对性，即牛顿力学不服从狭义相对论原理。

修正牛顿力学要满足两个要求：第一，新力学应该服从狭义相对性原理；第二，当物体运动速度远小于光速时，新力学的方程能自动蜕化为牛顿力学方程。本节介绍狭义相对论质点运动学和质点动力学方程。

### 9.4.1　质点运动学

#### 1. 瞬时惯性系

我们首先介绍瞬时静止惯性系，简称瞬时惯性系、固有系，它是为了研究任意运动粒子而引入的一种参考系，其特点是相对于所研究粒子的瞬时速度为 0，这是一个在相对论中非常有用的工具。

瞬时惯性系是对某一特定的研究对象(例如运动粒子)而言的，如果粒子相对于某一惯性系做加速运动，而惯性系不能具有加速度，因此，瞬时惯性系只是在某一瞬时随粒子一起运动，而不同时刻的瞬时惯性系不同，这就是“瞬时”的意义。也可以这样理解：在粒子的加速运动轨迹上存在许多瞬时惯性系，其速度等于粒子在某时刻的瞬时速度。

#### 2. 四维位移

在欧氏空间上，时间坐标记为 $t$，空间坐标记为 $x^i$，$i=1, 2, 3$。闵氏空间将时间和空间联系在一起，时空坐标记为 $x^\alpha$，$\alpha=0, 1, 2, 3$，其中 $x^0=ct$，这里引入光速 $c$ 的目的是使 $x^0$ 的量纲为长度的量纲，与空间坐标 $x^1$，$x^2$，$x^3$ 的量纲保持一致。以后用 $x^\alpha(\alpha=0, 1, 2, 3)$表示惯性系。

闵可夫斯基四维时空 $M$ 中的点称为事件，一个粒子的历史，在 $M$ 中表示为一个连续序列事件，称为该粒子的世界线。设一个粒子的世界线上的事件，在标准正交基分别为$\{\boldsymbol{e}_0, \boldsymbol{e}_1, \boldsymbol{e}_2, \boldsymbol{e}_3\}$和$\{\boldsymbol{e}_0^*, \boldsymbol{e}_1^*, \boldsymbol{e}_2^*, \boldsymbol{e}_3^*\}$的惯性系 $x^\alpha$ 和 $x^{*\alpha}$下，时空坐标分别为$(x^0, x^1, x^2, x^3)$和$(x^{*0}, x^{*1}, x^{*2}, x^{*3})$，则由式(9-76)可知

$$\mathrm{d}x^{*\alpha}=a^\alpha_\beta \mathrm{d}x^\beta \tag{9-87}$$

因此，$(\mathrm{d}x^0, \mathrm{d}x^1, \mathrm{d}x^2, \mathrm{d}x^3)$为 $M$ 中的绝对矢量，称为闵氏四维位移。在惯性系 $x^\alpha$ 和 $x^{*\alpha}$下，四维位移为

$$\mathrm{d}\boldsymbol{x}=\mathrm{d}x^\alpha \boldsymbol{e}_\alpha \tag{9-88}$$

$$\mathrm{d}\boldsymbol{x}^*=\mathrm{d}x^{*\alpha} \boldsymbol{e}_\alpha^* \tag{9-89}$$

二者相等，分量变换满足式(9-87)。

#### 3. 四维速度

四维位移 $\mathrm{d}\boldsymbol{x}$ 为绝对矢量，但由于钟慢尺缩效应，时间 $t$ 的微分 $\mathrm{d}t$ 不是四维标量，$\dfrac{\mathrm{d}\boldsymbol{x}}{\mathrm{d}t}$并不是绝对矢量，自然不能作为四维速度。

由式(9-87)，并注意到 $M$ 中的内积在洛伦茨变换下的不变性，有

$$(\mathrm{d}x^0)^2-\sum_{i=1}^{3}(\mathrm{d}x^i)^2=(\mathrm{d}x^{*0})^2-\sum_{i=1}^{3}(\mathrm{d}x^{*i})^2 \tag{9-90}$$

设粒子相对于惯性系 $x^\alpha$ 和 $x^{*\alpha}$ 的运动速度大小分别为 $v$ 和 $v^*$，由于 $\sum_{i=1}^{3}(\mathrm{d}x^i)^2$、$\sum_{i=1}^{3}(\mathrm{d}x^{*i})^2$ 分别为在 $x^\alpha$ 和 $x^{*\alpha}$ 中观测到的粒子在时间间隔 $\mathrm{d}t$,$\mathrm{d}t^*$ 内运动距离的二次方：

$$\sum_{i=1}^{3}\left(\frac{\mathrm{d}x^i}{\mathrm{d}t}\right)^2 = v^2$$

$$\sum_{i=1}^{3}\left(\frac{\mathrm{d}x^{*i}}{\mathrm{d}t}\right)^2 = v^{*2}$$

这样，式(9-90)可改写为

$$(\mathrm{d}x^0)^2-(v\mathrm{d}t)^2=(\mathrm{d}x^{*0})^2-(v^*\mathrm{d}t^*)^2 \tag{9-91}$$

注意到 $x^0=ct$ 和 $x^{*0}=ct^*$，上式可写为

$$\sqrt{1-\left(\frac{v}{c}\right)^2}\,\mathrm{d}t=\sqrt{1-\left(\frac{v^*}{c}\right)^2}\,\mathrm{d}t^* \tag{9-92}$$

记

$$\mathrm{d}\tau=\sqrt{1-\left(\frac{v}{c}\right)^2}\,\mathrm{d}t \tag{9-93}$$

由式(9-92)知，$\mathrm{d}\tau$ 为闵氏四维绝对标量，称为固有时间间隔。

以 $M$ 中的四维绝对标量 $\mathrm{d}\tau$，除四维绝对位移 $\mathrm{d}\boldsymbol{x}$，得到的是四维绝对矢量$\dfrac{\mathrm{d}\boldsymbol{x}}{\mathrm{d}\tau}$，称为闵氏四维速度，记为 $\boldsymbol{u}$，其分量为

$$(u^0,\ u^1,\ u^2,\ u^3)=\left(\frac{\mathrm{d}x^0}{\mathrm{d}\tau},\ \frac{\mathrm{d}x^1}{\mathrm{d}\tau},\ \frac{\mathrm{d}x^2}{\mathrm{d}\tau},\ \frac{\mathrm{d}x^3}{\mathrm{d}\tau}\right) \tag{9-94}$$

注意到 $\mathrm{d}\tau$ 的定义式(9-93)，有

$$(u^0,\ u^1,\ u^2,\ u^3)=\gamma(c,\ v^1,\ v^2,\ v^3) \tag{9-95}$$

式中，

$$\gamma=\frac{1}{\sqrt{1-\left(\frac{v}{c}\right)^2}},\qquad v=|\boldsymbol{v}| \tag{9-96}$$

而 $\boldsymbol{v}$ 为牛顿意义下的三维速度：

$$\boldsymbol{v}=(v^1,\ v^2,\ v^3)=\left(\frac{\mathrm{d}x^1}{\mathrm{d}t},\ \frac{\mathrm{d}x^2}{\mathrm{d}t},\ \frac{\mathrm{d}x^3}{\mathrm{d}t}\right) \tag{9-97}$$

注意，这里 $\boldsymbol{u}$ 为粒子的闵氏四维速度，$\boldsymbol{v}$ 为牛顿三维速度。

**4. 四维动量**

以 $m_0$ 表示粒子在静止时的质量，称为静止质量、固有质量。可合理地认为粒子静止质量 $m_0$ 为四维绝对标量，其与四维速度的乘积是绝对矢量，称为四维动量，其分量记为

$$(p^0,\ p^1,\ p^2,\ p^3)=m_0(u^0,\ u^1,\ u^2,\ u^3) \tag{9-98}$$

以 $\boldsymbol{p}=(p^1,\ p^2,\ p^3)$表示四维动量的空间分量，由式(9-95)，知

$$\boldsymbol{p}=m\boldsymbol{v} \tag{9-99}$$

式中，

$$m=\gamma m_0 \tag{9-100}$$

称为粒子的惯性质量。需要注意的是，惯性质量 $m$ 不是洛伦茨变换下的不变量，故不是四维绝对标量，而静止质量 $m_0$ 才是四维绝对标量。换言之，牛顿意义下的惯性质量 $m$ 是绝对标量，相对论意义的惯性质量 $m$ 不是绝对标量。需要指出的是，从式(9-100)可以看出，当粒子速度接近光速时，$\gamma$ 无限大，惯性质量 $m$ 无限大，在有限外力作用下，粒子加速度无限小，速度不可能超过光速。

现在考察四维动量的时间分量 $p^0$，由式(9-95)、(9-98)和(9-100)，得

$$p^0=\frac{1}{c}E \tag{9-101}$$

式中，

$$E=mc^2 \tag{9-102}$$

为粒子的总能量。

这样，四维动量可以写成

$$(p^0,\ p^1,\ p^2,\ p^3)=\left(\frac{1}{c}E,\ \boldsymbol{p}\right) \tag{9-103}$$

可见，四维动量的时间分量给出了粒子总能量 $E$(除以光速 $c$)，空间分量给出了粒子动量 $\boldsymbol{p}$，因此，四维动量又称为四维能量-动量矢量。

对于任一个四维绝对矢量，其时间分量的二次方减去空间分量的二次方和是一个四维绝对标量，特别地，对四维速度，由式(9-95)得

$$(u^0)^2-[(u^1)^2+(u^2)^2+(u^3)^2]=c^2 \tag{9-104}$$

再利用四维动量的定义，有

$$(p^0)^2-[(p^1)^2+(p^2)^2+(p^3)^2]=\frac{1}{c^2}E_0^2 \tag{9-105}$$

式中，

$$E_0=m_0c^2 \tag{9-106}$$

为粒子的静止能量，是四维绝对标量，注意到 $p^0$ 的表达式(9-101)，式(9-105)可改写为

$$E^2-c^2\,|\boldsymbol{p}|=E_0^2 \tag{9-107}$$

这说明，该式左端项，即粒子总能量的二次方与动量乘以光速二次方之差是四维绝对标量，且等于静止能量，该式也称为能量-动量公式。

爱因斯坦的质能转换关系式(9-102)是狭义相对论中最重要的公式之一，它表明，一定的质量就代表一定的能量，即使一个处于静止状态的物体，由于光速 $c$ 是一个很大的量，其能量也是惊人的，如 1 kg 物质的静止能量大约相当于 100 万 kW 的发电站三年的发电量。爱因斯坦的质能转换关系式已为后来大量实验所证实，对原子弹、反应堆起到了重要的理论指导价值。

**5. 四维加速度**

类似地，以 $M$ 中的四维绝对标量 $\mathrm{d}\tau$ 除四维绝对速度微分 $\mathrm{d}\boldsymbol{u}$，得到的是四维绝对矢量$\dfrac{\mathrm{d}\boldsymbol{u}}{\mathrm{d}\tau}$，称为四维加速度，记为 $\boldsymbol{w}$，其分量为

$$(w^0,\ w^1,\ w^2,\ w^3)=\left(\frac{\mathrm{d}u^0}{\mathrm{d}\tau},\ \frac{\mathrm{d}u^1}{\mathrm{d}\tau},\ \frac{\mathrm{d}u^2}{\mathrm{d}\tau},\ \frac{\mathrm{d}u^3}{\mathrm{d}\tau}\right) \tag{9-108}$$

记牛顿意义下的三维加速度为 $\boldsymbol{a}$：

$$\boldsymbol{a}=\frac{\mathrm{d}\boldsymbol{v}}{\mathrm{d}t}=\frac{\mathrm{d}^2\boldsymbol{x}}{\mathrm{d}t^2} \tag{9-109}$$

利用式(9－108)，并注意到式(9－96)中的 $\gamma$ 还是 $\boldsymbol{v}$ 的函数，可得到相对论加速度和牛顿加速度之间的关系式为

$$\boldsymbol{w}=\left(\gamma^4\ \frac{\boldsymbol{a}\cdot\boldsymbol{v}}{c},\ \gamma^2\boldsymbol{a}+\gamma^4\ \frac{(\boldsymbol{a}\cdot\boldsymbol{v})}{c^2}\boldsymbol{v}\right) \tag{9-110}$$

可以看出，四维加速度的空间分量并不是普通意义下的三维加速度。

## 9.4.2 质点动力学

动力学描述了运动和受力之间的关系，为此，还需要定义四维力。将粒子的四维动量$(p^0,\ p^1,\ p^2,\ p^3)$对固有时间 $\tau$ 求导，得到四维绝对矢量，称为四维力，并记为 $\boldsymbol{g}$：

$$(g^0,\ g^1,\ g^2,\ g^3)=\left(\frac{\mathrm{d}p^0}{\mathrm{d}\tau},\ \frac{\mathrm{d}p^1}{\mathrm{d}\tau},\ \frac{\mathrm{d}p^2}{\mathrm{d}\tau},\ \frac{\mathrm{d}p^3}{\mathrm{d}\tau}\right) \tag{9-111}$$

四维力也称为闵氏力。

由式(9－111)可知，在惯性系下，当四维力$(g^0,\ g^1,\ g^2,\ g^3)=\mathbf{0}$ 时，四维动量$(p^0,\ p^1,\ p^2,\ p^3)$守恒，进一步由式(9－103)可知，四维动量包括总能量 $E$(除以光连 $c$)和动量 $\boldsymbol{p}$，因此，当四维动量守恒时，不仅动量守恒，而且能量守恒，这样，动量和能量这两条守恒定律归结于一条守恒定律，即四维动量守恒。

四维力的空间分量为

$$g^i=\frac{\mathrm{d}p^i}{\mathrm{d}\tau}=\gamma\ \frac{\mathrm{d}p^i}{\mathrm{d}t}\quad (i=1,\ 2,\ 3) \tag{9-112}$$

式中，$\dfrac{\mathrm{d}p^i}{\mathrm{d}t}$为牛顿力学意义下力的分量，记为 $\boldsymbol{f}$：

$$\boldsymbol{f}=(f^1,\ f^2,\ f^3)=\frac{\mathrm{d}\boldsymbol{p}}{\mathrm{d}t} \tag{9-113}$$

需要注意 $\boldsymbol{f}$ 并不是四维力的空间分量，$\gamma\boldsymbol{f}$ 才是四维力的空间分量。

现在考察四维力的时间分量：

$$g^0=\frac{\mathrm{d}p^0}{\mathrm{d}\tau}=\frac{\gamma}{c}\frac{\mathrm{d}E}{\mathrm{d}t} \tag{9-114}$$

将式(9－107)两端关于 $t$ 求导，并注意到$\dfrac{\mathrm{d}E_0}{\mathrm{d}t}=0$，得到

$$E\frac{\mathrm{d}E}{\mathrm{d}t}=c^2\boldsymbol{p}\cdot\frac{\mathrm{d}\boldsymbol{p}}{\mathrm{d}t} \tag{9-115}$$

再利用式(9－99)和式(9－102)，并注意到式(9－113)，得到

$$\frac{\mathrm{d}E}{\mathrm{d}t}=\boldsymbol{v}\cdot\boldsymbol{f} \tag{9-116}$$

这说明，粒子总能量的变化率等于粒子受到普通力的做功率，这也是为什么将 $E$(除以光连 $c$)称为粒子总能量的原因。由式(9－114)、(9－116)知，

$$g^0=\frac{\gamma}{c}\boldsymbol{v}\cdot\boldsymbol{f} \tag{9-117}$$

综合式(9－112)、(9－113)和(9－117)，得到四维力的表达式为

$$(g^0,\ g^1,\ g^2,\ g^3)=\gamma\left(\frac{1}{c}\boldsymbol{v}\cdot\boldsymbol{f},\ \boldsymbol{f}\right) \tag{9-118}$$

式(9－118)是狭义相对论粒子的四维力方程，由于左端是四维绝对矢量，这要求右端项 $\gamma\left(\frac{1}{c}\boldsymbol{v}\cdot\boldsymbol{f},\ \boldsymbol{f}\right)$ 也是一个四维绝对矢量。

## 9.5　相对论流体力学

对于流体流动，当流动的宏观速度接近于光速时，就必须考虑相对论效应，另外，即使宏观流速不高，但流体粒子的微观速度很高时，相对论效应也不可以忽略。然而，真正开始相对论流体力学的研究起步较晚，直至 1970 年才举行了第一次相对论流体力学国际研讨会。此后，由于等离子物理和核物理发展的需求，相对论流体力学取得的一些理论研究进展，在高能天体等离子体、核物理重离子反应分析中得到了应用。

本节推导无黏绝热流动的相对论流体力学方程，关于实际有黏性及传热的相对论流体力学方程，已有一些理论模型，但至今尚无令人满意的简洁美观的方程，仍处于探索完善中。

### 9.5.1　能动张量

在相对论中，质量不再守恒，只代表总能量中的一部分，质量和能量守恒需一并考虑，此外，根据四维动量公式，一个能量分量和三个动量分量共同组成四维动量，能量和动量相互联系着，而且，建立守恒方程的关键是计算控制界面上的动量和能量流密度张量。为方便计，将压力产生的动量合并入动量流密度张量中，记为 $\rho\boldsymbol{uu}+p\boldsymbol{I}$，这里 $\boldsymbol{I}$ 为二阶单位张量。

相对论要求能量-动量流密度张量($T^{\alpha\beta}$)，简称能动张量，为 $M$ 中的四维二阶绝对张量，其中 $T^{00}$ 表示单位体积的能量，而($T^{01}$，$T^{02}$，$T^{03}$)表示单位时间内通过单位面积的能量，一旦确定了($T^{00}$，$T^{01}$，$T^{02}$，$T^{03}$)，其散度形式

$$\frac{\partial T^{0\beta}}{\partial x^\beta}=0 \tag{9-119}$$

即为能量守恒方程。相应地，以 $\frac{1}{c}$($T^{10}$，$T^{20}$，$T^{30}$)表示单位体积的动量，而 $T^{ij}$ 表示单

位时间内通过单位面积的动量，其散度形式同样为动量守恒方程。

现在来计算能动张量($T^{\alpha\beta}$)。对于任意给定的一个流体微元系统(流体质点)，采用瞬时惯性系，使该微元在该瞬时惯性系中是静止的。将瞬时惯性系记为 $x^{*\alpha}$，我们有

$$T^{*00}=\mu \tag{9-120}$$

式中，$\mu$ 为固有内能密度，即在相对于流体静止的瞬时惯性系中观测到的内能密度值，包括流体的热力学能、化学能等，以及质量相应的相对论能量。此外，注意到瞬时惯性系的属性，显然有

$$T^{*01}=T^{*02}=T^{*03}=0 \tag{9-121}$$

至于动量，在瞬时惯性系 $x^{*i}$ 下，显然有

$$T^{*10}=T^{*20}=T^{*30}=0 \tag{9-122}$$

且单位时间内通过单位面积的动量只有压力冲量，即

$$(T^{*ij})=\begin{pmatrix} p & & \\ & p & \\ & & p \end{pmatrix} \tag{9-123}$$

综合式(9-120)～(9-123)，得到瞬时惯性系下的能动张量为

$$(T^{*\alpha\beta})=\begin{pmatrix} \mu & & & \\ & p & & \\ & & p & \\ & & & p \end{pmatrix} \tag{9-124}$$

下面利用洛伦茨变换，推导一般惯性系 $x^\alpha$ 下的能动张量。设在惯性系 $x^\alpha$ 下，流体微元的宏观速度为 $\boldsymbol{v}=(v_1, v_2, v_3)$，按瞬时惯性系 $x^{*\alpha}$ 的属性，$x^\alpha$ 相对于 $x^{*\alpha}$ 的运动速度为 $\boldsymbol{V}=-\boldsymbol{v}$，易得该洛伦茨变换为

$$x^\alpha=a^\alpha_\beta x^{*\beta} \tag{9-125}$$

式中，

$$(a^\alpha_\beta)_{4\times4}=\begin{pmatrix} \gamma & \gamma\dfrac{v_1}{c} & \gamma\dfrac{v_2}{c} & \gamma\dfrac{v_3}{c} \\ \gamma\dfrac{v_1}{c} & \dfrac{\gamma-1}{v^2}v_1v_1+1 & \dfrac{\gamma-1}{v^2}v_1v_2 & \dfrac{\gamma-1}{v^2}v_1v_3 \\ \gamma\dfrac{v_2}{c} & \dfrac{\gamma-1}{v^2}v_2v_1 & \dfrac{\gamma-1}{v^2}v_2v_2+1 & \dfrac{\gamma-1}{v^2}v_2v_3 \\ \gamma\dfrac{v_3}{c} & \dfrac{\gamma-1}{v^2}v_3v_1 & \dfrac{\gamma-1}{v^2}v_3v_2 & \dfrac{\gamma-1}{v^2}v_3v_3+1 \end{pmatrix} \tag{9-126}$$

而

$$\gamma=\frac{1}{\sqrt{1-\left(\dfrac{v}{c}\right)^2}},\qquad v=|\boldsymbol{v}| \tag{9-127}$$

根据四维二阶绝对张量的变换关系，得惯性系 $x^\alpha$ 下的 $T^{\alpha\beta}$ 为

$$T^{00}=a_{\alpha}^{0}a_{\beta}^{0}T^{*\alpha\beta}=\frac{\mu+p\dfrac{v^2}{c^2}}{1-\dfrac{v^2}{c^2}} \tag{9-128}$$

$$T^{0i}=T^{i0}=a_{\alpha}^{i}a_{\beta}^{0}T^{*\alpha\beta}=\gamma^2\mu\frac{v_i}{c}+\sum_{j=1}^{3}\gamma p\left(\frac{\gamma-1}{v^2}v_iv_j+\delta_{ij}\right)\frac{v_j}{c}=\frac{(\mu+p)v_i}{c\left(1-\dfrac{v^2}{c^2}\right)} \tag{9-129}$$

$$\begin{aligned}T^{ij}&=a_{\alpha}^{i}a_{\beta}^{j}T^{*\alpha\beta}=\gamma^2\mu\frac{v_iv_j}{c}+\sum_{k=1}^{3}p\left(\frac{\gamma-1}{v^2}v_iv_k+\delta_{ik}\right)\times\left(\frac{\gamma-1}{v^2}v_jv_k+\delta_{jk}\right)\\&=\frac{(\mu+p)v_iv_j}{c^2\left(1-\dfrac{v^2}{c^2}\right)}+p\delta_{ij}\end{aligned} \tag{9-130}$$

注意到四维速度式(9－95)，上述三式(9－128)～(9－130)可统一写为如下简洁美观形式：

$$T^{\alpha\beta}=\frac{1}{c^2}(\mu+p)u^{\alpha}u^{\beta}-pg^{\alpha\beta} \tag{9-131}$$

式中，$g^{\alpha\beta}$为四维度量张量；$\mu$ 是固有内能密度，不随参考系的变化而改变；此外，$p$ 也是在瞬时惯性下测量的，但可以证明为洛伦茨变换下的不变量。

### 9.5.2　能动守恒律方程

有了能动张量($T^{\alpha\beta}$)，就可立即得到相对论流体力学中描述能量和动量守恒的方程

$$\frac{\partial T^{\alpha\beta}}{\partial x^{\beta}}=0 \tag{9-132}$$

注意到 $T^{\alpha\beta}$为四维二阶绝对张量，上式为四维绝对矢量方程，如在一个惯性系(如瞬态惯性系)下成立，则在任意惯性系下亦成立。

将式(9－131)代入式(9－132)，并注意到 $x^0=ct$，$x^i=x_i$，得到

$$\frac{\partial}{\partial t}\left(\frac{\mu+p}{c^2-v^2}-\frac{p}{c^2}\right)+\frac{\partial}{\partial x_k}\left(\frac{\mu+p}{c^2-v^2}v_k\right)=0 \tag{9-133}$$

$$\frac{\partial}{\partial t}\left(\frac{\mu+p}{c^2-v^2}v_i\right)+\frac{\partial}{\partial x_k}\left(\frac{\mu+p}{c^2-v^2}v_iv_j+p\delta_{ik}\right)=0 \tag{9-134}$$

以 $\rho$ 表示固有质量密度，即在瞬态惯性下单位体积流体的静止质量；以 $e$ 表示单位静止质量的热力学能。则上式中

$$\mu=\rho c^2+\rho e \tag{9-135}$$

如同在牛顿流体力学中，$\rho$，$p$，$e$ 等热力学参数中只有两个独立，其他按状态方程及热力学关系式计算。

式(9－133)～(9－134)中的方程个数为 4，但却有 5 个基本求解变量，需要补充另外一个守恒律方程。在相对论流体力学中，质量不再是守恒量，但流体的粒子数却是守恒的。设 $n$ 表示固有粒子密度，即在瞬态惯性系下单位体积流体中的粒子的个数，

这样，粒子流四维矢量在瞬态惯性系下的表示式为($cn$，0，0，0)，其中第 0 个分量表示该系下单位体积所含粒子数乘以光速 $c$，后 3 个分量表示单位时间通过单位面积的粒子数为 0，利用洛伦茨变换，一般惯性系下粒子流矢量为

$$(nu^0,\ nu^1,\ nu^2,\ nu^3) \tag{9-136}$$

这样，就得到如下粒子数守恒方程

$$\frac{\partial}{\partial x^\alpha}(nu^\alpha)=0 \tag{9-137}$$

注意到

$$\rho=nm_0 \tag{9-138}$$

式中，$m_0$ 表示单个粒子的平均静止质量。式(9-137)可以写成

$$\frac{\partial}{\partial x^\alpha}(\rho u^\alpha)=0 \tag{9-139}$$

该式也称为连续方程。注意到 $x^0=ct$，$x^i=x_i$，以及四维速度表达式，式(9-139)又可以写成

$$\frac{\partial}{\partial t}\left(\frac{\rho}{\sqrt{1-\dfrac{v^2}{c^2}}}\right)+\frac{\partial}{\partial x_k}\left(\frac{\rho}{\sqrt{1-\dfrac{v^2}{c^2}}}v_k\right)=0 \tag{9-140}$$

方程式(9-133)、(9-134)和(9-140)构成相对论理想流体力学控制方程，是关于 5 个基本求解变量($\rho$，$v_i$，$\mu$)的 5 个偏微分方程，其他求解变量按状态方程及热力学关系式求出，方程组封闭。

容易推导出相对论欧拉方程为

$$\frac{\partial v_i}{\partial t}+v_k\ \frac{\partial v_i}{\partial x_k}+\frac{c^2-v^2}{\mu+p}\left(\frac{1}{c^2}v_i\ \frac{\partial p}{\partial t}+\frac{\partial p}{\partial x_i}\right)=0 \tag{9-141}$$

从上式可以看出，当 $c\to\infty$时，相对论欧拉方程退化为经典的欧拉方程，但当 $\mu$ 很大，如热力学能 $e$ 即微观速度很大时，即使流体粒子运动速度远低于光速，相对论效应也不可忽略。

## 9.6 相对论电磁流体力学

在浩瀚的宇宙中，99%以上的物质是以等离子体的形式存在的，无论从宏观运动速度还是微观运动速度来看，宇宙中的等离子体运动都应该考虑相对论效应，本节介绍相对论磁流体力学方程。

### 9.6.1 相对论麦克斯韦方程

首先考察电荷。实验证明：当从一个惯性系变换为另一个惯性系时，带电粒子的电荷量保持不变，即带电粒子的电荷量与运动状态无关，因此，电荷量是洛伦茨变换的不变量。以 $\rho_0$ 表示瞬态惯性系 $x^{*i}$下流体的电荷密度，它是 $M$ 中的四维绝对标量。

但在一般惯性系 $x^i$ 下，由于瞬态惯性系 $x^{*i}$以流体的宏观速度 $\boldsymbol{v}$ 运动，在瞬态惯性

系测得的空间长度，其在 $\boldsymbol{v}$ 方向上空间长度要收缩为瞬态惯性系中测得的空间长度的 $\frac{1}{\gamma}$ 倍，在垂直 $\boldsymbol{v}$ 方向上的空间长度保持不变，这样，在瞬态惯性系下的体积微元为 $\mathrm{d}V_0$，在惯性系下的体积微元为 $\mathrm{d}V=\frac{1}{\gamma}\mathrm{d}V_0$，因此，在惯性系 $x^i$ 下，电荷密度 $\rho$ 满足如下变换关系：

$$\rho=\gamma\rho_0 \tag{9-142}$$

换言之，电荷密度 $\rho$ 不是四维绝对标量。

其次考察电流。有了电荷密度，就可以得到惯性系 $x^i$ 下的电流密度为

$$\boldsymbol{j}=\rho\boldsymbol{v} \tag{9-143}$$

式中，$\boldsymbol{v}$ 为惯性系 $x^i$ 下观测的流体宏观速度，记

$$(j^0,\ j^1,\ j^2,\ j^3)=(\rho c,\ \rho v^1,\ \rho v^2,\ \rho v^3) \tag{9-144}$$

注意到式(9-95)及式(9-143)，式(9-144)可改写为

$$(j^0,\ j^1,\ j^2,\ j^3)=\rho_0(u^0,\ u^1,\ u^2,\ u^3) \tag{9-145}$$

这说明$(j^0,\ j^1,\ j^2,\ j^3)$为 $M$ 中的四维绝对矢量，称为四维电流密度。

描述电荷守恒定律的连续方程为

$$\frac{\partial\rho}{\partial t}+\nabla\cdot\boldsymbol{j}=0 \tag{9-146}$$

其在 $M$ 中表示为四维电流密度的四维散度为 0：

$$\frac{\partial j^\alpha}{\partial x^\alpha}=0 \tag{9-147}$$

下来考察真空中的麦克斯韦方程。在一个惯性系下的静止电荷只产生静电场，但在另一个惯性系下这个电荷变成运动电荷，除了产生电场外，还会激发磁场，因此，电场矢量和磁场矢量不能分别看成两个四维绝对矢量的空间分量，而必须将它们放在一起考察。由于一共有 6 个分量，可将其视为 $M$ 中的反对称二阶张量。

为了给出该张量，我们从电磁场的标势 $\phi$ 和矢势 $\boldsymbol{A}$ 出发，在洛伦茨规范下，二者分别满足如下波动方程：

$$\frac{1}{c^2}\frac{\partial^2\phi}{\partial t^2}-\Delta\phi=\frac{\rho}{\varepsilon_0} \tag{9-148}$$

$$\frac{1}{c^2}\frac{\partial^2\boldsymbol{A}}{\partial t^2}-\Delta\boldsymbol{A}=\mu_0\boldsymbol{j} \tag{9-149}$$

及洛伦茨规范：

$$\frac{1}{c^2}\frac{\partial\phi}{\partial t}+\nabla\cdot\boldsymbol{A}=0 \tag{9-150}$$

式中，$\varepsilon_0$ 和 $\mu_0$ 分别为真空中的介电常数和磁导率，满足 $\varepsilon_0\mu_0=\frac{1}{c^2}$。式(9-148)右端项除以 $c$ 和式(9-149)右端项组成的四维矢量

$$\left(\frac{\rho}{c\varepsilon_0},\ \mu_0\boldsymbol{j}\right)=\mu_0(j^0,\ j^1,\ j^2,\ j^3) \tag{9-151}$$

是 $M$ 中的四维绝对矢量，而其左端项为波动算子，在洛伦茨变换下是不变量，因此

$$(A^0,\ A^1,\ A^2,\ A^3)=\left(\frac{1}{c}\phi,\ \boldsymbol{A}\right) \tag{9-152}$$

是四维绝对矢量，而方程式(9－148)～(9－150)可分别表述为如下形式：

$$\prod A^\alpha=\mu_0 j^\alpha \tag{9-153}$$

$$\frac{\partial A^\alpha}{\partial x^\alpha}=0 \tag{9-154}$$

式中，$\prod$表示波动算子：

$$\prod=g^{\alpha\beta}\frac{\partial}{\partial x^\alpha}\frac{\partial}{\partial x^\beta} \tag{9-155}$$

由四维绝对矢量 $A^\alpha$，可定义如下四维二阶绝对反对称张量：

$$F^{\alpha\beta}=g^{\beta\delta}\frac{\partial A^\alpha}{\partial x^\delta}-g^{\alpha\delta}\frac{\partial A^\beta}{\partial x^\delta} \tag{9-156}$$

容易看出，其分量表达式为

$$F^{00}=F^{11}=F^{22}=F^{33}=0$$

$$F^{01}=-F^{10}=-\frac{1}{c}\left(\frac{\partial A^1}{\partial t}+\frac{\partial\phi}{\partial x^1}\right)$$

$$F^{02}=-F^{20}=-\frac{1}{c}\left(\frac{\partial A^2}{\partial t}+\frac{\partial\phi}{\partial x^2}\right)$$

$$F^{03}=-F^{30}=-\frac{1}{c}\left(\frac{\partial A^3}{\partial t}+\frac{\partial\phi}{\partial x^3}\right)$$

$$F^{12}=-F^{21}=\frac{\partial A^2}{\partial x^1}-\frac{\partial A^1}{\partial x^2}$$

$$F^{13}=-F^{31}=\frac{\partial A^3}{\partial x^1}-\frac{\partial A^1}{\partial x^3}$$

$$F^{23}=-F^{32}=\frac{\partial A^3}{\partial x^2}-\frac{\partial A^2}{\partial x^3}$$

再利用电场强度 $\boldsymbol{E}$ 和磁感应强度 $\boldsymbol{B}$ 与电磁场标势 $\phi$ 和矢势 $\boldsymbol{A}$ 之间的关系

$$\boldsymbol{E}=-\nabla\phi-\frac{\partial\boldsymbol{A}}{\partial t} \tag{9-157}$$

$$\boldsymbol{B}=\nabla\times\boldsymbol{A} \tag{9-158}$$

$F^{\alpha\beta}$可写为矩阵形式：

$$(F^{\alpha\beta})_{4\times4}=\begin{pmatrix} 0 & \frac{1}{c}E_1 & \frac{1}{c}E_2 & \frac{1}{c}E_3 \\ \frac{1}{c}E_1 & 0 & B_3 & -B_2 \\ \frac{1}{c}E_2 & -B_3 & 0 & B_1 \\ \frac{1}{c}E_3 & B_2 & -B_1 & 0 \end{pmatrix} \tag{9-159}$$

这个张量称为电磁场的二阶场强张量，它是一个反对称张量。

记

$$({}^*F^{\alpha\beta})_{4\times4}=\begin{pmatrix} 0 & B_1 & B_2 & B_3 \\ -B_1 & 0 & -\frac{1}{c}E_3 & \frac{1}{c}E_2 \\ -B_2 & \frac{1}{c}E_3 & 0 & -\frac{1}{c}E_1 \\ -B_3 & -\frac{1}{c}E_2 & \frac{1}{c}E_1 & 0 \end{pmatrix} \tag{9-160}$$

可以证明，$({}^*F^{\alpha\beta})$也是二阶绝对张量和反对称张量，称为对偶张量。

有了场强张量及其对偶张量，真空中的麦克斯韦方程

$$\nabla\cdot\boldsymbol{E}=\frac{\rho}{\varepsilon_0}$$

$$\nabla\times\boldsymbol{E}=-\frac{\partial\boldsymbol{B}}{\partial t}$$

$$\nabla\cdot\boldsymbol{B}=0$$

$$\nabla\times\boldsymbol{B}=\mu_0\left(\varepsilon_0\frac{\partial\boldsymbol{e}}{\partial t}+\boldsymbol{j}\right)$$

就可以写为更简洁的形式，第一、四式合并成

$$\frac{\partial F^{\alpha\beta}}{\partial x^\beta}=\mu_0 j^\alpha \tag{9-161}$$

第二、三式合并成

$$\frac{\partial {}^*F^{\alpha\beta}}{\partial x^\beta}=0 \tag{9-162}$$

最后考察介质中的麦克斯韦方程。代替 $F^{\alpha\beta}$和${}^*F^{\alpha\beta}$，引入如下的场强张量$(G^{\alpha\beta})$及其对偶张量$({}^*G^{\alpha\beta})$：

$$(G^{\alpha\beta})_{4\times4}=\begin{pmatrix} 0 & D_1 & D_2 & D_3 \\ -D_1 & 0 & \frac{1}{c}H_3 & -\frac{1}{c}H_2 \\ -D_2 & -\frac{1}{c}H_3 & 0 & \frac{1}{c}H_1 \\ -D_3 & \frac{1}{c}H_2 & -\frac{1}{c}H_1 & 0 \end{pmatrix} \tag{9-163}$$

$$({}^*G^{\alpha\beta})_{4\times4}=\begin{pmatrix} 0 & \frac{1}{c}H_1 & \frac{1}{c}H_2 & \frac{1}{c}H_3 \\ -\frac{1}{c}H_1 & 0 & -D_3 & D_2 \\ -\frac{1}{c}H_2 & D_3 & 0 & -D_1 \\ -\frac{1}{c}H_3 & -D_2 & D_1 & 0 \end{pmatrix} \tag{9-164}$$

这样，介质中的麦克斯韦方程

$$\nabla\cdot\boldsymbol{D}=\rho$$

$$\nabla \times \boldsymbol{E} = -\frac{\partial \boldsymbol{B}}{\partial t}$$

$$\nabla \cdot \boldsymbol{B} = 0$$

$$\nabla \times \boldsymbol{H} = \frac{\partial \boldsymbol{D}}{\partial t} + \boldsymbol{j}$$

就可以写为更简洁的形式，第一、四式合并为

$$\frac{\partial G^{\alpha\beta}}{\partial x^{\beta}} = \frac{1}{c} j^{\alpha} \tag{9-165}$$

第二、三式合并为

$$\frac{\partial {}^{*}G^{\alpha\beta}}{\partial x^{\beta}} = 0 \tag{9-166}$$

由于上述方程式(9－161)～(9－162)，或者方程式(9－165)～(9－166)均写成了 $M$ 中的张量方程，故麦克斯韦方程在洛伦茨变换下具有不变性。

## 9.6.2 电磁场的能动张量

如第 8 章所述，电磁场修正流体力学方程的关键是电磁场的能量-动量流张量，简称为能动张量。

首先考察介质。设$(\tau^{\alpha\beta})$为电磁场的能动张量，$\tau^{00}$ 为电磁能量密度，$(\tau^{01}, \tau^{02}, \tau^{03})$为电磁能量流密度矢量(除以 $c$)，$(\tau^{10}, \tau^{20}, \tau^{30})$为电磁动量密度矢量(乘以 $c$)，$(\tau^{ij})$为电磁动量流密度张量，由第 8 章知：

电磁能量密度为$\frac{1}{2}(\varepsilon E^2 + \mu H^2)$；

电磁能量流密度矢量为 $\boldsymbol{S} = \boldsymbol{E} \times \boldsymbol{H}$；

电磁动量密度矢量为$\frac{1}{c^2}\boldsymbol{S} = \frac{1}{c^2}\boldsymbol{E} \times \boldsymbol{H}$；

电磁动量流密度张量为$\frac{1}{2}(\varepsilon E^2 + \mu_0 H^2)\boldsymbol{I} - \varepsilon \boldsymbol{EE} - \mu \boldsymbol{HH}$。

上式中，$\varepsilon$ 和 $\mu$ 分别为介质的介电常数和磁导率，这样就有

$$\tau^{00} = \frac{1}{2}(\varepsilon E^2 + \mu H^2) \tag{9-167}$$

$$\tau^{0i} = \tau^{i0} = \frac{1}{c}(\boldsymbol{E} \times \boldsymbol{H})_i \tag{9-168}$$

$$\tau^{ij} = \tau^{ji} = -(\varepsilon E_i E_j + \mu H_i H_j) + \frac{1}{2}(\varepsilon E^2 + \mu H^2)\delta^{ij} \tag{9-169}$$

以上各式可统一写为

$$\tau^{\alpha\beta} = -c g_{\delta\gamma} F^{\alpha\delta} G^{\beta\gamma} + \frac{1}{2} g^{\alpha\beta}(\mu H^2 - \varepsilon E^2) \tag{9-170}$$

利用 $F^{\alpha\beta}$ 和 $G^{\alpha\beta}$ 的表达式(9－159)和式(9－163)并将两式代入式(9－170)即可验证该式的正确性，此外，由上式给出的$(\tau^{\alpha\beta})$为二阶绝对对称张量，其中利用到了 $\mu H^2 - \varepsilon E^2$ 为四维绝对标量的性质。

其次考察良导体。此时，电导率 $\sigma\to\infty$，磁导率 $\mu\to\mu_0$，电磁场的能动张量($\tau^{\alpha\beta}$)仅仅用磁场强矢量来描述，而电场强忽略不计。在瞬态惯性系下，$\boldsymbol{E}=\boldsymbol{D}=\boldsymbol{0}$，并利用 $F^{\alpha\beta}$ 和 $G^{\alpha\beta}$ 的表达式(9－159)和式(9－163)，可将式(9－170)简化成

$$\tau^{\alpha\beta}=-\mu_0 h^\alpha h^\beta+\mu_0\left(\frac{1}{2}g^{\alpha\beta}-\frac{1}{c^2}u^\alpha u^\beta\right)|h|^2 \tag{9-171}$$

式中，

$$h^\alpha=u_\beta {}^*G^{\alpha\beta} \tag{9-172}$$

($h^\alpha$)称为四维磁场绝对矢量；($\tau^{\alpha\beta}$)称为良导体的能动张量，为四维二阶对称绝对张量。

### 9.6.3　相对论理想磁流体力学方程

由式(9－131)和式(9－171)，理想磁流体的能动张量分量写成

$$T^{\alpha\beta}=\frac{1}{c^2}(\mu+p-\mu_0|h|^2)u^\alpha u^\beta-\left(p-\frac{1}{2}\mu_0|h|^2\right)g^{\alpha\beta}-\mu_0 h^\alpha h^\beta \tag{9-173}$$

因此，理想磁流体的能量和动量守恒方程写成

$$\frac{\partial T^{\alpha\beta}}{\partial x^\beta}=0 \tag{9-174}$$

即

$$\frac{\partial}{\partial x^\beta}\left[\frac{1}{c^2}(\mu+p-\mu_0|h|^2)u^\alpha u^\beta-\left(p-\frac{1}{2}\mu_0|h|^2\right)g^{\alpha\beta}-\mu_0 h^\alpha h^\beta\right]=0 \tag{9-175}$$

由式(9－160)，理想磁流体的对偶场强张量分量写成

$$^*F^{\alpha\beta}=\frac{\mu_0}{c}(u^\alpha h^\beta-u^\beta h^\alpha) \tag{9-176}$$

因此，理想磁流体的麦克斯韦方程写成

$$\frac{\partial {}^*F^{\alpha\beta}}{\partial x^\beta}=0 \tag{9-177}$$

即

$$\frac{\partial}{\partial x^\beta}(u^\alpha h^\beta-u^\beta h^\alpha)=0 \tag{9-178}$$

由式(9－139)，连续方程写成

$$\frac{\partial}{\partial x^\alpha}(\rho u^\alpha)=0 \tag{9-179}$$

式(9－175)、式(9－178)、式(9－179)组成相对论磁流体力学方程组，共有 9 个分量方程，尚有不尽人意之处。事实上，按第 8 章类似分析方法，麦克斯韦方程式(9－178)中的第 0 个方程(对应于 $\alpha=0$)只要初始条件满足，则在以后任何时刻均满足。这样由理想磁流体的 4 个能量和动量守恒方程式(9－175)、后 3 个麦克斯韦方程式(9－178)、1 个连续方程式(9－179)组成 8 个方程，基本求解变量可取为 $v_1$，$v_2$，$v_3$，$h^1$，$h^2$，$h^3$ 及 2 个热力学状态参数，方程组封闭。

## 9.7　广义相对论简介

广义相对论是一种关于万有引力本质是什么的理论。

爱因斯坦在发表狭义相对论以后，很快就顺利地将大多数牛顿力学方程拓展为相对论方程，如相对论运动学方程、相对论动力学方程，但尝试将牛顿万有引力定律推广到相对论框架，即将万有引力公式纳入四维力[见式(9－118)]右端并要求满足洛伦茨变换下的四维绝对矢量时，发现这种尝试是毫无希望的、不可能成功的。这是因为，按牛顿万有引力定律，两个物体间的引力依赖于它们的距离，如果移动其中的一个物体，则另一个物体的受力立马改变，这意味着引力效应以无限大速度传播。

几经失败后，爱因斯坦终于认识到狭义相对论力学方程式(9－118)不可能容纳牛顿万有引力定律，那么错误出在哪儿？只有两种选择：

(a)狭义相对论错了；

(b)牛顿万有引力定律错了。

很快，爱因斯坦凭借敏锐的物理直觉，断言(b)错了，并又石破天惊地提出两条广义相对性原理，其中，第一条原理的精髓是将万有引力等效于时空弯曲运动的惯性力，回答了引力是什么的问题；第二条原理的精髓是将惯性参考系推广为任意参考系，回答了物理定律在什么参考系下成立的问题。

关于相对论的诞生情况，爱因斯坦的晚年合作者、波兰物理学家因费尔德在《爱因斯坦：他的工作及对我们世界的影响》一书中曾经记述过一段有趣的对话：

> 我(因费尔德)曾对爱因斯坦说："无论您是否提出，我相信狭义相对论的问世都不会有什么延误，因为时机已经成熟了。"
>
> 爱因斯坦回答说："是的，这没错，但广义相对论的情形不是这样，我怀疑直到现在也未必会有人提出。"

可见，爱因斯坦对自己提出广义相对论甚为得意。事实上，在 1904 年，洛伦茨提出的时空变换和庞加莱提出的相对性原理，已非常接近狭义相对论了，但在评价广义相对论的难度(物理难度：广义相对性原理；数学难度：四维弯曲时空的张量分析)时，爱因斯坦自认为除了他本人，可能在相当一段时期内没有人会想出广义相对论原理。事实上，爱因斯坦从两条广义相对性原理中推导广义相对论方程，即从物理模型到数学模型中，克服了极大的数学困难，在此过程中，20 世纪世界上最杰出的物理学家爱因斯坦与最杰出的数学家希尔伯特，以及格罗斯曼进行了深入的数学讨论和私人通信，终于在 1915 年与希尔伯特几乎同时独立发表了广义相对论方程，不同的是爱因斯坦提出物理原理后花了近十年时间推导出数学方程，希尔伯特在邀请并听取了爱因斯坦学术讲座后的几个月内推导出数学方程。尽管有人曾提出谁是广义相对论的首创人的争议，但希尔伯特提到：

> "爱因斯坦已经提出了深刻的思想和独特的概念，并发明了巧妙的方法来处理它们。"

爱因斯坦则在给希尔伯特的信中回应到：

> "我们之间本来就有些怨恨，我不想再分析原因了。我已经战胜了与之相关的痛苦感，并取得了圆满的成功。我又一次想起了你，对你的情谊丝毫未

减，我请求你也能对我这样。客观上来说，如果两个从这个寒碜的世界中解放出来的男人不能给对方带来快乐，那是很遗憾的。”

广义相对论由于被令人惊叹地证实及其理论方程上的优美，很快得到人们的承认和赞赏。然而由于牛顿引力理论对于绝大部分引力现象已经足够精确，广义相对论只提供了一个极小的修正，人们在实用上并不需要它，因此，广义相对论建立以后的半个世纪，并没有受到广泛应用。直到 20 世纪 60 年代，强引力天体(中子星)和宇宙 3K 背景辐射的发现、人造通信卫星的发明，使得广义相对论在研究天体结构和演化、宇宙结构和演化、人造卫星信号处理中具有重要意义，中子星的形成和结构、黑洞物理和黑洞探测、引力辐射理论和引力波探测、大爆炸宇宙学、量子引力、大尺度时空的拓扑结构、GPS 卫星导航等问题的研究，都离不开广义相对论的理论基础。

作为本章的结束，这里简单总结一下爱因斯坦的两条广义相对性原理和广义相对论方程。

两条广义相对性原理分别是：

(1)等效原理：分为弱等效原理和强等效原理。弱等效原理认为惯性力场与引力场的动力学效应是局部不可分辨的；强等效原理将“动力学效应”提升到“任何物理效应”。

(2)广义相对性原理：物理定律的形式在一切参考系都是不变的，是狭义相对性原理的推广。在狭义相对论中，惯性系的定义会出现死循环：一般地，不受外力的物体，其保持静止或匀速直线运动状态不变的参考系是惯性系；但如何判定物体不受外力？回答只能是，当物体保持静止或匀速直线运动状态不变时，物体不受外力。显然，这在逻辑上是一个死循环，这说明对于惯性系，人们无法给出严格定义，这是狭义相对论的严重缺陷。为了解决这个问题，爱因斯坦快刀斩乱麻地抛弃了惯性系的概念，用“一切参考系”代替了原来的“一群惯性系”。

爱因斯坦广义相对论方程的最终形式为

$$R_{\alpha\beta}-\frac{1}{2}Rg_{\alpha\beta}=\frac{8\pi G}{c^4}T_{\alpha\beta} \tag{9-180}$$

式中，$R_{\alpha\beta}$是从黎曼张量缩并而成的二阶里奇张量分量；$R$ 是从里奇张量缩并而成的曲率标量，代表曲率项，表示空间弯曲程度；$g_{\alpha\beta}$是度量张量分量[见式(9-61)]；$T_{\alpha\beta}$是能动张量分量，表示物质能量、动量分布和运动状况[见式(9-131)、(9-170)、(9-173)]；$G$ 是万有引力常数；$c$ 是真空光速；$\alpha$ 和 $\beta$ 是四维时空指标，取值范围均为 0～3。故广义相对论方程是一个四维二阶非线性张量方程，有 16 个分量方程，很难得到精确解。但整个方程的意义很明确：空间的弯曲状况 $R_{\alpha\beta}$＝空间物质的能动张量($T_{\alpha\beta}$)分布。

# 习　题

9-1　证明在洛伦茨变换下波动方程

$$\frac{\partial^2 u}{\partial t^2}-c^2\Delta u=0$$

的形式保持不变。

9-2　证明在闵可夫斯基四维时空 $M$ 中，洛伦茨变换与正交变换是等价的。

9-3　设 $\boldsymbol{A}$ 为闵可夫斯基四维时空 $M$ 中线性变换 $\boldsymbol{L}$ 的系数矩阵，证明 $\boldsymbol{L}$ 为正交变换的充要条件是

$$\boldsymbol{A}^{\mathrm{T}}\begin{pmatrix}1&&&\\&-1&&\\&&-1&\\&&&-1\end{pmatrix}\boldsymbol{A}=\begin{pmatrix}1&&&\\&-1&&\\&&-1&\\&&&-1\end{pmatrix}$$

9-4　一超音速飞机以速度 $v=1000$ m/s 飞行，问该飞机飞行多长时间，才能使它的时钟比地球上的时钟慢 1 s？设光速 $c=3\times10^8$ m/s。

9-5　对一飞行体，问飞行速度多大，才能使它的长度比地球表面静止时长度缩短 1%？

9-6　自然界中常见运行速度如下表所示，问钟慢尺缩比例有多大？试着填写下表。

| 天体运行 | 速度/($\mathrm{m\cdot s^{-1}}$) | 尺缩比例 | 钟慢比例 |
|---|---|---|---|
| 人造地球卫星飞行 | 7900 | | |
| 长五遥四火箭飞行 | 11200 | | |
| 地球自转(赤道) | 466 | | |
| 地球公转 | 29790 | | |
| 太阳公转 | 20800 | | |
| 银河系公转 | 600000 | | |
| 沿光飞行 | 300000000 | | |

9-7　若一粒子的动量是其非相对论动量 $m_0 v$ 的两倍，其中 $m_0$ 为粒子的静止质量，问该粒子的速度是多大？

9-8　设电子的速度 $v=0.99c$，静止质量 $m_0=9.1\times10^{-31}$ kg，计算该电子的动能，并与经典牛顿力学计算的动能进行比较。

9-9　证明相对论加速度 $\boldsymbol{w}$ 和牛顿力学加速度 $\boldsymbol{a}$ 满足如下关系式：

$$\boldsymbol{w}=\left(\gamma^4\ \frac{\boldsymbol{a}\cdot\boldsymbol{v}}{c},\ \gamma^2\boldsymbol{a}+\gamma^4\ \frac{(\boldsymbol{a}\cdot\boldsymbol{v})}{c^2}\boldsymbol{v}\right)$$

9-10　证明在定常流动情况下，相对论欧拉方程的简化代数形式 $\dfrac{\mu+p}{\rho\sqrt{1-\dfrac{v^2}{c^2}}}$ 沿着流线保持不变。

# 参考文献


[1]王甲升. 张量分析及其应用[M]. 北京：高等教育出版社，1982.

[2]黄克智，薛明德，陆明万. 张量分析[M]. 北京：清华大学出版社，1986.

[3]李开泰，黄艾香. 张量分析及其应用[M]. 北京：科学出版社，2004.

[4]SIMMOND J G. A brief on tensor analysis [M]. 2nd Ed. NY：Springer，2009.

[5]张若京. 张量分析简明教程[M]. 上海：同济大学出版社，2010.

[6]SCHOBEIRI M T. Tensor analysis for engineers and physicists - with application to continuum mechanics，turbulence，and Einstein's special and general theory of relativity[M]. Switzerland：Springer，2021.

[7]ENAYET M M，GIBSON M M，TAYLOR A M K P，et al. Laser Doppler measurements of laminar and turbulent flow in a pipe bend [R]. NASA - CR - 3551，1982.

[8]RUTHERFORD A. Vectors，tensors and the basic equations of fluid mechanics [M]. NY：Dover Publication Inc.，1989.

[9]GREITZER E M，TAN C S，GRAF M B. Internal flow：concepts and applications [M]. NY：Cambridge University Press，2004.

[10]张鸣远，景思睿，李国君. 高等工程流体力学[M]. 西安：西安交通大学出版社，2008.

[11]张鸣远. 流体力学[M]. 北京：高等教育出版社，2010.

[12]SCHOBEIRI M T，Fluid mechanics for engineers：a graduate textbook[M]. Berlin：Springer，2010.

[13]TUCKER P G. Unsteady computational fluid dynamics in aeronautics[M]. Netherlands：Springer，2014.

[14]JOHNSON R W. Handbook of fluid dynamics [M]. 2nd Ed. NW：CRC Press，2016.

[15]JAMESON A. Computational aerodynamics [M]. NY：Cambridge University Press，2022.

[16]VAVRA M H，Aero-thermodynamics and flow in turbomachines [M]. 2nd Ed. NY：Krieger，1974.

[17]WU C H. Three-dimensional turbomachine flow equations with respect to non-orthogonal curvilinear coordinates and methods of solution[C]. The 3rd International Symposium on Air Breathing Engines，Munich，1976.

[18]刘高联，王甲升. 叶轮机械气体动力学基础[M]. 北京：机械工业出版社，1980.

[19]李根深，陈乃兴，强国芳. 船用燃气轮机轴流式叶轮机械气动热力学：上册[M]. 北京：国防工业出版社，1980.

[20]李根深，陈乃兴，强国芳. 船用燃气轮机轴流式叶轮机械气动热力学：下册[M]. 北京：国防工业出版社，1985.

[21]王仲奇. 透平机械三元流动计算及其数学和气动力学基础[M]. 北京：机械工业出版社，1983.

[22]吕文灿. 风机三元流动理论与设计[M]. 武汉：华中工学院出版社，1986 .

[23]王尚锦. 离心压缩机三元流动理论及应用[M]. 西安：西安交通大学出版社，1991.

[24]CUMPSTY N A. Compressor aerodynamics[M]. 2nd Ed. Melbourne: Krieger Publication，2004.

[25]张楚华，琚亚平. 流体机械内流理论与计算[M]. 北京：机械工业出版社，2016.

[26]FLUGGE W. 张量分析与连续介质力学[M]. 白铮，译. 北京：中国建筑工业出版社，1990.

[27]郭日修. 弹性力学与张量分析[M]. 北京：高等教育出版社，2003.

[28]冯元祯. 连续介质力学初级教程[M]. 北京：清华大学出版社，2005.

[29]JU Y P，LIU H，YAO Z Y，et al. Fluid-structure interaction analysis and lifetime estimation of a natural gas pipeline centrifugal compressor under near-choke and near-surge conditions[J]. Chinese Journal of Mechanical Engineering，28(6)：1261－1268.

[30]郭硕鸿. 电动力学[M]. 3 版. 北京：高等教育出版社，2008.

[31]梁灿彬，周彬. 微分几何入门与广义相对论：上册[M]. 2 版. 北京：科学出版社，2006.

[32]刘辽，费保俊，张允中. 狭义相对论[M]. 2 版. 北京：科学出版社，2008.

[33]陈斌. 广义相对论[M]. 北京：北京大学出版社，2018.

[34]苏步青，胡和生，沈纯理，等. 微分几何[M]. 修订版. 北京：高等教育出版社，2016.

[35]谷超豪，李大潜，陈恕行，等. 数学物理方程[M]. 4 版. 北京：高等教育出版社，2023.

[36]李大潜，秦铁虎. 物理学与偏微分方程：上册[M]. 2 版. 北京：高等教育出版社，2000.

[37]李大潜，秦铁虎. 物理学与偏微分方程：下册[M]. 2 版. 北京：高等教育出版社，2006.

[38]陈恕行. 现代偏微分方程导论[M]. 2 版. 北京：科学出版社，2018.

# 附录 1　欧氏空间

## A1.1　欧氏空间的基本概念

欧氏空间，又称为线性内积空间。所谓线性空间，是指对其中所定义的加法和数乘运算具有封闭性的空间。假设 $\boldsymbol{\alpha}$、$\boldsymbol{\beta}$ 和 $\boldsymbol{\gamma}$ 为线性空间上的矢量，则在线性空间上，矢量的加法和数乘运算满足如下 8 条运算规则：

(1) $\boldsymbol{\alpha}+\boldsymbol{\beta}=\boldsymbol{\beta}+\boldsymbol{\alpha}$

(2) $(\boldsymbol{\alpha}+\boldsymbol{\beta})+\gamma=\boldsymbol{\alpha}+(\boldsymbol{\beta}+\boldsymbol{\gamma})$

(3) $\boldsymbol{\alpha}+\mathbf{0}=\boldsymbol{\alpha}$

(4) $\forall\boldsymbol{\alpha}$，$\exists\boldsymbol{\beta}$：$\boldsymbol{\alpha}+\boldsymbol{\beta}=\mathbf{0}$

(5) $1\boldsymbol{\alpha}=\boldsymbol{\alpha}$

(6) $k(l\boldsymbol{\alpha})=(kl)\boldsymbol{\alpha}$

(7) $k(\boldsymbol{\alpha}+\boldsymbol{\beta})=k\boldsymbol{\alpha}+k\boldsymbol{\beta}$

(8) $(k+l)\boldsymbol{\alpha}=k\boldsymbol{\alpha}+l\boldsymbol{\alpha}$

此外，在欧氏空间上，通常用尖括号表示两个矢量的内积，即 $\langle\boldsymbol{\alpha},\boldsymbol{\beta}\rangle$。内积运算具有如下重要性质：

(1) $\langle\boldsymbol{\alpha},\boldsymbol{\beta}\rangle=\langle\boldsymbol{\beta},\boldsymbol{\alpha}\rangle$

(2) $\langle\boldsymbol{\alpha}+\boldsymbol{\beta},\boldsymbol{\gamma}\rangle=\langle\boldsymbol{\alpha},\boldsymbol{\gamma}\rangle+\langle\boldsymbol{\beta},\boldsymbol{\gamma}\rangle$

(3) $\langle k\boldsymbol{\alpha},\boldsymbol{\beta}\rangle=k\langle\boldsymbol{\alpha},\boldsymbol{\beta}\rangle$

(4) $\langle\boldsymbol{\alpha},\boldsymbol{\alpha}\rangle\geqslant 0$

式中，$k$、$l$ 均为任意实数。

## A1.2 基和标准正交基

### 1. 基

如果在一个线性空间上存在一组线性无关的矢量，并且任何矢量都可以用这组线性无关的矢量进行唯一表示，则称这组矢量为这个线性空间的一个"基"，其中所包含的线性无关矢量的个数就是这个空间的维数。需要注意的是，一个线性空间的基不是唯一的，但基中所包含的矢量的个数即空间的维数，是可以唯一确定的。

### 2. 标准正交基

在 $n$ 维欧氏空间上，由 $n$ 个矢量组成的正交矢量组(矢量非零且两两正交)称为该空间的"正交基"，由 $n$ 个单位矢量组成的正交矢量组称为该空间的"标准正交基"。

### 3. 正交矩阵

若实方阵 $\boldsymbol{A}$ 满足 $\boldsymbol{A}^{\mathrm{T}}\boldsymbol{A}=\boldsymbol{A}\boldsymbol{A}^{\mathrm{T}}=\boldsymbol{I}$ 或 $\boldsymbol{A}^{-1}=\boldsymbol{A}^{\mathrm{T}}$，则称 $\boldsymbol{A}$ 为正交矩阵。可以证明，方阵

$\boldsymbol{A}$ 为正交矩阵的充要条件是 $\boldsymbol{A}$ 的列或行矢量均为标准正交矢量组。

## A1.3 矩阵特征值和特征矢量

对于矩阵 $\boldsymbol{A}_{n\times n}$，若存在一个复数 $\lambda$ 及一个 $n$ 维非零列矢量 $\boldsymbol{x}$，使得

$$\boldsymbol{A}\boldsymbol{x}=\lambda\boldsymbol{x} \text{ 或 } (\lambda\boldsymbol{I}-\boldsymbol{A})\boldsymbol{x}=\boldsymbol{0} \tag{A1-1}$$

则称 $\lambda$ 为矩阵 $\boldsymbol{A}$ 的一个特征值，非零矢量 $\boldsymbol{x}$ 为 $\boldsymbol{A}$ 关于特征值 $\lambda$ 的特征矢量。从定义可知，要求矩阵 $\boldsymbol{A}$ 的特征值和特征矢量，则需首先求解如下特征方程：

$$|\lambda\boldsymbol{I}-\boldsymbol{A}|=0 \tag{A1-2}$$

得到所有特征值 $\lambda_i$（$i=1$，$n$），再根据式(A1-1)求得 $\lambda_i$ 对应的特征矢量 $\boldsymbol{x}_i$。可以证明，矩阵 $\boldsymbol{A}$ 的不同特征值所对应的特征矢量线性无关。对矩阵进行特征分解的意义在于可以最大限度地保存矩阵所代表的信息，大大降低矩阵的存储空间，在数据降维、受力分析等方面发挥着重要的作用。

# 附录 2　二阶电磁应力张量的推导

在电动力学一章中，我们已推导了真空中电磁能量和电磁能量流矢量。本附录将推导真空中电磁动量和电磁动量流张量的计算公式。

真空中的电磁场，单位体积带电物质受到的电磁力为

$$\boldsymbol{f}=\rho\boldsymbol{E}+\boldsymbol{j}\times\boldsymbol{B} \tag{A2-1}$$

麦克斯韦方程为

$$\nabla\cdot\boldsymbol{E}=\frac{\rho}{\varepsilon_0}$$

$$\nabla\times\boldsymbol{E}=-\frac{\partial\boldsymbol{B}}{\partial t}$$

$$\nabla\cdot\boldsymbol{B}=0$$

$$\nabla\times\boldsymbol{B}=\mu_0\left(\varepsilon_0\frac{\partial\boldsymbol{e}}{\partial t}+\boldsymbol{j}\right)$$

由麦克斯韦方程第一、四式，有

$$\rho=\varepsilon_0\nabla\cdot\boldsymbol{E}$$

$$\boldsymbol{j}=\frac{1}{\mu_0}\nabla\times\boldsymbol{B}+\varepsilon_0\frac{\partial\boldsymbol{E}}{\partial t}$$

将上两式代入式(A2－1)，消去 $\rho$ 和 $\boldsymbol{j}$，得

$$\boldsymbol{f}=(\varepsilon_0\nabla\cdot\boldsymbol{E})\boldsymbol{E}+\left(\frac{1}{\mu_0}\nabla\times\boldsymbol{B}+\varepsilon_0\frac{\partial\boldsymbol{E}}{\partial t}\right)\times\boldsymbol{B}$$

由麦克斯韦方程第二、三式，有

$$\frac{1}{\mu_0}(\nabla\cdot\boldsymbol{B})\boldsymbol{B}+\varepsilon_0\left(\nabla\times\boldsymbol{E}+\frac{\partial\boldsymbol{B}}{\partial t}\right)\times\boldsymbol{E}=\boldsymbol{0}$$

再将上两式相加，得

$$\boldsymbol{f}=(\varepsilon_0\nabla\cdot\boldsymbol{E})\boldsymbol{E}+\frac{1}{\mu_0}(\nabla\cdot\boldsymbol{B})\boldsymbol{B}+\left(\frac{1}{\mu_0}\nabla\times\boldsymbol{B}+\varepsilon_0\frac{\partial\boldsymbol{E}}{\partial t}\right)\times\boldsymbol{B}+\varepsilon_0\left(\nabla\times\boldsymbol{E}+\frac{\partial\boldsymbol{B}}{\partial t}\right)\times\boldsymbol{E} \tag{A2-2}$$

利用张量恒等式

$$(\nabla\cdot\boldsymbol{E})\boldsymbol{E}+(\nabla\times\boldsymbol{E})\times\boldsymbol{E}=\nabla\cdot\boldsymbol{EE}-\frac{1}{2}\nabla E^2$$

$$(\nabla\cdot\boldsymbol{B})\boldsymbol{B}+(\nabla\times\boldsymbol{B})\times\boldsymbol{B}=\nabla\cdot\boldsymbol{BB}-\frac{1}{2}\nabla B^2$$

将式(A2－2)写成

$$\boldsymbol{f}=-\nabla\cdot\left[\frac{1}{2}\left(\varepsilon_0E^2+\frac{1}{\mu_0}B^2\right)\boldsymbol{I}-\varepsilon_0\boldsymbol{EE}-\frac{1}{\mu_0}\boldsymbol{BB}\right]-\varepsilon_0\left(\frac{\partial\boldsymbol{E}}{\partial t}\times\boldsymbol{B}+\boldsymbol{E}\times\frac{\partial\boldsymbol{B}}{\partial t}\right) \tag{A2-3}$$

在没有其他外力作用下，电磁力使带电体机械动量的变化率为

$$\frac{\partial \boldsymbol{G}_{\mathrm{m}}}{\partial t}=\int_{\Omega}\boldsymbol{f}\mathrm{d}V \tag{A2-4}$$

式中，$\boldsymbol{G}_{\mathrm{m}}$ 为空间区域 $\Omega$ 中的机械动量。将式(A2-3)代入式(A2-4)，得

$$\frac{\partial \boldsymbol{G}_{\mathrm{m}}}{\partial t}=-\int_{\Omega}\nabla\cdot\left[\frac{1}{2}\left(\varepsilon_0 E^2+\frac{1}{\mu_0}B^2\right)\boldsymbol{I}-\varepsilon_0\boldsymbol{EE}-\frac{1}{\mu_0}\boldsymbol{BB}\right]\mathrm{d}V-\int_{\Omega}\nabla\cdot\varepsilon_0\left(\frac{\partial \boldsymbol{E}}{\partial t}\times\boldsymbol{B}+\boldsymbol{E}\times\frac{\partial \boldsymbol{B}}{\partial t}\right)\mathrm{d}V \tag{A2-5}$$

令

$$\boldsymbol{S}=\frac{1}{\mu_0}(\boldsymbol{E}\times\boldsymbol{B}) \tag{A2-6}$$

$$\boldsymbol{\Phi}=\frac{1}{2}\left(\varepsilon_0 E^2+\frac{1}{\mu_0}B^2\right)\boldsymbol{I}-\varepsilon_0\boldsymbol{EE}-\frac{1}{\mu_0}\boldsymbol{BB} \tag{A2-7}$$

则式(A2-5)可写成

$$\frac{\partial}{\partial t}\left(\boldsymbol{G}_m+\int_{\Omega}\frac{1}{c^2}\boldsymbol{S}\mathrm{d}V\right)=-\int_{\Omega}(\nabla\cdot\boldsymbol{\Phi})\mathrm{d}V \tag{A2-8}$$

上式即为机械-电磁动量转化与守恒方程。称 $\boldsymbol{S}$ 为坡印亭矢量，$\frac{1}{c^2}\boldsymbol{S}$ 表示单位体积带电体的电磁动量，即电磁动量密度；称 $\boldsymbol{\Phi}$ 为二阶电磁应力张量，即电磁动量密度流，其与连续介质力学中的二阶应力张量作用相同，单位均为 Pa，均使物质动量发生转化。

# 附录3　洛伦茨一般变换的推导

在相对论一章中，我们已推导了洛伦茨特殊变换。本附录将推导洛伦茨一般变换的计算公式。

现在考察从老惯性坐标系$(t，x_i)$到新惯性坐标系$(t^*，x_i^*)$的四维时空变换[见图A3－1(a)]，其中$x_i^*$ 相对于$x_i$ 以常速度$\mathbf{V}(V_1，V_2，V_3)$做匀速直线运动，在0时刻时新、老坐标系重合。

该变换可分解为如下三个变换的复合：第一个是从$(t，x_i)$到$(t，y_i)$的空间正交变换[见图 A3－1(b)]，第二个是从$(t，y_i)$到$(t^*，y_i^*)$的四维时空特殊变换[见图 A3－1(c)]，第三个是从$(t^*，y_i^*)$到$(t^*，x_i^*)$的空间正交变换[见图 A3－1(d)]。这里空间正交变换指时间不改变、三个空间坐标改变；四维时空特殊变换指时间改变、一个空间坐标改变、另外两个空间坐标改变。

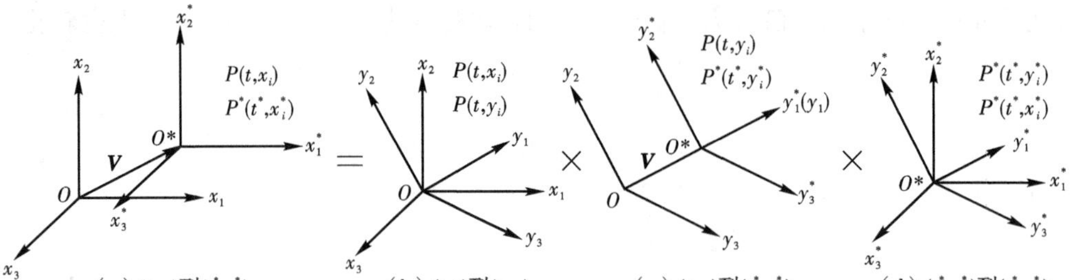


(a) $(t,x_i)$到$(t^*,x_i^*)$　(b) $(t,t_i)$到$(t,y_i)$　(c) $(t,y_i)$到$(t^*,y_i^*)$　(d) $(t^*,y_i^*)$到$(t^*,x_i^*)$

**图 A3－1　洛伦茨一般变换示意图**

图 A3－1(b)的变换为$(t，x_i)$到$(t，y_i)$，保持时间坐标不变，空间作正交变换，要求 $y_1$ 坐标线方向与$\mathbf{V}$ 方向一致，变换公式为

$$\begin{cases} y_0 = x_0 \\ y_i = a_{ij} x_j \end{cases} \tag{A3－1}$$

式中，$a_{ij}$ 为正交矩阵，即 $a_{ik}a_{jk} = \delta_{ij}$，同时要求

$$a_{11} = \frac{V_1}{V}，a_{12} = \frac{V_2}{V}，a_{13} = \frac{V_3}{V}$$

图 A3－1(c)的变换为$(t，y_i)$到$(t^*，y_i^*)$，坐标系 $y_i^*$ 相对坐标系 $y_i$，沿着 $y_1$ 坐标线以速度$\mathbf{V}$ 做匀速直线运动，其他两个坐标不改变，变换公式为

$$\begin{cases} y_0^* = \gamma\left(y_0 - \dfrac{V}{c^2}y_1\right) = \gamma\left(x_0 - \dfrac{V}{c^2}a_{1j}x_j\right) \\ y_1^* = \gamma(-Vy_0 + y_1) = \gamma(-Vx_0 + a_{1j}x_j) \\ y_2^* = y_2 = a_{2j}x_j \\ y_3^* = y_3 = a_{3j}x_j \end{cases} \tag{A3－2}$$

图 A3－1(d)的变换为($t^*$，$y_i^*$)到($t^*$，$x_i^*$)，保持时间坐标不变，空间作正交变换，要求 $x_i^*$ 坐标线方向与原来 $x_i$ 坐标线方向一致，注意到正交矩阵的逆阵是其转置，变换公式为

$$\begin{cases} x_0^* = y_0^* = \gamma\left(x_0 - \dfrac{V}{c^2}a_{1j}x_j\right) \\ x_i^* = a_{ji}y_j^* \\ \quad - a_{1i}\gamma(-Vx_0 + a_{1j}x_j) + a_{2i}a_{2j}x_j + a_{3i}a_{3j}x_j \\ \quad = -\gamma a_{1i}Vx_0 + (\gamma-1)a_{1i}a_{1j}x_j + a_{ki}a_{kj}x_j \\ \quad = -\gamma V_i x_0 + \left(\dfrac{\gamma-1}{V^2}V_iV_j + \delta_{ij}\right)x_j \end{cases} \tag{A3-3}$$

这样，洛伦茨一般变换的公式为

$$\begin{cases} x_0^* = \gamma\left(x_0 - \dfrac{V}{c^2}a_{1j}x_j\right) \\ x_i^* = -\gamma V_i x_0 + \left(\dfrac{\gamma-1}{V^2}V_iV_j + \delta_{ij}\right)x_j \end{cases} \tag{A3-4}$$

式中，$\gamma = \dfrac{1}{\sqrt{1-\left(\dfrac{V}{c}\right)^2}}$；$V = |\boldsymbol{V}|$；$\delta_{ij}$ 为克罗内克符号；$i$，$j$ 分别为自由指标和求和指标，取值范围均为 1～3。

洛伦茨一般变换的矩阵形式为

$$\frac{\partial x_\alpha^*}{\partial x_\beta} = (a_{\alpha\beta})_{4\times4} = \begin{pmatrix} \gamma & -\dfrac{\gamma V_1}{c^2} & -\dfrac{\gamma V_2}{c^2} & -\dfrac{\gamma V_3}{c^2} \\ -\gamma V_1 & \dfrac{(\gamma-1)V_1^2}{V^2}+1 & \dfrac{(\gamma-1)V_1V_2}{V^2} & \dfrac{(\gamma-1)V_1V_3}{V^2} \\ -\gamma V_2 & \dfrac{(\gamma-1)V_2V_1}{V^2} & \dfrac{(\gamma-1)V_2^2}{V^2}+1 & \dfrac{(\gamma-1)V_2V_3}{V^2} \\ -\gamma V_3 & \dfrac{(\gamma-1)V_3V_1}{V^2} & \dfrac{(\gamma-1)V_3V_2}{V^2} & \dfrac{(\gamma-1)V_3^2}{V^2}+1 \end{pmatrix} \tag{A3-5}$$

# 附录 4　中英文对照表

| 英文 | 中文 |
| --- | --- |
| Jacobi | 雅可比 |
| covariant | 协变 |
| contravariant | 逆变 |
| Einstein summation convention | 爱因斯坦求和约定 |
| Kronecker | 克罗内克 |
| Cramer | 克拉默 |
| metric tensor | 度量张量 |
| Lamé | 拉梅 |
| Christoffel symbol | 克里斯多菲符号 |
| gradient | 梯度 |
| divergence | 散度 |
| curl | 旋度 |
| first fundamental form | 第一基本形式 |
| second fundamental form | 第二基本形式 |
| principal curvature | 主曲率 |
| Gaussian curvature | 高斯曲率 |
| mean curvature | 平均曲率 |
| omphalion | 脐点 |